多状态随机退化设备剩余寿命预测技术

张建勋　司小胜　庞哲楠　著

国防工業出版社
·北京·

内容简介

本书研究和讨论了多状态随机退化设备的剩余寿命预测方法。主要内容包括：多阶段特征的随机退化设备建模与剩余寿命预测方法、多状态切换下的随机退化设备的剩余寿命预测方法、含时变随机跳变情况下的随机退化建模与剩余寿命预测方法、考虑备件贮存退化条件下贮备系统寿命预测及维修和库存联合决策方法。全书内容新颖，不但包含了基础理论算法，还提供了大量仿真与实际案例用于示范说明。

本书可供从事数据驱动的剩余寿命预测与健康管理领域研究、应用的研究人员、教师、研究生以及工程技术人员阅读参考。

图书在版编目（CIP）数据

多状态随机退化设备剩余寿命预测技术 / 张建勋，司小胜，庞哲楠著. —北京：国防工业出版社，2024.4
ISBN 978-7-118-13163-5

Ⅰ. ①多… Ⅱ.①张… ②司… ③庞… Ⅲ. ①机械设备—预期寿命 Ⅳ. ①TH17

中国国家版本馆 CIP 数据核字（2024）第 069089 号

※

国防工業出版社出版发行
（北京市海淀区紫竹院南路 23 号　邮政编码 100048）
河北文盛印刷有限公司印刷
新华书店经售
*
开本 787×1092　1/16　印张 14　字数 242 千字
2024 年 4 月第 1 版第 1 次印刷　印数 1—1500 册　定价 89.00 元

国防书店：（010）88540777　　发行邮购：（010）88540776
发行传真：（010）88540755　　发行业务：（010）88540717

前言

随着现代科学技术水平的高速发展，工业器械、航空航天装备、战略导弹武器以及生产制造装置等设备正逐渐趋于大型化、智能化、集成化发展，其规模结构的复杂程度和信息化水平有了大幅提升的同时，也给保障其安全可靠运行带来了新的要求与挑战。在实际中，设备在服役过程中不可避免会受到内部材料磨损、能源消耗、外部随机扰动以及工况切换等因素的影响，造成设备整体的性能指标及其关键部件的材料因子和结构特性发生改变，导致其健康状态发生性能退化和劣化，致使设备可靠性和稳定性降低，甚至引起系统失效并影响系统的运行安全。

实践表明，预测与健康管理（Prognostics and Health Management，PHM）技术，能在设备性能退化初期，根据状态监测信息，及时发现异常或定量评价设备健康状态并预测其剩余寿命，并据此对设备实施可行的健康管理，可以为设备安全运行和避免经济损失提供保障。其中，设备的剩余寿命预测作为 PHM 的核心，是连接系统运行状态信息感知与基于运行状态实现个性化精准健康管理的桥梁和关键，在过去十余年得到了长足的发展。

目前，数据驱动的剩余寿命预测方法，即从各类监测数据中探究失效规律、追踪演化趋势、预测未来态势，得到了国内外学者的广泛关注，并已逐步在各类实际设备的运维过程中得以应用。对于数据驱动的剩余寿命预测方法，其主要思路是利用传感器获取到设备的监测数据，建立数据驱动的失效或退化模型，通过统计失效时间数据或基于退化模型外推至预先设定失效阈值的方式，以确定设备剩余寿命。在工程实践中，设备所处的环境、工作状态、负载强度等通常会随时间发生改变，导致设备退化数据具有更多的不确定性，进一步增加了剩余寿命预测难度。因此，为了进一步提高预测精度，必须在传统的建模方法中科学合理地考虑不同运行状态的影响。

本书作者长期从事数据驱动的随机退化设备剩余寿命预测的理论研究与应用实践工作。本书主要基于统计数据驱动的退化建模与剩余寿命预测理论，介绍多状态随机退化设备的剩余寿命预测方法及作者在这一领域的最新研究成果。本书第 1 章概述数据驱动的剩余寿命预测研究背景，系统综述统计数据驱动的剩余寿命预测方法的最新进展，并介绍本书的主要内容安排。第 2~4 章主要针对具有多阶段退化特征的随机退化设备，系统性介绍基于多阶段退化模型的剩余寿命预测方法。第 5 章主要介绍多状态切换下的随机退化设备的剩余寿命预测方法。第 6 章和第 7 章主要介绍含时变随机跳变情况下的随机退化建模与剩余寿命预测方法。第 8 章和第 9 章针对备件存在贮存退化和贮存失效问题，介绍贮备系统寿命预测、维护与库存管理联合决策方法。

本书涉及的研究成果得到了多项国家自然科学基金的支持：重点项目（62233017）、面上项目（62373368、62373369）。本书的初稿凝聚了多人的智慧，司小胜教授提出并确定了专著的整体结构框架，张建勋、庞哲楠编写了大部分内容。研究生幸元兴等也为本书的出版贡献了聪明才智，在此一并表示诚挚的谢意。

由于作者水平有限，书中难免存在疏漏和不妥之处，恳请广大读者不吝指正。

作者

主要缩略词说明

英文缩写	中文名称	英文全称
RUL	剩余寿命	Remaining Useful Life
CM	状态监测	Condition Monitoring
PHM	预测与健康管理	Prognostics and Health Management
FPT	首达时间	First Passage Time
PDF	概率密度函数	Probability Density Function
CDF	累积分布函数	Cumulative Distribution Function
MC	蒙特卡洛	Monte Carlo
KF	卡尔曼滤波	Kalman Filtering
STF	强跟踪滤波	Strong Tracking Filtering
MLE	极大似然估计	Maximum Likelihood Estimation
SBM	标准布朗运动	Standard Brownian Motion
EM	期望最大化	Expectation Maximization
ECM	条件期望最大化	Expectation Conditional Maximization
HPP	齐次泊松过程	Homogeneous Poisson Process
NHPP	非齐次泊松过程	Non-homogeneous Poisson Process
NHCPP	非齐次复合泊松过程	Non-homogenous Compound Poisson Process
LCD	液晶显示器	Liquid Crystal Display
OLED	有机发光二极管	Organic Light-Emitting Diode
Bi-LSTM	双向长短期记忆	Bidirectional Long Short-Term Memory
PHT	位相型分布	Phase Type
SMM	半马尔可夫链模型	Semi-Markov Model
AIC	赤池信息准则	Akaike Information Criterion
BIC	贝叶斯信息准则	Bayesian Information Criterion
IP	内点	Interior Point
PS	模式搜索	Pattern Search
PSO	粒子群优化	Particle Swarm Optimization
PF	粒子滤波	Particle Filtering
GMM	混合高斯模型	Gaussian Mixture Mode

目录

第1章　绪　　论

1.1　引　　言

随着现代科学技术水平的高速发展，导弹武器、航空飞机、高速列车、工业机器人等现代化复杂设备正逐渐向大型化、智能化、集成化发展，这类设备规模结构的复杂程度和信息化水平的大幅提升，给保障其安全可靠运行带来了新的要求与挑战。在服役过程中，受到结构形变、材料老化、工况环境、任务载荷等内外部因素的综合影响，这类设备的性能水平与健康状态将不可避免地发生性能退化，导致设备可靠性和稳定性降低，甚至可能造成失效并引发故障或事故[1-4]。而在实际工程中，设备失效不仅可能会影响系统的正常运行、造成经济财产损失，甚至会引发安全事故、出现人员伤亡[5]。例如，2005年2月9日，临汾召欣冶金公司高炉炉底侵蚀退化发生烧穿事故，致使炉钢铁水外泄并引发爆炸，造成16人伤亡，仅有8人安全撤离现场；2013年7月23日，在甬温线温州市境内，雷击引起电源回路中保险管熔断以及信号传输总线阻抗下降，导致通信故障和信号灯指示错误，最终造成动车追尾特大铁路交通事故，仅直接经济损失就高达1.9亿元，更为严重的是，还造成了200多人伤亡[6]。文献［7］通过抽样统计方法计算发现，“十二五”期间由生产安全死亡事故所造成的直接经济损失约占全国GDP的0.16%，合人民币4000多亿元。实践表明，预测与健康管理（Prognostics and System Health Management，PHM）技术，能在设备性能退化初期，根据状态监测信息，及时发现异常或定量评价设备健康状态并预测其剩余寿命，并据此对设备实施可行的健康管理，可以为设备安全运行和避免经济损失提供保障[8-9]。经过数十年发展，PHM技术作为保证设备安全可靠运行的重要技术，目前已在工业生产、武器装备系统、信息管理等领域被广泛应用。

早在20世纪70年代，PHM最先得到美国军方的青睐，被美国空军用于发动机的安全管理，研发了相应的健康监控系统。之后，美军一直重视PHM技术的发展，例如美国空军将PHM技术应用于F-35战机，研发了相关管理系统，以监控和预测其健康状态来保证维护的及时性与有效性，并进一步将PHM作为武器装备采购的一项必要指标。在近四十年发展过程中，PHM技术从军事领域的应用拓展到生产生活的诸多领域，并广泛应用于工业工程系统、生产生活装置中。例如，美国波音公司将PHM技术用于民航管理，运用该技术研制了健康管理系统，该系统既保证了客机的可靠运行和安全飞行，还能将由于客机故障引发航班延误所带来的经济损失减少约25%[10]。在国内，自主研发的PHM技术与相应健康管理系统也应用于高速列车[11-12]、大型飞机[13-14]、航天飞行器[15]和导弹武器装备[16-17]等大型复杂系统。近些年，我国对重大装备的PHM技术研究给予了高度重视：2006年，《国家中长期科学和技术发展规划纲要》中指出，

PHM 技术作为制造过程安全保障关键，是重点发展的方向之一；国家颁布的《"十二五"科学和技术发展规划》《高端装备制造业"十二五"发展规划》和《十三五国家科技创新规划》中均将 PHM 技术作为未来研究、发展的重点方向之一；2015 年，"中国制造 2025"强国战略指出，要求对重大装备实施远程监测、寿命预测、预测性维护等全生命周期管理；《"十四五"国家科技创新规划》将"重大工程复杂系统的灾变形成及预测、重大装备可靠性与智能化"等相关技术部署为面向国家重大战略任务的前沿基础方向。

设备的剩余寿命（Remaining Useful Life，RUL）预测作为 PHM 技术的核心，是连接系统运行状态信息感知与基于运行状态实现个性化精准健康管理的桥梁和关键，在近些年成为了国内外学者的研究的热点问题之一[18-20]。剩余寿命预测是指通过收集得到的监测退化数据、历史失效时间数据等信息，建立退化模型或者失效概率模型并基于此预测设备的剩余寿命使用寿命。目前，根据监测数据来源的不同以及模型类型的不同，可将剩余寿命预测方法分为基于失效物理分析的方法和数据驱动的方法[21]。前者主要是通过失效物理分析等方法构建设备机理模型，进而实现剩余寿命的预测。尽管该方法能够达到较高的预测精度，但由于设备机理模型一般很难建立得到，因此限制了该方法的适用性与应用范围。相比之下，数据驱动的方法对设备退化失效机理要求不高，仅依赖收集得到的监测数据、失效时间等数据，便可进行建模进而预测设备的剩余寿命。根据选用模型的区别，数据驱动的方法可进一步划分为基于机器学习的方法和统计数据驱动的方法[2,22]。机器学习方法是直接根据监测的数据进行训练以实现剩余寿命预测，无须进行统计模型的选择，通常为黑箱模型。基于机器学习的方法，特别是基于深度学习的方法，仅依赖网络训练的输入输出映射关系，就能够挖掘出复杂高维信息中蕴含的健康演化规律。统计数据驱动的方法主要是在概率框架下通过随机过程、随机分布等模型来对退化过程、失效时间等进行建模，进而计算得到剩余寿命的概率分布，并量化剩余寿命的不确定性[22]。统计数据驱动的方法能够较为直观的描述退化过程的随机性，得到的剩余寿命分布解析结果也便于在线预测以及后续维修决策方案的制定。因此，本章主要对统计数据驱动方法的研究进展进行介绍。

1.2　统计数据驱动的退化建模与剩余寿命预测方法综述

一般来说，用于统计数据驱动剩余寿命方法的数据主要存在两种类型：一是通过记录已失效设备失效时间得到的历史寿命数据；二是能够反映系统性能水平、健康状态的监测数据，即退化数据。对于前者，若能够收集足够多失效寿命数据，便可通过概率统计分析确定剩余寿命分布函数[23,25]，常见的失效寿命分布主要包括指数分布、威布尔分布、Gamma 分布等。但在实际工程中，对于一些高价值、长寿命的复杂设备，实际中会面临零失效或者失效时间数据较少的问题。与此同时，随着数据采集、信号处理、特征提取等技术发展，在设备运行过程中往往能够收集得到大量监测数据，这些数据蕴含着能反映设备性能水平与健康状态的重要信息[2]。基于退化过程建模的方法，主要利用这些能够反映设备健康状态的监测数据建立退化模型，并通过外推计算退化过程达到某一给定失效阈值的时间，进而实现设备剩余寿命预测。因此，基于退化过程建模的方法由于不受失效数据的限制而受到国内外学者研究的青睐。对于基于退化过程建模的方法，首先需要选择适合的退化模型对监测数据进行建模，常用的退化模型有随机系数回归模型[26-27]、马尔可夫过程模型[28-29]、非马尔可夫过程模型[30-31]等。在此基础上，根据退化模型的形式、特性以及复杂度，再选用合理的方法对剩余寿命进行估计[32-33]，如基于退化模型外推求解的方法[34-35]、基于退化轨迹仿真的方法[36-37]。

1.2.1　退化建模方法综述

1. 随机系数回归模型

回归模型是一种常见的数据轨迹定量建模方法，已广泛应用于金融投资分析[38-39]、设备退化建模[40-41]、人口增长[42-43]、耕地变化[44-45]、农作物年收成[46]等数据的预测。与时间相关的回归模型通常可以表示为

$$X(t_i)=h(t_i;\boldsymbol{\theta})+\epsilon_i \tag{1.1}$$

式中：$X(t_i)$ 表示在第 i 次测量、测量时刻为 t_i 时的退化值；ϵ_i 表示在 t_i 处的随机测量误差；$\boldsymbol{\theta}$ 表示模型参数向量。

那么，若 $h(t_i;\boldsymbol{\theta})$ 为线性模型，ϵ_i 为正态随机变量，则式（1.1）表示线性高斯回归模型。考虑到退化过程的非线性与不确定性，因此，如何选择合理的 $h(t_i;\boldsymbol{\theta})$ 函数形式以反映退化轨迹的趋势是退化建模的关键。为描述退化过程中的不确定性，得到寿命和剩余寿命的概率密度函数（Probability Density Function，PDF），随机系数回归模型是一种常采用的方法。具体来说，定义模型参数 $\boldsymbol{\theta}=[\boldsymbol{\theta}_1,\boldsymbol{\theta}_2]$，$\boldsymbol{\theta}_1$ 表示常值参数，$\boldsymbol{\theta}_2$ 表示随机参数用以描述样本间差异性。1993 年，Lu 等给出了非线性随机系数回归模型的通用表达形式，并基于此给出了失效时间（寿命）的概率密度函数[40]。Tseng 等[41]、Zuo 等[47]和 Robinson 等[48]在文献［40］工作的基础上进一步扩展，并应用于荧光灯可靠性估计、疲劳裂纹增长数据的退化建模。为更好地结合同类型设备历史数据与实际运行设备在线监测数据，Gebraeel 等研究了线性正态回归模型以及可线性化的指数正态回归模型，并基于贝叶斯理论给出了一种模型参数实时更新的剩余寿命在线预测方法[49]；通过实验对比发现，该方法能够更好地对退化数据进行在线建模，并且能够得到更为准确的预测结果。近几年来，Bae 等进一步研究了多阶段随机系数正态回归模型，利用该模型解决了具有两阶段特征退化数据的建模与剩余寿命预测问题，并基于贝叶斯理论与期望最大化算法（Expectation Maximization，EM）实现了模型参数估计以及变点的辨识[32,50]。

虽然随机系数回归模型已经广泛应用于各类退化设备的建模与剩余寿命预测，但是仍存在一些问题和缺陷。例如，文献［51］指出，随机系数回归模型的使用受限于几个假设条件：一是同类退化设备具有相同形式的退化模型，且不同设备间的退化差异性表现为随机参数的不同取值；二是对于单个运行设备而言，其所有模型参数均为常值参数。在这种假设条件下，求解寿命分布主要有两种方式，即 $T=\{t:h(t;\boldsymbol{\theta})\geqslant\xi\}$ 和 $T=\{t:X(t;\boldsymbol{\theta})\geqslant\xi\}$，其中 ξ 表示失效阈值。若使用前者表示和计算设备寿命，则对于单个运行设备而言，由于 $h(t;\boldsymbol{\theta})$ 中模型参数皆为常值参数，因此其计算得到的寿命及剩余寿命也皆为常值，这不能反映退化过程的不确定性与时变动态特征。如果采用后者表示与计算设备寿命，则由于噪声项 ϵ_i 不可微导致整个退化过程不连续，因此无法得到

首达时间意义下的寿命与剩余寿命分布。除此之外，由于实际设备的复杂性和不确定性，模型中趋势项 $h(t;\boldsymbol{\theta})$ 的函数形式一般难以根据退化机理建立得到，而通常采用的经验模型函数形式必然会存在一定的建模误差，这可能会影响预测准确度。

综上所述，基于退化轨迹的随机系数回归模型是一种有效的退化建模方法，已经广泛应用各类设备的退化建模与剩余寿命预测，如发光二极管[32,50]、轴承[49]、金属板[52]、火车轮[53]以及薄膜电阻[54]等，其基本原理是通过回归模型对设备的退化轨迹进行建模，并基于建立得到的退化模型外推得到寿命及剩余寿命。但该方法也存在一些理论上的缺陷与不足，对其应用范围和效果造成了一定的影响。

2. 马尔可夫过程模型

该模型首先假设设备的退化过程是一个马尔可夫过程，然后具体选择一种合适的马尔可夫随机过程来描述设备退化过程，常用的随机过程模型包括 Gamma 过程、逆高斯过程、Wiener 过程和马尔可夫链模型等。下面具体对几类常见的马尔可夫随机过程模型进行介绍。

1）Gamma 过程模型

Gamma 过程是一种典型的具有马尔可夫性的单调随机过程，若定义 $X(t)$ 为 Gamma 过程，那么有

$$X(t_i)-X(t_j)\sim Ga(v(t_i)-v(t_j),\sigma) \tag{1.2}$$

式中：$Ga(v(t_i)-v(t_j),\sigma)$ 表示形状参数和尺度参数分别为 $v(t_i)-v(t_j)$ 和 σ 的 Gamma 分布，需要注意的是其形状参数和尺度参数需为正实数。

由式（1.2）可以看出，Gamma 过程具有独立增量特性，并且具有无穷可分性。此外，正是因为其具有增量分布函数恒大于零的特性，Gamma 过程模型常用于描述单调的退化过程。Noortwijk 等对 Gamma 过程在退化建模与维修决策中的应用进行了综述，并总结了 Gamma 过程的统计特征、预测方法、近似算法以及仿真实现等基础理论问题[55]。此外，Si 等在文献［2］中指出，由于 Gamma 过程的单调增特性，因此其首达时间意义下寿命分布与非首达时间意义下的结果相同，即满足

$$T=\inf\{t:X(t)\geqslant\xi\mid x_0<\xi\}=\{t:X(t)\geqslant\xi\mid x_0<\xi\} \tag{1.3}$$

目前，Gamma 过程已经广泛应用于各类单调退化过程的建模、剩余寿命预测以及维护决策。例如，Wang 等研究了具有多个产品的退化建模问题，通过在尺度参数中引入协变量来反映产品间的退化特性，并将该模型应用于桥梁数据和碳膜电阻器退化数据来说明其方法的有效性与实用性[56]。Tsai 等在传统 Gamma 过程的基础上提出了一种混合 Gamma 退化过程模型，并基于该模型研究了最优老化试验设计方法[57]。此外，Wang 等[58]和 Guida 等[59]将非平稳 Gamma 过程用于退化建模中，用于描述时间相关的退化过程，相比于传统 Gamma 过程模型，非平稳 Gamma 过程的增量过程不仅与时间间隔有关，还与当前时间相关，这样能够更好地反映退化过程中时间相关性，也更具一般性。近两年，国内外学者对 Gamma 退化过程模型进一步扩展，并与其他随机模型结合，研究了随机效应[60]、多阶段特性[61]和非齐次[62]等条件下基于 Gamma 过程的退化建模方法。

Gamma 退化过程模型具有很多优秀的特性：首先，其寿命、剩余寿命分布函数求解较为容易和便捷，通过直接外推其退化过程便可得到；其次，Gamma 过程的物理意

义、数学性质比较明确，已有大量理论推导、模型扩展以及算法仿真实现等方面研究成果可借鉴和参考；再次，Gamma 过程模型已应用于很多具有单调特征的实际退化设备，其实用性和有效性已经得到了有效的证明。但是，Gamma 退化过程模型也存在一些不足与缺陷：一是仅能处理单调的退化数据，而在实际工程中，很多设备的监测数据往往具有较大的波动性和随机性，导致退化过程非单调；二是 Gamma 过程模型的数学表示较为复杂，其模型参数辨识、在线更新难以得到解析结果和结论，在一定程度上会影响在线性能与适用性。

2）逆高斯过程模型

与 Gamma 过程模型类似，逆高斯过程也是一类单调的连续马尔可夫过程，若定义 $X(t)$ 为逆高斯过程，那么有[63]

$$X(t_i)-X(t_j)\sim IG(\Lambda(t_i)-\Lambda(t_j),\eta[\Lambda(t_i)-\Lambda(t_j)]^2) \tag{1.4}$$

式中：$IG(\Lambda(t_i)-\Lambda(t_j),\ \eta[\Lambda(t_i)-\Lambda(t_j)]^2)$ 表示逆高斯分布，且 $\Lambda(\cdot)$ 为单调增的非负函数。这里，逆高斯分布的概率密度函数 $f_{IG}(x;a,b)$ 具有以下形式：

$$f_{IG}(x;a,b)=\sqrt{\frac{b}{2\pi x^3}}\exp\left[-\frac{b(x-a)^2}{2a^2x}\right],x>0 \tag{1.5}$$

不同于其他随机过程建模方法，逆高斯过程在近几年才得到国内外学者的重视并应用于退化建模中。Wang 等于 2010 年首先探讨了如何将逆高斯过程用于退化数据的建模，并基于极大似然估计与 EM 算法进一步研究了存在样本差异性和协变量影响下的模型参数辨识问题[64]。Ye 等研究了逆高斯过程与复合泊松过程之间的内在关联，说明了逆高斯过程能够从物理上较好地解释由于累积微小损失所造成的退化[65]。在此基础上，Ye 等和 Zhang 等将逆高斯退化过程模型应用于加速退化试验的设计[66-67]和基于退化建模的视情维护方法[29]。此外，Peng 等提出了一种时变退化速率下的逆高斯退化过程模型，用于描述具有较强时间相关性的退化过程，并在重型机床中主轴系统的退化建模与剩余寿命预测中予以应用[68]。Duan 等主要研究基于逆高斯过程的多维退化过程建模方法，并结合贝叶斯理论对随机效应下多维退化模型进行了分析[69]。Tseng 和 Yao 在其专著中对 Gamma 过程与逆高斯过程的之间的模型误设问题展开了分析和讨论[70]。

总体来说，逆高斯分布具有以下一些优点：一是具有明确的物理表示，能够描述累积损伤所带来的退化；二是与 Wiener 过程相互关联，便于直观理解并具有优良的数学性质；三是数据模型简单，易于进一步对其模型进行扩展，例如考虑随机效应、协变量以及多维退化等。但是，其主要缺点与 Gamma 退化过程模型类似，不适用于非单调数据。

3）Wiener 过程模型

Wiener 过程是具有线性模型的扩散过程，也可看做标准布朗运动的线性表示形式，具体形式如下所示[53]：

$$X(t)=x_0+\mu t+\sigma_B B(t) \tag{1.6}$$

式中：x_0 表示退化的初始值，通常可转化为 $x_0=0$；μ 表示反映退化速率的漂移系数；σ_B 表示扩散系数；$B(t)$ 表示标准布朗运动。

早在 20 世纪 70 年代，Chhikara 等就对 Wiener 过程和逆高斯分布在退化建模、寿命估计和可靠性评估领域进行了开创性的研究[71]。随后几十年，基于 Wiener 过程的退化建模和剩余寿命预测方法得到了广泛的关注，成为本领域研究的热点与重点，并产生了一大批理论与应用成果。例如，Gebraeel 等[49]、Doksum 等[72] 和 Whitmore[73] 等研究了非线性 Wiener 退化过程的线性化方法，通过采用时间尺度变化和状态变换的方法来处理非线性情况下的退化建模与剩余寿命预测问题。但是，这类方法要求非线性 Wiener 过程的形式需满足时间尺度变化和状态变换的特定要求，这在一定程度上限制了其适用范围。鉴于此，Si 等提出了一类具有一般性的非线性 Wiener 退化过程模型，并通过时间-空间变换求解得到标准布朗运动通过时变随机阈值的首达时间，进而得到了首达时间意义下寿命及剩余寿命概率密度函数的近似解析表达[34]。在此基础上，Si 等针对退化过程同时与时间以及退化状态存在相关性的情况，提出了一种时间-状态同时依赖条件下的非线性 Wiener 退化过程模型，并给出了模型参数辨识与剩余寿命分布的求解方法[74]。此外，为更好地刻画样本间差异性所带来的随机性，随机效应影响下的 Wiener 退化过程模型也得到了国内外学者的青睐。Peng 等研究了考虑随机变量参数的退化建模问题，先后研究了漂移系数服从正态和斜正态分布两种情况，并结合正态、斜正态分布的数学特征以及 Wiener 过程的首达时间特性给出了寿命分布表示形式[75-76]。Si 等[77] 和 Zheng 等[78] 分别对线性、非线性 Wiener 退化过程模型在三类不确定性下（样本间差异性、测量不确定性以及模型不确定性）的退化建模、模型参数辨识以及剩余寿命预测展开研究。Zhang 等基于三类不确定性和 Wiener 退化过程模型，研究了退化试验的设计优化方法[79]。另外，该模型还在加速退化、多变量退化建模以及视情维护与健康管理等得到了大量的研究与应用。例如，Doksum 等、Huang 等、Pan 等和 Li 等经历着下面的研究过程[72,80-82]：首先提出基于 Wiener 过程的变应力加速退化模型并对步进加速退化试验得到的监测数据进行建模；然后基于 Copula 函数构造不同退化设备之间的相关性，并对多变量退化过程建模与剩余寿命预测问题展开研究。基于 Wiener 退化过程模型，文献［83-85］进一步研究了方差费用率约束下、非完美测量下以及非完美维修情况下的视情维护和健康管理问题。

综上所述，Wiener 过程由于其非单调特征、良好的数学特性、解析的首达时间分布、数学表示形式明确且易于扩展等特点，广泛应用于非单调退化过程建模和剩余寿命预测。但是，Wiener 退化过程模型仍然存在一些问题和不足：一是对于一些更为一般性的非线性 Wiener 退化过程模型，其首达时间精确解析解难以求得，现有的方法往往仅能得到近似结果且难以分析近似误差范围；二是对于扩展模型，例如多阶段退化过程[86-88]、带突变退化过程[89,91] 和含自恢复现象的退化过程[92]，难以得到首达时间意义下寿命分布的精确解析表达，限制了该方法的应用。

4）离散马尔可夫过程模型

上述三种退化过程模型都是连续时间连续状态的马尔可夫过程。针对实际中由冲击累积所导致退化过程，通常采用离散马尔可夫过程进行退化建模，常见的离散马尔可夫模型主要包括累积损伤模型[93-94] 与马尔可夫链模型[95-96]。

累积损伤模型主要用于描述设备的退化是由于冲击所带来的损伤累积所致的情况，其退化过程模型可以表示为

$$X(t) = \sum_{j=1}^{N(t)} D_j \tag{1.7}$$

式中：D_j 表示第 j 次损伤带来的退化累积；$N(t)$ 表示到时间 t 为止损伤的次数。复合泊松过程是一类最常见的累积损伤模型，其假设退化发生的次数服从泊松过程，而每次退化所带来的退化量则服从正态分布。例如，文献［97-98］利用齐次复合泊松过程来描述激光装置元器件的退化过程并对其可靠性进行估计。为较好地反映退化的时间相关性，Sun 等提出了基于非齐次复合泊松过程的退化模型，并应用于电容退化建模[93]。在此基础上，Bocchetti 等进一步考虑了冲击可能带来的突发失效，并结合退化失效研究了竞争失效下寿命估计问题[99]。但是，由于复合泊松过程的复杂性，难以计算首达时间意义下的寿命与剩余寿命分布。

马尔可夫链模型主要用于描述离散的退化状态相互转化规律，通过转移概率描述退化规律变化。近十几年，Kharoufeh 等对该方法展开了一系列的研究，从一维退化过程到二维退化过程[96,100]，从时齐到非时齐和半时齐[101-102]，从马尔可夫到半马尔可夫[103-104]再到隐马尔可夫[105-106]，都取得了大量的研究结论、理论成果与实际应用案例。在此基础上，Yi 等[107]和 Compare 等[108]进一步分别研究了基于二阶半马尔可夫过程以及四状态、连续时间半马尔可夫过程的退化建模方法。总体来说，马尔可夫链模型用于退化建模比较简洁、易于理解，但该方法应用前需解决以下两个基本问题：一是如何合理划分或选择离散退化状态；二是如何基于历史数据来建立并估计状态概率转移矩阵。

3. 非马尔可夫过程模型

现有绝大多数基于随机退化建模的方法，都是基于退化过程具有马尔可夫性的这一前提，例如上述所提到的 Wiener 过程模型、Gamma 过程模型、逆高斯过程模型等。马尔可夫性的一个重要特点是退化过程无记忆效应，仅与前一个退化状态有关。但在实际中，非马尔可夫特特性数据更具有一般性，有必要考虑具有记忆效应退化数据建模方法。为描述这种具有记忆效应的随机过程模型，Gu 等提出了一种名为分形布朗运动的随机过程模型[109]，具体形式如下：

$$B_H(t) - B_H(0) = \frac{1}{\Gamma(H+0.5)}\int_{-\infty}^{t} K_H(t-s)\mathrm{d}B(s) \tag{1.8}$$

其中

$$K_H(t)-B_H(0)=\begin{cases}(t-s)^{H-0.5}, & 0\leqslant s\leqslant t\\(t-s)^{H-0.5}-(-s)^{H-0.5}, & s<0\end{cases} \tag{1.9}$$

$\Gamma(\cdot)$ 表示 Gamma 函数，即 $\Gamma(x)=\int_0^{\infty} t^{x-1}\mathrm{e}^{-t}\mathrm{d}t$ 。H 表示赫斯特指数，其取值范围为 $(0,1)$，反映了记忆效应的程度。需要注意的是，若 $H=0.5$，那么分形布朗运动模型转化为标准布朗运动。

在文献［109］的基础上，Xi 等[30]研究了基于分形布朗运动的退化建模方法，并基于蒙特卡洛方法得到寿命与剩余寿命分布。在文献［30］中，通过高炉炉壁退化数据进行实验验证发现，模型中赫斯特指数 H 不等于 0.5 说明了退化过程为具有记忆效应的非马尔可夫随机过程；此外，基于分形布朗运动得到的预测结果明显优于传统 Wiener

过程，这都反映了该方法的有效性与合理性[30]。在此基础上，Zhang 等进一步研究了首达时间意义下寿命、剩余寿命分布求解方法，给出了概率密度函数的近似解析表达形式[31]。其基本原理是，通过该非马尔可夫退化模型与标准布朗运动之间的关系，利用弱收敛定理将分形布朗运动近似转化非线性的 Wiener 过程，再根据非线性 Wiener 过程首达时间的近似求解方法得到其首达时间意义下的寿命分布函数。但值得注意的是，该方法仅能够处理赫斯特指数 H 大于 0.5 的情形，若 H 大于 0.5，该方法则不再适用。此外，该方法中存在两步近似：一是分形布朗运动近似为非线性 Wiener 过程；二是所采用的非线性 Wiener 过程剩余寿命求解算法本来即为一种近似的方法，这会导致算法中会受到两部分近似误差的综合影响。综上所述，分形布朗运动是一种能够有效描述退化与之前历史状态相关性的非马尔可夫随机过程，并且现有 Wiener 退化过程模型可看作分形布朗运动模型的一种特例，说明了其更具有一般性。但由于其模型结构的复杂性，现有方法难以计算得到首达时间意义下的寿命与剩余寿命分布解析表达，这在一定程度上会影响了该方法的应用，值得进一步深入研究。

1.2.2 剩余寿命求解方法综述

根据退化模型求解剩余寿命分布的方法，主要可以分为基于退化模型外推求解的方法以及基于退化轨迹仿真的方法。

1. 基于退化模型外推求解的方法

基于退化模型外推求解的方法，是指基于建立的退化模型，通过外推退化过程到达实效阈值的首达时间以求解剩余寿命。对于 Gamma 过程和逆高斯过程等单调退化模型等单调退化过程模型，其首达时间等同于非首达时间，可以根据等于退化模型外推直接得到。但对于 Wiener 退化过程模型等以及其扩展变换之后的退化模型，在首达时间意义下剩余寿命与非首达时间意义下剩余寿命具有明显的差异，有且仅有线性和满足特殊条件非线性 Wiener 过程模型存在解析的首达时间表示形式。为了求解非线性 Wiener 过程首达时间分布，将非线性模型通过时间变化转化为线性模型是一种常见的解决思路，具体来说就是构造一个新的退化过程 $Y(t)=g(X(t))$，其中 $Y(t)$ 为线性退化模型。例如，Gebraeel 等通过对数变换，将具有指数形式的非线性模型转化为线性 Wiener 模型，然后根据计算线性模型通过对数化后实效阈值的首达时间，推导得到非线性模型在首达时间意义下寿命分布函数表达形式[110]。在此基础上，Si 等进一步研究了由样本间差异性所带来随机效应影响下的剩余寿命预测问题，并通过全概率公式推导得到了剩余寿命分布概率密度函数的精确封闭解[110]。这种基于线性化剩余寿命预测方法已经应用于轴承[110,112]、陀螺仪[110]等典型退化设备的剩余寿命预测。但是，这种方法受限于非线性模型的形式，并且得到的寿命、剩余寿命分布都是根据转化后随机退化过程的首达时间计算得到的，因此有可能会导致维修维护活动不及时，进而影响设备运行可靠性与安全性[110]。此外，还可以通过时间尺度变化来对非线性模型进行线性化处理，也就是选择一个合适的时间尺度 $\Lambda(t)$ 将退化模型转化为 $Y(t)=\mu\Lambda(t)+\sigma_B B(\Lambda(t))$，那么有 $Y(t)=X(\Lambda(t))$。这样便可依据线性模型的首达时间，转化为非线性随机退化过程的寿命和剩余寿命分布。例如，Whitmore 提出了一种类指数型的时间尺度变换方法来对退化模型进行线性化，并用于自校正加热电缆的寿命[113]。Wang 等在此基础上提出了一种双时间尺度的方法，即将退化模型转化为 $Y(t)=\mu\Lambda(t)+\sigma_B B(\gamma(t))$，其中 $\Lambda(t)$ 和 $\gamma(t)$ 分别表示两种不同时间尺度，相比文献［113］中的模型更具有一般性和普适性[114-115]。但是，这种时间尺度的变换方法对退化模型形式要求较高，很多非线性退化模型难以找到一个解析的时间尺度变换函数用于线性化。

除此之外，通过时间-空间变化的方法来求取非线性模型首达时间的近似解析表达也是一种常见的方法。例如，文献［34］将非线性退化过程的首达时间求解问题，转化标准布朗运动通过一个时变非线性阈值的首达时间求解问题。具体来说，对于非线性 Wiener 过程 $X(t)=x_0+\int_0^t\mu(\tau;\boldsymbol{\theta})\mathrm{d}\tau+\sigma_B B(t)$，令 $S(t)=\left(\xi-\int_0^t\mu(\tau;\boldsymbol{\theta})\mathrm{d}\tau\right)/\sigma_B$ 表示时变非线性阈值,那么原首达时间意义下的寿命预测就等价于求解标准布朗运动通过时变阈值 $S(t)$ 的首达时间，进而便可以得到寿命分布的近似解析表达。目前，该方法已经广泛应用于基于各类非线性退化过程的寿命、剩余寿命预测[116-118]。在此基础上，Zhang 等将该方法进行扩展，推导得到了时间-年龄同时相关下非线性扩散过程以及基于分形布朗运动退化模型在首达时间意义下寿命分布的近似解析表达[31,74]。相比之下，这种近似求解方法更加便捷和简单，针对的退化模型也更具一般性，因此其适用范围更大。但是，该方法得到的近似结果仍然会存在一定的偏差，并且该偏差大小难以从理论上进行分析。

总而言之，以上方法的主要思路是通过状态变换、时间尺度变化以及时间-空间变化等方法将较为复杂的退化过程模型转为线性或其他简单结构的模型，再利用转化前后模型的关联推导得到寿命分布的表达形式。目前，虽然已有不少文献提出大量的解决方法，但是这些方法仍然存在适用范围受限、应用条件严苛、假设过强和近似偏差大小难以分析等不足与缺陷，仍有待进一步研究和解决。

2. 基于退化轨迹仿真的方法

基于退化轨迹仿真的方法主要思路是，依据退化模型通过蒙特卡洛仿真产生大量退化轨迹来求解寿命和剩余寿命，可用于解析结果难以从理论上推导计算的情况。对于离散退化过程模型，可通过直接根据其退化过程模型或转移概率矩阵仿真生成大量退化样本，统计所有样本中由于退化过程超过阈值引起失效的时间以得出寿命分布。对于连续退化过程模型，则通过 Euler 离散化的方法去近似连续的退化过程，再统计超过阈值的时间来得到寿命分布[119]。该方法不仅大量用于复杂退化过程的寿命、剩余寿命分布求解[30,120-121]，也常用来验证解析方法得到结果的正确性[34,110]。在现有的文献中，几乎所有从理论上推导得到的寿命解析表达[110]、近似解析表达[31,34,74]以及一重或多重积分表示[92]，都通过蒙特卡洛的方法对理论结果进行检验。但是，值得注意的是，蒙特卡洛方法需要仿真生成大量的样本来逼近真实分布，并且仿真结果的准确度与仿真步长、仿真次数息息相关。更重要的是，蒙特卡洛得到的预测结果没有解析的表达形式且在线能力较差，难以用于对实时性要求较高退化设备的剩余寿命预测和可靠性评估。

为了解决传统蒙特卡洛方法运算时间长、在线能力差的问题，近些年，国内外学者将粒子滤波算法应用于剩余寿命预测领域[36,122]。其基本思路是，将退化模型转化为状态空间模型，然后结合粒子滤波与极大似然估计、EM 算法等，首先对模型参数进行辨识，其次将粒子滤波中生成的粒子代入状态空间模型进行外推得到失效时间，最后将所有粒子依据其权重进行整合得到寿命分布预测结果。该方法在理论上可以适用任意可转化为状态空间形式的退化过程模型。因此，各类改进的粒子滤波算法均可应用于剩余寿命预测，如球形容积粒子滤波[122]、无迹粒子滤波[36]、启发式卡尔曼粒子滤波[125]、结合遗传算法的粒子滤波[126]等。在实际应用上，基于粒子滤波的剩余寿命寿命预测方法已经应用于锂电池退化[36,127]、滚动轴承磨损[126,128]和蒸发器传热管老化[129]等。相比传统蒙特卡洛方法，粒子滤波方法具有更快的计算能力与在线性能，能处理大多数复杂非线性退化过程模型。但是，其预测结果优劣程度依然受到仿真步长大小以及生成的粒子个数（样本量）的影响。

总之，通过退化轨迹仿真得到的预测结果能够逼近任意退化过程的真实剩余寿命分布，但是该方法存在计算时间较长、在线能力较差等不足，并且其结果的准确度与仿真条件紧密关联。

1.3　本书概况

迄今为止，作为 PHM 的核心，退化建模方法与寿命、剩余寿命估计问题已经发展了五十多年，已经得到了大量的理论研究成果并在各类实际工程设备、武器装备以及生活装置中得到了应用[130,132]。特别是统计数据驱动的退化建模与寿命估计方法，在近二十多年更是成为了国内外研究、讨论的热点问题。本书主要针对多状态随机退化设备，重点解决随机退化建模、模型参数辨识、剩余寿命预测等问题。本书共分为 9 章，作者的主要研究工作及成果安排如下。

（1）第 1 章概述数据驱动的剩余寿命预测研究背景，系统综述统计数据驱动的剩余寿命预测方法的最新进展，并介绍本书的主要内容安排。

（2）第 2 章研究基于两阶段 Wiener 过程模型的剩余寿命预测方法。首先，通过充分考虑变点处退化量的不确定性并得到其概率密度函数解析形式，进而推导得到首达时间意义下寿命与剩余寿命 PDF 的解析表达形式。其次，通过引入正态随机效应来反映样本间的差异性，利用全概率公式与正态分布的性质，得到考虑样本间差异性情况下寿命与剩余寿命 PDF 的解析结果。最后，将已有结论推广至多阶段线性 Wiener 过程模型结合两阶段下寿命估计方法的思路，给出多阶段退化过程寿命 PDF 的多重定积分形式的公式化表示，并讨论求解此多重积分近似手段与方法。

（3）第 3 章研究考虑突变影响的两阶段退化模型的剩余寿命预测问题。首先，提出一种变点处存在突变的两阶段 Wiener 过程退化模型，基于该退化模型推导得到固定常值参数下寿命分布的解析表达。其次，结合退化模型参数的随机效应来反映样本间差异性，并结合固定常值参数下寿命及剩余寿命 PDF，得到寿命及剩余寿命 PDF 的求解方法。

（4）第 4 章研究基于多阶段非线性 Wiener 过程模型的剩余寿命预测问题。首先，针对 2 种两阶段非线性退化模型，并通过构造变点处退化过程的不确定性表示，推导得到首达时间意义下的剩余寿命 PDF 精确解析表达式。其次，通过模型中引入随机参数来刻画个体差异性，并基于固定参数下的剩余寿命 PDF 解析表达式，进一步推导得到随机效应影响下的剩余寿命 PDF 精确解。此外，在两阶段模型的基础上扩展到多阶段退化模型，并给出多阶段非线性模型剩余寿命精确解的迭代求解方法。

（5）第5章研究多状态切换下的非线性随机退化设备的剩余寿命预测方法。首先，提出一种考虑多状态随机切换、设备个体差异性下的退化建模。其次，使用逗留时间服从位相型分布的半马尔可夫模型刻画设备在每个状态的持续时间，并采用离散马尔可夫链模型描述状态之间相互切换的转移概率，给出剩余寿命预测方法。此外，结合EM算法和极大似然估计给出随机切换模型和退化模型参数的方法。通过数值仿真、锂电池退化数据的实例研究，验证本章所提方法的合理性和有效性。

（6）第6章主要研究存在随机跳变情况下的退化过程建模与寿命、剩余寿命估计问题。首先，提出一种基于非齐次复合泊松过程的跳变扩散模型，该模型分布通过非齐次复合泊松过程和扩散退化模型来分别描述随机跳变过程和连续退化过程。其次，研究首达时间意义下的寿命、剩余寿命求解方法，基于时间-空间变换以及泊松过程的正态近似性质，给出了寿命和剩余寿命分布表示形式。此外，基于极大似然估计与条件期望最大化算法（Expectation Conditional Maximization，ECM）算法给出一种两步模型参数辨识方法，克服了传统极大似然估计在无法得到解析结果情况下在线能力差、易收敛到局部最优解的问题。

（7）第7章研究考虑时变随机冲击的退化设备剩余寿命预测问题。首先，分别利用Wiener过程描述非单调的连续退化过程，利用非齐次复合泊松过程（Non-homogenous Compound Poisson Process，NHCPP）描述设备受到的频率时变的随机冲击过程，提出一种考虑随机冲击影响的线性退化模型。其次，通过状态空间模型描述监测数据与真实退化状态间的关系，进一步考虑随机冲击的次数与累积强度对设备退化速率的影响。最后，提出基于滤波算法的退化状态和退化速率联合估计方法，并基于时间-空间变换和全概率公式，推导得到了首达时间意义下退化设备剩余寿命PDF的近似解析表达式。

（8）第8章研究考虑备件贮存退化下贮备系统寿命预测问题。首先，在首达时间意义下，通过建立状态恢复、库存损失和备件贮存退化过程之间的函数关系，提出一种一般性的贮备系统寿命预测算法。其次，采用基于Wiener过程描述贮存和工作退化过程，得到贮备系统寿命的PDF的迭代表达式，并将结果进一步扩展到考虑样本间差异性的情况。再次，推导给出无贮存失效假设下贮备系统寿命期望和方差的解析结果，简化了计算复杂度。最后，通过数值仿真和实例验证所提出的理论结果，并说明其实际应用价值。

（9）第9章研究考虑备件贮存退化及突发失效条件下贮备系统的最优预防维护和库存策略。首先，提出一种贮备系统在首达时间下的寿命预测方法，并通过结合库存损失和贮存退化，得到基于Wiener退化模型的贮备系统寿命分布。在此基础上，以替换间隔和库存数量作为决策变量、平均期望费用率为优化目标，建立健康管理联合优化模型。然后，通过数值案例和实际案例验证所提方法的有效性。

第2章　两阶段 Wiener 退化过程建模与寿命预测方法

2.1　引　　言

在实际工程中，受到内部退化机理突变、外界环境改变以及工况切换等因素的影响，许多退化设备的退化特性常发生改变，呈现出两阶段甚至多阶段的特征，如LCD[88]、OLED[87,133]、电池[134]以及等离子显示屏[32,135]等。例如，Burgess 在文献［134］中指出，电池的退化过程可划分为缓慢退化阶段以及快速退化阶段。那么针对具有两阶段甚至多阶段特征的退化设备，其退化模型应扩展为两阶段或多阶段模型，并基于建立的退化模型用于寿命和剩余寿命预测。目前，已经有不少学者对此展开研究，例如，Ng 等根据数据的两阶段特性，提出了一种基于单个变点的独立增量两阶段随机退化模型，并采用 EM 算法对模型参数进行估计[136]。Chen 等[135]与 Bae 等[26]基于两阶段回归模型描述了离子显示器的退化轨迹，进而估计了其寿命。Wang 提出了一种两阶段退化模型用于轴承退化数据的建模，并进一步结合卡尔曼滤波与 EM 算法实现了剩余寿命自适应预测[137]。另外，两阶段 Wiener 过程模型也已被用于描述 LCD、等离子显示器、以及发光二极管的衰变过程，并基于该模型实现可靠性评估与剩余寿命预测[86-88]。除此之外，两阶段模型也常用于描述设备在贮存和运行状态条件下的退化过程[138-140]。

尽管基于两阶段模型的剩余寿命预测已经取得了一定的理论与应用成果，但是仍存在一些问题有待解决。具体来说，两阶段回归模型无法得到首达时间意义下的剩余寿命预测结果，仅能够得到回归模型超过失效阈值的概率，这可能会低估计算得到的失效概率。而对于 Gamma 过程模型和逆高斯过程模型等单调退化模型，由于仅能描述单调退化过程，其应用范围受到一定的限制[65,141-142]。相比之下，Wiener 过程模型不仅可以反映非单调退化数据，并且具有优良的数学性质便于理论推导[133,143]。为求解两阶段 Wiener 过程的首达时间分布，现有文献通常假设变点的发生时间以及变点处退化量已知，或其分布函数能够通过历史数据统计得到，但这往往需要大量的历史数据[133-143]。而实际上，考虑到第一个阶段退化的不确定性，在变点出现之前，首达时间意义下变点处的退化量（即第二个阶段模型的初始退化量）是未知，是与变点发生时间以及第一阶段退化过程相关的随机变量。那么，需要基于第一阶段模型与变点发生时间来估计首达意义下变点处退化量的分布函数，进而计算设备寿命分布与剩余寿命分布。但现有文献主要通过简化变点处退化量分布求解的方式以推到寿命与剩余寿命分布。例如，为了避免变量处退化量不确定性带来的计算难度，将第一阶段模型在变点处退化量的期望作为第二阶段初始值是一种常见的处理方法[86-87,133]。这种方法虽然有助于寿命分布的推导计算，但是忽略了变点处退化量的随机性，因此会低估预测结果的不确定性。

为此，本章主要研究基于两阶段 Wiener 退化过程模型的剩余寿命预测问题。本章的主要贡献包括：一是对于单个退化设备，提出了一种两阶段 Wiener 退化过程模型通过构造变量处退化量分布与第一阶段模型、变点发生时间的关联函数，推导得到了首达时间意义下的寿命和剩余寿命 PDF 解析表达；二是针对样本间差异性，通过定义随机漂移系数来描述不同样本间的差异，并进一步推导得到了寿命和剩余寿命 PDF 的解析表达；三是基于两阶段模型的预测结果，推导得到了多阶段模型寿命分布的多重积分表示形式，并讨论了近似解析表达的简化求解方法。最后，通过仿真验证与实例应用分别体现了所提出方法的理论正确性与现实可用性。

2.2　问题描述与模型构建

如前所述，许多设备退化过程呈现出两阶段甚至多阶段的特征，如激光发射机[136]、LCD[133]、电池[143-144]、等离子显示器[32,50] 等。例如，从图 2.1 中可以发现，LCD 与锂电池退化数据呈现出两阶段的特性，即存在两个明显不同的退化速率，在图 2.1 中，虚线表示通过最小二乘方法拟合得到两阶段线性模型[133,145]。因此，对于这类具有两阶段特性的退化过程，应采用两阶段退化模型，并基于该模型估计这类退化设备的寿命与剩余寿命。

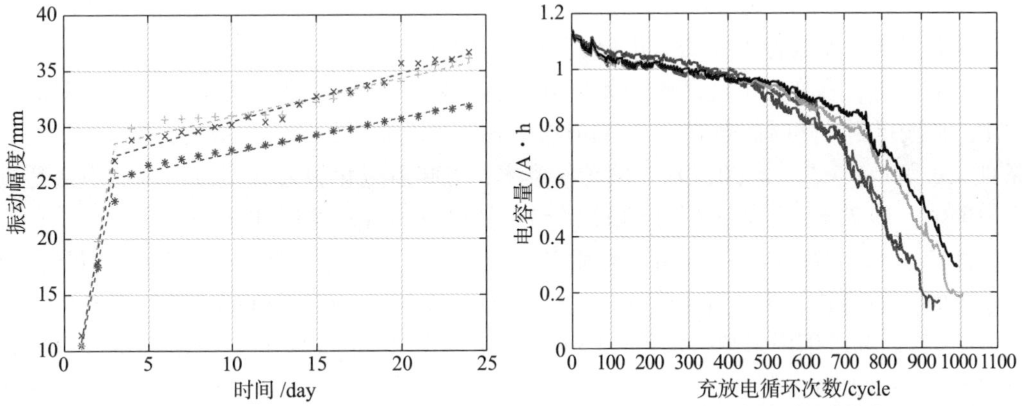

（a）LCD退化轨迹　（b）锂电池退化轨迹

图 2.1　LCD 与锂电池实际退化数据

从图 2.1 可以发现，退化轨迹是非单调的，因此使用两阶段 Wiener 过程模型更为合适。一般来说，两阶段 Wiener 过程模型可定义为如下形式：

$$X(t)=\begin{cases} x_0+\mu_1 t+\sigma_1 B(t), & 0<t\leqslant\tau \\ x_\tau+\mu_2(t-\tau)+\sigma_2 B(t-\tau), & t>\tau \end{cases} \tag{2.1}$$

式中：μ_1 和 σ_1 分别表示第一阶段退化模型的漂移系数和扩散系数；μ_2 和 σ_2 分别表示第二阶段退化模型的漂移系数和扩散系数；$B(t)$ 表示标准布朗运动；τ 表示变点发生时刻；x_0 表示退化过程初值；x_τ 表示第二阶段退化初始值即变点处的退化量。那么根据首达时间的定义，基于该两阶段模型的寿命可表示为

$$T:=\inf\{t:X(t)\geqslant\xi\mid X(0)<\xi\} \tag{2.2}$$

式中：ξ 表示失效阈值定。定义 $f_T(t)$ 表示寿命的 PDF。那么，对于运行设备，其在时刻 t_κ 处的剩余寿命为

$$L_\kappa:=\inf\{l_\kappa:X(t_\kappa+l_\kappa)\geqslant\xi\mid X(t_\kappa)<\xi\} \tag{2.3}$$

式中：L_κ 表示 PDF 为 $f_{L_\kappa}(l_\kappa)$ 的剩余寿命。

因此，本章尝试推导得到以上退化模型寿命与剩余寿命的解析表达，即式（2.2）和式（2.3）。接下来将具体介绍如何推导得到首达时间意义下的寿命和剩余寿命分布。

2.3 基于两阶段 Wiener 退化过程模型的寿命及剩余寿命分布求解

2.3.1 固定参数下的寿命与剩余寿命分布求解

在本节中，首先考虑一种最简单的情况：变点发生时间假设已知；在退化模型即式（2.1）中所有参数为固定常值。若变点处的退化量 x_τ 已知，那么寿命 PDF 为

$$f_T(t)=\begin{cases}\dfrac{\xi-x_0}{\sqrt{2\pi\sigma_1^2t^3}}\exp\left[-\dfrac{(\xi-x_0-\mu_1t)^2}{2\sigma_1^2t}\right], & 0<t\leqslant\tau\\ \dfrac{\xi-x_\tau}{\sqrt{2\pi\sigma_2^2(t-\tau)^3}}\exp\left[-\dfrac{(\xi-x_\tau-\mu_2(t-\tau))^2}{2\sigma_2^2(t-\tau)}\right], & t>\tau\end{cases} \tag{2.4}$$

为了简化计算，常常假设初始退化量 $x_0=0$。

但实际上，在变点出现之前，无法得知变点处退化量 x_τ 的具体值。为得到寿命的 PDF，必须得到首达时间意义下 x_τ 的分布形式，也就是说，需要推导得到从 x_0 到 x_τ 在条件 $\max\{X(t)\}<\xi$，$t\in(0,\tau)$ 下的转移概率，意味着退化轨迹在变点出现前不会超过失效阈值，即 $T>\tau$。定义 $g_\tau(x_\tau)=\Pr\{X(\tau)=x_\tau\mid X(0)=x_0,\ T>\tau\}\Pr\{T>\tau\}$。

注解 2.1：根据 Wiener 过程的性质可知，x_τ 服从正态分布 $N(\mu_1\tau,\sigma_1^2\tau)$。但是，由于首达时间的约束条件，当计算退化过程在（$\tau,+\infty$）失效可能性时，需保证退化过程在（$0,\tau$] 时间范围内未超过阈值。因此，需要计算得到 $g_\tau(x_\tau)$ 的解析表示，而不是 $\Pr\{X(\tau)=x_\tau\mid X(0)=x_0\}$。

这样，若 $g_\tau(x_\tau)$ 的解析表达可以得到，则寿命的 PDF 可以通过全概率公式予以推导。为推导得到 $g_\tau(x_\tau)$，首先给出引理 2.1。

引理 2.1[146]：定义 $X(t)=\mu t+\sigma_B(t)$ 表示初值 $x_0=0$ 的线性 Wiener 过程，若存在一个吸收边界 ω，那么该随机过程在吸收边界条件下的转移概率为

$$g(x,t)=\frac{1}{\sqrt{2\pi t\sigma_B^2}}\left\{\exp\left[-\frac{(x-\mu t)^2}{2\sigma_B^2t}\right]-\exp\left(\frac{2\mu\omega}{\sigma_B^2}\right)\exp\left[-\frac{(x-2\omega-\mu t)^2}{2\sigma_B^2t}\right]\right\} \tag{2.5}$$

式中：$g(x,t)$ 表示经过时间 t 从 0 转移到 x 的转移概率。根据引理 3.1，可以得到 $g_\tau(x_\tau)$ 的解析表达如下：

$$g_\tau(x_\tau)=\frac{1}{\sqrt{2\pi\tau\sigma_1^2}}\left\{\exp\left[-\frac{(x_\tau-\mu_1\tau)^2}{2\sigma_1^2\tau}\right]-\exp\left(\frac{2\mu_1\xi}{\sigma_1^2}\right)\exp\left[-\frac{(x_\tau-2\xi-\mu_1\tau)^2}{2\sigma_1^2\tau}\right]\right\} \tag{2.6}$$

这样根据全概率公式，首达时间意义下寿命的 PDF 可转化为

$$f_T(t)=\begin{cases}\dfrac{\xi-x_0}{\sqrt{2\pi\sigma_1^2t^3}}\exp\left[-\dfrac{(\xi-x_0-\mu_1t)^2}{2\sigma_1^2t}\right], & 0<t\leqslant\tau\\ \displaystyle\int_{-\infty}^{\xi}\frac{\xi-x_\tau}{\sqrt{2\pi\sigma_2^2(t-\tau)^3}}\exp\left[-\frac{(\xi-x_\tau-\mu_2(t-\tau))^2}{2\sigma_2^2(t-\tau)}\right]g_\tau(x_\tau)\mathrm{d}x_\tau, & t>\tau\end{cases}\tag{2.7}$$

注意到，两阶段 Wiener 退化过程模型的寿命 PDF 解析表达便可通过求解以上积分形式得到。因此，为了求解以上积分，根据正态分布的性质给出两个结论，即定理 2.1 和定理 2.2。

定理 2.1：若 y 为服从正态分布 $N(\mu_b,\sigma_b^2)$ 的随机变量，那么其函数 $\exp\left[-\dfrac{(y-\mu_a)^2}{2\sigma_a^2}\right]$ 的定积分具有以下结果：

$$\int_{-\infty}^{\xi}\exp\left[-\frac{(y-\mu_a)^2}{2\sigma_a^2}\right]\frac{1}{\sqrt{2\pi\sigma_b^2}}\exp\left[-\frac{(y-\mu_b)^2}{2\sigma_b^2}\right]\mathrm{d}y$$

$$=\sqrt{\frac{\sigma_a^2}{(\sigma_a^2+\sigma_b^2)}}\exp\left(-\frac{(\mu_a-\mu_b)^2}{2(\sigma_a^2+\sigma_b^2)}\right)\left[1-\Phi\left(-\frac{\xi(\sigma_a^2+\sigma_b^2)-\mu_b\sigma_a^2-\mu_a\sigma_b^2}{\sqrt{\sigma_a^2\sigma_b^2(\sigma_a^2+\sigma_b^2)}}\right)\right]\tag{2.8}$$

在本章中，$\phi(\cdot)$ 和 $\Phi(\cdot)$ 均表示标准正态分布的 PDF 与 CDF。

证明见附录 A.1。

定理 2.2：若 y 为服从正态分布 $N(\mu_b,\sigma_b^2)$ 的随机变量，那么其函数 $y\exp\left[-\dfrac{(y-\mu_a)^2}{2\sigma_a^2}\right]$ 的定积分具有以下结果：

$$\int_{-\infty}^{\xi}y\exp\left[-\frac{(y-\mu_a)^2}{2\sigma_a^2}\right]\frac{1}{\sqrt{2\pi\sigma_b^2}}\exp\left[-\frac{(y-\mu_b)^2}{2\sigma_b^2}\right]\mathrm{d}y$$

$$=\sqrt{\frac{\sigma_a^2}{(\sigma_a^2+\sigma_b^2)}}\exp\left(-\frac{(\mu_a-\mu_b)^2}{2(\sigma_a^2+\sigma_b^2)}\right)\times\left[\frac{\mu_b\sigma_a^2+\mu_a\sigma_b^2}{\sigma_a^2+\sigma_b^2}\Phi\left(\frac{\xi(\sigma_a^2+\sigma_b^2)-\mu_b\sigma_a^2-\mu_a\sigma_b^2}{\sqrt{\sigma_a^2\sigma_b^2(\sigma_a^2+\sigma_b^2)}}\right)-\right.$$
$$\left.\sqrt{\frac{\sigma_a^2\sigma_b^2}{\sigma_a^2+\sigma_b^2}}\phi\left(\frac{\xi(\sigma_a^2+\sigma_b^2)-\mu_b\sigma_a^2-\mu_a\sigma_b^2}{\sqrt{\sigma_a^2\sigma_b^2(\sigma_a^2+\sigma_b^2)}}\right)\right]\tag{2.9}$$

证明见附录 A.2。

这样便可根据以上两个结论得到两阶段 Wiener 退化过程模型寿命估计的解析表达，如定理 2.3 所示。

定理 2.3：若退化过程为两阶段 Wiener 过程模型，如果变点时间 τ 给定，那么在首达时间意义下的寿命 PDF 具有以下表示形式：

$$f_T(t)=\begin{cases}\dfrac{\xi-x_0}{\sqrt{2\pi\sigma_1^2t^3}}\exp\left[-\dfrac{(\xi-x_0-\mu_1t)^2}{2\sigma_1^2t}\right], & 0<t\leqslant\tau\\ A_1-B_1, & t>\tau\end{cases}\tag{2.10}$$

其中：

$$
\begin{cases}
A_1=\sqrt{\dfrac{1}{2\pi(t-\tau)^2(\sigma_{a1}^2+\sigma_b^2)}}\exp\left[-\dfrac{(\mu_{a1}-\mu_{b1})^2}{2(\sigma_{a1}^2+\sigma_{b1}^2)}\right]\times \\
\qquad\left\{\dfrac{\mu_{b1}\sigma_{a1}^2+\mu_{a1}\sigma_{b1}^2}{\sigma_{a1}^2+\sigma_{b1}^2}\Phi\left(\dfrac{\mu_{b1}\sigma_{a1}^2+\mu_{a1}\sigma_{b1}^2}{\sqrt{\sigma_{a1}^2\sigma_{b1}^2(\sigma_{a1}^2+\sigma_{b1}^2)}}\right)+\sqrt{\dfrac{\sigma_{a1}^2\sigma_{b1}^2}{\sigma_{a1}^2+\sigma_{b1}^2}}\phi\left(\dfrac{\mu_{b1}\sigma_{a1}^2+\mu_{a1}\sigma_{b1}^2}{\sqrt{\sigma_{a1}^2\sigma_{b1}^2(\sigma_{a1}^2+\sigma_{b1}^2)}}\right)\right\} \\
B_1=\exp\left(\dfrac{2\mu_1\xi}{\sigma_1^2}\right)\sqrt{\dfrac{1}{2\pi(t-\tau)^2(\sigma_{a1}^2+\sigma_{b1}^2)}}\exp\left[-\dfrac{(\mu_{a1}-\mu_{c1})^2}{2(\sigma_{a1}^2+\sigma_{b1}^2)}\right]\times \\
\qquad\left\{\dfrac{\mu_{c1}\sigma_{a1}^2+\mu_{a1}\sigma_{b1}^2}{\sigma_{a1}^2+\sigma_{b1}^2}\Phi\left(\dfrac{\mu_{c1}\sigma_{a1}^2+\mu_{a1}\sigma_{b1}^2}{\sqrt{\sigma_{a1}^2\sigma_{b1}^2(\sigma_{a1}^2+\sigma_{b1}^2)}}\right)+\sqrt{\dfrac{\sigma_{a1}^2\sigma_{b1}^2}{\sigma_{a1}^2+\sigma_{b1}^2}}\phi\left(\dfrac{\mu_{c1}\sigma_{a1}^2+\mu_{a1}\sigma_{b1}^2}{\sqrt{\sigma_{a1}^2\sigma_{b1}^2(\sigma_{a1}^2+\sigma_{b1}^2)}}\right)\right\} \\
\mu_{a1}=\mu_2(t-\tau),\quad \mu_{b1}=\xi-\mu_1\tau,\quad \mu_{c1}=-\xi-\mu_1\tau,\quad \sigma_{a1}^2=\sigma_2^2(t-\tau),\quad \sigma_{b1}^2=\sigma_1^2\tau
\end{cases}
\tag{2.11}
$$

证明见附录 A. 3。

根据寿命与剩余寿命 RUL 的之间关系，对剩余寿命的 PDF 可进一步推导得到以下结论。

推论 2.1：令 x_κ 和 l_κ 分别表示当前时刻 t_κ 的退化状态与剩余寿命，那么基于两阶段 Wiener 过程模型的剩余寿命 PDF 如下。

情况 1：当前时刻 t_κ 若小于 τ，即 $\tau>t_\kappa$。

$$
f_{L_\kappa}(l_\kappa)=\begin{cases}
\dfrac{\xi-x_\kappa}{\sqrt{2\pi\sigma_1^2 l_\kappa^3}}\exp\left[-\dfrac{(\xi-x_\kappa-\mu_1 l_\kappa)^2}{2\sigma_1^2 l_\kappa}\right], & 0<l+t_\kappa\leqslant\tau \\
A_2-B_2, & l+t_\kappa>\tau
\end{cases}
\tag{2.12}
$$

其中：

$$
\begin{cases}
A_2=\sqrt{\dfrac{1}{2\pi(l_\kappa-\tau+t_\kappa)^2(\sigma_{a2}^2+\sigma_b^2)}}\exp\left[-\dfrac{(\mu_{a2}-\mu_{b2})^2}{2(\sigma_{a2}^2+\sigma_{b2}^2)}\right]\times \\
\qquad\left\{\dfrac{\mu_{b2}\sigma_{a2}^2+\mu_{a2}\sigma_{b2}^2}{\sigma_{a2}^2+\sigma_{b2}^2}\Phi\left(\dfrac{\mu_{b2}\sigma_{a2}^2+\mu_{a2}\sigma_{b2}^2}{\sqrt{\sigma_{a2}^2\sigma_{b2}^2(\sigma_{a2}^2+\sigma_{b2}^2)}}\right)+\sqrt{\dfrac{\sigma_{a2}^2\sigma_{b2}^2}{\sigma_{a2}^2+\sigma_{b2}^2}}\phi\left(\dfrac{\mu_{b2}\sigma_{a2}^2+\mu_{a2}\sigma_{b2}^2}{\sqrt{\sigma_{a2}^2\sigma_{b2}^2(\sigma_{a2}^2+\sigma_{b2}^2)}}\right)\right\} \\
B_2=\exp\left[\dfrac{2\mu_1(\xi-x_\kappa)}{\sigma_1^2}\right]\sqrt{\dfrac{1}{2\pi(l_\kappa-\tau+t_\kappa)^2(\sigma_{a2}^2+\sigma_{b2}^2)}}\exp\left[-\dfrac{(\mu_{a2}-\mu_{c2})^2}{2(\sigma_{a2}^2+\sigma_{b2}^2)}\right]\times \\
\qquad\left\{\dfrac{\mu_{c2}\sigma_{a2}^2+\mu_{a2}\sigma_{b2}^2}{\sigma_{a2}^2+\sigma_{b2}^2}\Phi\left(\dfrac{\mu_{c2}\sigma_{a2}^2+\mu_{a2}\sigma_{b2}^2}{\sqrt{\sigma_{a2}^2\sigma_{b2}^2(\sigma_{a2}^2+\sigma_{b2}^2)}}\right)+\sqrt{\dfrac{\sigma_{a2}^2\sigma_{b2}^2}{\sigma_{a2}^2+\sigma_{b2}^2}}\phi\left(\dfrac{\mu_{c2}\sigma_{a2}^2+\mu_{a2}\sigma_{b2}^2}{\sqrt{\sigma_{a2}^2\sigma_{b2}^2(\sigma_{a2}^2+\sigma_{b2}^2)}}\right)\right\} \\
\mu_{a2}=\mu_2(l_\kappa-\tau+t_\kappa),\quad \mu_{b2}=\xi-x_\kappa-\mu_1(\tau-t_\kappa),\quad \mu_{c2}=-\xi+x_\kappa-\mu_1(\tau-t_\kappa) \\
\sigma_{a2}^2=\sigma_2^2(l_\kappa-\tau+t_\kappa),\quad \sigma_{b2}^2=\sigma_1^2(\tau-t_\kappa)
\end{cases}
\tag{2.13}
$$

情况 2：当前时刻 t_κ 若大于或等于 τ，即 $\tau\leqslant t_\kappa$。

$$
f_{L_\kappa}(l_\kappa)=\frac{\xi-x_\kappa}{\sqrt{2\pi\sigma_1^2 l_\kappa^3}}\exp\left[-\frac{(\xi-x_\kappa-\mu_1 l_\kappa)^2}{2\sigma_1^2 l_\kappa}\right]
\tag{2.14}
$$

此外，值得注意的是，若 $\mu_1=\mu_2$ 且 $\sigma_1=\sigma_2$，还可得到以下结果。

推论 2.2：对于两阶段 Wiener 退化过程模型，若 $\mu_1=\mu_2$ 且 $\sigma_1=\sigma_2$，那么其寿命及剩余寿命 PDF（如定理 3.3 和推论 3.1 所示）可进一步简化为线性 Wiener 退化过程模型的寿命及剩余寿命 PDF。

证明见附录 A. 4。

这样，固定参数下两阶段 Wiener 退化过程模型的寿命及剩余寿命 PDF 的解析表达已经推导得到。下一步将讨论考虑样本间差异性影响的寿命及剩余寿命预测问题。

2.3.2 随机效应影响下的寿命及剩余寿命分布求解

在实际工程中，受样本间差异性的影响，同批次设备的退化特性往往会存在一定差异，如变点发生时刻的不同、退化速率的改变等。一般来说，样本间的差异性通常描述为模型参数的随机效应，因此本节主要研究随机效应影响下的寿命及剩余寿命估计问题。

为简化问题，仍先考虑变点发生时间仍为固定值。然后根据参数随机效应常见定义方式[111,133,136]，假设漂移系数 μ_1 和 μ_2 分别服从高斯分布 $N(\mu_{1p},\sigma_{1p}^2)$ 和 $N(\mu_{2p},\sigma_{2p}^2)$ 以反映样本间差异性。类似地，仍需推导得到 $g_\tau(x_\tau)$ 的表达形式，由于 μ_1 为随机变量，那么有 $g_\tau(x_\tau)=\int_{-\infty}^{+\infty}g_\tau(x_\tau\mid\mu_1)p(\mu_1)\mathrm{d}\mu_1$，这样便可得到 $g_\tau(x_\tau)$ 的表达形式如下。

定理 2.4：对于线性 Wiener 过程，如果漂移系数 μ 服从正态分布 $N(\mu_{1p},\sigma_{1p}^2)$，那么首达时间意义下的转移概率有如下结果：

$$g_\tau(x_\tau\mid\mu_{1p},\sigma_{1p})=\left[1-\exp\left(-\frac{4\xi^2-4x_\tau\xi}{2\sigma_1^2\tau}\right)\right]\frac{1}{\sqrt{2\pi(\tau\sigma_1^2+\tau^2\sigma_{1p}^2)}}\exp\left[-\frac{(x_\tau-\mu_{1p}\tau)^2}{2(\tau\sigma_1^2+\tau^2\sigma_{1p}^2)}\right] \tag{2.15}$$

证明见附录 A.5。

那么便可得到考虑随机效应情况下的寿命 PDF 的解析表达形式，如定理 2.5 所示。

定理 2.5：对于如式（2.1）所示的两阶段 Wiener 退化过程，如果通过漂移系数 μ_1 和 μ_2 分别服从高斯分布 $N(\mu_{1p},\sigma_{1p}^2)$ 和 $N(\mu_{2p},\sigma_{2p}^2)$ 来描述样本间的差异性，那么寿命的 PDF 有以下表达形式：

$$f_T(t)=\begin{cases}\dfrac{\xi-x_0}{\sqrt{2\pi t^2(t\sigma_1^2+t^2\sigma_{1p}^2)}}\exp\left[-\dfrac{(\xi-x_0-\mu_{1p}t)^2}{2(t\sigma_1^2+t^2\sigma_{1p}^2)}\right], & 0<t\leqslant\tau\\ A_3-B_3, & t>\tau\end{cases} \tag{2.16}$$

其中：

$$\begin{cases}A_3=\sqrt{\dfrac{1}{2\pi(t-\tau)^2(\sigma_{a3}^2+\sigma_b^2)}}\exp\left[-\dfrac{(\mu_{a3}-\mu_{b3})^2}{2(\sigma_{a3}^2+\sigma_{b3}^2)}\right]\times\\ \quad\left\{\dfrac{\mu_{b3}\sigma_{a3}^2+\mu_{a3}\sigma_{b3}^2}{\sigma_{a3}^2+\sigma_{b3}^2}\Phi\left(\dfrac{\mu_{b3}\sigma_{a3}^2+\mu_{a3}\sigma_{b3}^2}{\sqrt{\sigma_{a3}^2\sigma_{b3}^2(\sigma_{a3}^2+\sigma_{b3}^2)}}\right)+\sqrt{\dfrac{\sigma_{a3}^2\sigma_{b3}^2}{\sigma_{a3}^2+\sigma_{b3}^2}}\phi\left(\dfrac{\mu_{b3}\sigma_{a3}^2+\mu_{a3}\sigma_{b3}^2}{\sqrt{\sigma_{a3}^2\sigma_{b3}^2(\sigma_{a3}^2+\sigma_{b3}^2)}}\right)\right\}\\ B_3=\exp\left[\dfrac{2\mu_{1p}\xi}{\sigma_1^2}+\dfrac{2(\xi^2\sigma_{1p}^4\tau+\xi^2\sigma_{1p}^2\sigma_1^2)}{(\sigma_1^2+\tau\sigma_{1p}^2)\sigma_1^4}\right]\sqrt{\dfrac{1}{2\pi(t-\tau)^2(\sigma_{a3}^2+\sigma_{b3}^2)}}\exp\left[-\dfrac{(\mu_{a3}-\mu_{c3})^2}{2(\sigma_{a3}^2+\sigma_{b3}^2)}\right]\times\\ \quad\left\{\dfrac{\mu_{c3}\sigma_{a3}^2+\mu_{a3}\sigma_{b3}^2}{\sigma_{a3}^2+\sigma_{b3}^2}\Phi\left(\dfrac{\mu_{c3}\sigma_{a3}^2+\mu_{a3}\sigma_{b3}^2}{\sqrt{\sigma_{a3}^2\sigma_{b3}^2(\sigma_{a3}^2+\sigma_{b3}^2)}}\right)+\sqrt{\dfrac{\sigma_{a3}^2\sigma_{b3}^2}{\sigma_{a3}^2+\sigma_{b3}^2}}\phi\left(\dfrac{\mu_{c3}\sigma_{a3}^2+\mu_{a3}\sigma_{b3}^2}{\sqrt{\sigma_{a3}^2\sigma_{b3}^2(\sigma_{a3}^2+\sigma_{b3}^2)}}\right)\right\}\\ \mu_{a3}=\mu_{2p}(t-\tau),\quad \mu_{b3}=\xi-\mu_{1p}\tau,\quad \mu_{c3}=-\xi-\mu_{1p}\tau-\dfrac{2\xi\sigma_{1p}^2\tau}{\sigma_1^2}\\ \sigma_{a3}^2=\sigma_2^2(t-\tau)+\sigma_{2p}^2(t-\tau)^2,\quad \sigma_{b3}^2=\tau\sigma_1^2+\tau^2\sigma_{1p}^2\end{cases} \tag{2.17}$$

证明见附录 A.6。

这样便得到了考虑正态随机效应的寿命 PDF 解析表达，进一步便可根据寿命与剩余寿命之间的关系得到剩余寿命的 PDF，具体结果见推论 2.3。

推论 2.3：对于如式（2.1）所示的两阶段 Wiener 退化过程，且漂移系数 μ_1 和 μ_2 分别服从高斯分布 $N(\mu_{1p},\sigma_{1p}^2)$ 和 $N(\mu_{2p},\sigma_{2p}^2)$ 来描述样本间的差异性，若 x_κ 和 l_κ 分别表示当前时刻 t_κ 的退化状态与剩余寿命，那么剩余寿命 PDF 如下。

情况 1：当前时刻 t_κ 若小于 τ，即 $\tau>t_\kappa$。

$$f_{L_\kappa}(l_\kappa)=\begin{cases}\dfrac{\xi-x_\kappa}{\sqrt{2\pi(\sigma_{1p}^2l_\kappa^2+\sigma_1^2l_\kappa)l_\kappa^2}}\exp\left[-\dfrac{(\xi-x_\kappa-\mu_{1p}l_\kappa)^2}{2(\sigma_{1p}^2l_\kappa^2+\sigma_1^2l_\kappa)}\right], & 0<l+t_\kappa\leqslant\tau\\ A_4-B_4, & l+t_\kappa>\tau\end{cases}\tag{2.18}$$

其中：

$$\begin{cases}A_4=\sqrt{\dfrac{1}{2\pi(l_\kappa-\tau+t_\kappa)^2(\sigma_{a4}^2+\sigma_b^2)}}\exp\left[-\dfrac{(\mu_{a4}-\mu_{b4})^2}{2(\sigma_{a4}^2+\sigma_{b4}^2)}\right]\times\\ \quad\left\{\dfrac{\mu_{b4}\sigma_{a4}^2+\mu_{a4}\sigma_{b4}^2}{\sigma_{a4}^2+\sigma_{b4}^2}\Phi\left(\dfrac{\mu_{b4}\sigma_{a4}^2+\mu_{a4}\sigma_{b4}^2}{\sqrt{\sigma_{a4}^2\sigma_{b4}^2(\sigma_{a4}^2+\sigma_{b4}^2)}}\right)+\sqrt{\dfrac{\sigma_{a4}^2\sigma_{b4}^2}{\sigma_{a4}^2+\sigma_{b4}^2}}\phi\left(\dfrac{\mu_{b4}\sigma_{a4}^2+\mu_{a4}\sigma_{b4}^2}{\sqrt{\sigma_{a4}^2\sigma_{b4}^2(\sigma_{a4}^2+\sigma_{b4}^2)}}\right)\right\}\\ B_4=\exp\left\{\dfrac{2\mu_{1p}(\xi-x_\kappa)}{\sigma_1^2}+\dfrac{2[(\xi-x_\kappa)^2\sigma_{1p}^4\tau+(\xi-x_\kappa)^2\sigma_{1p}^2\sigma_1^2]}{[\sigma_1^2+(\tau-t_\kappa)\sigma_{1p}^2]\sigma_1^4}\right\}\dfrac{\exp\left[-\dfrac{(\mu_{a4}-\mu_{c4})^2}{2(\sigma_{a4}^2+\sigma_{b4}^2)}\right]}{\sqrt{2\pi(l_\kappa-\tau+t_\kappa)^2(\sigma_{a4}^2+\sigma_{b4}^2)}}\times\\ \quad\left\{\dfrac{\mu_{c4}\sigma_{a4}^2+\mu_{a4}\sigma_{b4}^2}{\sigma_{a4}^2+\sigma_{b4}^2}\Phi\left(\dfrac{\mu_{c4}\sigma_{a4}^2+\mu_{a4}\sigma_{b4}^2}{\sqrt{\sigma_{a4}^2\sigma_{b4}^2(\sigma_{a4}^2+\sigma_{b4}^2)}}\right)+\sqrt{\dfrac{\sigma_{a4}^2\sigma_{b4}^2}{\sigma_{a4}^2+\sigma_{b4}^2}}\phi\left(\dfrac{\mu_{c4}\sigma_{a4}^2+\mu_{a4}\sigma_{b4}^2}{\sqrt{\sigma_{a4}^2\sigma_{b4}^2(\sigma_{a4}^2+\sigma_{b4}^2)}}\right)\right\}\\ \mu_{a4}=\mu_{2p}(l_\kappa-\tau+t_\kappa),\quad \mu_{b4}=\xi-x_\kappa-\mu_{1p}(\tau-t_\kappa),\quad \mu_{c4}=-\xi+x_\kappa-\mu_{1p}(\tau-t_\kappa)-\dfrac{2\xi\sigma_{1p}^2(\tau-t_\kappa)}{\sigma_1^2}\\ \sigma_{a4}^2=\sigma_2^2(l_\kappa-\tau+t_\kappa)+\sigma_{2p}^2(l_\kappa-\tau+t_\kappa)^2,\quad \sigma_{b4}^2=(\tau-t_\kappa)\sigma_1^2+(\tau-t_\kappa)^2\sigma_{1p}^2\end{cases}\tag{2.19}$$

情况 2：当前时刻 t_κ 若大于或等于 τ，即 $\tau\leqslant t_\kappa$。

$$f_{L_\kappa}(l_\kappa)=\frac{\xi-x_\kappa}{\sqrt{2\pi(\sigma_{2p}^2l_\kappa^2+\sigma_2^2l_\kappa)l_\kappa^2}}\exp\left[-\frac{(\xi-x_\kappa-\mu_{2p}l_\kappa)^2}{2(\sigma_{2p}^2l_\kappa^2+\sigma_2^2l_\kappa)}\right]\tag{2.20}$$

值得注意的是，在定理 2.5 和推论 2.3 中，变点的发生时间 τ 为固定值。对于某些退化设备，其两阶段特性是由工况改变所导致，这种情况下其变点发生时间可能是事先预设，那么定理 2.5 和推论 2.3 的结果即可很好地处理该问题。另外，样本间的差异性也可能会导致变点发生时间存在差异。鉴于此，可通过定义 τ 为随机变量来描述这种差异性。那么在这种情况下，寿命及剩余寿命的 PDF 如下所示：

$$\begin{cases}f_T(t)=\displaystyle\int_0^{+\infty}f_T(t\mid\tau)p(\tau)\,\mathrm{d}\tau\\ f_{L_\kappa}(l_\kappa)=\displaystyle\int_{t_\kappa}^{+\infty}f_{L_\kappa}(l_\kappa\mid\tau)p(\tau)\,\mathrm{d}\tau\end{cases}\tag{2.21}$$

式中：$p(\tau)$ 表示变点发生时间的概率密度函数。由于寿命分布与剩余寿命分布表达形式较为复杂，因此式（2.21）一般难以得到解析的积分结果。鉴于此，可通过数值积分的方法进行求解，例如梯形近似法、抛物线近似法、Rhomberg 积分等。需要注意的是，$p(\tau)$ 的具体形式也需要利用历史数据统计计算得到。

2.3.3　基于多阶段退化过程模型的寿命分布求解

本小节主要考虑多阶段线性退化模型的寿命及剩余寿命预测问题。类似于两阶段 Wiener 退化过程模型，多阶段 Wiener 退化过程模型可定义为如下形式：

$$X(t)=\begin{cases}x_0+\mu_1 t+\sigma_1 B(t), & 0<t\leqslant\tau_1\\ x_{\tau_1}+\mu_2(t-\tau_1)+\sigma_2 B(t-\tau_1), & \tau_1<t\leqslant\tau_2\\ \vdots & \\ x_{\tau_{n-1}}+\mu_n(t-\tau_{n-1})+\sigma_n B(t-\tau_{n-1}), & \tau_{n-1}<t\end{cases} \tag{2.22}$$

式中：$\boldsymbol{\mu}=[\mu_1,\mu_2,\cdots,\mu_n]$ 和 $\boldsymbol{\sigma}=[\sigma_1,\sigma_2,\cdots,\sigma_n]$ 分别表示每个阶段的漂移系数与扩散系数；$\boldsymbol{\tau}=[\tau_1,\tau_2,\cdots,\tau_{n-1}]$ 和 $\boldsymbol{x}_\tau=[x_{\tau_1},x_{\tau_2},\cdots,x_{\tau_{n-1}}]$ 分别表示所有变点的出现时间以及所对应的退化量。

类似地，首先假设变点发生时间给定，即 $x_{\tau_1},x_{\tau_2},\cdots,x_{\tau_{n-1}}$ 为固定常值。那么这种情况下该模型寿命估计的关键在于求变点处退化量的概率分布函数 $g_{\tau_i}(x_{\tau_i})$。根据两阶段模型中的结论，若 $x_{\tau_{i-1}}$ 已知，那么 $g_{\tau_i}(x_{\tau_i})$ 可以通过引理 2.1 得到，具体形式如下：

$$\begin{aligned}g_{\tau_i}(x_{\tau_i}\mid x_{\tau_{i-1}})=&\frac{1}{\sqrt{2\pi\Delta\tau_i\sigma_i^2}}\exp\left[-\frac{(x_{\tau_i}-x_{\tau_{i-1}}-\mu_i\Delta\tau_i)^2}{2\sigma_i^2\Delta\tau_i}\right]-\\&\frac{1}{\sqrt{2\pi\Delta\tau_i\sigma_i^2}}\exp\left[\frac{2\mu_i(\xi-x_{\tau_{i-1}})}{\sigma_i^2}\right]\exp\left[-\frac{(x_{\tau_i}+x_{\tau_{i-1}}-2\xi-\mu_i\Delta\tau_i)^2}{2\sigma_i^2\Delta\tau_i}\right]\end{aligned} \tag{2.23}$$

式中：$\Delta\tau_i=\tau_i-\tau_{i-1}$ 和 $\Delta\tau_1=\tau_1$。根据引理 2.1 和式（2.23），$g_{\tau_2}(x_{\tau_2})$ 的表达形式可转化为

$$\begin{aligned}g_{\tau_2}(x_{\tau_2})=\int_{-\infty}^{\xi}&\frac{g_{\tau_1}(x_{\tau_1})}{\sqrt{2\pi\Delta\tau_2\sigma_2^2}}\exp\left[-\frac{(x_{\tau_2}-x_{\tau_1}-\mu_2\Delta\tau_2)^2}{2\sigma_2^2\Delta\tau_2}\right]-\\&\frac{g_{\tau_1}(x_{\tau_1})}{\sqrt{2\pi\Delta\tau_1\sigma_2^2}}\exp\left[\frac{2\mu_2(\xi-x_{\tau_1})}{\sigma_2^2}\right]\exp\left[-\frac{(x_{\tau_2}+x_{\tau_1}-2\xi-\mu_2\Delta\tau_2)^2}{2\sigma_2^2\Delta\tau_2}\right]\mathrm{d}x_{\tau_1}\end{aligned} \tag{2.24}$$

这样，对于多阶段线性 Wiener 退化过程模型，其在首达时间意义下，经过时间 $\tau-t_0$ 从 0 到 x_{τ_i} 转移概率有如下形式：

$$g_{\tau_i}(x_{\tau_i})=\int_{-\infty}^{\xi}\cdots\int_{-\infty}^{\xi}\int_{-\infty}^{\xi}g_{\tau_1}(x_{\tau_1})g_{\tau_2}(x_{\tau_2}\mid x_{\tau_1})g_{\tau_3}(x_{\tau_3}\mid x_{\tau_2})\cdots g_{\tau_i}(x_{\tau_i}\mid x_{\tau_{i-1}})\mathrm{d}x_{\tau_1}\mathrm{d}x_{\tau_2}\cdots\mathrm{d}x_{\tau_{i-1}} \tag{2.25}$$

注释 2.2：尽管式（2.25）中 $g_{\tau_i}(x_{\tau_i})$ 的形式复杂并且难以计算，但是可以通过一些方法对其进行近似简化。具体来说，如果在变点处 τ_i 的失效概率极小，即

$F(\tau_i)\approx 0$，那么 $g_{\tau_i}(x_{\tau_i})$ 等于非首达时间意义下的转移概率函数 $g(x_{\tau_i})$，其中$g(x_{\tau_i})$ 为期望为 $\mu_1\Delta\tau_1+\mu_2\Delta\tau_2+\cdots+\mu_i\Delta\tau_i$ 方差为 $\sigma_1^2\Delta\tau_1+\sigma_2^2\Delta\tau_2+\cdots+\sigma_i^2\Delta\tau_i$ 正态分布的 PDF。

进一步便可得到多阶段模型的寿命 PDF 多重积分表达形式如下：

$$f(t)=\begin{cases}\dfrac{\xi-x_0}{\sqrt{2\pi\sigma_1^2t^3}}\exp\left[-\dfrac{(\xi-x_0-\mu_1t)^2}{2\sigma_1^2t}\right], & 0<t\leqslant\tau_1\\ \displaystyle\int_{-\infty}^{\xi}\dfrac{g_{\tau_1}(x_{\tau_1})(\xi-x_{\tau_1})}{\sqrt{2\pi\sigma_2^2(t-\tau_1)^3}}\exp\left[-\dfrac{(\xi-x_{\tau_1}-\mu_2(t-\tau_1))^2}{2\sigma_2^2(t-\tau_1)}\right]\mathrm{d}x_1, & \tau_1<t\leqslant\tau_2\\ \vdots & \\ \displaystyle\int_{-\infty}^{\xi}\dfrac{g_{\tau_{n-1}}(x_{\tau_{n-1}})(\xi-x_{\tau_{n-1}})}{\sqrt{2\pi\sigma_n^2(t-\tau_{n-1})^3}}\exp\left[-\dfrac{(\xi-x_{\tau_{n-1}}-\mu_n(t-\tau_{n-1}))^2}{2\sigma_n^2(t-\tau_{n-1})}\right]\mathrm{d}x_{\tau_{n-1}}, & \tau_{n-1}<t\end{cases}\tag{2.26}$$

注意到，由于准确的解析表达难以得到，因此需要通过数值积分的方法来计算上式。此外，剩余寿命可通过其与寿命之间的关联关系进行推导得到。

2.4 模型参数辨识

在本节中，主要讨论如何模型参数进行估计，具体可分为离线和在线参数估计部分。

2.4.1 基于 MLE 算法的离线模型参数辨识

考虑 n 个同批次的退化设备，相对应的有 n 组退化数据，即 $\boldsymbol{X}=\{\boldsymbol{x}_1,\boldsymbol{x}_2,\cdots,\boldsymbol{x}_n\}$。令 $\boldsymbol{x}_i=\{x_{i,0},x_{i,1},\cdots,x_{i,m_i}\}$ 表示第 i 个设备在时间 $\{t_{i,0},t_{i,1},\cdots,t_{i,m_i}\}$ 上的监测值。为简化问题，考虑等时间间隔采样，那么有 $\Delta t=t_{i,j}-t_{i,j-1}$。此外，为了描述样本间差异性，定义两阶段模型的漂移系数与变点出现时间均为随机变量。为了进一步简化问题，假设变点出现时间服从 Gamma 分布，且形状系数为 α 与尺度参数为 β。此外，定义两个阶段的漂移系数 μ_1 和 μ_2 分别服从高斯分布 $N(\mu_{1p},\sigma_{1p}^2)$ 和 $N(\mu_{2p},\sigma_{2p}^2)$ 以表示样本间差异性在退化速率上的影响。

注释 2.3：相比于其他分布，Gamma 分布具有以下几个优点：一是变点发生时间应为非负实数；二是 Gamma 分布可以包含并化简为一些其他常见分布，如指数分布、卡方分布等；三是形状参数 α 越大，Gamma 分布越逼近正态分布；四是 Gamma 分布具有良好的计算性质。

令 $\widetilde{\tau}_i=\lfloor\tau_i/\Delta t\rfloor$，其中$\lfloor\ \rfloor$为向下取整函数。这样，$\widetilde{\tau}_i\in 0,1,2,\cdots,m_i$，而 $\{x_{i,0},x_{i,1},\cdots,x_{i,\widetilde{\tau}_i}\}$ 表示第一个阶段模型的退化数据，$\{x_{i,\widetilde{\tau}_i+1},x_{i,\widetilde{\tau}_i+2},\cdots,x_{i,m_i}\}$ 表示第二个阶段模型的退化数据。基于此，构造似然函数如下：

$$\ln L(\mu_{1,i},\sigma_1,\mu_{2,i},\sigma_2,\widetilde{\tau}_i \mid \boldsymbol{x}_i)$$
$$=\sum_{j=1}^{\widetilde{\tau}_i}\ln\frac{1}{\sqrt{2\pi\sigma_1^2\Delta t}}\exp\left[\frac{(x_{i,j}-x_{i,j-1}-\mu_{1,i}\Delta t)^2}{2\sigma_1^2\Delta t}\right]+$$
$$\sum_{j=\widetilde{\tau}_i+2}^{m_i}\ln\frac{1}{\sqrt{2\pi\sigma_2^2\Delta t}}\exp\left[\frac{(x_{i,j}-x_{i,j-1}-\mu_{2,i}\Delta t)^2}{2\sigma_2^2\Delta t}\right]+\ln\frac{1}{\sqrt{2\pi[\sigma_1^2(\tau_i-\widetilde{\tau}_i\Delta t)+\sigma_2^2(\widetilde{\tau}_i\Delta t+\Delta t-\tau_i)]}}\times$$
$$\exp\left[\frac{[x_{i,\widetilde{\tau}_i+1}-x_{i,\widetilde{\tau}_i}-\mu_{1,i}(\tau_i-\widetilde{\tau}_i\Delta t)-\mu_{2,i}(\widetilde{\tau}_i\Delta t+\Delta t-\tau_i)]^2}{2\sigma_1^2(\tau_i-\widetilde{\tau}_i\Delta t)+2\sigma_2^2(\widetilde{\tau}_i\Delta t+\Delta t-\tau_i)}\right] \tag{2.27}$$

式中：$\mu_{1,i}$、σ_1、$\mu_{2,i}$ 以及 σ_2 表示第 i 个设备的退化模型参数；τ_i 表示其变点发生时间。为了简化计算，假设 τ_i 的仅仅出现在采样时间点 $\{t_1,t_2,\cdots,t_{m_i}\}$ 上，那么有 $\widetilde{\tau}_i=\tau_i/\Delta t$，则式（2.27）可转化为

$$\ln L(\mu_{1,i},\sigma_1,\mu_{2,i},\sigma_2,\widetilde{\tau}_i \mid \boldsymbol{x}_i)=\sum_{j=1}^{\widetilde{\tau}_i}\ln\frac{1}{\sqrt{2\pi\sigma_1^2\Delta t}}\exp\left[\frac{(x_{i,j}-x_{i,j-1}-\mu_{1,i}\Delta t)^2}{2\sigma_1^2\Delta t}\right]+\sum_{j=\widetilde{\tau}_i+1}^{m_i}\ln\frac{1}{\sqrt{2\pi\sigma_2^2\Delta t}}\exp\left[\frac{(x_{i,j}-x_{i,j-1}-\mu_{2,i}\Delta t)^2}{2\sigma_2^2\Delta t}\right] \tag{2.28}$$

这样，便可根据极大似然估计得到每个设备的模型参数，也就是估计值 $\hat{\mu}_{1,i}$、$\hat{\mu}_{2,i}$、$\hat{\sigma}_{1,i}$、$\hat{\sigma}_{2,i}$ 和 $\hat{\tau}_i$ 的（$i\in\{1,2,\cdots,n\}$）。

$$\hat{\Xi}=\underset{\Xi}{\arg\max}\sum_{i=1}^{n}\ln L(\mu_{1,i},\sigma_1,\mu_{2,i},\sigma_2,\widetilde{\tau}_i \mid \boldsymbol{x}_i) \tag{2.29}$$

式中：$\Xi=\{\mu_{1,1},\mu_{1,2},\cdots,\mu_{1,n},\mu_{2,1},\mu_{2,2},\cdots,\mu_{2,n},\sigma_1,\sigma_2,\tau_1,\tau_2,\cdots,\tau_n\}$。注意到，$\hat{\tau}_i$、$\hat{\mu}_{1,i}$、和 $\hat{\mu}_{2,i}$ 实际上可看作 τ、μ_1、和 μ_2 的一个样本值，那么基于 τ、μ_1、和 μ_2 的分布形式，可利用 $\hat{\tau}_i$、$\hat{\mu}_{1,i}$、和 $\hat{\mu}_{2,i}$ 计算得到 τ、μ_1、和 μ_2 的分布参数。这样，便可得到 α、β、μ_{1p}、μ_{2p}、σ_{1p}^2 和 σ_{2p}^2 的估计值。

2.4.2　基于贝叶斯理论的在线参数更新

在本小节中，主要研究如何根据离线参数估计得到的先验信息和当前运行信息来更新参数估计结果。定义当前时间为 t_κ，而当前运行设备从时间 t_0 到 t_κ 获取的退化数据为 $\boldsymbol{x}_{0:\kappa}=\{x_0,x_1,\cdots,x_\kappa\}$。注意到，如果变点未出现，即 $t_\kappa\leqslant\tau$，也就是说退化仍处于第一阶段且尚无当前设备的第二阶段退化数据，那么仅需根据收集的退化数据来更新第一阶段模型参数与变点分布；与之相反，若变点已经出现，即 $t_\kappa>\tau$，那么仅需要更新第二阶段模型参数。

令 $\mu_{1p,0}$、$\sigma_{1p,0}$、$\mu_{2p,0}$ 和 $\sigma_{2p,0}$ 表示 μ_1 和 μ_2 的先验信息。若 $t_\kappa\leqslant\tau$，便可用所有收集得到的当前设备运行数据 $\boldsymbol{x}_{0:\kappa}=\{x_0,x_1,\cdots,x_\kappa\}$ 进行参数更新。根据贝叶斯理论，有如下结果：

$$p(\mu_1 \mid \boldsymbol{x}_{0:\kappa})\propto p(\boldsymbol{x}_{0:\kappa} \mid \mu_1)p(\mu_1) \tag{2.30}$$

其中：

$$p(\boldsymbol{x}_{0:\kappa} \mid \mu_1)=\prod_{i=1}^{\kappa}\frac{1}{\sqrt{2\pi\sigma_1^2\Delta t}}\exp\left[-\frac{(x_i-x_{i-1}-\mu_1\Delta t)^2}{2\sigma_1^2\Delta t}\right]p(\mu_1)$$
$$=\frac{1}{\sqrt{2\pi\sigma_{1p,0}^2}}\exp\left[-\frac{(\mu_1-\mu_{1p,0})^2}{2\sigma_{1p,0}^2}\right] \tag{2.31}$$

由于$p(\boldsymbol{x}_{0:\kappa}|\mu_1)$和$p(\mu_1)$服从正态分布，因此根据共轭正态分布的性质，可得到后验分布为

$$p(\mu_1 \mid \boldsymbol{x}_{0:\kappa})=\frac{1}{\sqrt{2\pi\sigma_{1p}^2}}\exp\left[-\frac{(\mu_1-\mu_{1p})^2}{2\sigma_{1p}^2}\right] \tag{2.32}$$

以及

$$\mu_{1p}=\frac{\mu_{1p,0}\sigma_1^2+(x_\kappa-x_0)\sigma_{1p,0}^2}{(t_\kappa-t_0)\sigma_{1p,0}^2+\sigma_1^2},\quad \sigma_{1p}=\sqrt{\frac{\sigma_1^2\sigma_{1p,0}^2}{(t_\kappa-t_0)\sigma_{1p,0}^2+\sigma_1^2}} \tag{2.33}$$

类似地，若$t_\kappa>\tau$，可利用当前运行设备退化数据更新参数μ_2，注意到，由于第一个阶段数据与第二阶段模型无关，因此仅需要数据$\boldsymbol{x}_{\tilde{\tau}:\kappa}=\{x_{\tilde{\tau}},x_{\tilde{\tau}+1},\cdots,x_\kappa\}$用于更新。

$$p(\mu_2 \mid \boldsymbol{x}_{\tilde{\tau}:\kappa})=\frac{1}{\sqrt{2\pi\sigma_{2p}^2}}\exp\left[-\frac{(\mu_2-\mu_{2p})^2}{2\sigma_{2p}^2}\right] \tag{2.34}$$

以及

$$\mu_{2p}=\frac{\mu_{2p,0}\sigma_2^2+(x_\kappa-x_{\tilde{\tau}})\sigma_{2p,0}^2}{(t_\kappa-t_{\tilde{\tau}})\sigma_{2p,0}^2+\sigma_2^2},\quad \sigma_{2p}=\sqrt{\frac{\sigma_2^2\sigma_{2p,0}^2}{(t_\kappa-t_{\tilde{\tau}})\sigma_{2p,0}^2+\sigma_2^2}} \tag{2.35}$$

这样便完成了利用贝叶斯公式更新参数μ_{1p}、μ_{2p}、σ_{1p}和σ_{2p}。

注释 2.4：注意到，σ_{1p}和σ_{2p}会随着数据的累积而减小，这说明参数μ_1和μ_2会逐渐收敛。此外，本章假设σ_1和σ_2这里为固定常数，因此未对其进行更新和估计。若对于每个设备退化模型中σ_1和σ_2存在差异，那么可结合 EM 算法进行解决。

另外，还需要对变点的出现进行检测并更新其分布，具体实现方法为：类似于离线参数估计方法，可构造似然函数，利用极大似然估计的思路对变点进行检测。

$$\begin{aligned}
\hat{\tau} &= \underset{\tau}{\arg\max}\ln L(\tau \mid \boldsymbol{x}_{0:\kappa}) \\
&= \sum_{i=1}^{\tilde{\tau}}\ln\frac{1}{\sqrt{2\pi\sigma_1^2\Delta t}}\exp\left[-\frac{(x_i-x_{i-1}-\mu_1\Delta t)^2}{2\sigma_1^2\Delta t}\right]+ \\
&\quad \sum_{i=\tilde{\tau}+1}^{\kappa}\ln\frac{1}{\sqrt{2\pi\sigma_2^2\Delta t}}\exp\left[-\frac{(x_i-x_{i-1}-\mu_2\Delta t)^2}{2\sigma_2^2\Delta t}\right] \\
&= \sum_{i=1}^{\tilde{\tau}}\ln\int_{-\infty}^{+\infty}\frac{1}{\sqrt{2\pi\sigma_1^2\Delta t}}\exp\left[-\frac{(x_i-x_{i-1}-\mu_1\Delta t)^2}{2\sigma_1^2\Delta t}\right]\frac{1}{\sqrt{2\pi\sigma_{1p}^2}}\exp\left[-\frac{(\mu_1-\mu_{1p})^2}{2\sigma_{1p}^2}\right]\mathrm{d}\mu_1+ \\
&\quad \sum_{i=\tilde{\tau}+1}^{\kappa}\ln\int_{-\infty}^{+\infty}\frac{1}{\sqrt{2\pi\sigma_2^2\Delta t}}\exp\left[-\frac{(x_i-x_{i-1}-\mu_2\Delta t)^2}{2\sigma_2^2\Delta t}\right]\frac{1}{\sqrt{2\pi\sigma_{2p}^2}}\exp\left[-\frac{(\mu_1-\mu_{2p})^2}{2\sigma_{2p}^2}\right]\mathrm{d}\mu_2 \\
&= \sum_{i=1}^{\tilde{\tau}}\ln\frac{1}{\sqrt{2\pi(\sigma_1^2\Delta t+\sigma_{1p}^2)}}\exp\left[-\frac{(x_i-x_{i-1}-\mu_{1p}\Delta t)^2}{2(\sigma_1^2\Delta t+\sigma_{1p}^2)}\right]+ \\
&\quad \sum_{i=\tilde{\tau}+1}^{\kappa}\ln\frac{1}{\sqrt{2\pi(\sigma_2^2\Delta t+\sigma_{2p}^2)}}\exp\left[-\frac{(x_i-x_{i-1}-\mu_{2p}\Delta t)^2}{2(\sigma_2^2\Delta t+\sigma_{2p}^2)}\right]
\end{aligned} \tag{2.36}$$

其中，所有参数除了τ外都可通过式（2.33）和式（2.35）得到。在上式中，由于仅

有一个参数 τ 需要辨识，因此，可通过数值搜索的方法较快得到。注意到，若 $\hat{\tau}/\Delta t=\kappa$，表示变点仍未出现，而若 $\hat{\tau}/\Delta t<\kappa$，表示变点为 $\hat{\tau}$。实际上，这种检测变点的方法会存在一定的时滞，也会对剩余寿命估计带来一些轻微的影响。

另外，若变点已经出现，则变点即为一个固定常值且对于当前运行设备而言无须更新其分布。若变点尚未出现，那么可仍认为 $\tau>\kappa\Delta t$，并将 $\tau>\kappa\Delta t$ 作为已知信息对变点进行更新，具体方法如下：

$$p(\tau=i\Delta t \mid \tau>\kappa\Delta t)=\frac{p(\tau=i\Delta t)p(\tau>\kappa\Delta t \mid \tau=i\Delta t)}{p(\tau>\kappa\Delta t)} \tag{2.37}$$

式中：$i\in\{\widetilde{\tau}+1,\widetilde{\tau}+2,\widetilde{\tau}+3,\cdots\}$。由于 $p(\tau>\kappa\Delta t \mid \tau=i\Delta t)=1$，那么可以得到 $p(\tau=i\Delta t \mid \tau>\kappa\Delta t)=\dfrac{p(\tau=i\Delta t)}{p(\tau>\kappa\Delta t)}$。

2.5　仿真研究

在本节中，主要考虑通过蒙特卡洛仿真来验证理论的正确性，包括寿命分布求解、模型参数估计以及在线剩余寿命估计三部分。

2.5.1　寿命分布求解

在本小节中，主要通过蒙特卡洛仿真来验证推导得到的首达时间意义下的寿命 PDF 是否正确。这里主要考虑四种情况：一是无随机效应影响，即退化模型中所有参数均为常值变量，即 $\mu_1=1$、$\sigma_1=1$、$\mu_2=0.5$、$\sigma_2=1$、$\xi=100$ 和 $\tau=100$，这样可通过定理 2.3 计算得到寿命的 PDF；二是考虑漂移系数存在随机效应，且参数为 $\mu_1=1$、$\sigma_1=1$、$\mu_2=0.5$、$\sigma_2=1$、$\xi=100$ 和 $\tau=100$，在这种情况下可通过定理 2.5 计算得到寿命的 PDF；三是假设变点出现时间 τ 服从 Gamma 分布，其中形状参数为 $\alpha=100$、尺度参数为 $\beta=1$、$\sigma_2=0.5$，其他参数与第一种情况相同；四是假设变点出现时间 τ 服从 Gamma 分布，其中形状参数为 $\alpha=100$、尺度参数为 $\beta=1$，其他参数与第二种情况下的模型参数相同。注意到，后两种情况下的寿命 PDF 可通过结合式（2.21）与定理 2.3 和定理 2.5 计算得到。图 2.2 为蒙特卡洛与本章理论结果的对比图。

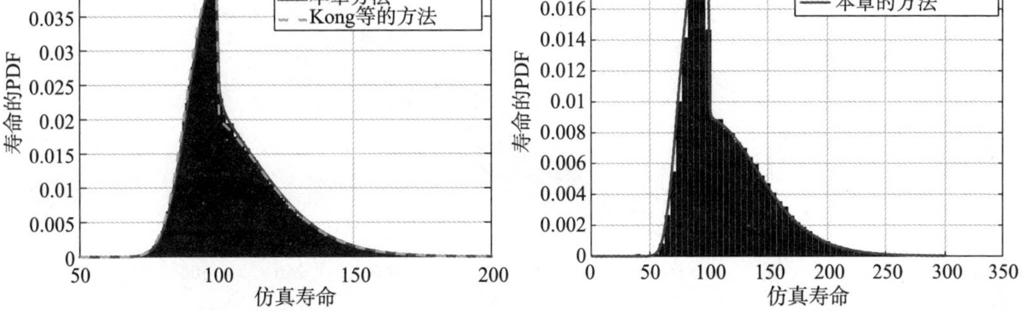

（a）　（b）

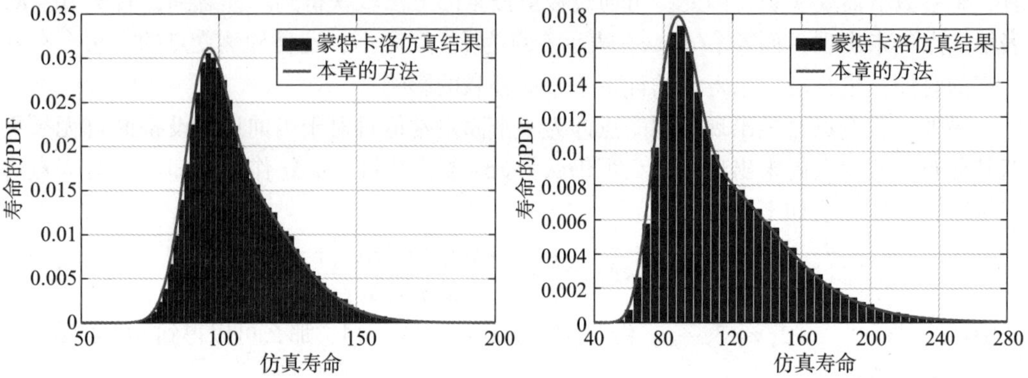

（c） （d）

图 2.2 寿命 PDF 与蒙特卡洛结果对比图

在图 2.2 中，曲线为本章理论方法得到的结果，直方图则表示通过蒙特卡洛仿真得到的结果。注意到，在第一中情况和第三种情况中，设定失效阈值 ξ 等于 $\mu_1\tau$。这样如果采用文献［133-144］中的方法令 $\mu_1\tau$ 作为第二个阶段的初值，那么寿命的 PDF 在 $t>\tau$ 上都会等于 0，这显然是不合理的。此外，在第一种情况中，与 Kong 等的方法进行了对比[86]，可以发现 Kong 等得到的结果在两个阶段切换处存在一定的偏差，而本章所提方法则不会。此外，在后三种情况中，两个阶段的漂移系数和扩散系数都发生了改变，而文献［86］中考虑了漂移系数的改变的情况，这也体现了本章方法的优越性。值得注意的时，这里所采用的参数均为真实值，接下来，将介绍如何通过历史数据辨识得到退化模型的参数。

2.5.2 模型参数估计

在本小节中，首先通过 2.5.1 节第四种情况下设定的模型参数来产生退化数据，如图 2.3 所示。

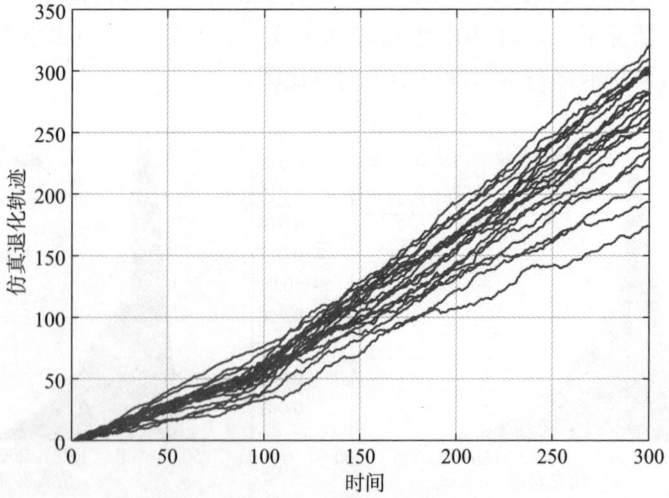

图 2.3 仿真退化数据

那么，根据在 2.4 节中所提出的离线参数辨识方法，可以得到在不同样本量情况下的参数估计结果，如表 2.1 所示。

表 2.1　离线参数估计结果

样本量	μ_{1p}	σ_{1p}	σ_1	μ_{2p}	σ_{2p}	σ_2	α	β
$n=5$	0.531	0.021	0.477	0.910	0.146	1.008	52.1	1.7
$n=10$	0.501	0.069	0.485	0.966	0.156	1.002	60.6	1.6
$n=20$	0.495	0.075	0.484	0.990	0.155	1.011	74.8	1.3
$n=50$	0.528	0.072	0.475	1.014	0.169	1.012	72.2	1.4
$n=100$	0.515	0.084	0.479	0.989	0.204	1.007	80.4	1.2
真实值	0.500	0.100	0.500	1.000	0.200	1.00	100	1

从表 2.1 可以发现，随着样本量的增加，参数估计结果的逐渐接近真实参数值。此外，进一步比较了变点检测结果与实际变点出现时间，图 2.4 统计了两者之间的偏差，由图 2.4 可见，变点出现时刻的估计值与真实值之间的偏差相对不大。

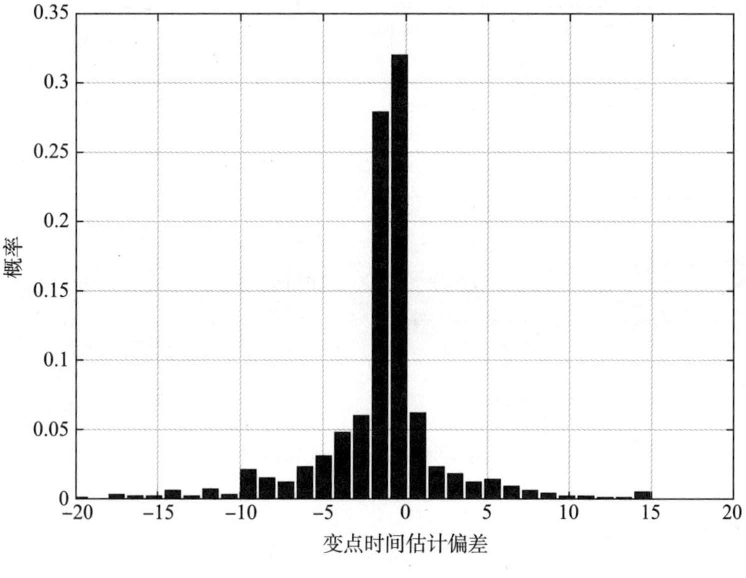

图 2.4　变点检测的偏差

为了检验在线更新算法，这里采取样本量 $n=5$ 情况下的离线估计得到的参数作为先验信息，并随机生成了一条两阶段的退化轨迹用于在线更新算法的实现，其参数设定为 $\mu_1=0.456$、$\sigma_1=0.5$、$\mu_2=0.716$、$\sigma_2=1$ 以及 $\tau=112$。图 2.5 中展示了其退化轨迹与其退化增量数据的情况。

根据 2.4 节中所提出的在线更新算法，可以较快地得到参数更新后的参数估计结果，如图 2.6 所示。从图 2.6 中可以发现，随着数据的累积，σ_{1p} 和 σ_{2p} 逐渐较小，说明了估计结果的不确定性逐渐较小。但由于样本量的限制，σ_{1p} 和 σ_{2p} 并未收敛到 1，而其他参数也未完全收敛至精确的真实值，这会导致之后的剩余寿命预测会存在一定的偏差。此外，根据本章方法估计的得到的变点为 117，而真实值为 112，说明本章的变点检测方法存在一定的时滞。

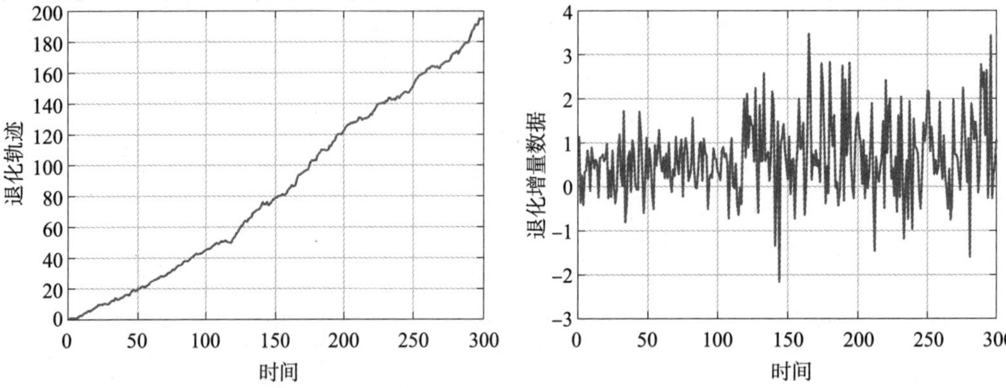

（a）退化轨迹　　（b）退化增量数据

图 2.5　单个样本退化轨迹示意图

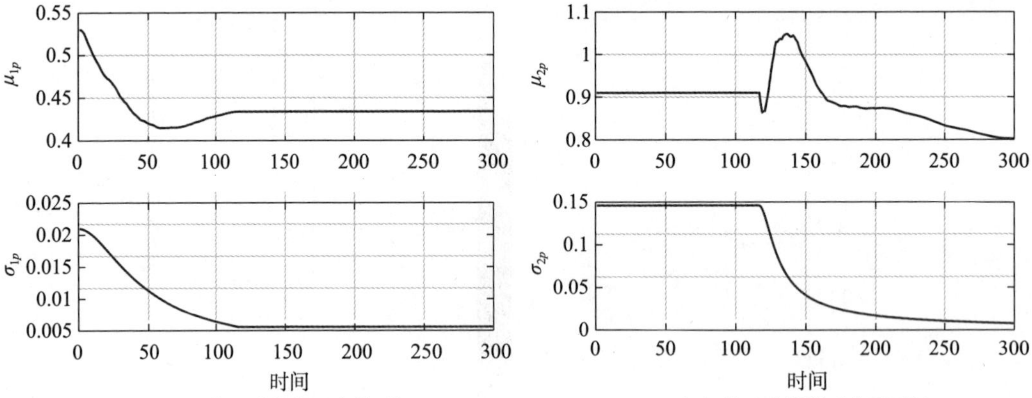

（a）第一阶段模型参数更新　　（b）第二阶段模型参数更新

图 2.6　退化模型参数在线更新

2.5.3　剩余寿命预测

为了更好地说明剩余寿命在线预测方法，定义失效阈值为 $\xi=150$，根据 2.4 节中在线参数更新结果，代入剩余寿命 PDF 表达式，便可得到每一个监测时刻下剩余寿命预测结果，并通过 α-β 性能指标（见文献［147，148］）对预测结果进行验证，具体结果如图 2.7 所示。

从图 2.7 中可以看出，本章方法结合先验信息与设备当前运行数据退化在线的估计剩余寿命，并取得了较为准确的预测结果。此外，值得注意的是，采用真实参数估计得到的剩余寿命要比采用估计得到参数的剩余寿命更加准确，而受到样本量影响，参数估计结果会存在一定偏差，这会导致剩余寿命预测的误差。

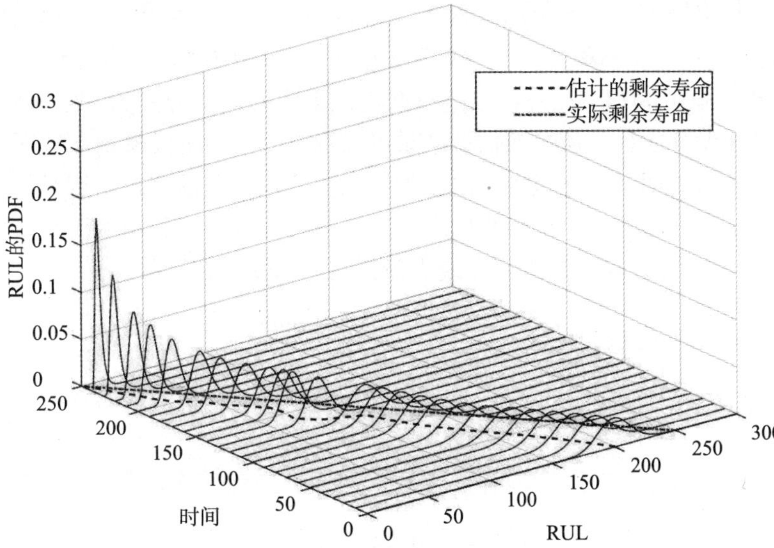

（a）剩余寿命PDF

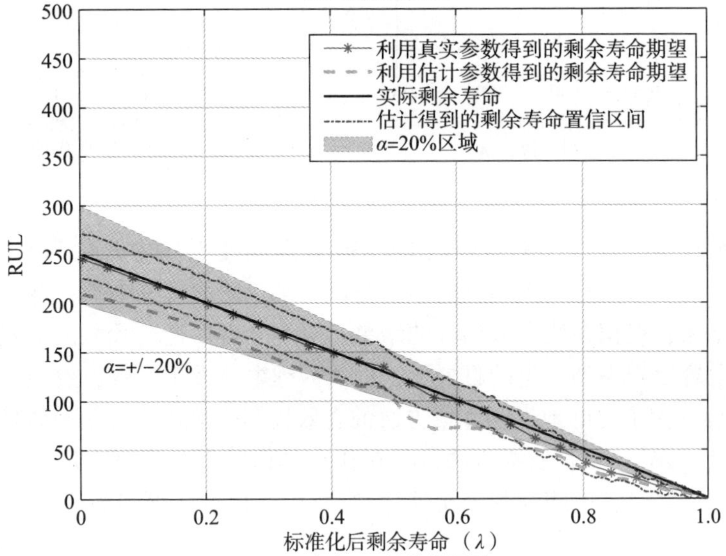

（b）α-β性能指标图

图 2.7　剩余寿命 PDF 对比图

2.6　实例研究

本章将该方法应用于锂电池寿命预测问题，其中电池数据来自马里兰大学 Pecht 教授课题组[145,149]，如图 2.1（b）所示。从图 2.1（b）中可以看出，退化数据呈现出两阶段的退化特征。Burgess 等在文献［134］中分析到，电池的退化阶段可分为两个阶段：一是缓慢退化阶段，二是快速退化阶段。因此，采用图 2.1（b）中四组数据用于验证，即 CS2-35、CS2-36、CS2-37 和 CS2-38 四组数据。类似于仿真案例，CS2-35、CS2-37 和 CS2-38 用于离线参数辨识，其得到的参数估计值作为先验信息，而 CS2-36 作为运行设备用于在线更新与剩余寿命预测。

首先，根据离线估计方法得到参数 μ_{1p}、σ_{1p}、μ_{2p}、σ_{2p}、σ_1 和 σ_2 的估计值，具体估计结果为 $\hat{\mu}_{1p}=-4.335\times10^{-04}$、$\hat{\sigma}_{2p}=6.743\times10^{-06}$、$\hat{\sigma}_1=0.0056$、$\hat{\mu}_{2p}=0.0023$、$\hat{\sigma}_{1p}=1.630\times10^{-5}$ 和 $\hat{\sigma}_1=0.0078$。此外，三组数据辨识得到的变点分别为 623 循环次数、736 循环次数和 753 循环次数。从参数估计结果可以看出，第一阶段模型参数明显异于第二阶段模型参数，这说明了退化呈现两阶段的特征。若根据之前假设 τ 服从 Gamma 分布，则可以估计得到形状参数 $\hat{\alpha}=99$ 以及尺度参数 $\hat{\beta}=7.1$。进一步利用离线参数估计结果作为先验信息，结合 CS2-36 数据进行在线更新，结果如图 2.8 所示。

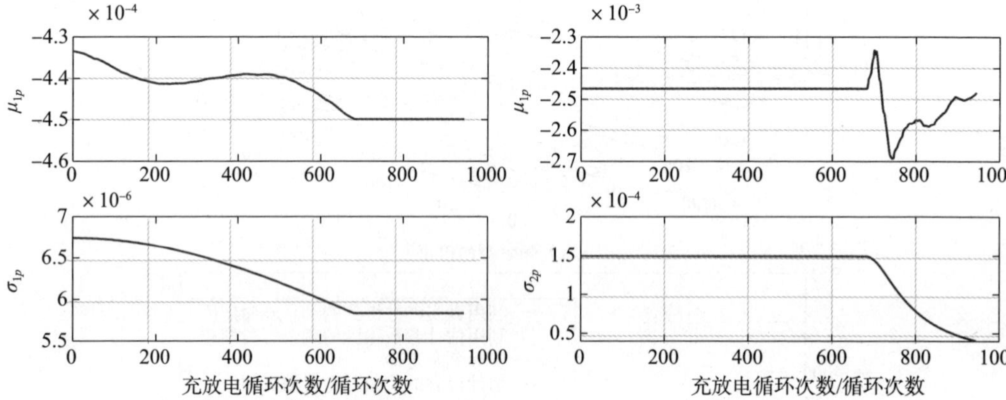

（a）第一阶段模型参数更新　　（b）第二阶段模型参数更新

图 2.8　在线参数更新

利用本章所提出方法，检测得到的 CS2-36 数据的变点发生时刻为 681 循环次数。因此，第一阶段模型参数在变点出现后不再更新，第二阶段模型参数在变点出现之前不进行更新。接下来，根据在线参数估计的结果，对剩余寿命进行预测。一般来说，电池的失效定义为电容量损失到一定的百分比，即认为锂电池发生失效，设定失效阈值为初始电容量的 45%。为了更好地说明本章方法的有效性与合理性，分别与线性模型、指数模型，以及文献［26，133］所提方法进行对比，具体结果如图 2.9 所示。其中，实线为本章方法得到的结果，虚线为基于文献［133］中所提方法得到的结果。

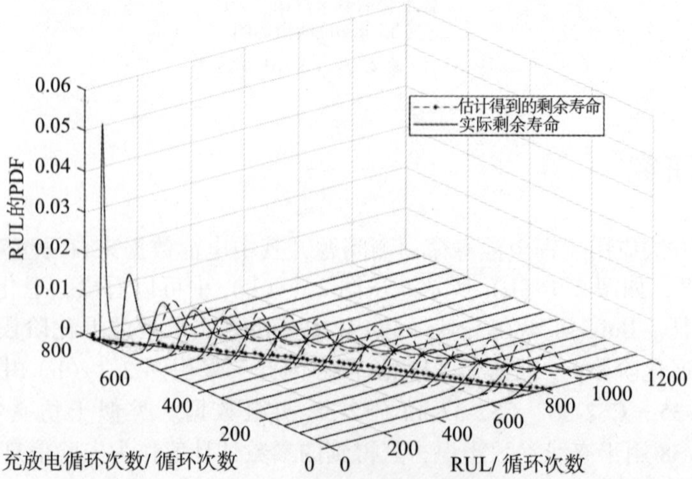

（a）剩余寿命PDF估计结果

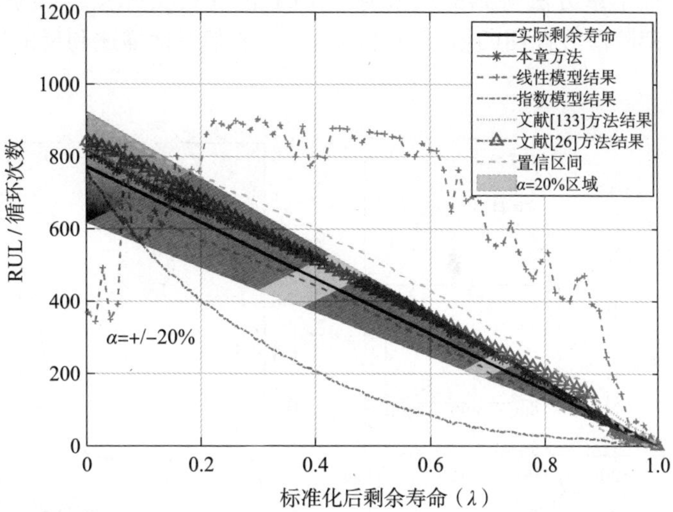

（b）α–β性能指标图

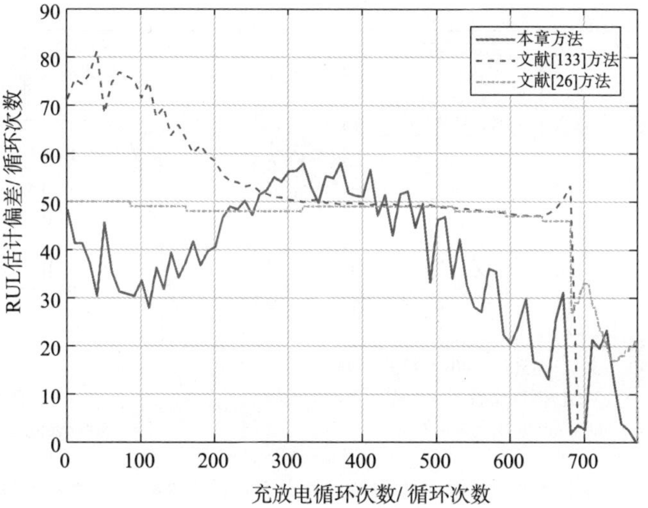

（c）剩余寿命估计绝对误差

图 2.9　剩余寿命估计结果对比图

此外，在图 2.9（a）中可以看出，对于电池数据的剩余寿命估计，本章的方法明显优于单一阶段的模型，即线性模型与指数模型。而相比于文献［26，133］中所提方法，本章的方法能够取得稍好的结果。为了进一步说明，在图 2.10 中比较了在两个时间点处不同方法估计剩余寿命的 PDF。在图 2.10（b）和 2.10（d）中，可以看出文献［133］的方法得到的剩余寿命 PDF 的方差小于本章方法得到的结果，这是因为文献［133］的方法未考虑变点处退化量的不确定性。此外，若不考虑这种不确定性，则会导致通过 PDF 计算得到的 CDF 最大值不等于 1。相比之下，本章方法充分考虑了这一问题，因此能够克服文献［133］方法的缺陷。相比于文献［26］所提出的两阶段线性回归模型，本章方法是基于首达时间意义下得到的结果。另外，从图 2.10（a）和图 2.10（c）中可以发现，在文献［26］方法得到的结果中，真实的剩余寿命值所对应的 PDF 等于 0，而本章方法得到的剩余寿命 PDF 能够将实际真实剩余寿命包括在内。这也说明了基于两阶段线性回归模型得到的结果，能很好地描述和反映退化过程中的不确定性。

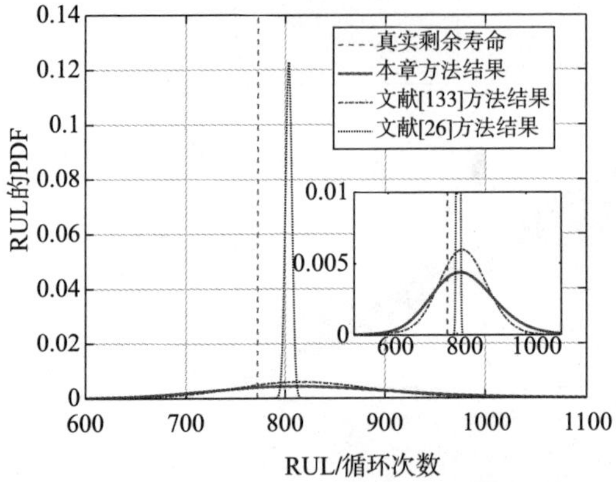

（a）1 cycle 处剩余寿命 PDF

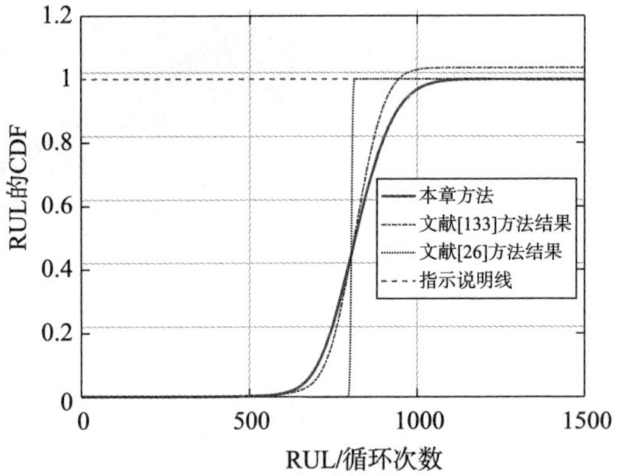

（b）1 cycle 处剩余寿命 CDF

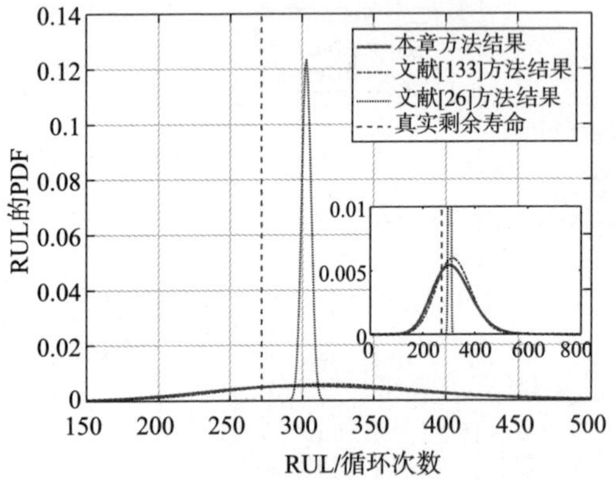

（c）500 cycle处剩余寿命PDF

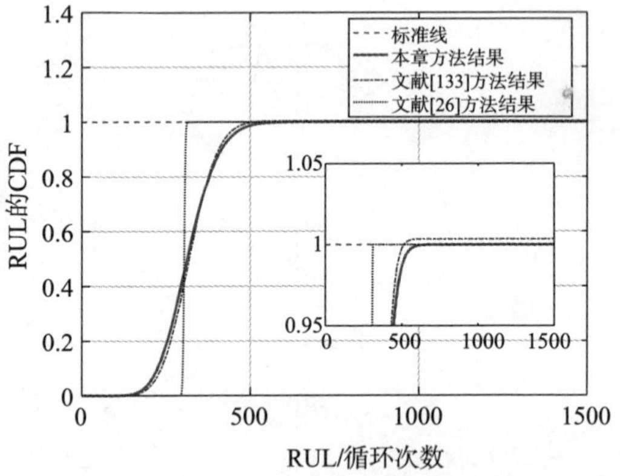

（d）500 cycle处剩余寿命CDF

图 2.10　在充放电循环次数 1 循环次数和 500 循环次数处剩余寿命估计结果

综上所述，本章方法能够较好地预测电池的剩余寿命，并能够克服已有方法中的一些缺陷与不足。

2.7　本章小结

本章主要研究了存在两阶段特性退化数据的建模方法，提出了一种两阶段 Wiener 退化过程模型，并基于该模型研究了剩余寿命预测的问题，以及考虑同批次样本间差异性与更具一般性的多阶段退化过程的问题，主要工作包括：

（1）提出了一种基于两阶段 Wiener 过程的退化模型，基于该模型推导得到了首达时间意义下寿命与剩余寿命 PDF 的解析表达形式，克服了传统方法仅能得到近似结果的缺陷。

（2）考虑了样本间差异性对寿命预测带来的影响，并通过在退化模型参数中引入随机效应来刻画这种差异性。基于常值参数下的寿命与剩余寿命预测结果，结合全概率公式与正态分布的性质，得到了给定变点出现时间下寿命与剩余寿命 PDF 的解析表达。

（3）考虑了更具一般性的多阶段退化模型，基于两阶段退化模型的结果，给出了多阶段退化模型寿命 PDF 的求解方法，并得到了多重积分形式的结果，且讨论了如何通过近似的方法来简化计算。

（4）给出了如何通过极大似然估计离线辨识模型参数，并研究了如何利用贝叶斯理论对当前运行设备的退化模型进行参数更新。

第3章　含随机突变的多阶段退化设备剩余寿命预测

3.1 引　言

第2章主要研究了基于两阶段线性 Wiener 过程模型的剩余寿命预测问题。但在实际工程中，退化过程阶段的切换不仅会导致退化速率的改变，还可能会在变点处出现退化状态的突变。例如，Kong 等在文献［86］中发现，在轴承退化数据中，不仅会呈现出两阶段退化特性，而且在变点处也常常出现退化状态的突变。此外，在步进加速退化试验中发现，当环境温度应力发生改变后，不仅退化过程的速率、波动幅度可能出现变化，而且当温度应力提升时，其退化状态也会出现突变。综上所述，运行环境改变、内在退化机理变化等因素都可能会导致退化状态的突变甚至引起突发的失效。若忽略切换处突变的可能性，必然会影响退化建模以及剩余寿命预测的精度，影响运行安全与维护决策的制订。另外，这种突变所导致退化量的变化幅值通常都是随机的。因此，有必要研究带随机突变的多阶段退化过程建模及剩余寿命预测问题。例如，Kong 等基于带跳变的两阶段 Wiener 过程，将第一阶段退化过程期望与变点处跳变幅值的加和，作为第二阶段退化过程的初始值，进而推导得到了剩余寿命的近似解析表达[86]。但是，由于该方法未考虑变点处退化量的随机性，导致仅能得到近似的预测结果。此外，Rafiee 等[150] 和 Liu 等[151] 研究发现，对设备的维护活动也可能会导致退化速率的改变与退化量的恢复，并提出了一类考虑非完美维修下的维护决策方法。综上所述，本章拟结合第2章得到的部分理论结果，研究带随机突变的两阶段 Wiener 退化过程模型的寿命预测问题，以及样本间差异性所导致的随机效应影响下的寿命预测问题。

为此，本章主要研究带随机跳变的多阶段 Wiener 过程模型剩余寿命预测问题。首先，提出一种变点处存在突变的两阶段 Wiener 过程的退化模型，并基于该模型研究首达时间意义下寿命分布求解问题，得到寿命分布 PDF 的解析表示形式；然后，进一步通过引入参数随机效应来描述样本间的差异性，利用全概率公式给出寿命分布的积分表示形式；此外，基于极大似然估计给出模型参数辨识与变点检测的方法。

3.2 问题描述与模型构建

如图3.1所示为三个某同型号惯性仪表步进加速退化试验的结果，可以注意到三组退化过程皆在某同一时刻发生了突变，而且在突变发生后退化速率相对之前有明显区别。通过仔细核对试验条件发现，退化数据所有突变发生时间都是温度应力切换处。因此，说明了运行条件的改变，可能会同时导致退化速率的变化与退化状态的突变。此外，如图3.2所示，轴承等退化设备也可能会出现带突变的两阶段退化特性。因此，有必要研究带随机突变的两阶段退化过程建模及其寿命估计问题。在图 3.1 和图 3.2 中，可以发现退化轨迹都是非单调的，那么结合第 2 章所提出的两阶段 Wiener 过程模型，带突变的两阶段 Wiener 退化过程模型可定义为如下形式：

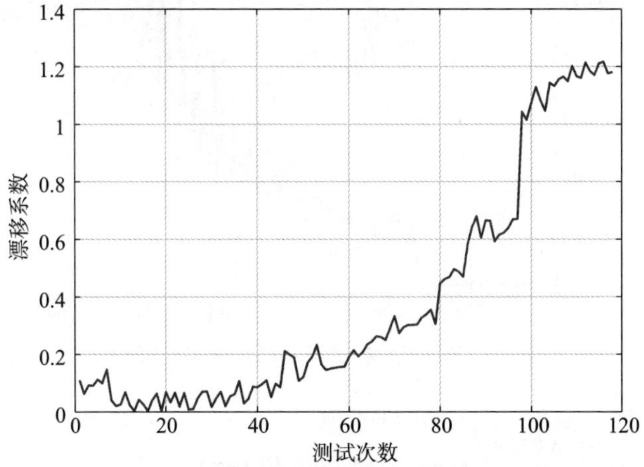

(a)

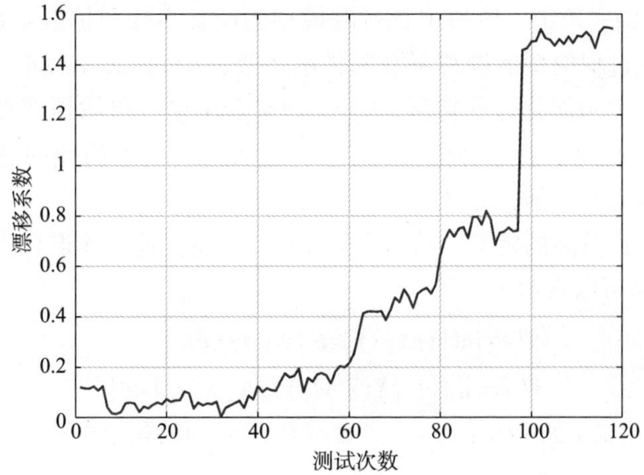

(b)

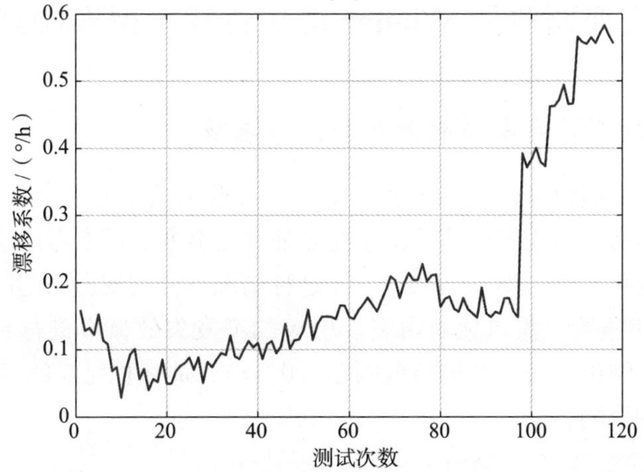

(c)

图 3.1　陀螺仪实际退化数据

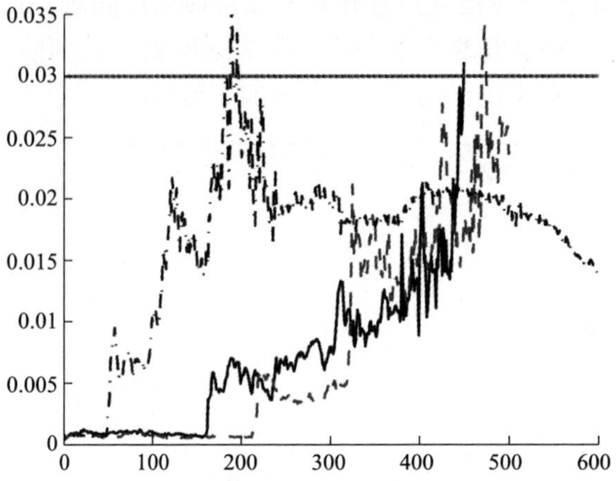

图 3.2　轴承实际退化数据

$$X(t)=\begin{cases}x_0+\mu_1 t+\sigma_1 B(t), & 0<t<\tau \\ x_\tau+\mu_2(t-\tau)+\sigma_2 B(t-\tau), & t\geqslant\tau\end{cases} \tag{3.1}$$

式中：μ_1 和 σ_1 分别表示第一阶段退化过程模型的漂移系数和扩散系数；μ_2 和 σ_2 分别表示第二阶段退化过程模型的漂移系数和扩散系数；$B(t)$ 表示标准布朗运动；τ 表示变点发生时间；x_0 表示退化过程初值；$x_\tau=x_{\tau^-}+\gamma$ 表示第二阶段即变点处的退化量，这里 τ^- 表示变点出现时间 τ 的左极限，γ 表示突变大小。为了简化问题和之后的推导计算，假设突变是瞬时发生的，即在变点 τ 处出现。

进一步根据首达时间的定义，若给定失效阈值为 ξ，基于该退化模型寿命以及在时间 t_κ 处的剩余寿命可以表示为

$$\begin{cases}T:=\inf\{t:X(t)\geqslant\xi \mid X(0)<\xi\} \\ L_\kappa:=\inf\{l_\kappa:X(t_\kappa+l_\kappa)\geqslant\xi \mid X(t_\kappa)<\xi\}\end{cases} \tag{3.2}$$

式中：$f_T(t)$ 表示寿命 t 的 PDF；$f_{L_\kappa}(l_\kappa)$ 表示在 t_κ 时刻处剩余寿命 l_κ 的 PDF。

3.3　带随机突变两阶段 Wiener 退化过程模型寿命分布求解

3.3.1　固定参数下的寿命与剩余寿命分布求解

在本节中，首先假设变点发生时间已知，以及退化模型所有参数为固定常值参数。不同于第 2 章的寿命分布求解方法，由于变点处存在突变，需要考虑突变导致突然超过阈值而引起失效的可能性，即 $x_{\tau^-}+\gamma\geqslant\xi$。在这种情况下，突变所引起的突发失效则会导致寿命的 PDF 不再连续，需单独对由突变引起的突发失效概率进行计算。首先，类似于第 2 章中的主要结论，若寿命取值范围在（0，τ），那么相对应的寿命 PDF 仅受到第一阶段退化模型的影响，即

$$f_T(t)=\frac{\xi-x_0}{\sqrt{2\pi\sigma_1^2 t^3}}\exp\left[-\frac{(\xi-x_0-\mu_1 t)^2}{2\sigma_1^2 t}\right],\quad 0<t<\tau \tag{3.3}$$

接下来讨论在固定突变幅值的情况下，变点处由突变所导致突发失效概率的计算方法，即 $\Pr\{x_\tau+\gamma\geqslant\xi\}$。根据引理 2.1 可知，若不考虑突变的影响，则经过时间 τ 首达时间意义下的退化状态从 0 到 x_τ 的转移概率为

$$g_\tau(x_\tau)=\frac{1}{\sqrt{2\pi\tau\sigma_1^2}}\left\{\exp\left[-\frac{(x_\tau-\mu_1\tau)^2}{2\sigma_1^2\tau}\right]-\exp\left(\frac{2\mu_1\xi}{\sigma_1^2}\right)\exp\left[-\frac{(x_\tau-2\xi-\mu_1\tau)^2}{2\sigma_1^2\tau}\right]\right\} \tag{3.4}$$

由于在变点处存在突变，因此式（3.4）的结论在本章中不再成立，需先求取在 τ 的左极限 τ^- 处首达时间意义下的转移概率 $g_{\tau^-}(x_{\tau^-})$。那么，类似于式（3.4），$g_{\tau^-}(x_{\tau^-})$ 的表达形式为

$$g_{\tau^-}(x_{\tau^-})=\frac{1}{\sqrt{2\pi\tau\sigma_1^2}}\left\{\exp\left[-\frac{(x_{\tau^-}-\mu_1\tau)^2}{2\sigma_1^2\tau}\right]-\exp\left(\frac{2\mu_1\xi}{\sigma_1^2}\right)\exp\left[-\frac{(x_{\tau^-}-2\xi-\mu_1\tau)^2}{2\sigma_1^2\tau}\right]\right\} \tag{3.5}$$

进一步，若变点处突变大小 γ 给定，那么由突变所造成突发失效的概率，即寿命为 τ 的概率，其计算表达式为 $\Pr\{T=\tau\}=\Pr\{x_\tau=x_{\tau^-}+\gamma_1\geqslant\xi\}$。值得注意的是，由于需要求首达时间意义下寿命 $t=\tau$ 的概率，若突变为反方向 $\gamma\leqslant0$，则 $x_{\tau^-}+\gamma\leqslant x_{\tau^-}$。由于在首达时间意义下求取寿命 $T=\tau$ 的概率需要满足 $x_{\tau^-}\leqslant\xi$，那么必然有 $x_\tau\leqslant\xi$，这说明了寿命为 τ 的概率 $\Pr\{T=\tau\}=\Pr\{x_\tau=x_{\tau^-}+\gamma_1\geqslant\xi\}=0$。另外，若 $\gamma>0$，则当 x_{τ^-} 的取值范围在 $[\xi-\gamma,\ \xi)$ 时，$x_{\tau^-}+\gamma$ 必然大于等于 ξ。那么，可通过以下公式计算失效概率。

$$\begin{aligned}\Pr\{T=\tau\}&=\Pr\{x_\tau=x_{\tau^-}+\gamma\geqslant\xi\}\\&=\int_{\xi-\gamma}^{\xi}g_{\tau^-}(x_{\tau^-})\mathrm{d}x_{\tau^-}\\&=\int_{\xi-\gamma}^{\xi}\frac{1}{\sqrt{2\pi\tau\sigma_1^2}}\left\{\exp\left[-\frac{(x_{\tau^-}-\mu_1\tau)^2}{2\sigma_1^2\tau}\right]-\exp\left(\frac{2\mu_1\xi}{\sigma_1^2}\right)\exp\left[-\frac{(x_{\tau^-}-2\xi-\mu_1\tau)^2}{2\sigma_1^2\tau}\right]\right\}\mathrm{d}x_{\tau^-}\end{aligned} \tag{3.6}$$

注意到，式（3.6）中积分号里面的形式类似于正态分布的概率密度函数，因此通过将其转化为正态分布概率密度函数的线性组合后，利用截断正态分布的性质计算得到

$$\begin{aligned}&\Pr(T=\tau)=\Pr(x_\tau=x_{\tau^-}+\gamma\geqslant\xi)\\&=I(\gamma\leqslant0)\cdot0+I(\gamma>0)\left[\Phi\left(\frac{\mu_1t-\xi}{\sigma\sqrt{t}}\right)-\exp\left(\frac{2\xi\mu_1}{\sigma}\right)\Phi\left(\frac{-\mu_1t-\xi}{\sigma\sqrt{t}}\right)\right]+\\&\quad I(\gamma>0)\left[-\Phi\left(\frac{\mu_1t-\xi+\gamma}{\sigma\sqrt{t}}\right)+\exp\left(\frac{2(\xi-\gamma)-\mu_1}{\sigma_1}\right)\Phi\left(\frac{-\mu_1t-\xi+\gamma}{\sigma_1\sqrt{t}}\right)\right]\end{aligned} \tag{3.7}$$

式中：$I(\cdot)$ 为指示函数，表示若括号里面的条件成立，则等于 1，反之则等于 0。这样，式（3.7）可同时描述突变 γ 为正、负两种情况下的结果。

接下来，为了求解得寿命在 (τ,∞) 上的 PDF，首先需要推导首达时间意义下第二阶段退化初值的概率密度函数，也就是 $g_\tau(x_\tau)$。由 $x_\tau=x_{\tau^-}+\gamma$ 可知，$g_\tau(x_\tau)=g_{\tau^-}(x_\tau-\gamma)$，其中 x_τ 的取值范围为 $(-\infty,\ \widetilde{\xi}\,]$，$\widetilde{\xi}=\xi-I(\gamma<0)\ \gamma$。那么，类似于定理 2.3 的推导方法，寿命在 $T>\tau$ 上的 PDF 可通过全概率公式积分得到，即

$$f_T(t)=\int_{-\infty}^{\widetilde{\xi}}\frac{\xi-x_\tau}{\sqrt{2\pi\sigma_2^2(t-\tau)^3}}\exp\left[-\frac{(\xi-x_\tau-\mu_2(t-\tau))^2}{2\sigma_2^2(t-\tau)}\right]g_\tau(x_\tau)\mathrm{d}x_\tau,t>\tau \tag{3.8}$$

根据定理 2.1 和定理 2.2，可将式（3.8）进一步简化为

$$f_T(t)=\sqrt{\frac{1}{2\pi(t-\tau)^2(\sigma_{a1}^2+\sigma_b^2)}}\exp\left[-\frac{(\mu_{a1}-\mu_{b1})^2}{2(\sigma_{a1}^2+\sigma_{b1}^2)}\right]\times$$
$$\left\{\frac{\mu_{b1}\sigma_{a1}^2+\mu_{a1}\sigma_{b1}^2}{\sigma_{a1}^2+\sigma_{b1}^2}\Phi\left(\frac{\mu_{b1}\sigma_{a1}^2+\mu_{a1}\sigma_{b1}^2}{\sqrt{\sigma_{a1}^2\sigma_{b1}^2(\sigma_{a1}^2+\sigma_{b1}^2)}}\right)+\sqrt{\frac{\sigma_{a1}^2\sigma_{b1}^2}{\sigma_{a1}^2+\sigma_{b1}^2}}\phi\left(\frac{\mu_{b1}\sigma_{a1}^2+\mu_{a1}\sigma_{b1}^2}{\sqrt{\sigma_{a1}^2\sigma_{b1}^2(\sigma_{a1}^2+\sigma_{b1}^2)}}\right)\right\}-$$
$$\exp\left(\frac{2\mu_1\xi}{\sigma_1^2}\right)\sqrt{\frac{1}{2\pi(t-\tau)^2(\sigma_{a1}^2+\sigma_{b1}^2)}}\exp\left[-\frac{(\mu_{a1}-\mu_{c1})^2}{2(\sigma_{a1}^2+\sigma_{b1}^2)}\right]\times$$
$$\left\{\frac{\mu_{c1}\sigma_{a1}^2+\mu_{a1}\sigma_{b1}^2}{\sigma_{a1}^2+\sigma_{b1}^2}\Phi\left(\frac{\mu_{c1}\sigma_{a1}^2+\mu_{a1}\sigma_{b1}^2}{\sqrt{\sigma_{a1}^2\sigma_{b1}^2(\sigma_{a1}^2+\sigma_{b1}^2)}}\right)+\sqrt{\frac{\sigma_{a1}^2\sigma_{b1}^2}{\sigma_{a1}^2+\sigma_{b1}^2}}\phi\left(\frac{\mu_{c1}\sigma_{a1}^2+\mu_{a1}\sigma_{b1}^2}{\sqrt{\sigma_{a1}^2\sigma_{b1}^2(\sigma_{a1}^2+\sigma_{b1}^2)}}\right)\right\}$$
$$(3.9)$$

其中：

$$\mu_{a1}=\mu_2(t-\tau),\quad \mu_{b1}=\widetilde{\xi}-\mu_1\tau,\quad \mu_{c1}=-\widetilde{\xi}-\mu_1\tau,\quad \sigma_{a1}^2=\sigma_2^2(t-\tau),\quad \sigma_{b1}^2=\sigma_1^2\tau \quad (3.10)$$

综上所述，若寿命取值范围为 $T<\tau$，则寿命 PDF 表达如式（4.3）所示；若寿命取值范围为 $T>\tau$，则寿命 PDF 表达如式（3.9）所示；若寿命 $T=\tau$，则变点处的失效概率可通过式（3.7）计算得到。这样，便推导得到了固定参数下的寿命分布 PDF 表示。需要注意的是，与第 2 章的结论不同，受到状态突变的影响，这里计算得到的寿命分布 PDF 在变点处并不连续。

3.3.2　随机效应影响下的寿命分布求解方法

在本小节中，主要研究在样本间差异性影响下的寿命分布求解问题。如前所述，在实际工程中，即使是同一型号设备，其退化过程也会存在一定的差异性，这种差异性不仅表现在退化速率的差异，也可能表现在突变出现的时间以及突变的幅值的差异，如图 3.1 所示，三组数据的突变幅度都不相同。因此，在第 2 章考虑退化速率的随机效应的基础上，本章还考虑突变的随机性。鉴于此，本章通过引入参数随机效应来描述样本间差异性，具体方式为定义模型参数 μ_1、μ_2 和 γ 服从正态分布 $N(\mu_{1p},\sigma_{1p}^2)$、$N(\mu_{2p},\sigma_{2p}^2)$ 和 $N(\mu_\gamma,\sigma_\gamma^2)$。

首先，仍然假设变点出现时刻已知，那么类似于定理 2.5，若寿命 PDF 的取值范围为 $(0,\tau)$，则寿命 PDF 的表达形式与定理 2.5 中 $T<\tau$ 的结果一样，即

$$f_T(t)=\frac{\xi-x_0}{\sqrt{2\pi t^2(t\sigma_1^2+t^2\sigma_{1p}^2)}}\exp\left[-\frac{(\xi-x_0-\mu_{1p}t)^2}{2(t\sigma_1^2+t^2\sigma_{1p}^2)}\right],\quad 0<t<\tau \quad (3.11)$$

类似地，受到突变的影响，寿命分布在变点处不是连续的，因此有必要计算变点处的突发失效概率。首先根据定理 2.4，可以得到首达时间意义下发生时刻左极限处的转移概率函数为

$$g_{\tau^-}(x_{\tau^-}\mid\mu_{1p},\sigma_{1p})=\left[1-\exp\left(-\frac{4\xi^2-4x_{\tau^-}\xi}{2\sigma_1^2\tau}\right)\right]\frac{1}{\sqrt{2\pi(\tau\sigma_1^2+\tau^2\sigma_{1p}^2)}}\exp\left[-\frac{(x_{\tau^-}-\mu_{1p}\tau)^2}{2(\tau\sigma_1^2+\tau^2\sigma_{1p}^2)}\right]$$
$$(3.12)$$

那么，进一步可根据 x_{τ^-} 与 x_τ 之间的关系（即，$x_\tau=x_{\tau^-}+\gamma$），计算在变点处突发失

效概率。注意到，不同于 3.3.1 小节中的计算方法，这里 x_{τ^-} 和 γ 都是随机变量。根据随机变量函数和的 PDF 求解方法，可得到 x_τ 的概率密度函数为

$$g_\tau(x_\tau)=\int_{-\infty}^{\xi} g_{\tau^-}(x_{\tau^-})g_\gamma(\gamma)\,\mathrm{d}x_{\tau^-}=\int_{-\infty}^{\xi} g_{\tau^-}(x_{\tau^-})g_\gamma(x_\tau-x_{\tau^-})\,\mathrm{d}x_{\tau^-} \tag{3.13}$$

式中：$g_\gamma(\cdot)$ 表示 γ 的 PDF。根据定理 2.1 和定理 2.2 式（3.13）可进一步求解得到：

$$\begin{aligned}g_\tau(x_\tau)=&\frac{\exp\left(-\dfrac{(\mu_a-\mu_b)^2}{2(\sigma_a^2+\sigma_b^2)}\right)}{\sqrt{2\pi(\sigma_a^2+\sigma_b^2)}}\left[1-\Phi\left(-\frac{\xi(\sigma_a^2+\sigma_b^2)-\mu_b\sigma_a^2-\mu_a\sigma_b^2}{\sqrt{\sigma_a^2\sigma_b^2(\sigma_a^2+\sigma_b^2)}}\right)\right]-\\&\exp\left(\frac{2\mu_{1p}\xi}{\sigma_1^2}+\frac{2(\xi^2\sigma_{1p}^4\tau+\xi^2\sigma_{1p}^2\sigma_1^2)}{(\sigma_1^2+\tau\sigma_{1p}^2)\sigma_1^4}\right)\frac{\exp\left(-\dfrac{(\mu_a-\mu_c)^2}{2(\sigma_a^2+\sigma_c^2)}\right)}{\sqrt{2\pi(\sigma_a^2+\sigma_c^2)}}\left[1-\Phi\left(-\frac{\xi(\sigma_a^2+\sigma_c^2)-\mu_c\sigma_a^2-\mu_a\sigma_c^2}{\sqrt{\sigma_a^2\sigma_c^2(\sigma_a^2+\sigma_c^2)}}\right)\right]\end{aligned} \tag{3.14}$$

其中：

$$\begin{cases}\mu_a=x_\tau-\mu_\gamma\\\mu_b=\mu_{1p}\tau\\\mu_c=\mu_{1p}\tau+2\xi+\dfrac{2\xi\sigma_{1p}^2\tau}{\sigma_1^2}\\\sigma_a=\sigma_\gamma\\\sigma_b=\sigma_c=\sqrt{\tau\sigma_1^2+\tau^2\sigma_{1p}^2}\end{cases} \tag{3.15}$$

证明

$$\begin{aligned}g_\tau(x_\tau)&=\int_{-\infty}^{\xi} g_{\tau^-}(x_{\tau^-})g_\gamma(x_\tau-x_{\tau^-})\,\mathrm{d}x_{\tau^-}\\&=\int_{-\infty}^{\xi}\left[1-\exp\left(-\frac{4\xi^2-4x_{\tau^-}\xi}{2\sigma_1^2\tau}\right)\right]\frac{1}{\sqrt{2\pi(\tau\sigma_1^2+\tau^2\sigma_{1p}^2)}}\exp\left[-\frac{(x_{\tau^-}-\mu_{1p}\tau)^2}{2(\tau\sigma_1^2+\tau^2\sigma_{1p}^2)}\right]\times\\&\quad\frac{1}{\sqrt{2\pi\sigma_\gamma^2}}\exp\left[-\frac{(x_\tau-x_{\tau^-}-\mu_\gamma)^2}{2\sigma_\gamma^2}\right]\mathrm{d}x_{\tau^-}\\&=\int_{-\infty}^{\xi}\frac{\exp\left[-\dfrac{(x_\tau-\mu_{1p}\tau)^2}{2(\tau\sigma_1^2+\tau^2\sigma_{1p}^2)}\right]}{\sqrt{2\pi(\tau\sigma_1^2+\tau^2\sigma_{1p}^2)}}\times\frac{1}{\sqrt{2\pi\sigma_\gamma^2}}\exp\left[-\frac{(x_\tau-x_{\tau^-}-\mu_\gamma)^2}{2\sigma_\gamma^2}\right]\mathrm{d}x_{\tau^-}-\\&\quad\int_{-\infty}^{\xi}-\frac{\exp\left(\dfrac{2\mu_{1p}\xi}{\sigma_1^2}+\dfrac{2(\xi^2\sigma_{1p}^4\tau+\xi^2\sigma_{1p}^2\sigma_1^2)}{(\sigma_1^2+\tau\sigma_{1p}^2)\sigma_1^4}\right)\exp\left[-\dfrac{\left(x_\tau-2\xi-\mu_{1p}\tau-\dfrac{2\xi\sigma_{1p}^2\tau}{\sigma_1^2}\right)^2}{2(\tau\sigma_1^2+\tau^2\sigma_{1p}^2)}\right]}{\sqrt{2\pi(\tau\sigma_1^2+\tau^2\sigma_{1p}^2)}}\times\\&\quad\frac{1}{\sqrt{2\pi\sigma_\gamma^2}}\exp\left[-\frac{(x_\tau-x_{\tau^-}-\mu_\gamma)^2}{2\sigma_\gamma^2}\right]\mathrm{d}x_{\tau^-}\end{aligned} \tag{3.16}$$

注意到式（3.16）可以转化为定理 2.1 和定理 2.2 中公式的线性组合。那么便可根据定理 2.1 和定理 2.2 对式（3.16）进行简化，进而得到式（3.14）和式（3.15）中所显示的结果。这样 x_τ 在首达时间意义下的概率密度函数 $g_\tau(x_\tau)$ 便可推导得到，接下来可采用上一小节中类似的方法计算寿命 $T=\tau$ 的概率以及寿命 PDF 在 $T>\tau$ 上的表达形式。

根据变点处概率密度函数 $g_\tau(x_\tau)$ 寿命 $T=\tau$ 的概率以及寿命 PDF 在 $T>\tau$ 上的表达形式分别为

$$\Pr(T=\tau)=\Pr(x_\tau=x_{\tau^-}+\gamma\geqslant\xi)=\int_{\xi}^{+\infty}g_\tau(x_\tau)\,\mathrm{d}x_\tau \tag{3.17}$$

以及

$$\begin{aligned}f_T(t)&=\int_{-\infty}^{\xi}\int_{-\infty}^{+\infty}\frac{\xi-x_\tau}{\sqrt{2\pi\sigma_2^2(t-\tau)^3}}\exp\left[-\frac{(\xi-x_\tau-\mu_2(t-\tau))^2}{2\sigma_2^2(t-\tau)}\right]p(\mu_2)g_\tau(x_\tau\mid\mu_{1p},\sigma_{1p})\,\mathrm{d}\mu_2\mathrm{d}x_\tau\\&=\int_{-\infty}^{\xi}\frac{\xi-x_\tau}{\sqrt{2\pi t^2(t\sigma_2^2+t^2\sigma_{2p}^2)}}\exp\left[-\frac{(\xi-x_\tau-\mu_{2p}t)^2}{2(t\sigma_2^2+t^2\sigma_{2p}^2)}\right]g_\tau(x_\tau\mid\mu_{1p},\sigma_{1p})\,\mathrm{d}x_\tau\end{aligned} \tag{3.18}$$

但是，由于 $g_\tau(x_\tau)$ 复杂的形式表达，式（3.17）和式（3.18）中的积分难以得到解析表示，仅能通过数值积分的方法进行求解。但考虑到仅有一层积分需要通过数值求解，现有的数值求解方法能够快速、准确地得到积分结果。

注释 3.1：以上主要研究了基于带随机突变两阶段模型的寿命分布求解问题。而对于本章所提出模型的剩余寿命分布求解问题，可通过剩余寿命与寿命之间的关系推导得到，即通过将问题转化为阈值等于 $\xi-x_\kappa$ 以及初值为 0 退化过程的寿命分布求解问题。值得注意的是，如同第 2 章中的剩余寿命预测问题，需要区分变点是否出现两种情况进行讨论，具体可参考第 2 章的结论，本章不再赘述。

3.4　模型参数辨识

在本小节中，对于模型参数辨识问题，主要分变点发生时刻已知和变点发生时刻未知两种情况进行讨论。

3.4.1　变点发生时刻已知情况下的参数估计方法

首先对于单一退化设备而言，其模型中参数皆为常值。假设第 i 个退化设备的退化数据为 $\boldsymbol{x}_i=\{x_{i,0},x_{i,1},\cdots,x_{i,m_i}\}$，根据 Wiener 过程的性质可知其退化数据增量服从正态分布，那么可以构造似然函数如下：

$$\begin{aligned}&\ln L(\mu_{1,i},\sigma_1,\mu_{2,i},\sigma_2,\mu_\gamma,\sigma_\gamma,\tau_i\mid\boldsymbol{x}_i)\\&=\sum_{j=1}^{\tilde{\tau}_i}\ln\frac{1}{\sqrt{2\pi\sigma_1^2\Delta t}}\exp\left[\frac{(x_{i,j}-x_{i,j-1}-\mu_{1,i}\Delta t)^2}{2\sigma_1^2\Delta t}\right]+\sum_{j=\tilde{\tau}_i+2}^{m_i}\ln\frac{1}{\sqrt{2\pi\sigma_2^2\Delta t}}\exp\left[\frac{(x_{i,j}-x_{i,j-1}-\mu_{2,i}\Delta t)^2}{2\sigma_2^2\Delta t}\right]+\\&\ln\frac{1}{\sqrt{2\pi[\sigma_1^2(\tau_i-\tilde{\tau}_i\Delta t)+\sigma_2^2(\tilde{\tau}_i\Delta t+\Delta t-\tau_i)]}}\times\\&\exp\left\{\frac{[x_{i,\tilde{\tau}_i+1}-x_{i,\tilde{\tau}_i}-\mu_{1,i}(\tau_i-\tilde{\tau}_i\Delta t)-\mu_{2,i}(\tilde{\tau}_i\Delta t+\Delta t-\tau_i)-\gamma_i]^2}{2\sigma_1^2(\tau_i-\tilde{\tau}_i\Delta t)+2\sigma_2^2(\tilde{\tau}_i\Delta t+\Delta t-\tau_i)}\right\}\end{aligned} \tag{3.19}$$

式中：$\widetilde{\tau}_i=\lfloor \tau_i/\Delta t \rfloor$，$\lfloor \cdot \rfloor$为向下取整函数。这样，$\widetilde{\tau}_i \in 0,1,2,\cdots,m_i$，而 $\{x_{i,0},x_{i,1},\cdots,x_{i,\widetilde{\tau}_i}\}$ 表示第一个阶段的退化数据，$\{x_{i,\widetilde{\tau}_i+1},x_{i,\widetilde{\tau}_i+2},\cdots,x_{i,m_i}\}$ 则表示第二个阶段的退化数据。

可以注意到最后一部分 $\exp\left\{\frac{[x_{i,\widetilde{\tau}_i+1}-x_{i,\widetilde{\tau}_i}-\mu_{1,i}(\tau_i-\widetilde{\tau}_i\Delta t)-\mu_{2,i}(\widetilde{\tau}_i\Delta t+\Delta t-\tau_i)-\gamma_i]^2}{2\sigma_1^2(\tau_i-\widetilde{\tau}_i\Delta t)+2\sigma_2^2(\widetilde{\tau}_i\Delta t+\Delta t-\tau_i)}\right\}$，对于第一阶段模型与第二阶段模型参数估计影响较小，主要关系突变幅值的估计。因此，为了简化计算，首先将式（3.19）的前两部分通过极大似然估计进行求解，由此可分别求出第一阶段模型与第二阶段模型中除突变幅值外所有参数的估计值，具体表示如下：

$$\begin{cases}\hat{\mu}_{1,i}=\dfrac{x_{i,\widetilde{\tau}_i}-x_{i,0}}{\widetilde{\tau}_i\Delta t}, & \hat{\sigma}_{1,i}^2=\displaystyle\sum_{j=1}^{\widetilde{\tau}_i}\dfrac{(\Delta x_{i,j}-\hat{\mu}_{1,i}\Delta t)^2}{(\widetilde{\tau}_i-1)\Delta t}\\ \hat{\mu}_{2,i}=\dfrac{x_{i,m_i}-x_{i,\widetilde{\tau}_i+1}}{(m_i-\widetilde{\tau}_i-1)\Delta t}, & \hat{\sigma}_{2,i}^2=\displaystyle\sum_{j=\widetilde{\tau}_i+1}^{m_i}\dfrac{(\Delta x_{i,j}-\hat{\mu}_{2,i}\Delta t)^2}{(m_i-\widetilde{\tau}_i-2)\Delta t}\end{cases} \tag{3.20}$$

接下来，将这些估计值带入式（3.19）中，利用极大似然估计便可得每一组退化过程的突变幅值 γ_i 的估计值为

$$\hat{\gamma}_i=x_{i,\widetilde{\tau}_i+1}-x_{i,\widetilde{\tau}_i}-\mu_{1,i}(\tau_i-\widetilde{\tau}_i\Delta t)-\mu_{2,i}(\widetilde{\tau}_i\Delta t+\Delta t-\tau_i) \tag{3.21}$$

若每一组退化数据都能得到估计值 $\hat{\gamma}_i$、$\hat{\mu}_{1,i}$、和 $\hat{\mu}_{2,i}$，而这些估计值可视为 γ、μ_1 和 μ_2 的样本，那么，进一步结合给定的 τ_i、γ、μ_1 和 μ_2 分布模型，便可估计得到考虑随机效应情况下的模型参数，具体来说就是 $\mu_{1p}=\mathbb{E}[\hat{\boldsymbol{\mu}}_{1,1:n}]$、$\sigma_{1p}^2=\mathrm{Var}[\hat{\boldsymbol{\mu}}_{1,1:n}]$、$\mu_{2p}=\mathbb{E}[\hat{\boldsymbol{\mu}}_{2,1:n}]$、$\sigma_{2p}^2=\mathrm{Var}[\hat{\boldsymbol{\mu}}_{2,1:n}]$、$\mu_\gamma=\mathbb{E}[\hat{\boldsymbol{\gamma}}_{1:n}]$ 和 $\sigma_\gamma^2=\mathrm{Var}[\hat{\boldsymbol{\gamma}}_{1:n}]$，其中 $\mathbb{E}[\cdot]$ 和 $\mathrm{Var}[\cdot]$ 分别表示样本期望与样本方差。这样，便完成了考虑随机效应情况下模型的参数估计问题。

3.4.2 变点发生时刻未知情况下的参数估计方法

类似地，假设第 i 个退化设备的退化数据为 $\boldsymbol{x}_i=\{x_{i,0},x_{i,1},\cdots,x_{i,m_i}\}$，由 Wiener 过程的特性可得，退化数据增量符合独立正态分布特性，那么可以构造似然函数如下：

$$\begin{aligned}&\ln L(\mu_{1,i},\sigma_1,\mu_{2,i},\sigma_2,\mu_\gamma,\sigma_\gamma,\tau_i\mid \boldsymbol{x}_i)\\&=\sum_{j=1}^{\widetilde{\tau}_i}\ln\frac{1}{\sqrt{2\pi\sigma_1^2\Delta t}}\exp\left[\frac{(x_{i,j}-x_{i,j-1}-\mu_{1,i}\Delta t)^2}{2\sigma_1^2\Delta t}\right]+\sum_{j=\widetilde{\tau}_i+2}^{m_i}\ln\frac{1}{\sqrt{2\pi\sigma_2^2\Delta t}}\exp\left[\frac{(x_{i,j}-x_{i,j-1}-\mu_{2,i}\Delta t)^2}{2\sigma_2^2\Delta t}\right]+\\&\ln\frac{1}{\sqrt{2\pi[\sigma_1^2(\tau_i-\widetilde{\tau}_i\Delta t)+\sigma_2^2(\widetilde{\tau}_i\Delta t+\Delta t-\tau_i)]}}\times\\&\exp\left\{\frac{[x_{i,\widetilde{\tau}_i+1}-x_{i,\widetilde{\tau}_i}-\mu_{1,i}(\tau_i-\widetilde{\tau}_i\Delta t)-\mu_{2,i}(\widetilde{\tau}_i\Delta t+\Delta t-\tau_i)-\gamma_i]^2}{2\sigma_1^2(\tau_i-\widetilde{\tau}_i\Delta t)+2\sigma_2^2(\widetilde{\tau}_i\Delta t+\Delta t-\tau_i)}\right\}\end{aligned} \tag{3.22}$$

式中：$\widetilde{\tau}_i=\lfloor \tau_i/\Delta t \rfloor$，$\lfloor \cdot \rfloor$表示向下取整函数。这样，$\widetilde{\tau}_i \in 0,1,2,\cdots,m_i$，而 $\{x_{i,0},x_{i,1},\cdots,x_{i,\widetilde{\tau}_i}\}$ 表示第一个阶段的退化数据，$\{x_{i,\widetilde{\tau}_i+1},x_{i,\widetilde{\tau}_i+2},\cdots,x_{i,m_i}\}$ 表示第二个阶段的退化数据。若仅需要估计单个设备退化模型参数，便可根据极大似然估计对式（3.22）极大化以得到模型参数 $\mu_{1,i}$、σ_1、$\mu_{2,i}$、σ_2、μ_γ、σ_γ、τ_i 的估计值。注意到，由于变点发

生时刻未知，因此这里将其作为一个未知参数进行估计。

类似地，若存在 n 个同批次的退化设备，则相对应地有 n 组退化数据，即 $\boldsymbol{X}=\{\boldsymbol{x}_1, \boldsymbol{x}_2,\cdots,\boldsymbol{x}_n\}$，根据式（3.22）的结果，每组退化模型参数的估计值可根据极大似然估计得到，具体方法如下：

$$\hat{\Xi}=\underset{\Xi}{\arg\max}\sum_{i=1}^{n}\ln L(\mu_{1,i},\sigma_1,\mu_{2,i},\sigma_2,\widetilde{\tau}_i,\gamma_i\mid\boldsymbol{x}_i) \tag{3.23}$$

式中：$\Xi=\{\mu_{1,1},\mu_{1,2},\cdots,\mu_{1,n},\mu_{2,1},\mu_{2,2},\cdots,\mu_{2,n},\sigma_1,\sigma_2,\tau_1,\tau_2,\cdots,\tau_n,\gamma_1,\gamma_2,\cdots,\gamma_n\}$。注意到，$\hat{\tau}_i$、$\hat{\gamma}_i$、$\hat{\mu}_{1,i}$ 和 $\hat{\mu}_{2,i}$ 可看作 τ_i、γ、μ_1 和 μ_2 的一个样本值。那么，便可基于 τ_i、γ、μ_1 和 μ_2 给定的统计模型，利用得到的 $\hat{\tau}_i$、$\hat{\gamma}_i$、$\hat{\mu}_{1,i}$ 和 $\hat{\mu}_{2,i}$ 计算得到 τ_i、γ、μ_1 和 μ_2 分布模型的参数。

注释 3.2：由于式（3.22）的复杂形式及变点发生时间也为未知参数，难以得到式（3.23）的解析表达，所有模型参数的估计值可通过数值方法求得。此外，由于无法得到参数估计结果的解析表达，因此也难以通过分析其估计值解析表示来得到置信区间。

为了得到这种情况下参数估计值的置信区间，这里可采用自助法，即带参数的 Bootstrap 方法来计算其近似置信区间。具体实现方法如下：

步骤一，定义 $\boldsymbol{\theta}$ 表示模型 $F(x;)$ 中所有未知参数，$\hat{\boldsymbol{\theta}}$ 表示基于样本数据辨识得到所有参数估计值；

步骤二，基于收集得到的样本数据 $\boldsymbol{X}$ 和模型 $F(x;)$，利用所提出的估计方法而得到参数估计值 $\hat{\boldsymbol{\theta}}$；

步骤三，根据估计得到的参数值，产生 n 组样本数据 $\boldsymbol{X}^*$；

步骤四，根据生产的样本数据 $\boldsymbol{X}^*$ 计算得到这种情况下的参数估计值 $\hat{\boldsymbol{\theta}}^*$；

步骤五：重复步骤三和步骤四 B 次，得到 B 组 $\hat{\boldsymbol{\theta}}^*$，然后对 B 组估计值进行统计分析便可得到原估计值 $\hat{\boldsymbol{\theta}}$ 的置信区间。

3.5 仿真研究

在本节中主要考虑通过蒙特卡洛仿真来验证本章所得到理论结果的正确性，并说明本章所提出方法的合理性与有效性。首先，对固定参数下寿命分布求解结果通过蒙特卡洛仿真方法进行验证。根据 3.3.1 小节中得到的结果，分别讨论正向突变与负向突变两种情况。对于正向突变，其突变的出现会增大退化量、使得寿命变短，反之则寿命变长。若给定退化模型的形式为

$$X(t)=\begin{cases}t+B(t), & 0<t<100\\ x_\tau+0.5(t-100)+B(t-100), & t\geqslant 100\end{cases} \tag{3.24}$$

式中：$x_\tau=x_{\tau^-}+\gamma$ 且突变大小为 $\gamma=5$。根据以上模型，生成如图 3.3 所示退化轨迹 1000000 条。

在图 3.3 的子图中，粗线为由于突变所导致的退化量的突变。进一步，若令失效阈值为 100，那么可根据每条曲线首次超过阈值处的时间，仿真得到首达时间意义下寿命的分布。然后，再将蒙特卡洛仿真得到的寿命分布与理论推导得到的理论结果进行对

比，具体情况如图 3.4 所示。

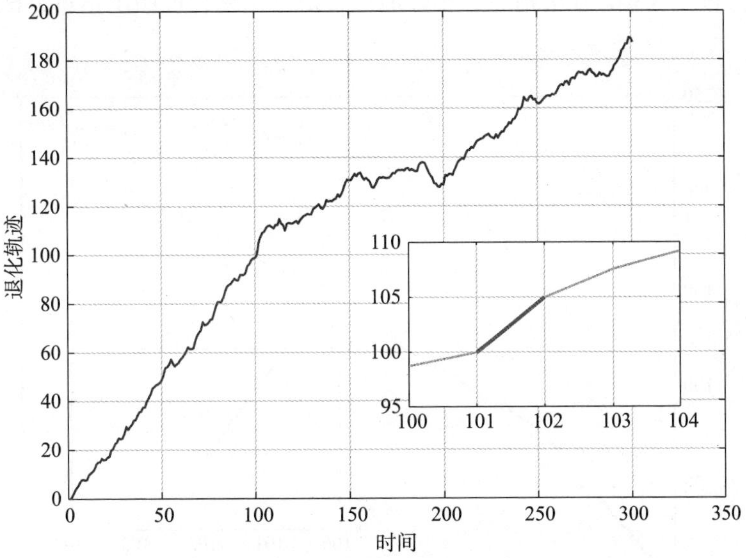

图 3.3　仿真退化数据

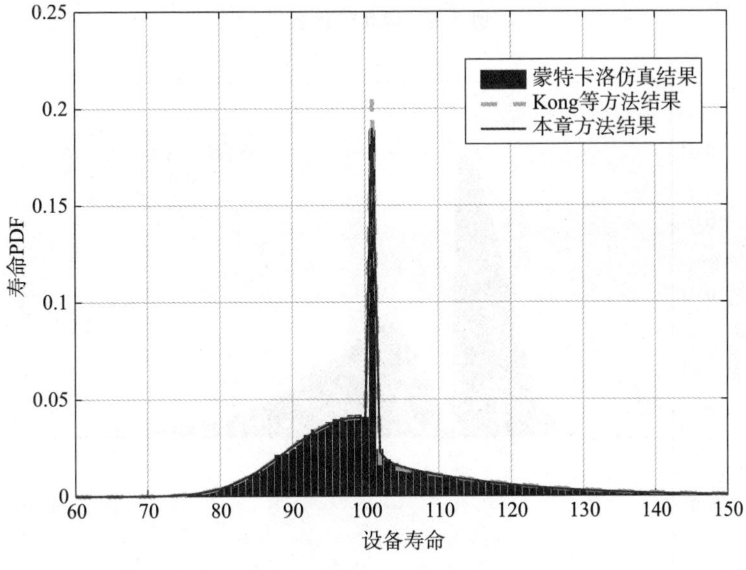

图 3.4　寿命分布对比图

从图 3.4 可以看出，本章的方法相比文献［86］的方法更加接近蒙特卡洛得到的寿命分布，这说明了本章方法的正确性。类似地，令式（3.24）中的突变幅值 $\gamma=-5$，采用类似的方法生成 1000000 组退化数据，如图 3.5 所示。这样，若再给定失效阈值 $\xi=100$，便可统计得到每条退化轨迹的首达时间意义下的寿命分布，结果如图 3.6 所示。

从图 3.6 中可以看出，若突变为负，根据文献［86］中方法，由于其第二阶段 CDF 初值小于第二阶段末值，导致在寿命等于变点发生时间的概率为负，这说明该文献所提方法对突变为负情况下不适用，并且得到的寿命分布求解结果与蒙特卡洛结果存在较大偏差。相比之下，本章的方法则能够较好地符合仿真结果，说明了本章方法理论上的正确性。

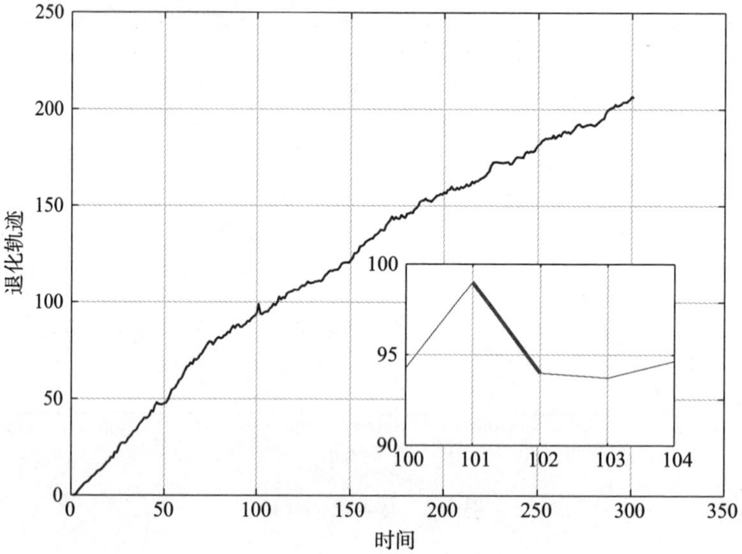

图 3.5　仿真退化数据

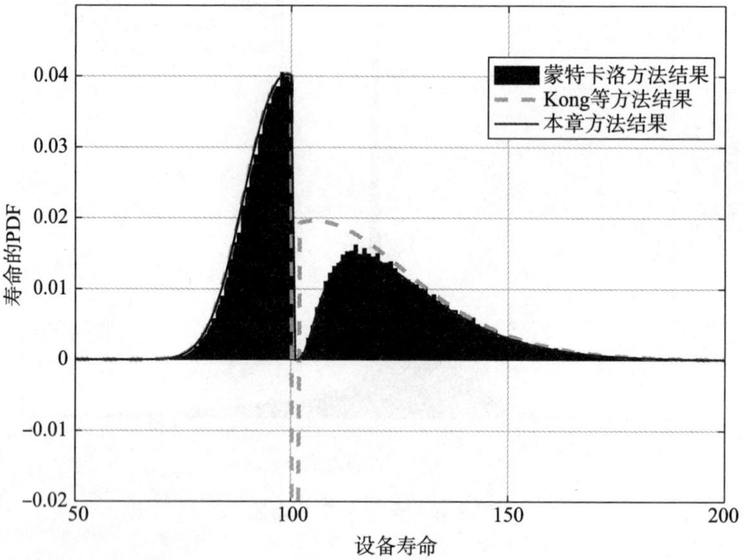

图 3.6　寿命分布对比图

注释 3.3：值得注意的是，根据之前分析可知，变点会导致寿命 PDF 在寿命等于变点出现时间处不连续。但为了便于表示说明，在图 3.4 中以及之后的寿命 PDF 对比图中，将在变点处首达时间意义下的失效概率看作寿命 PDF 在变点处的值，并画入 PDF 对比图中。具体计算方法为 $f(t=\tau)=\Pr\{t=\tau\}\times dt+f(t=\tau+dt)$，其中 dt 表示仿真中的最小时间间隔。

这样，通过将蒙特卡洛结果与本章理论结果对比，说明了在固定参数下本章得到寿命分布的理论正确性。

其次，继续讨论存在随机效应影响下的寿命分布求解问题。受到样本间差异性的影响，每个设备退化轨迹的退化数据及其突变幅值都存在一定的差异性。根据之前的分析，通过定义参数为随机变量来反映这种差异性，假设模型参数为 $\mu_{1p}=0.4$、$\sigma_{1p}=0.1$、$\mu_{2p}=0.3$、$\sigma_{2p}=0.05$，$\sigma_1=0.4$、$\sigma_2=0.5$、$\mu_\gamma=0.5$、$\sigma_\gamma=0.2$、$\tau=10$ 以及失效阈值 $\xi=4$。这样，产生 1000000 组退化轨迹，部分轨迹退化形式如图 3.7 所示，进一步便可得到蒙特卡洛仿真寿命分布情况，与本章理论结果的对比如图 3.8 所示。

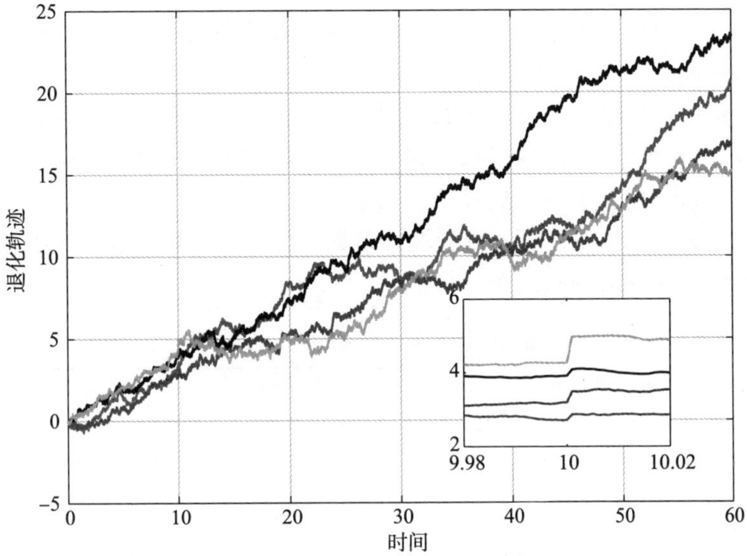

图 3.7　仿真退化数据

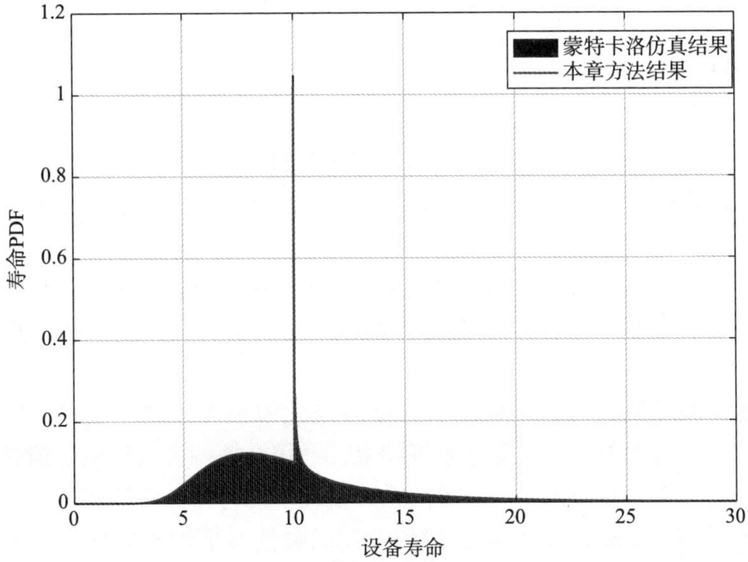

图 3.8　寿命分布对比图

通过对比可以发现，本章得到的理论结果和蒙特卡洛结果几乎完全重合，说明了本章寿命分布求解方法理论上的正确性。值得注意的是，本章得到的存在随机效应寿命估计需要通过数值积分来进行计算，即式（3.12）和式（3.14）。但是，仅有一层积分需要数值计算，通过 MATLAB 中数值积分函数便可以在较短的时间内完成求解。在图 3.4、图 3.6 和图 3.8 中，都假设变点发生时刻为固定常值。如第 2 章所分析，在实际中，受到样本间差异性的影响，变点的出现时间也会存在差异。若通过随机效应来描述变点的出现时间，假设 τ 的概率分布密度函数为 $p(\tau)$，那么可通过全概率公式计算得到寿命分布 PDF，即 $f_T(t)=\int_0^{+\infty} f_T(t\mid\tau)p(\tau)\mathrm{d}\tau$。根据全概率公式，若给定变点发生时刻情况下寿命分布函数求取无误，即可通过积分得到随机变点发生时刻情况下的寿命分布，受篇幅限制，这里不再进一步讨论。

最后，验证所提出参数估计算法的性能。为了更好地说明问题，首先假设变点时间分布服从 Gamma 分布且形状系数为 $\alpha=50$ 与尺度参数为 $\beta=0.2$，其他参数与图 3.8 中案例模型参数一致，根据本章所给算法，便可得到每个参数的估计值，如表 3.1 所示。从表 3.1 中可以看出，体现样本间差异性的参数估计值会随着样本量的增加而接近真实值，反映了参数估计算法的有效性。

表 3.1 离线参数估计结果

样本量	μ_{1p}	σ_{1p}	σ_1	μ_{2p}	σ_{2p}	σ_2	μ_γ	σ_γ	α	β
$n=5$	0.306	0.118	0.399	0.292	0.079	0.499	0.474	0.243	107.6	0.085
$n=10$	0.420	0.207	0.399	0.315	0.065	0.499	0.370	0.269	62.1	0.142
$n=20$	0.449	0.188	0.400	0.317	0.067	0.500	0.427	0.203	61.8	0.148
$n=50$	0.432	0.170	0.400	0.319	0.082	0.500	0.424	0.184	64.9	0.149
$n=100$	0.423	0.127	0.400	0.316	0.068	0.500	0.472	0.176	63.7	0.156
真实值	0.400	0.100	0.400	0.300	0.050	0.500	0.5	0.2	50	0.2

3.6 本章小结

本章主要研究了带随机突变的两阶段退化模型的寿命预测问题。结合第 2 章的部分结论，本章给出寿命分布求解的方法并推导得到了寿命分布的表达形式，主要工作包括：

（1）提出了一种变点处存在突变的两阶段 Wiener 过程模型，基于该退化模型推导得到了固定常值参数下寿命分布的解析表达，克服了现有方法仅能得到近似结果的缺陷。

（2）考虑了样本间差异性的问题，并结合退化模型参数的随机效应来反映这种差异性。结合固定常值参数下寿命分布求解结果，利用全概率公式给出了随机参数条件下寿命分布的推导方法，并得到了变点时间已知情况下的寿命分布的积分表示。

（3）分别研究了变点发生时刻已知和未知两种情况下的参数估计问题，基于极大似然估计给出了参数估计与变点检测的方法，并通过仿真实验说明了该方法的有效性。

第 4 章　多阶段非线性随机退化设备的剩余寿命预测

4.1 引　　言

本书第 2 章和第 3 章主要关注基于多阶段线性随机退化过程模型的剩余寿命预测问题。然而，非线性随机退化过程在实际工程中更为普遍，也更具一般性[152]。在此类情形下，线性模型难以准确描述设备的随机退化动态特性。为此，有必要对多阶段非线性退化过程的剩余寿命预测问题开展进一步研究。如前所述，针对多阶段模型已得到了国内外学者的关注，并取得了一系列重要理论与应用成果。例如，Ng 等率先提出了一种带随机变点的指数退化模型，并采用 EM 算法对该模型进行了参数辨识[136]；Feng 等利用高压脉冲电容数据对多阶段线性 Wiener 过程进行极大似然参数估计，然后对其进行了剩余寿命预测[137]；Bae 等采用两阶段回归模型对等离子显示屏进行了剩余寿命预测[32]；Wang 等在贝叶斯框架下建立了两阶段线性 Wiener 过程[87]；随后，Zhang 等进一步推导得到了两阶段线性 Wiener 过程的剩余寿命精确解析解[154]；Wen 等则提出了一种求解多阶段退化模型的蒙特卡洛求解法[156]。目前虽然在两阶段线性随机退化过程的剩余寿命预测问题研究中取了较为完善的理论成果，但针对多阶段非线性退化过程的剩余寿命预测研究较少。例如，Lin 等[155] 虽然建立了两阶段非线性扩散过程，并提出了其剩余寿命的近似求解方法，但其得到的近似解的预测误差会随着阶段数量的增多而变大。

为此，本章主要基于多阶段非线性 Wiener 过程模型研究首达时间意义下剩余寿命预测问题。本章的主要贡献包括：①针对两种广泛使用的两阶段非线性 Wiener 退化模型，研究得到了首达时间意义下剩余寿命的精确解析表达式；②针对不同样本之间的差异性，考虑了模型参数和初始退化状态的随机效应，并进一步推导了此类情形下的剩余寿命分布解析表达式；③进一步研究了多阶段退化模型的寿命分布问题，给出了多阶段非线性模型寿命分布的迭代求解形式，并讨论了在误差允许范围内的简化计算方案。

4.2 问题描述与模型构建

图 4.1 为具有两阶段特征的退化轨迹示意图，其中 τ 表示变点发生的时间，t_κ 表示当前时刻，ω 表示预设的失效阈值。为此，如何建立不同阶段的退化模型，并基于此求解首达时间意义下寿命与剩余寿命分布，是本章主要需要解决的关键问题。

注意到，非线性模型的选择直接影响着首达时间意义下剩余寿命分布的求解。鉴于此，本章主要基于两种广泛使用的非线性 Wiener 模型，用于构建对应的两阶段退化模型。首先，基于文献［157］所提出的单阶段非线性退化模型，将其命名为 M_1，其对应的两阶段形式如下：

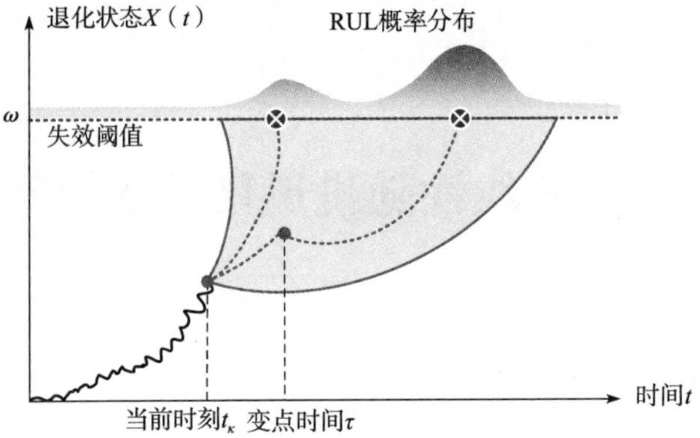

图 4.1 具有两阶段非线性特性的设备退化轨迹示意图

$$X(t)=\begin{cases}x_0+\mu_1\Lambda_1(t)+\sigma_1 B[\Lambda_1(t)], & 0<t\leqslant\tau\\ x_\tau+\mu_2\Lambda_2(t-\tau)+\sigma_2 B[\Lambda_2(t-\tau)], & \tau<t\end{cases} \tag{4.1}$$

式中：x_0 表示退化状态的初值；x_τ 是在变点处 τ 时刻的退化值；μ_1 和 σ_1 分别为第一阶段非线退化过程模型的漂移系数和扩散系数；μ_2 和 σ_2 分别代表第二阶段模型的漂移系数和扩散系数；$B(\cdot)$ 代表标准布朗运动（Standard Brownian Motion，SBM）；$\Lambda_1(t)$ 和 $\Lambda_2(t-\tau)$ 分别为第一阶段和第二阶段模型的时间依赖函数。当 $\Lambda_1(t)=\Lambda_2(t)=t$ 时，模型 M_1 变为文献［154］中的两阶段线性 Wiener 过程模型。

类似地，基于文献［146］所提非线性扩散模型，本章将第二个两阶段退化模型命名为 M_2，则其表达式如下：

$$X(t)=\begin{cases}x_0+\mu_1\int_0^t\varphi_1(s)\,\mathrm{d}s+\sigma_1\int_0^t\xi_1(s)\,\mathrm{d}B(s), & 0<t\leqslant\tau\\ x_\tau+\mu_2\int_0^{t-\tau}\varphi_2(s)\,\mathrm{d}s+\sigma_2\int_0^{t-\tau}\xi_2(s)\,\mathrm{d}B(s), & \tau<t\end{cases} \tag{4.2}$$

式中：x_0 表示退化状态的初值；x_τ 是在变点处 τ 时刻的退化值；$\mu_1\int_0^t\varphi_1(s)\,\mathrm{d}s$ 和 $\sigma_1\int_0^t\xi_1(s)\,\mathrm{d}s$ 分别是第一阶段仅与时间相关的漂移项和扩散项；μ_1 和 σ_1 为常系数；$\mu_2\int_0^{t-\tau}\varphi_2(s)\,\mathrm{d}s$ 和 $\sigma_2\int_0^{t-\tau}\xi_2(s)\,\mathrm{d}B(s)$ 是第二阶段仅与时间相关的漂移项和扩散项，μ_2 和 σ_2 为常系数；$B(\cdot)$ 是标准布朗运动。

注释 4.1：模型 M_1 能通过时间尺度变化将非线性随机退化过程线性化，但在实际工程中，模型 M_1 如何选择合适转换函数是一个具有挑战性的难题。模型 M_2 则是一种更为一般的非线性模型，且当 $\varphi(t)\neq\xi(t)\neq 1$ 时，不能被线性化，但模型 M_2 需要满足特定条件才具有寿命分布解析表达式。

鉴于此，在首达时间的定义下，上述两个两阶段非线性退化模型的寿命可表示为

$$T:=\inf\{t:X(t)\geqslant\omega\mid X(0)<\omega\} \tag{4.3}$$

式中：ω 定义为失效阈值，通常结合实际工程给定；$X(0)=x_0$ 表示初始退化状态。令 $f_T(t)$ 表示退化过程的寿命分布 PDF。鉴于此，在当前 t_κ 时刻的剩余寿命可表示为

$$L_\kappa:=\inf\{l_\kappa:X(t_\kappa+l_\kappa)\geqslant\omega\mid X(t_\kappa)<\omega\} \tag{4.4}$$

同理，令 $f_{L_\kappa}(l_\kappa)$ 表示剩余寿命的 PDF。

4.3 基于两阶段非线性 Wiener 退化过程模型的剩余寿命分布求解

4.3.1 基于模型 M_1 的剩余寿命分布求解推导

1. 模型 M_1 在固定参数下的剩余寿命求解

在本小节中，首先考虑一种最理想的情况，即假设变点发生时刻已知，且退化模型 M_1 中的所有参数均为固定常数。由于模型 M_1 可通过时间尺度变化进行线性化，因此，该退化过程的寿命分布形式可基于文献［154］中的两阶段线性模型得到，具体结论见定理 4.1。

定理 4.1：基于模型 M_1 建立的两阶段非线性退化过程，其中 $\Lambda_1(t)$ 和 $\Lambda_2(t-\tau)$ 是与时间相关的连续函数。鉴于此，在首达时间的概念下，不考虑参数随机效应的两阶段非线性 Wiener 退化过程的寿命 PDF 可表示为如下形式：

$$f_{T|M_1}(t\mid M_1)=\begin{cases}\dfrac{\omega-x_0}{\sqrt{2\pi\sigma_1^2\Lambda_1^3(t)}}\exp\left[-\dfrac{(\omega-x_0-\mu_1\Lambda_1(t))^2}{2\sigma_1^2\Lambda_1(t)}\right]\dfrac{\mathrm{d}\Lambda_1(t)}{\mathrm{d}t}, & 0<t\leqslant\tau\\ A_1-B_1, & \tau<t\end{cases}\tag{4.5}$$

式中：

$$\begin{cases}A_1=\sqrt{\dfrac{1}{2\pi\Lambda_2^2(t-\tau)(\sigma_{a1}^2+\sigma_{b1}^2)}}\exp\left[-\dfrac{(\mu_{a1}-\mu_{b1})^2}{2(\sigma_{a1}^2+\sigma_{b1}^2)}\right]\dfrac{\mathrm{d}\Lambda_2(t-\tau)}{\mathrm{d}t}\times\\ \quad\left\{\dfrac{\mu_{b1}\sigma_{a1}^2+\mu_{a1}\sigma_{b1}^2}{\sigma_{a1}^2+\sigma_{b1}^2}\Phi\left(\dfrac{\mu_{b1}\sigma_{a1}^2+\mu_{a1}\sigma_{b1}^2}{\sqrt{\sigma_{a1}^2\sigma_{b1}^2(\sigma_{a1}^2+\sigma_{b1}^2)}}\right)+\sqrt{\dfrac{\sigma_{a1}^2\sigma_{b1}^2}{\sigma_{a1}^2+\sigma_{b1}^2}}\phi\left(\dfrac{\mu_{b1}\sigma_{a1}^2+\mu_{a1}\sigma_{b1}^2}{\sqrt{\sigma_{a1}^2\sigma_{b1}^2(\sigma_{a1}^2+\sigma_{b1}^2)}}\right)\right\}\\ B_1=\exp\left(\dfrac{2\mu_1\omega}{\sigma_1^2}\right)\sqrt{\dfrac{1}{2\pi\Lambda_2^2(t-\tau)(\sigma_{a1}^2+\sigma_{b1}^2)}}\exp\left[-\dfrac{(\mu_{a1}-\mu_{c1})^2}{2(\sigma_{a1}^2+\sigma_{b1}^2)}\right]\dfrac{\mathrm{d}\Lambda_2(t-\tau)}{\mathrm{d}t}\times\\ \quad\left\{\dfrac{\mu_{c1}\sigma_{a1}^2+\mu_{a1}\sigma_{b1}^2}{\sigma_{a1}^2+\sigma_{b1}^2}\times\Phi\left(\dfrac{\mu_{c1}\sigma_{a1}^2+\mu_{a1}\sigma_{b1}^2}{\sqrt{\sigma_{a1}^2\sigma_{b1}^2(\sigma_{a1}^2+\sigma_{b1}^2)}}\right)+\sqrt{\dfrac{\sigma_{a1}^2\sigma_{b1}^2}{\sigma_{a1}^2+\sigma_{b1}^2}}\phi\left(\dfrac{\mu_{c1}\sigma_{a1}^2+\mu_{a1}\sigma_{b1}^2}{\sqrt{\sigma_{a1}^2\sigma_{b1}^2(\sigma_{a1}^2+\sigma_{b1}^2)}}\right)\right\}\\ \mu_{a1}=\mu_2\Lambda_2(t-\tau),\quad \mu_{b1}=\omega-\mu_1\Lambda_1(\tau),\quad \mu_{c1}=-\omega-\mu_1\Lambda_1(\tau)\\ \sigma_{a1}^2=\sigma_2^2\Lambda_2(t-\tau),\quad \sigma_{b1}^2=\sigma_1^2\Lambda_1(\tau)\end{cases}\tag{4.6}$$

证明见附录 B.1。

式中：Φ (·) 代表标准正态分布的累积分布函数；ϕ (·) 为标准正态分布的概率密度函数。可根据定理 4.1 进一步获得模型 M_1 的剩余寿命分布。限于篇幅，省略了此部分的详细推导过程，非线性 Wiener 退化过程的寿命 PDF 推导到剩余寿命 PDF 可参考文献［34］。鉴于此，通过如下推论 4.1 得到其剩余寿命解析表达式。

推论 4.1：基于定理 4.1，若模型 M_1 在 t_κ 时刻的退化测量值为 x_κ，则其对应的剩余寿命 L_κ 概率分布解析表达式如下。

情形 1：当前时刻 t_κ 小于变点 τ 时，有

$$f_{L_\kappa|M_1}(l_\kappa \mid M_1)=\begin{cases}\dfrac{\omega-x_\kappa}{\sqrt{2\pi{\sigma_1}^2\eta_1(l_\kappa)^3}}\exp\left[-\dfrac{(\omega-x_\kappa-\mu_1\eta_1(l_\kappa))^2}{2\sigma_1^2\eta_1(l_\kappa)}\right]\times\dfrac{\mathrm{d}\eta_1(l_\kappa)}{\mathrm{d}l_\kappa}, & 0<l_\kappa+t_\kappa\leqslant\tau\\ A_2-B_2, & \tau<l_\kappa+t_\kappa\end{cases}\tag{4.7}$$

其中：

$$\begin{cases}A_2=\sqrt{\dfrac{1}{2\pi\Lambda_2^2(t_\kappa+l_\kappa-\tau)(\sigma_{a2}^2+\sigma_{b2}^2)}}\exp\left[-\dfrac{(u_{a2}-u_{b2})^2}{2(\sigma_{a2}^2+\sigma_{b2}^2)}\right]\dfrac{\mathrm{d}\Lambda_2(t_\kappa+l_\kappa-\tau)}{\mathrm{d}l_\kappa}\times\\ \quad\left\{\dfrac{u_{b2}\sigma_{a2}^2+u_{a2}\sigma_{b2}^2}{\sigma_{a2}^2+\sigma_{b2}^2}\Phi\left(\dfrac{u_{b2}\sigma_{a2}^2+u_{a2}\sigma_{b2}^2}{\sqrt{\sigma_{a2}^2\sigma_{b2}^2(\sigma_{a2}^2+\sigma_{b2}^2)}}\right)+\sqrt{\dfrac{\sigma_{a2}^2\sigma_{b2}^2}{\sigma_{a2}^2+\sigma_{b2}^2}}\phi\left(\dfrac{u_{b2}\sigma_{a2}^2+u_{a2}\sigma_{b2}^2}{\sqrt{\sigma_{a2}^2\sigma_{b2}^2(\sigma_{a2}^2+\sigma_{b2}^2)}}\right)\right\}\\ B_2=\exp\left[\dfrac{2\mu_1(\omega-x_\kappa)}{\sigma_1^2}\right]\sqrt{\dfrac{1}{2\pi\Lambda_2^2(t_\kappa+l_\kappa-\tau)(\sigma_{a2}^2+\sigma_{b2}^2)}}\exp\left[-\dfrac{(u_{a2}-u_{c2})^2}{2(\sigma_{a2}^2+\sigma_{b2}^2)}\right]\dfrac{\mathrm{d}\Lambda_2(t_\kappa+l_\kappa-\tau)}{\mathrm{d}l_\kappa}\times\\ \quad\left\{\dfrac{u_{c2}\sigma_{a2}^2+u_{a2}\sigma_{b2}^2}{\sigma_{a2}^2+\sigma_{b2}^2}\Phi\left(\dfrac{u_{c2}\sigma_{a2}^2+u_{a2}\sigma_{b2}^2}{\sqrt{\sigma_{a2}^2\sigma_{b2}^2(\sigma_{a2}^2+\sigma_{b2}^2)}}\right)+\sqrt{\dfrac{\sigma_{a2}^2\sigma_{b2}^2}{\sigma_{a2}^2+\sigma_{b2}^2}}\phi\left(\dfrac{u_{c2}\sigma_{a2}^2+u_{a2}\sigma_{b2}^2}{\sqrt{\sigma_{a2}^2\sigma_{b2}^2(\sigma_{a2}^2+\sigma_{b2}^2)}}\right)\right\}\\ u_{a2}=u_2\Lambda_2(t_\kappa+l_\kappa-\tau),\quad u_{b2}=\omega-x_\kappa-\mu_1[\Lambda_1(\tau)-\Lambda_1(t_\kappa)],\quad u_{c2}=-\omega+x_\kappa-\mu_1[\Lambda_1(\tau)-\Lambda_1(t_\kappa)]\\ \sigma_{a2}^2=\sigma_2^2\Lambda_2(t_\kappa+l_\kappa-\tau),\quad \sigma_{b2}^2=\sigma_1^2[\Lambda_1(\tau)-\Lambda_1(t_\kappa)],\quad \eta_1(l_\kappa)=\Lambda_1(l_\kappa+t_\kappa)-\Lambda_1(t_\kappa)\end{cases}\tag{4.8}$$

情形 2：当前时刻 t_κ 大于变点 τ 时，有

$$f_{L_\kappa|M_1}(l_\kappa \mid M_1)=\frac{\omega-x_\kappa}{\sqrt{2\pi\sigma_2^2\eta_2(l_\kappa)^3}}\exp\left[-\frac{(\omega-x_\kappa-\mu_2\eta_2(l_\kappa))^2}{2\sigma_2^2\eta_2(l_\kappa)}\right]\frac{\mathrm{d}\eta_2(l_\kappa)}{\mathrm{d}l_\kappa}\tag{4.9}$$

式中：$\eta_2(l_\kappa)=\Lambda_2(l_\kappa+t_\kappa-\tau)-\Lambda_2(t_\kappa-\tau)$。基于此，推导得到了模型 M_1 在固定参数情形下的寿命和剩余寿命分布 PDF 精确解。

2. 模型 M_1 在随机效应影响下的剩余寿命分布

在工程实践中，同批次设备的不同个体之间由于生产工艺时产生的偏差、材料结构的误差等原因，造成了不同样本之间的退化特性具有一定的差异性。类似于文献[34，136]，即令漂移系数 μ_1 和 μ_2 分别为服从高斯分布 $N(\mu_{1p},\sigma_{1p}^2)$ 和 $N(\mu_{2p},\sigma_{2p}^2)$，刻画不同个体之间的差异性。在此基础上，本章还考虑了初始值 x_0 的随机性，即令 $x_0\sim N(\mu_{x0},\sigma_{x0}^2)$。因此，定义随机效应影响下的模型 M_1 为模型 M_{1^*}，模型 M_{1^*} 的寿命分布求解结果如定理 4.2 所示。

定理 4.2：对于两阶段非线性模型 M_{1^*}，若定义 $\mu_1\sim N(\mu_{1p},\sigma_{1p}^2)$、$\mu_2\sim N(\mu_{2p},\sigma_{2p}^2)$ 和 $x_0\sim N(\mu_{x0},\sigma_{x0}^2)$ 以描述样本间个体差异性，则寿命分布 PDF 的解析表达式如下所示：

$$f_{T|M_{1^*}}(t\mid M_{1^*})=\begin{cases}\dfrac{\mu_{1p}\sigma_{x0}^2+(\omega-\mu_{x0})(\sigma_{1p}^2\Lambda_1(t)+\sigma_1^2)}{\sqrt{2\pi[\Lambda_1(t)\sigma_1^2+\Lambda_1^2(t)\sigma_{1p}^2+\sigma_{x0}^2]^3}}\exp\left[-\dfrac{(\omega-\mu_{x0}-\mu_{1p}\Lambda_1(t))^2}{2[\Lambda_1(t)\sigma_1^2+\Lambda_1^2(t)\sigma_{1p}^2+\sigma_{x0}^2]}\right]\dfrac{\mathrm{d}\Lambda_1(t)}{\mathrm{d}t}, & 0<t\leqslant\tau\\ A_3-B_3, & \tau<t\end{cases}\tag{4.10}$$

其中：

$$
\begin{cases}
A_3=\sqrt{\dfrac{1}{2\pi\Lambda_2^2(t-\tau)(\sigma_{a3}^2+\sigma_{b3}^2)}}\exp\left[-\dfrac{(\mu_{a3}-\mu_{b3})^2}{2(\sigma_{a3}^2+\sigma_{b3}^2)}\right]\dfrac{\mathrm{d}\Lambda_2(t-\tau)}{\mathrm{d}t}\times \\
\quad\left\{\dfrac{\mu_{b3}\sigma_{a3}^2+\mu_{a3}\sigma_{b3}^2}{\sigma_{a3}^2+\sigma_{b3}^2}\Phi\left(\dfrac{\mu_{b3}\sigma_{a3}^2+\mu_{a3}\sigma_{b3}^2}{\sqrt{\sigma_{a3}^2\sigma_{b3}^2(\sigma_{a3}^2+\sigma_{b3}^2)}}\right)+\sqrt{\dfrac{\sigma_{a3}^2\sigma_{b3}^2}{\sigma_{a3}^2+\sigma_{b3}^2}}\phi\left(\dfrac{\mu_{b3}\sigma_{a3}^2+\mu_{a3}\sigma_{b3}^2}{\sqrt{\sigma_{a3}^2\sigma_{b3}^2(\sigma_{a3}^2+\sigma_{b3}^2)}}\right)\right\} \\
B_3=\exp\left[-\dfrac{a_1bc+ab_1c+abc_1}{abc}+\dfrac{(a_2bc+ab_2c+abc_2)^2}{4abc(ab_3c+abc_3)}\right]\exp\left[-\dfrac{(\mu_{a3}-\mu_{c3})^2}{2(\sigma_{a3}^2+\sigma_{c3}^2)}\right]\times \\
\quad\dfrac{\mathrm{d}\Lambda_2(t-\tau)}{\mathrm{d}t}\sqrt{\dfrac{\dfrac{abc}{2(ab_3c+abc_3)}}{2\pi\Lambda_2^2(t-\tau)(\Lambda_1(\tau)\sigma_1^2+\Lambda_1^2(\tau)\sigma_{1p}^2+\sigma_{x0}^2)(\sigma_{a3}^2+\sigma_{c3}^2)}}\times \\
\quad\left\{\dfrac{\mu_{c3}\sigma_{a3}^2+\mu_{a3}\sigma_{c3}^2}{\sigma_{a3}^2+\sigma_{c3}^2}\Phi\left(\dfrac{\mu_{c3}\sigma_{a3}^2+\mu_{a3}\sigma_{c3}^2}{\sqrt{\sigma_{a3}^2\sigma_{c3}^2(\sigma_{a3}^2+\sigma_{c3}^2)}}\right)+\sqrt{\dfrac{\sigma_{a3}^2\sigma_{c3}^2}{\sigma_{a3}^2+\sigma_{c3}^2}}\phi\left(\dfrac{\mu_{c3}\sigma_{a3}^2+\mu_{a3}\sigma_{c3}^2}{\sqrt{\sigma_{a3}^2\sigma_{c3}^2(\sigma_{a3}^2+\sigma_{c3}^2)}}\right)\right\} \\
\mu_{a3}=\mu_{2p}\Lambda_2(t-\tau),\quad \mu_{b3}=\omega-\mu_{x0}-\mu_{1p}\Lambda_1(\tau),\quad \mu_{c3}=\omega+\dfrac{bca_2+acb_2+abc_2}{2(acb_3+abc_3)} \\
\sigma_{a3}^2=\sigma_2^2\Lambda_2(t-\tau)+\sigma_{2p}^2\Lambda_2^2(t-\tau),\quad \sigma_{b3}^2=\Lambda_1(\tau)\sigma_1^2+\Lambda_1^2(\tau)\sigma_{1p}^2+\sigma_{x0}^2,\quad \sigma_{c3}^2=\dfrac{abc}{2(acb_3+abc_3)} \\
a=\sigma_1^2\Lambda_1(\tau),\quad a_1=2\omega^2,\quad a_2=-2\omega \\
b=\sigma_1^4\Lambda_1^2(\tau),\quad b_1=2\omega\sigma_1^2\mu_{1p}\Lambda_1^2(\tau)-2\omega^2(\sigma_1^2\Lambda_1(\tau)+\sigma_{1p}^2\Lambda_1^2(\tau)), \\
b_2=-2\sigma_1^2\Lambda_1(\tau)(\mu_{1p}\Lambda_1(\tau)+\omega)+4\omega(\sigma_1^2\Lambda_1(\tau)+\sigma_{1p}^2\Lambda_1^2(\tau)), \\
b_3=2\sigma_1^2\Lambda_1(\tau)-2(\sigma_1^2\Lambda_1(\tau)+\sigma_{1p}^2\Lambda_1^2(\tau)) \\
c=2(\sigma_1^2\Lambda_1(\tau)+\sigma_{1p}^2\Lambda_1^2(\tau)+\sigma_{x0}^2),\quad c_1=\left(\mu_{1p}\Lambda_1(\tau)-\dfrac{2\omega(\sigma_1^2\Lambda_1(\tau)+\sigma_{1p}^2\Lambda_1^2(\tau))}{\sigma_1^2\Lambda_1(\tau)}+\mu_{x0}\right)^2, \\
c_2=2\left(\dfrac{2(\sigma_1^2\Lambda_1(\tau)+\sigma_{1p}^2\Lambda_1^2(\tau))}{\sigma_1^2\Lambda_1(\tau)}-1\right)\left(\mu_{1p}\Lambda_1(\tau)-\dfrac{2\omega(\sigma_1^2\Lambda_1(\tau)+\sigma_{1p}^2\Lambda_1^2(\tau))}{\sigma_1^2\Lambda_1(\tau)}+\mu_{x0}\right), \\
c_3=\left(\dfrac{2(\sigma_1^2\Lambda_1(\tau)+\sigma_{1p}^2\Lambda_1^2(\tau))}{\sigma_1^2\Lambda_1(\tau)}-1\right)^2
\end{cases}
\tag{4.11}
$$

证明见附录 B. 2。

这样便得到了模型 M_{1^*} 的寿命 PDF 解析表达式，进一步根据定理 4. 1 与推论 4. 1 之间的关系，可以得到随机效应影响下的剩余寿命 PDF 解析表达式，如推论 2. 2 所示。

推论 4. 2：对于两阶段非线性模型 M_{1^*}，定义 $\mu_1 \sim N(\mu_{1p},\sigma_{1p}^2)$，$\mu_2 \sim N(\mu_{2p},\sigma_{2p}^2)$ 和 $x_0 \sim N(\mu_{x0},\sigma_{x0}^2)$ 以刻画不同样本间差异性，若 $x_\kappa = X(t_\kappa)$ 表示当前退化状态，则其对应的剩余寿命概率分布解析表达式如下。

情形 1：当前时刻 t_κ 小于变点 τ 时，有

$$f_{L_\kappa | M_{1*}}(l_\kappa \mid M_{1*})=\begin{cases}\dfrac{(\omega-x_\kappa)(\sigma_{1p}^2\eta_1(t)+\sigma_1^2)}{\sqrt{2\pi[\eta_1(t)\sigma_1^2+\eta_1^2(t)\sigma_{1p}^2]^3}}\dfrac{\mathrm{d}\eta_1(t)}{\mathrm{d}t}\times \\ \exp\left[-\dfrac{(\omega-x_\kappa-\mu_{1p}\eta_1(t))^2}{2[\eta_1(t)\sigma_1^2+\eta_1^2(t)\sigma_{1p}^2]}\right], & 0<l_\kappa+t_\kappa\leqslant\tau \\ A_4-B_4, & \tau<l_\kappa+t_\kappa\end{cases} \tag{4.12}$$

其中：

$$\begin{cases}A_4=\sqrt{\dfrac{1}{2\pi\Lambda_2^2(t_\kappa+l_\kappa-\tau)(\sigma_{a4}^2+\sigma_{b4}^2)}}\exp\left[-\dfrac{(\mu_{a4}-\mu_{b4})^2}{2(\sigma_{a4}^2+\sigma_{b4}^2)}\right]\dfrac{\mathrm{d}\Lambda_2(t_\kappa+l_\kappa-\tau)}{\mathrm{d}l_\kappa}\times \\ \quad\left\{\dfrac{\mu_{b4}\sigma_{a4}^2+\mu_{a4}\sigma_{b4}^2}{\sigma_{a4}^2+\sigma_{b4}^2}\Phi\left(\dfrac{\mu_{b4}\sigma_{a4}^2+\mu_{a4}\sigma_{b4}^2}{\sqrt{\sigma_{a4}^2\sigma_{b4}^2(\sigma_{a4}^2+\sigma_{b4}^2)}}\right)+\sqrt{\dfrac{\sigma_{a4}^2\sigma_{b4}^2}{\sigma_{a4}^2+\sigma_{b4}^2}}\phi\left(\dfrac{\mu_{b4}\sigma_{a4}^2+\mu_{a4}\sigma_{b4}^2}{\sqrt{\sigma_{a4}^2\sigma_{b4}^2(\sigma_{a4}^2+\sigma_{b4}^2)}}\right)\right\} \\ B_4=\exp\left[-\dfrac{a_1bc+ab_1c+abc_1}{abc}+\dfrac{(a_2bc+ab_2c+abc_2)^2}{4abc(ab_3c+abc_3)}\right]\exp\left[-\dfrac{(\mu_{a4}-\mu_{c4})^2}{2(\sigma_{a4}^2+\sigma_{c4}^2)}\right]\times \\ \quad\dfrac{\mathrm{d}\Lambda_2(t_\kappa+l_\kappa-\tau)}{\mathrm{d}l_\kappa}\sqrt{\dfrac{\dfrac{abc}{2(ab_3c+abc_3)}}{2\pi\Lambda_2^2(t_\kappa+l_\kappa-\tau)(\psi(\tau)\sigma_1^2+\psi(\tau)^2\sigma_{1p}^2+\sigma_{x0}^2)(\sigma_{a4}^2+\sigma_{c4}^2)}}\times \\ \quad\left\{\dfrac{\mu_{c4}\sigma_{a4}^2+\mu_{a4}\sigma_{c4}^2}{\sigma_{a4}^2+\sigma_{c4}^2}\Phi\left(\dfrac{\mu_{c4}\sigma_{a4}^2+\mu_{a4}\sigma_{c4}^2}{\sqrt{\sigma_{a4}^2\sigma_{c4}^2(\sigma_{a4}^2+\sigma_{c4}^2)}}\right)+\sqrt{\dfrac{\sigma_{a4}^2\sigma_{c4}^2}{\sigma_{a4}^2+\sigma_{c4}^2}}\phi\left(\dfrac{\mu_{c4}\sigma_{a4}^2+\mu_{a4}\sigma_{c4}^2}{\sqrt{\sigma_{a4}^2\sigma_{c4}^2(\sigma_{a4}^2+\sigma_{c4}^2)}}\right)\right\} \\ \mu_{a4}=\mu_{2p}\Lambda_2(t_\kappa+l_\kappa-\tau),\quad \mu_{b4}=\omega-x_\kappa-\mu_{x0}-\mu_{1p}\Lambda_1(\tau), \\ \mu_{c4}=\omega-x_\kappa+\dfrac{bca_2+acb_2+abc_2}{2(acb_3+abc_3)},\quad \sigma_{a4}^2=\sigma_2^2\Lambda_2(t_\kappa+l_\kappa-\tau)+\sigma_{2p}^2\Lambda_2^2(t_\kappa+l_\kappa-\tau) \\ \sigma_{b4}^2=\psi(\tau)\sigma_1^2+\psi(\tau)^2\sigma_{1p}^2+\sigma_{x0}^2,\quad \sigma_{c4}^2=\dfrac{abc}{2(acb_3+abc_3)} \\ a=\sigma_1^2\psi(\tau),\quad a_1=2(\omega-x_\kappa)^2,\quad a_2=-2(\omega-x_\kappa) \\ b=\sigma_1^4\psi(\tau)^2,\quad b_1=2(\omega-x_\kappa)\sigma_1^2\mu_{1p}\psi(\tau)^2+2(\omega-x_\kappa)^2(\sigma_1^2\psi(\tau)+\sigma_{1p}^2\psi(\tau)^2), \\ b_2=-2\sigma_1^2\psi(\tau)(\mu_{1p}\psi(\tau)+\omega-x_\kappa)+4(\omega-x_\kappa)(\sigma_1^2\psi(\tau)+\sigma_{1p}^2\psi(\tau)^2), \\ b_3=2\sigma_1^2\psi(\tau)-2(\sigma_1^2\psi(\tau)+\sigma_{1p}^2\psi(\tau)^2),\quad \psi(\tau)=\Lambda_1(\tau)-\Lambda_1(t_\kappa) \\ \eta_1(l_\kappa)=\Lambda_1(l_\kappa+t_\kappa)-\Lambda_1(t_\kappa) \\ c=2(\sigma_1^2\psi(\tau)+\sigma_{1p}^2\psi(\tau)^2+\sigma_{x0}^2),\quad c_1=\left(\mu_{1p}\psi(\tau)-\dfrac{2(\omega-x_\kappa)(\sigma_1^2\psi(\tau)+\sigma_{1p}^2\psi(\tau)^2)}{\sigma_1^2\psi(\tau)}+\mu_{x0}\right)^2, \\ c_2=2\left(\dfrac{2(\sigma_1^2\psi(\tau)+\sigma_{1p}^2\psi(\tau)^2)}{\sigma_1^2\psi(\tau)}-1\right)\left(\mu_{1p}\psi(\tau)-\dfrac{2(\omega-x_\kappa)(\sigma_1^2\psi(\tau)+\sigma_{1p}^2\psi(\tau)^2)}{\sigma_1^2\psi(\tau)}+\mu_{x0}\right), \\ c_3=\left(\dfrac{2(\sigma_1^2\psi(\tau)+\sigma_{1p}^2\psi(\tau)^2)}{\sigma_1^2\psi(\tau)}-1\right)^2\end{cases} \tag{4.13}$$

情形 2：当前时刻 t_κ 大于变点 τ 时，有

$$f_{L_\kappa|M_1}(l_\kappa|M_1)=\frac{(\omega-x_\kappa)(\sigma_{2p}^2\eta_2(l_\kappa)+\sigma_2^2)}{\sqrt{2\pi[\eta_2(l_\kappa)\sigma_2^2+\eta_2^2(l_\kappa)\sigma_{2p}^2]^3}}\times \exp\left[-\frac{(\omega-x_\kappa-\mu_{2p}\eta_2(l_\kappa))^2}{2[\eta_2(l_\kappa)\sigma_2^2+\eta_2^2(l_\kappa)\sigma_{2p}^2]}\right]\frac{\mathrm{d}\eta_2(l_\kappa)}{\mathrm{d}l_\kappa} \tag{4.14}$$

式中：$\eta_2(l_\kappa)=\Lambda_2(l_\kappa+t_\kappa-\tau)-\Lambda_2(t_\kappa-\tau)$。

在上述推导过程中，变点发生的时间 τ 默认为固定常数。对于一些特定的设备，产生两阶段退化的原因是工况发生切换，这种情形下的变点发生时间符合固定常数的假设。然而，由于设备内部损耗发生突变而导致的两阶段退化特性，其变点时间却不固定。此外，在工程实践中，每个样本的变点时间也常常是不同的。在这类情形下，可令变点时间 τ 服从截断正态分布 $\psi(\mu_\tau,\sigma_\tau^2,0,+\infty;\tau)$ 以描述不同样本间变点发生时刻的不同。那么，寿命和剩余寿命的 PDF 可根据全概率公式和定理 4.2 的结果推导获得，即

$$f_{T|M_1}(t|M_1)=\int_0^{+\infty}f_{T|M_1}(t|\tau)p(\tau)\mathrm{d}\tau \tag{4.15}$$

$$f_{L_\kappa|M_1}(l_\kappa|M_1)=\int_0^{+\infty}f_{L|M_1}(l_\kappa|\tau)p(\tau)\mathrm{d}\tau \tag{4.16}$$

式中：$p(\tau)$ 为变点发生时间的概率密度函数。由于定理 2.2 所示的寿命分布解析形式较为复杂，因此对式（4.12）难以直接进行积分求解。鉴于此，考虑采用数值积分的形式进行计，包括但不限于 Rhomberg 积分、梯形近似法、抛物线近似法等。

3. 模型 M_1 在多阶段退化下的剩余寿命分布

在实际中，多阶段退化更具有一般性和普适性，那么根据式（4.1），M_1 的多阶段退化过程模型可表示为如下形式：

$$X(t)=\begin{cases}x_0+\mu_1\Lambda_1(t)+\sigma_1B[\Lambda_1(t)], & 0<t\leqslant\tau_1\\ x_{\tau_1}+\mu_2\Lambda_2(t-\tau_1)+\sigma_2B[\Lambda_2(t-\tau_1)], & \tau_1<t\leqslant\tau_2\\ \vdots & \\ x_{\tau_{n-1}}+\mu_n\Lambda_n(t-\tau_{n-1})+\sigma_nB[\Lambda_n(t-\tau_{n-1})], & \tau_{n-1}<t\end{cases} \tag{4.17}$$

式中：x_0 表示退化状态的初值；$\boldsymbol{\mu}=[\mu_1,\mu_2,\cdots,\mu_n]$ 和 $\boldsymbol{\sigma}=[\sigma_1,\sigma_2,\cdots,\sigma_n]$ 分别表示各阶段的漂移系数和扩散系数；$\boldsymbol{\Lambda}(\boldsymbol{t})=[\Lambda_1(t),\Lambda_2(t-\tau_1),\cdots,\Lambda_n(t-\tau_{n-1})]$是各阶段的时间依赖函数；$\boldsymbol{x_\tau}=[x_{\tau_1},x_{\tau_2},\cdots,x_{\tau_{n-1}}]$ 和 $\boldsymbol{\tau}=[\tau_1,\tau_2,\cdots,\tau_{n-1}]$ 分别代表变点处的退化量和变点发生时间；$B(\cdot)$ 是标准布朗运动。

为了求解式（4.17）的寿命分布 PDF，需要计算每个阶段的状态转移概率 $g_{x_{\tau_i}|M_1}(x_{\tau_i}|M_1)$。为了简化多阶段的求解，假设所有变点的发生时间和变点处的退化量均为常数。根据全概率公式，$g_{x_{\tau_i}|M_1}(x_{\tau_i}|M_1)$ 的表达式如下：

$$g_{x_{\tau_i}|M_1}(x_{\tau_i}|M_1)=\int_{-\infty}^{\omega}g_{x_{\tau_i}|x_{\tau_{i-1}},M_1}(x_{\tau_i}|x_{\tau_{i-1}})g_{x_{\tau_{i-1}}|M_1}(x_{\tau_i-1}|M_1)\mathrm{d}x_{\tau_{i-1}},\quad i>1 \tag{4.18}$$

式中：$g_{x_{\tau_i}|x_{\tau_{i-1}},M_1}(x_{\tau_i}|x_{\tau_{i-1}})$ 表示从 $x_{\tau_{i-1}}$ 到 x_{τ_i} 的状态转移概率分布，其表达式为

$$g_{x_{\tau_i}|x_{\tau_{i-1}},M_1}(x_{\tau_i}|x_{\tau_{i-1}})=\frac{1}{\sqrt{2\pi\Delta\Lambda_i(\tau_i)\sigma_i^2}}\left\{\exp\left[-\frac{(x_{\tau_i}-x_{\tau_{i-1}}-\mu_i\Delta\Lambda_i(\tau_i))^2}{2\sigma_i^2\Delta\Lambda_i(\tau_i)}\right]-\right.$$
$$\left.\exp\left[\frac{2\mu_i(\omega-x_{\tau_{i-1}})}{\sigma_i^2}\right]\exp\left[-\frac{(x_{\tau_i}+x_{\tau_{i-1}}-2\omega-\mu_i\Delta\Lambda_i(\tau_i))^2}{2\sigma_i^2\Delta\Lambda_i(\tau_i)}\right]\right\} \tag{4.19}$$

式中：$\Delta\Lambda_i(\tau_i)=\Lambda_i(\tau_i-\tau_{i-1}),\Delta\Lambda_1(\tau_1)=\Lambda_1(\tau_1)$。基于式（4.17）和式（4.18）便可得到如下表达式：

$$g_{x_{\tau_i}|M_1}(x_{\tau_i}|M_1)=\int_{-\infty}^{\omega}\cdots\int_{-\infty}^{\omega}\int_{-\infty}^{\omega}g_{\tau_1|M_1}(x_{\tau_1}|M_1)g_{\tau_2|\tau_1,M_1}(x_{\tau_2}|x_{\tau_1})\times$$
$$g_{\tau_3|\tau_2,M_1}(x_{\tau_3}|x_{\tau_2})\cdots g_{\tau_i|\tau_{i-1},M_1}(x_{\tau_i}|x_{\tau_{i-1}})\mathrm{d}x_{\tau_1}\mathrm{d}x_{\tau_2}\cdots\mathrm{d}x_{\tau_{i-1}} \tag{4.20}$$

因此，基于上述推导，M_1 在第 n 阶段的多阶段寿命分布 PDF 如下所示：

$$f_{T_n|M_1}(t)=\int_{-\infty}^{\omega}f_{T_n|M_1}(t|x_{\tau_{n-1}})g_{x_{\tau_{n-1}}|M_1}(x_{\tau_{n-1}}|M_1)\mathrm{d}x_{\tau_{n-1}},\quad n\geqslant 2 \tag{4.21}$$

考虑到直接求解多阶段退化过程的寿命分布十分困难，因此，可采用迭代计算的方法以求解寿命分布 PDF，即利用第 $n-1$ 阶段的退化量转移概率 PDF，并通过式（4.21）求解第 n 阶段的寿命和剩余寿命分布 PDF。限于篇幅原因，本节只介绍了寿命分布 PDF 的迭代计算，剩余寿命的迭代计算可参考寿命与剩余寿命之间的转换关系。

4.3.2　基于模型 M_2 的剩余寿命分布推导

1. 模型 M_2 在固定参数下的剩余寿命分布

与模型 M_1 的推导类似，首先考虑模型 M_2 在固定参数下的剩余寿命分布求解，具体结论如定理 4.3 所示。

定理 4.3：基于模型 M_2 建立的两阶段非线性退化过程，在首达时间的概念下，其寿命分布 PDF 可表示为

$$f_{T|M_2}(t|M_2)$$
$$=\begin{cases}\dfrac{\omega-x_0}{\sqrt{4\pi S_1^3(t)}}\exp\left[-\dfrac{(\omega-x_0-\mu_1H_1(t))^2}{4S_1(t)}\right]\dfrac{\mathrm{d}S_1(t)}{\mathrm{d}t}, & 0<t\leqslant\tau\\ \displaystyle\int_{-\infty}^{\omega}\dfrac{\omega-x_\tau}{\sqrt{4\pi S_2^3(t-\tau)}}\exp\left[-\dfrac{(\omega-x_\tau-\mu_2H_2(t-\tau))^2}{4S_2(t-\tau)}\right]\dfrac{\mathrm{d}S_2(t-\tau)}{\mathrm{d}t}g_{x_\tau|M_2}(x_\tau|M_2)\mathrm{d}x_\tau, & t>\tau\end{cases} \tag{4.22}$$

其中：

$$
\begin{cases}
g_{x_\tau|M_2}(x_\tau \mid M_2) = \dfrac{1}{2\sqrt{\pi S_1(\tau)}}\left\{\exp\left[-\dfrac{(x_\tau-\mu_1 H_1(\tau))^2}{4S_1(\tau)}\right]-\exp(\omega q_1)\exp\left[-\dfrac{(x_\tau-2\omega-\mu_1 H_1(\tau))^2}{4S_1(\tau)}\right]\right\} \\
H_1(t)=\displaystyle\int_0^t \varphi_1(s)\,\mathrm{d}s,\quad H_2(t-\tau)=\int_0^{t-\tau}\varphi_2(s)\,\mathrm{d}s \\
S_1(t)=\dfrac{1}{2}\sigma_1^2\displaystyle\int_0^t \xi_1^2(s)\,\mathrm{d}s,\quad S_2(t-\tau)=\dfrac{1}{2}\sigma_2^2\int_0^{t-\tau}\xi_2^2(s)\,\mathrm{d}s \\
q_1=\mu_1 H_1(\tau)/S_1(\tau),\quad q_2=\mu_2 H_2(t-\tau)/S_2(t-\tau)
\end{cases}
\tag{4.23}
$$

证明见附录 B. 3。

值得注意的是，式（4. 23）成立的条件为 q_1 和 q_2 是固定常数，上述积分可采用数值积分的方式进行求解。类似地，模型 M_2 在固定参数情形下的剩余寿命分布 PDF 如推论 4. 3 所示。

推论 4. 3：基于模型 M_2 建立的两阶段非线性退化过程，在首达时间的概念下，若 $x_\kappa=X(t_\kappa)$，则其对应的剩余寿命 PDF 解析表达式如下。

情形 1：当前时刻 t_κ 小于变点 τ 时，有

$$
f_{L_\kappa|M_2}(l_\kappa \mid M_2)=
\begin{cases}
\dfrac{\omega-x_\kappa}{\sqrt{4\pi\beta_1^3(t_\kappa+l_\kappa)}}\exp\left[-\dfrac{(\omega-x_\kappa-\mu_1\eta_1(t_\kappa+l_\kappa))^2}{4\beta_1(t_\kappa+l_\kappa)}\right]\dfrac{\mathrm{d}\beta_1(l_\kappa+t_\kappa)}{\mathrm{d}l_\kappa}, & 0<t_\kappa+l_\kappa\leqslant\tau \\
\displaystyle\int_{-\infty}^{\omega}\dfrac{\omega-x_\tau}{\sqrt{4\pi S_2^3(t_\kappa+l_\kappa-\tau)}}\exp\left[-\dfrac{(\omega-x_\tau-\mu_2 H_2(t_\kappa+l_\kappa-\tau))^2}{4S_2(t_\kappa+l_\kappa-\tau)}\right]\times & \\
\dfrac{\mathrm{d}S_2(t_\kappa+l_\kappa-\tau)}{\mathrm{d}t}g_{x_\tau|M_2}(x_\tau \mid M_2)\,\mathrm{d}x_\tau, & t_\kappa+l_\kappa>\tau
\end{cases}
\tag{4.24}
$$

其中：

$$
\begin{cases}
g_{x_\tau|M_2}(x_\tau \mid M_2)=\dfrac{1}{2\sqrt{\pi\beta_1(\tau)}}\left\{\exp\left[-\dfrac{(x_\tau-x_\kappa-\lambda_1\eta_1(\tau))^2}{4\beta_1(\tau)}\right]-\right. \\
\qquad\left.\exp[(\omega-x_\kappa)q_1]\exp\left[-\dfrac{(x_\tau+x_\kappa-2\omega-\lambda_1\eta_1(\tau))^2}{4\beta_1(\tau)}\right]\right\} \\
\eta_1(\tau)=\displaystyle\int_0^{\tau}\varphi_1(s)\,\mathrm{d}s-\int_0^{t_\kappa}\varphi_1(s)\,\mathrm{d}s,\quad \beta_1(\tau)=\dfrac{1}{2}\sigma_1^2\int_0^{\tau}\xi_1^2(s)\,\mathrm{d}s-\dfrac{1}{2}\sigma_1^2\int_0^{t_\kappa}\xi_1^2(s)\,\mathrm{d}s \\
\eta_1(t_\kappa+l_\kappa)=\displaystyle\int_0^{t_\kappa+l_\kappa}\varphi_1(s)\,\mathrm{d}s-\int_0^{t_\kappa}\varphi_1(s)\,\mathrm{d}s,\quad \beta_1(t_\kappa+l_\kappa)=\dfrac{1}{2}\sigma_1^2\int_0^{t_\kappa+l_\kappa}\xi_1^2(s)\,\mathrm{d}s-\dfrac{1}{2}\sigma_1^2\int_0^{t_\kappa}\xi_1^2(s)\,\mathrm{d}s \\
H_2(t_\kappa+l_\kappa-\tau)=\displaystyle\int_0^{t_\kappa+l_\kappa-\tau}\varphi_2(s)\,\mathrm{d}s,\quad S_2(t_\kappa+l_\kappa-\tau)=\dfrac{1}{2}\sigma_2^2\int_0^{t_\kappa+l_\kappa-\tau}\xi_2^2(s)\,\mathrm{d}s
\end{cases}
\tag{4.25}
$$

情形 2：当前时刻 t_κ 大于变点 τ 时，有

$$
f_{L_\kappa|M_2}(l_\kappa \mid M_2)=\frac{\omega-x_\kappa}{\sqrt{4\pi\beta_2^3(l_\kappa)}}\exp\left[-\frac{(\omega-x_\kappa-\mu_2\eta_2(l_\kappa))^2}{4\beta_2(l_\kappa)}\right]\frac{\mathrm{d}\beta_2(l_\kappa)}{\mathrm{d}l_\kappa}
\tag{4.26}
$$

其中：

$$\eta_2(l_\kappa) = \int_0^{t_\kappa + l_\kappa - \tau} \varphi_2(s)\,\mathrm{d}s - \int_0^{t_\kappa - \tau} \varphi_2(s)\,\mathrm{d}s,\quad \beta_2(l_\kappa) = \frac{1}{2}\sigma_2^2 \int_0^{t_\kappa + l_\kappa - \tau} \xi_2^2(s)\,\mathrm{d}s - \frac{1}{2}\sigma_2^2 \int_0^{t_\kappa - \tau} \xi_2^2(s)\,\mathrm{d}s \tag{4.27}$$

2. 模型 M_2 在随机效应影响下的剩余寿命分布

同理，与模型 M_1 相似，令随机效应影响下的模型 M_2 为模型 M_{2^*}。直接给出定理 4.4，可获得模型 M_{2^*} 的寿命分布 PDF 解析表达式。

定理 4.4：对于两阶段非线性模型 M_{2^*}，定义 $\mu_1 \sim N(\mu_{1p}, \sigma_{1p}^2)$，$\mu_2 \sim N(\mu_{2p}, \sigma_{2p}^2)$ 和 $x_0 \sim N(\mu_{x0}, \sigma_{x0}^2)$ 刻画样本间差异性，寿命 PDF 的解析表达式如下所示。

$$f_{T|M_{2^*}}(t \mid M_{2^*}) = \begin{cases} \dfrac{\sigma_{x0}^2 \mu_{1p} + (\omega - \mu_{x0})(2S_1(t) + \sigma_{1p}^2 H_1^2(t))}{\sqrt{2\pi S_1^2(t)(2S_1(t) + \sigma_{1p}^2 H_1^2(t) + \sigma_{x0}^2)^3}} \exp\left[-\dfrac{(\omega - \mu_{x0} - \mu_{1p} H_1(t))^2}{2(2S_1(t) + \sigma_{1p}^2 H_1^2(t) + \sigma_{x0}^2)}\right] \dfrac{\mathrm{d}S_1(t)}{\mathrm{d}t}, & 0 < t \leqslant \tau \\ \displaystyle\int_{-\infty}^{\omega} \dfrac{\omega - x_\tau}{\sqrt{2\pi S_2^2(t-\tau)(2S_2(t-\tau) + \sigma_{2p}^2 H_2^2(t-\tau))}} \dfrac{\mathrm{d}S_2(t-\tau)}{\mathrm{d}t} \times \\ \exp\left[-\dfrac{(\omega - x_\tau - \mu_{2p} H_2(t-\tau))^2}{2(2S_2(t-\tau) + \sigma_{2p}^2 H_2^2(t-\tau))}\right] g_{x_\tau|M_{2^*}}(x_\tau \mid \mu_{1p}, \sigma_{1p}, \mu_{x0}, \sigma_{x0})\,\mathrm{d}x_\tau, & t > \tau \end{cases} \tag{4.28}$$

其中：

$$\begin{cases} g_{x_\tau|M_{2^*}}(x_\tau \mid \mu_{1p}, \sigma_{1p}, \mu_{x0}, \sigma_{x0}) \\ = \dfrac{1}{\sqrt{2\pi(2S_1(\tau) + \sigma_{1p}^2 H_1^2(\tau) + \sigma_{x0}^2)}} \times \left\{\exp\left[-\dfrac{(x_\tau - \mu_{x0} - \mu_{1p} H_1(\tau))^2}{2(2S_1(\tau) + \sigma_{1p}^2 H_1^2(\tau) + \sigma_{x0}^2)}\right] - \right. \\ \quad \exp\left[\dfrac{(x_\tau - \omega)(\omega - x_\tau + \mu_{1p} H_1(\tau))}{S_1(\tau)} + \dfrac{(2S_1(\tau) + \sigma_{1p}^2 H_1^2(\tau))(x_\tau - \omega)^2}{2S_1^2(\tau)}\right] \times \\ \quad \left. \exp\left[-\dfrac{(\mu_{x0} + (x_\tau - \omega)(2 + \sigma_{1p}^2 H_1^2(\tau)/S_1(\tau)) - x_\tau + \mu_{1p} H_1(\tau))^2}{2(2S_1(\tau) + \sigma_{1p}^2 H_1^2(\tau) + \sigma_{x0}^2)}\right]\right\} \\ H_1(t) = \displaystyle\int_0^t \varphi_1(s)\,\mathrm{d}s,\quad S_1(t) = \frac{1}{2}\sigma_1^2 \int_0^t \xi_1^2(s)\,\mathrm{d}s \\ H_2(t-\tau) = \displaystyle\int_0^{t-\tau} \varphi_2(s)\,\mathrm{d}s,\quad S_2(t-\tau) = \frac{1}{2}\sigma_2^2 \int_0^{t-\tau} \xi_2^2(s)\,\mathrm{d}s \end{cases} \tag{4.29}$$

证明见附录 B.4。

然后，根据寿命与剩余寿命之间的关系，可以获得模型 M_{2^*} 的剩余寿命分布 PDF 解析表达式，如推论 4.4 所示。

推论 4.4：对于两阶段非线性模型 M_{2^*}，定义 $\mu_1 \sim N(\mu_{1p}, \sigma_{1p}^2)$，$\mu_2 \sim N(\mu_{2p}, \sigma_{2p}^2)$ 和 $x_0 \sim N(\mu_{x0}, \sigma_{x0}^2)$ 以描述样本间差异性，若 t_κ 时刻的退化测量值为 x_κ，则其对应的剩余寿命 L_κ PDF 解析表达式如下。

情形 1：当前时刻 t_κ 小于变点 τ 时，有

$$f_{L_\kappa|M_2}(l_\kappa \mid M_{2*}) = \begin{cases} \dfrac{(\omega - x_\kappa)(2\beta_1(t_\kappa + l_\kappa) + \sigma_{1p}^2\eta_1^2(t_\kappa + l_\kappa))}{\sqrt{2\pi\beta_1^2(t_\kappa + l_\kappa)(2\beta_1(t_\kappa + l_\kappa) + \sigma_{1p}^2\eta_1^2(t_\kappa + l_\kappa))^3}} \times \\ \exp\left[-\dfrac{(\omega - x_\kappa - \mu_{1p}\eta_1(t_\kappa + l_\kappa))^2}{2(2\beta_1(t_\kappa + l_\kappa) + \sigma_{1p}^2\eta_1^2(t_\kappa + l_\kappa))}\right]\dfrac{\mathrm{d}\beta_1(t_\kappa + l_\kappa)}{\mathrm{d}l_\kappa}, & 0 < t_\kappa + l_\kappa \leqslant \tau \\ \displaystyle\int_{-\infty}^{\omega} \dfrac{\omega - x_\tau}{\sqrt{2\pi S_2^2(t_\kappa + l_\kappa - \tau)(2S_2(t_\kappa + l_\kappa - \tau) + \sigma_{2p}^2 H_2^2(t_\kappa + l_\kappa - \tau))}} \dfrac{\mathrm{d}S_2(t_\kappa + l_\kappa - \tau)}{\mathrm{d}t} \times \\ \exp\left[-\dfrac{(\omega - x_\tau - \mu_{2p}H_2(t_\kappa + l_\kappa - \tau))^2}{2(2S_2(t_\kappa + l_\kappa - \tau) + \sigma_{2p}^2 H_2^2(t_\kappa + l_\kappa - \tau))}\right] g_{x_\tau|M_{2*}}(x_\tau \mid \mu_{1p}, \sigma_{1p}, \mu_{x0}, \sigma_{x0})\mathrm{d}x_\tau, & t_\kappa + l_\kappa > \tau \end{cases} \tag{4.30}$$

其中：

$$\begin{cases} g_{x_\tau|M_{2*}}(x_\tau \mid \mu_{1p}, \sigma_{1p}, \mu_{x0}, \sigma_{x0}) \\ = \dfrac{1}{\sqrt{2\pi(2\beta_1(\tau) + \sigma_{1p}^2\eta_1^2(\tau) + \sigma_{x0}^2)}}\left\{\exp\left[-\dfrac{(x_\tau - x_\kappa - \mu_{x0} - \mu_{1p}\eta_1(\tau))^2}{2(2\beta_1(\tau) + \sigma_{1p}^2\eta_1^2(\tau) + \sigma_{x0}^2)}\right] - \right. \\ \exp\left[\dfrac{(x_\tau - \omega)(\omega - x_\tau + \mu_{1p}\eta_1(\tau))}{\beta_1(\tau)} + \dfrac{(2\beta_1(\tau) + \sigma_{1p}^2\eta_1^2(\tau))(x_\tau - \omega)^2}{2\beta_1^2(\tau)}\right] \times \\ \left.\exp\left[-\dfrac{(\mu_{x0} + (x_\tau - \omega)(2 + \sigma_{1p}^2\eta_1^2(\tau)/\beta_1(\tau)) - x_\tau + x_\kappa + \mu_{1p}\eta_1(\tau))^2}{2(2\beta_1(\tau) + \sigma_{1p}^2\eta_1^2(\tau) + \sigma_{x0}^2)}\right]\right\} \\ \eta_1(\tau) = \displaystyle\int_0^\tau \varphi_1(s)\mathrm{d}s - \int_0^{t_\kappa}\varphi_1(s)\mathrm{d}s, \quad \beta_1(\tau) = \dfrac{1}{2}\sigma_1^2\int_0^\tau \xi_1^2(s)\mathrm{d}s - \dfrac{1}{2}\sigma_1^2\int_0^{t_\kappa}\xi_1^2(s)\mathrm{d}s \\ \eta_1(t_\kappa + l_\kappa) = \displaystyle\int_0^{t_\kappa + l_\kappa}\varphi_1(s)\mathrm{d}s - \int_0^{t_\kappa}\varphi_1(s)\mathrm{d}s, \quad \beta_1(t_\kappa + l_\kappa) = \dfrac{1}{2}\sigma_1^2\int_0^{t_\kappa + l_\kappa}\xi_1^2(s)\mathrm{d}s - \dfrac{1}{2}\sigma_1^2\int_0^{t_\kappa}\xi_1^2(s)\mathrm{d}s \\ H_2(t_\kappa + l_\kappa - \tau) = \displaystyle\int_0^{t_\kappa + l_\kappa - \tau}\varphi_2(s)\mathrm{d}s, \quad S_2(t_\kappa + l_\kappa - \tau) = \dfrac{1}{2}\sigma_2^2\int_0^{t_\kappa + l_\kappa - \tau}\xi_2^2(s)\mathrm{d}s \end{cases} \tag{4.31}$$

情形 2：当前时刻 t_κ 大于变点 τ 时，有

$$f_{L_\kappa|M_2}(l_\kappa \mid M_{2*}) = \frac{\omega - x_\kappa}{\sqrt{2\pi\beta_2^2(l_\kappa)(2\beta_2(l_\kappa) + \sigma_{2p}^2\eta_2^2(l_\kappa))}}\exp\left[-\frac{(\omega - x_\kappa - \mu_{2p}\eta_2(l_\kappa))^2}{2(2\beta_2(l_\kappa) + \sigma_{2p}^2\eta_2^2(l_\kappa))}\right]\frac{\mathrm{d}\beta_2(l_\kappa)}{\mathrm{d}l_\kappa} \tag{4.32}$$

其中：

$$\eta_2(l_\kappa) = \int_0^{t_\kappa + l_\kappa - \tau}\varphi_2(s)\mathrm{d}s - \int_0^{t_\kappa - \tau}\varphi_2(s)\mathrm{d}s, \quad \beta_2(l_\kappa) = \frac{1}{2}\sigma_2^2\int_0^{t_\kappa + l_\kappa - \tau}\xi_2^2(s)\mathrm{d}s - \frac{1}{2}\sigma_2^2\int_0^{t_\kappa - \tau}\xi_2^2(s)\mathrm{d}s \tag{4.33}$$

值得注意的是，与模型 M_{1*} 类似，对于模型 M_{2*} 考虑变点 τ 随机性的情形可以参考式（4.15）和式（4.16）获得，并采用数值积分进行求解。

3. 模型 M_2 在多阶段退化下的剩余寿命分布

类似地，定义模型 M_2 的多阶段模型如下所示：

$$X(t)=\begin{cases}x_0+\mu_1\int_0^t\varphi_1(s)\mathrm{d}s+\sigma_1\int_0^t\xi_1(s)\mathrm{d}B(s), & 0<t\leqslant\tau_1\\ x_{\tau_1}+\mu_2\int_0^{t-\tau_1}\varphi_2(s)\mathrm{d}s+\sigma_2\int_0^{t-\tau_1}\xi_2(s)\mathrm{d}B(s), & \tau_1<t\leqslant\tau_2\\ \vdots & \\ x_{\tau_{n-1}}+\mu_n\int_0^{t-\tau_{n-1}}\varphi_n(s)\mathrm{d}s+\sigma_n\int_0^{t-\tau_{n-1}}\xi_n(s)\mathrm{d}B(s), & \tau_{n-1}<t\end{cases}\tag{4.34}$$

式中：x_0 表示退化状态的初值；$\boldsymbol{\mu}=[\mu_1,\mu_2,\cdots,\mu_n]^{\mathrm{T}}$ 和 $\boldsymbol{\sigma}=[\sigma_1,\sigma_2,\cdots,\sigma_n]^{\mathrm{T}}$ 分别表示各阶段的漂移系数和扩散系数；$\boldsymbol{\varphi}(t)=[\varphi_1(t),\varphi_2(t),\cdots,\varphi_n(t)]^{\mathrm{T}}$ 和 $\xi(t)=[\xi_1(t),\xi_2(t),\cdots,\xi_n(t)]^{\mathrm{T}}$ 是各阶段仅与时间相关的函数；$\boldsymbol{x}_{\boldsymbol{\tau}}=[x_{\tau_1},x_{\tau_2},\cdots,x_{\tau_{n-1}}]^{\mathrm{T}}$ 和 $\boldsymbol{\tau}=[\tau_1,\tau_2,\cdots,\tau_{n-1}]^{\mathrm{T}}$ 分别代表变点处的退化量和变点发生时间；$B(\cdot)$ 是标准布朗运动。

那么，根据两阶段模型条件下寿命预测结果，多阶段寿命分布 PDF 的迭代求解过程如下所示：

$$f_{T_n|M_2}(t)=\int_{-\infty}^{\omega}f_{T_n|M_2}(t\mid x_{\tau_{n-1}})g_{x_{\tau_{n-1}}|M_2}(x_{\tau_{n-1}}\mid M_2)\mathrm{d}x_{\tau_{n-1}},\quad n\geqslant 2\tag{4.35}$$

其中：

$$\begin{cases}g_{x_{\tau_i}|M_2}(x_{\tau_i}\mid M_2)=\int_{-\infty}^{\omega}g_{\tau_i|\tau_{i-1},M_2}(x_{\tau_i}\mid x_{\tau_{i-1}})g_{\tau_{i-1}|M_2}(x_{\tau_i-1}\mid M_2)\mathrm{d}x_{\tau_{i-1}}, & i>1\\ g_{x_{\tau_i}|\tau_{i-1},M_2}(x_{\tau_i}\mid x_{\tau_{i-1}})=\dfrac{1}{2\sqrt{\pi\Delta S_i(\tau_i)}}\left\{\exp\left[-\dfrac{(x_i-x_{i-1}-\mu_i\Delta H_i(\tau_i))^2}{4\Delta S_i(\tau_i)}\right]-\right. & \\ \qquad\left.\exp\left(\dfrac{2\mu_i\omega}{\sigma_i^2}\right)\exp\left[-\dfrac{(x_i+x_{i-1}-2\omega-\mu_i\Delta H_i(\tau_i))^2}{4\Delta S_i(\tau_i)}\right]\right\} & \\ \Delta H_i(\tau_i)=\int_0^{\tau_i-\tau_{i-1}}\varphi_i(s)\mathrm{d}s,\quad \Delta S_i(\tau_i)=\dfrac{1}{2}\sigma_i^2\int_0^{\tau_i-\tau_{i-1}}\xi_i^2(s)\mathrm{d}s & \end{cases}\tag{4.36}$$

这样，便获得了模型 M_1 和 M_2 的寿命和剩余寿命分布的精确解析表达式，接下来对模型的参数估计方法进行讨论。

4.4 模型参数辨识

首先，假设同一批次中具有 N 个随机退化设备，则其分别对应具有 N 条退化轨迹，即 $\boldsymbol{X}=[\boldsymbol{x}_1,\boldsymbol{x}_2,\cdots,\boldsymbol{x}_{\mathrm{N}}]^{\mathrm{T}}$。令 $\boldsymbol{x}_i=[x_{i,0},x_{i,1},\cdots,x_{i,m_i}]^{\mathrm{T}}$ 表示第 i 个设备在 $\boldsymbol{t}_i=[t_{i,0},t_{i,1},\cdots,t_{i,m_i}]^{\mathrm{T}}$ 时刻的退化监测量，其中 m_i 表示第 i 个设备的监测数量。在工程实际中，常采用等间隔采样的方式收集监测数据，因此，为了简化问题，后续的推导过程中默认采样时间间隔相等。同时，基于前文分析，由于不同个体之间差异的存在，令模型的漂移系数、初值和变点时间均为随机变量，即 $\mu_1\sim N(\mu_{1p},\sigma_{1p}^2)$，$\mu_2\sim N(\mu_{2p},\sigma_{2p}^2)$，$x_0\sim N(\mu_{x0},\sigma_{x0}^2)$，$\tau\sim N(\mu_\tau,\sigma_\tau^2)$。值得注意的是，上述随机参数对于单个退化设备而言，应是具体的常数。

此外，由于变点的发生时间有两种情况：一是变点发生时间与采样时间点重合，二是位于两个采样之间。对于情形二，难以准确估计出变点的发生时间，鉴于此，为了简化问题，令 τ_i 为第 i 个设备的真实变点时间。采用估计参数 $\widetilde{\tau}_i$ 代替 τ_i，其中 $\widetilde{\tau}_i=\lfloor \tau_i/\Delta t \rfloor$，$\lfloor\cdot\rfloor$ 为向下取整函数，Δt 为采样间隔。值得注意的是，当 Δt 较小时，变点的估计误差可忽略不计。此外，令 $\boldsymbol{X}_{1,i}=[x_{i,1}-x_{i,0},x_{i,2}-x_{i,0},\cdots,x_{i,\widetilde{\tau}_i}-x_{i,0}]^{\mathrm{T}}$ 为第一阶段相对于初值的观测增量，$\boldsymbol{X}_{2,i}=[x_{i,\widetilde{\tau}_i+1}-x_{i,\widetilde{\tau}_i},x_{i,\widetilde{\tau}_i+2}-x_{i,\widetilde{\tau}_i},\cdots,x_{i,m_i}-x_{i,\widetilde{\tau}_i}]^{\mathrm{T}}$ 为第二阶段相对于变点值的观测增量。

首先，考虑模型 M_1 的均值与方差。通常假设退化量的初值 $x_0=0$，令 $\boldsymbol{T}_{1,i}=[\Lambda_1(t_{i,1}),\Lambda_1(t_{i,2}),\cdots,\Lambda_1(t_{i,\widetilde{\tau}_i})]^{\mathrm{T}},\boldsymbol{T}_{2,i}=[\Lambda_2(t_{i,\widetilde{\tau}_i+1}-t_{i,\widetilde{\tau}_i}),\cdots,\Lambda_2(t_{i,m_i}-t_{i,\widetilde{\tau}_i})]^{\mathrm{T}}$。根据布朗运动增量特性，即 $\boldsymbol{X}_{1,i}$ 和 $\boldsymbol{X}_{2,i}$ 服从多维正态分布。此外，可将一个两阶段的退化过程视作两个独立的单阶段退化过程，因此，模型 M_1 第一阶段的均值与方差为

$$\widetilde{\mu}_{1,i}=\mu_{1,i}\boldsymbol{T}_{1,i},\quad \Sigma_{1,i}=\sigma_1^2\boldsymbol{Q}_{1,i} \tag{4.37}$$

其中：

$$\boldsymbol{Q}_{1,i}=\begin{bmatrix}\Lambda_1(t_{i,1}) & \Lambda_1(t_{i,1}) & \cdots & \Lambda_1(t_{i,1})\\ \Lambda_1(t_{i,1}) & \Lambda_1(t_{i,2}) & \cdots & \Lambda_1(t_{i,2})\\ \vdots & \vdots & \ddots & \vdots\\ \Lambda_1(t_{i,1}) & \Lambda_1(t_{i,2}) & \cdots & \Lambda_1(t_{i,\widetilde{\tau}_i})\end{bmatrix} \tag{4.38}$$

模型 M_1 第二阶段的均值与方差为

$$\widetilde{\mu}_{2,i}=\mu_{2,i}\boldsymbol{T}_{2,i},\quad \Sigma_{2,i}=\sigma_2^2\boldsymbol{Q}_{2,i} \tag{4.39}$$

其中：

$$\boldsymbol{Q}_{2,i}=\begin{bmatrix}\Lambda_2(t_{i,\widetilde{\tau}_i+1}-t_{i,\widetilde{\tau}_i}) & \Lambda_2(t_{i,\widetilde{\tau}_i+1}-t_{i,\widetilde{\tau}_i}) & \cdots & \Lambda_2(t_{i,\widetilde{\tau}_i+1}-t_{i,\widetilde{\tau}_i})\\ \Lambda_2(t_{i,\widetilde{\tau}_i+1}-t_{i,\widetilde{\tau}_i}) & \Lambda_2(t_{i,\widetilde{\tau}_i+2}-t_{i,\widetilde{\tau}_i}) & \cdots & \Lambda_2(t_{i,\widetilde{\tau}_i+2}-t_{i,\widetilde{\tau}_i})\\ \vdots & \vdots & \ddots & \vdots\\ \Lambda_2(t_{i,\widetilde{\tau}_i+1}-t_{i,\widetilde{\tau}_i}) & \Lambda_2(t_{i,\widetilde{\tau}_i+2}-t_{i,\widetilde{\tau}_i}) & \cdots & \Lambda_2(t_{i,m_i}-t_{i,\widetilde{\tau}_i})\end{bmatrix} \tag{4.40}$$

接下来，对考虑模型 M_2 的均值与方差，对于模型 M_2 的第一阶段，令 $\boldsymbol{T}_{1,i}=[T_{1,1},T_{1,2},\cdots,T_{1,\widetilde{\tau}_i}]^{\mathrm{T}}$，其中 $T_{1,j}=\int_0^{t_{i,j}}\varphi_1(s)\mathrm{d}s$。令 $\boldsymbol{Z}_{1,i}=[Z_{1,1},Z_{1,2},\cdots,Z_{1,\widetilde{\tau}_i}]^{\mathrm{T}}$，其中 $Z_{1,j}=\int_0^{t_{i,j}}\xi_1(s)\mathrm{d}s$。同理，对于第二阶段，令 $\boldsymbol{T}_{2,i}=[T_{2,\widetilde{\tau}_i+1},T_{2,\widetilde{\tau}_i+2},\cdots,T_{2,m_i}]^{\mathrm{T}}$，其中 $T_{2,j}=\int_0^{t_{i,j}-\widetilde{\tau}_i}\varphi_2(s)\mathrm{d}s$。令 $Z_{2,i}=[Z_{2,\widetilde{\tau}_i+1},Z_{2,\widetilde{\tau}_i+2},\cdots,Z_{2,m_i}]^{\mathrm{T}}$，其中 $Z_{2,j}=\int_0^{t_{i,j}-\widetilde{\tau}_i}\xi_2(s)\mathrm{d}s$。因此，模型 M_2 第一阶段的均值和方差如下所示：

$$\widetilde{\mu}_{1,i}=\mu_{1,i}\boldsymbol{T}_{1,i},\quad \Sigma_{1,i}=\sigma_1^2\boldsymbol{Z}_{1,i}^{\mathrm{T}}\boldsymbol{Z}_{1,i}\boldsymbol{Q}_{1,i} \tag{4.41}$$

其中：

$$\boldsymbol{Q}_{1,i}=\begin{bmatrix}t_{i,1} & t_{i,1} & \cdots & t_{i,1}\\ t_{i,1} & t_{i,2} & \cdots & t_{i,2}\\ \vdots & \vdots & \ddots & \vdots\\ t_{i,1} & t_{i,2} & \cdots & t_{i,\widetilde{\tau}_i}\end{bmatrix} \tag{4.42}$$

模型 M_2 第二阶段的均值与方差为

$$\widetilde{\mu}_{2,i}=\mu_{2,i}\boldsymbol{T}_{2,i},\quad \boldsymbol{\Sigma}_{2,i}=\sigma_2^2\boldsymbol{Z}_{2,i}^{\mathrm{T}}\boldsymbol{Z}_{2,i}\boldsymbol{Q}_{2,i} \tag{4.43}$$

其中：

$$\boldsymbol{Q}_{2,i}=\begin{bmatrix} t_{i,\widetilde{\tau}_i+1}-t_{i,\widetilde{\tau}_i} & t_{i,\widetilde{\tau}_i+1}-t_{i,\widetilde{\tau}_i} & \cdots & t_{i,\widetilde{\tau}_i+1}-t_{i,\widetilde{\tau}_i} \\ t_{i,\widetilde{\tau}_i+1}-t_{i,\widetilde{\tau}_i} & t_{i,\widetilde{\tau}_i+2}-t_{i,\widetilde{\tau}_i} & \cdots & t_{i,\widetilde{\tau}_i+2}-t_{i,\widetilde{\tau}_i} \\ \vdots & \vdots & \ddots & \vdots \\ t_{i,\widetilde{\tau}_i+1}-t_{i,\widetilde{\tau}_i} & t_{i,\widetilde{\tau}_i+2}-t_{i,\widetilde{\tau}_i} & \cdots & t_{i,m_i}-t_{i,\widetilde{\tau}_i} \end{bmatrix} \tag{4.44}$$

基于上述讨论，所提模型的待估计参数为 $\boldsymbol{\theta}_i=[\mu_{1,i},\sigma_1,b_1,\mu_{2,i},\sigma_2,b_2,\widetilde{\tau}_i]^{\mathrm{T}}$，其中 b_1 和 b_2 表示模型非线性形式的参数，因此，模型 M_1 和 M_2 的通用对数极大似然函数如下所示：

$$\begin{aligned}&\ln L(\mu_{1,i},\mu_{2,i},\sigma_1,b_1,\sigma_2,b_2,\widetilde{\tau}_i\mid x_i)\\ &=-\frac{1}{2}\ln(2\pi)\widetilde{\tau}_i-\frac{1}{2}\ln|\Sigma_{1,i}|-\frac{1}{2}(\boldsymbol{X}_{1,i}-\mu_{1,i}\boldsymbol{T}_{1,i})^{\mathrm{T}}\Sigma_{1,i}^{-1}(\boldsymbol{X}_{1,i}-\mu_{1,i}\boldsymbol{T}_{1,i})-\\ &\frac{1}{2}\ln(2\pi)(m_i-\widetilde{\tau}_i)-\frac{1}{2}\ln|\Sigma_{2,i}|-\frac{1}{2}(\boldsymbol{X}_{2,i}-\mu_{2,i}\boldsymbol{T}_{2,i})^{\mathrm{T}}\Sigma_{2,i}^{-1}(\boldsymbol{X}_{2,i}-\mu_{2,i}\boldsymbol{T}_{2,i})\end{aligned} \tag{4.45}$$

然后，分别求解式（4.45）对 $\mu_{1,i}$ 和 $\mu_{2,i}$ 的一阶偏导，其结果如下所示：

$$\frac{\partial\ln L(\boldsymbol{\theta}_i\mid x_i)}{\partial\mu_{1,i}}=\boldsymbol{T}_{1,i}^{\mathrm{T}}\Sigma_{1,i}^{-1}\boldsymbol{X}_{1,i}-\mu_{1,i}\boldsymbol{T}_{1,i}^{\mathrm{T}}\Sigma_{1,i}^{-1}\boldsymbol{T}_{1,i} \tag{4.46}$$

$$\frac{\partial\ln L(\boldsymbol{\theta}_i\mid x_i)}{\partial\mu_{2,i}}=\boldsymbol{T}_{2,i}^{\mathrm{T}}\boldsymbol{\Sigma}_{2,i}^{-1}\boldsymbol{X}_{2,i}-\mu_{2,i}\boldsymbol{T}_{2,i}^{\mathrm{T}}\boldsymbol{\Sigma}_{2,i}^{-1}\boldsymbol{T}_{2,i} \tag{4.47}$$

进一步，分别令式（4.46）和式（4.47）等于 0，因此 $\mu_{1,i}$ 和 $\mu_{2,i}$ 的极大似然估计结果如下所示：

$$\mu_{1,i}=\frac{\boldsymbol{T}_{1,i}^{\mathrm{T}}\boldsymbol{\Sigma}_{1,i}^{-1}\boldsymbol{X}_{1,i}}{\boldsymbol{T}_{1,i}^{\mathrm{T}}\boldsymbol{\Sigma}_{1,i}^{-1}\boldsymbol{T}_{1,i}},\quad \mu_{2,i}=\frac{\boldsymbol{T}_{2,i}^{\mathrm{T}}\boldsymbol{\Sigma}_{2,i}^{-1}\boldsymbol{X}_{2,i}}{\boldsymbol{T}_{2,i}^{\mathrm{T}}\boldsymbol{\Sigma}_{2,i}^{-1}T_{2,i}} \tag{4.48}$$

然后将 $\mu_{1,i}$ 和 $\mu_{2,i}$ 反带入极大似然函数中，可得到关于 σ_1、σ_2、b_1、b_2、$\widetilde{\tau}_i$的剖面似然函数如下所示：

$$\begin{aligned}&\ln L(\sigma_1,b_1,\sigma_2,b_2,\widetilde{\tau}_i\mid\mu_{1,i},\mu_{2,i},\boldsymbol{x}_i)\\ &=-\frac{1}{2}\ln(2\pi)\widetilde{\tau}_i-\frac{1}{2}\ln|\Sigma_{1,i}|-\frac{1}{2}\left(\boldsymbol{X}_{1,i}-\frac{\boldsymbol{T}_{1,i}^{\mathrm{T}}\boldsymbol{\Sigma}_{1,i}^{-1}\boldsymbol{X}_{1,i}}{\boldsymbol{T}_{1,i}^{\mathrm{T}}\boldsymbol{\Sigma}_{1,i}^{-1}\boldsymbol{T}_{1,i}}\boldsymbol{T}_{1,i}\right)^{\mathrm{T}}\Sigma_{1,i}^{-1}\left(\boldsymbol{X}_{1,i}-\frac{\boldsymbol{T}_{1,i}^{\mathrm{T}}\boldsymbol{\Sigma}_{1,i}^{-1}\boldsymbol{X}_{1,i}}{\boldsymbol{T}_{1,i}^{\mathrm{T}}\boldsymbol{\Sigma}_{1,i}^{-1}\boldsymbol{T}_{1,i}}\boldsymbol{T}_{1,i}\right)-\\ &\frac{1}{2}\ln(2\pi)(m_i-\widetilde{\tau}_i)-\frac{1}{2}\ln|\Sigma_{2,i}|-\frac{1}{2}\left(\boldsymbol{X}_{2,i}-\frac{\boldsymbol{T}_{2,i}^{\mathrm{T}}\boldsymbol{\Sigma}_{2,i}^{-1}\boldsymbol{X}_{2,i}}{\boldsymbol{T}_{2,i}^{\mathrm{T}}\boldsymbol{\Sigma}_{2,i}^{-1}\boldsymbol{T}_{2,i}}\boldsymbol{T}_{2,i}\right)^{\mathrm{T}}\Sigma_{2,i}^{-1}\left(\boldsymbol{X}_{2,i}-\frac{\boldsymbol{T}_{2,i}^{\mathrm{T}}\boldsymbol{\Sigma}_{2,i}^{-1}\boldsymbol{X}_{2,i}}{\boldsymbol{T}_{2,i}^{\mathrm{T}}\boldsymbol{\Sigma}_{2,i}^{-1}\boldsymbol{T}_{2,i}}\boldsymbol{T}_{2,i}\right)\end{aligned} \tag{4.49}$$

基于上述讨论，N 条退化轨迹的的极大似然函数如下所示：

$$\hat{\Xi}=\underset{\Xi}{\arg\max}\sum_{i=1}^{N}\ln L(\sigma_1,b_1,\sigma_2,b_2,\widetilde{\tau}_i\mid\mu_{1,i},\mu_{2,i},\boldsymbol{X}_i) \tag{4.50}$$

式中：定义 $\hat{\Xi}=\{\hat{\mu}_{1,1},\hat{\mu}_{1,2},\cdots,\hat{\mu}_{1,N},\hat{\mu}_{2,1},\hat{\mu}_{2,2},\cdots,\hat{\mu}_{2,N},\hat{\sigma}_1,\hat{\sigma}_2,\hat{b}_1,\hat{b}_2,\hat{\tau}_1,\hat{\tau}_2,\cdots,\hat{\tau}_N\}$ 为 N 条退化轨迹的待估计参数。由于上述表达式难以直接进行求解，因此，σ_1、σ_2、b_1、b_2、$\widetilde{\tau}_i$的极大似然估计值可采用多维搜索的方法进行求解。此外，根据上述讨论，参数 $\widetilde{\tau}_i\in\{t_{i,1},$

$t_{i,2},\cdots,t_{i,m_i}\}$，因此，对于参数 $\widetilde{\tau}_i$ 可以采用遍历搜索的方法，然后，可以获得 $\widetilde{\tau}_i$ 的极大似然估计值，对于剩余的其他参数可采用 MATLAB 的 fminsearch 函数搜索获得。在获得 $\hat{\mu}_{1,i}$、$\hat{\mu}_{2,i}$、$\hat{\tau}_i$ 之后，可将它们分别视为 μ_1、μ_2、τ 的估计样本，然后可采用统计的方法获得其分布参数的估计值。

注释 4.2：值得注意的是，当退化轨迹的初值不为 0 时，退化量初值的分布参数能够采用统计的方法获得。此外，每一个参数的初始值都可以采用 MLE 方法获得，当采集到新的数据时，可采用贝叶斯参数估计方法进行模型参数更新，限于篇幅，具体细节可参考文献 [158]。

4.5 仿真验证

4.5.1 寿命分布仿真验证

首先，考虑对模型 M_1 进行仿真验证，本章主要考虑三种典型的非线性形式：幂函数形式 t^b、指数形式 e^{bt} 和对数形式 $\ln(bt+1)$。为了便于说明，分别将模型 M_1 和 M_2 的三种非线性形式命名为 M_{11}、M_{12}、M_{13}、M_{21}、M_{22}、M_{23}。然后分别设定三种非线性函数形式的参数值如表 4.1 所示，根据设定的参数值，模型 M_1 的三种非线性形式寿命仿真结果如图 4.2 所示，其中图 4.2（a）、图 4.2（b）、图 4.2（c）为模型 M_1 的幂函数形式下的仿真结果，且图 4.2（a）为固定参数下的幂函数形式仿真结果，图 4.2（b）为随机漂移系数和随机初值下的幂函数形式仿真结果，图 4.2（c）为随机漂移系数、随机初值和随机变点下的幂函数形式仿真结果。同理，图 4.2（e）、图 4.2（f）、图 4.2（g）为模型 M_1 在指数形式下的仿真结果，图 4.2（i）、图 4.2（j）、图 4.2（k）为模型 M_1 在对数形式下的仿真结果。此外，如表 4.2 所示，为第三阶段的模型参数，图 4.2 的（d）、（h）、（l）分别为模型 M_1 在三种非线性形式下的固定参数的仿真结果，从图中可以看出蒙特卡洛仿真结果和本章的理论推导结果一致，证明了所提方法的正确性。

表 4.1　两阶段模型 M_1 和模型 M_2 的参数值

退化模型	μ_{1p}	σ_{1p}	μ_{2p}	σ_{2p}	b_1	b_2	σ_1	σ_2	μ_τ	σ_τ	μ_{x0}	σ_{x0}	ω
$M_{11}:\Lambda_1(t)=t^{b1},\Lambda_2(t)=t^{b2}$	1	—	0.5	—	2	3	2	1	7	—	0	—	50
	1	0.2	0.5	0.1	2	3	2	1	7	—	5	1	50
	1	0.2	0.5	0.1	2	3	2	1	7	0.5	5	1	50
$M_{12}:\Lambda_1(t)=e^{tb1},\Lambda_2(t)=e^{tb2}$	0.5	—	0.1	—	0.5	1.5	5	3	10	—	0	—	100
	0.5	0.3	0.1	0.05	0.5	1.5	5	3	10	—	5	3	100
	0.5	0.3	0.1	0.05	0.5	1.5	5	3	10	4	5	3	100
$M_{13}:\Lambda_1(t)=\ln(b_1t+1)$, $\Lambda_2(t)=\ln(b_2t+1)$	7	—	5	—	2	1	2	1	10	—	0	—	20
	7	0.5	5	0.1	2	1	2	1	10	—	3	0.5	20
	7	0.5	5	0.1	2	1	2	1	10	1	3	0.5	20
$M_{21}:\varphi_1(t)=t^{2b1},\xi_1(t)=t^{b1}$, $\varphi_2(t)=t^{2b2},\xi_2(t)=t^{b2}$	0.5	—	0.3	—	1	3	3	4	8	—	0	—	100
	0.5	0.1	0.3	0.05	1	3	3	4	8	—	10	1	100
	0.5	0.1	0.3	0.05	1	3	3	4	8	1	10	1	100

续表

退化模型	μ_{1p}	σ_{1p}	μ_{2p}	σ_{2p}	b_1	b_2	σ_1	σ_2	μ_τ	σ_τ	μ_{x0}	σ_{x0}	ω
$M_{22}:\varphi_1(t)=e^{2tb1},\xi_1(t)=e^{tb1},$ $\varphi_2(t)=e^{2tb2},\xi_2(t)=e^{tb2}$	0.1	—	0.5	—	0.5	1	1	3	7	—	0	—	100
	0.1	0.02	0.5	0.1	0.5	1	1	3	7	—	5	1	100
	0.1	0.02	0.5	0.1	0.5	1	1	3	7	1	5	1	100
$M_{23}:\varphi_1(t)=[\ln(b_1t+1)]',$ $\xi_1(t)=[\sqrt{(\ln(b_1t+1))}]',$ $\varphi_2(t)=[\ln(b_2t+1)]',$ $\xi_2(t)=[\sqrt{(\ln(b_2t+1))}]'$	5	—	3	—	1.5	1.5	1	0.5	20	—	0	—	20
	5	0.1	3	0.05	1.5	1.5	1	0.5	20	—	1	0.1	20
	5	0.1	3	0.05	1.5	1.5	1	0.5	20	1	1	0.1	20

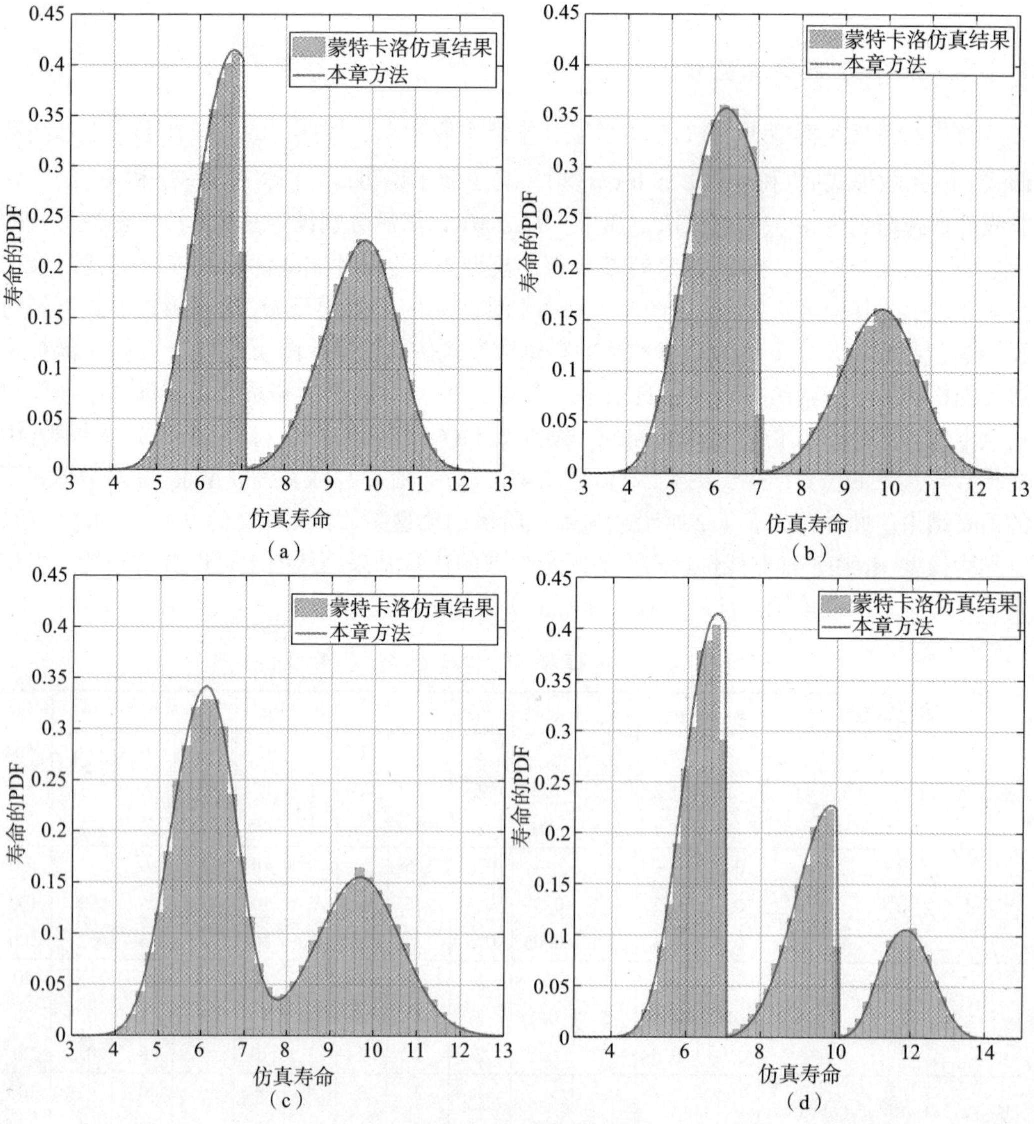

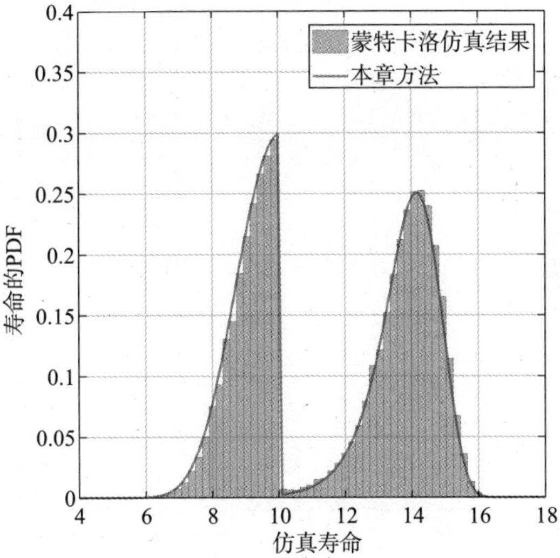
蒙特卡洛仿真结果
本章方法
寿命的PDF
仿真寿命

（e）

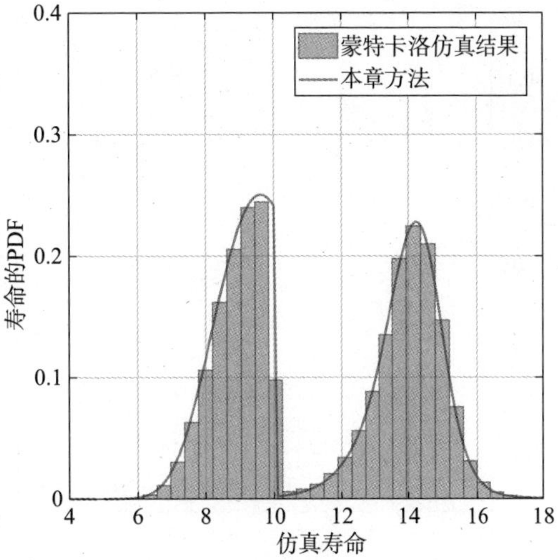
蒙特卡洛仿真结果
本章方法
寿命的PDF
仿真寿命

（f）

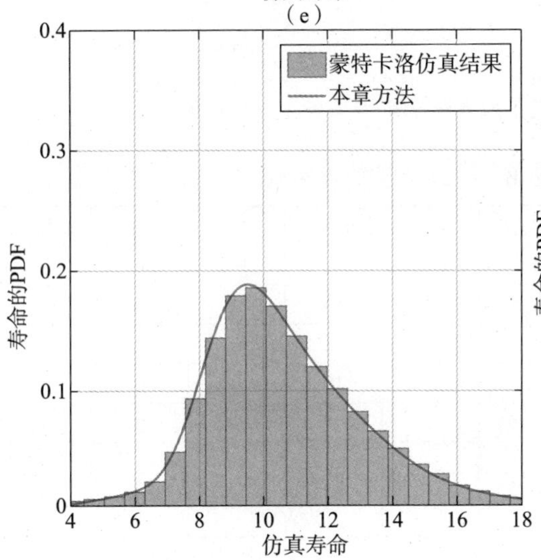
蒙特卡洛仿真结果
本章方法
寿命的PDF
仿真寿命

（g）

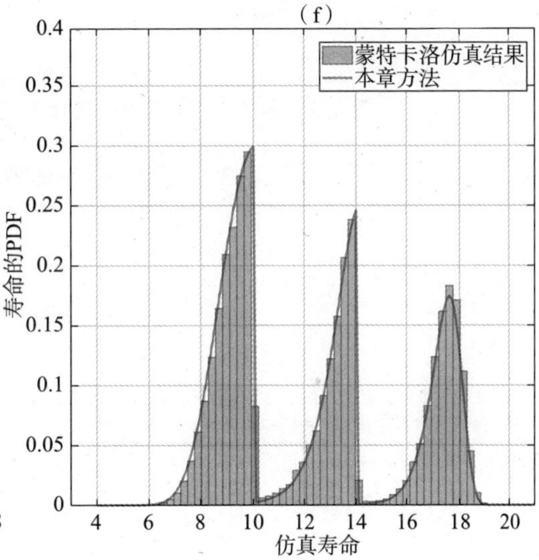
蒙特卡洛仿真结果
本章方法
寿命的PDF
仿真寿命

（h）

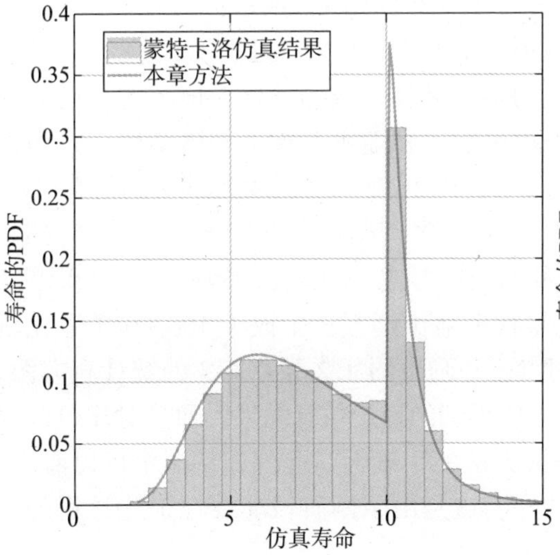
蒙特卡洛仿真结果
本章方法
寿命的PDF
仿真寿命

（i）

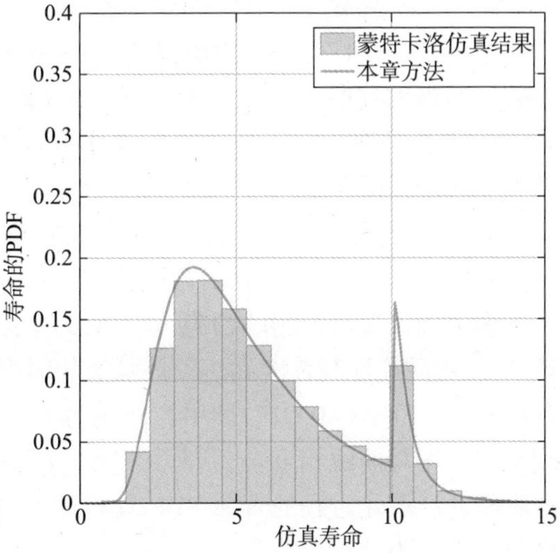
蒙特卡洛仿真结果
本章方法
寿命的PDF
仿真寿命

（j）

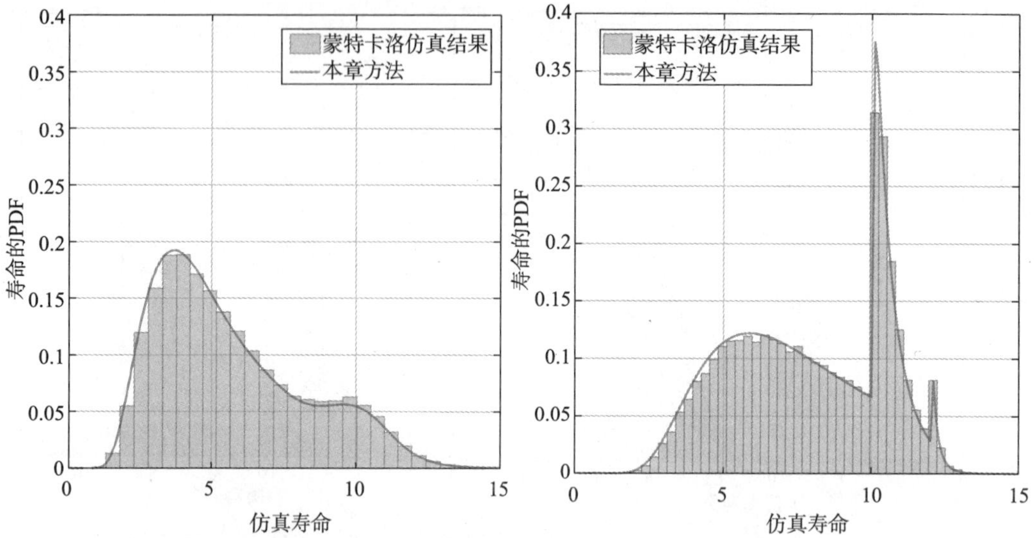

(k)　　　　　　　　　　(l)

图 4.2　模型 M_1 在三种非线性形式下的寿命 PDF 与蒙特卡洛对比图

表 4.2　模型 M_1 和模型 M_2 第三阶段的参数值

退化模型	μ_{3p}	σ_{3p}	b_3	σ_3	$\mu_{\tau 2}$	$\sigma_{\tau 2}$	μ_{x0}	σ_{x0}
$M_{11}:\Lambda_3(t)=t^{b3}$	1.5	—	2.5	0.5	10	—	0	—
$M_{12}:\Lambda_3(t)=e^{tb3}$	0.05	—	2.0	2	14	—	0	—
$M_{13}:\Lambda_3(t)=\ln(b_3t+1)$	6	—	1.5	1.5	12	—	0	—
$M_{21}:\varphi_3(t)=t^{2b3},\xi_3(t)=t^{b3}$	0.4	—	2	3.5	10	—	0	—
$M_{22}:\varphi_3(t)=e^{2tb3},\xi_3(t)=e^{tb3}$	0.3	—	0.75	2	8	—	0	—
$M_{23}:\varphi_3(t)=[\ln(b_3t+1)]'$, $\xi_3(t)=[\sqrt{(\ln(b_3t+1))}]'$	4	—	0.75	1.2	23	—	0	—

同理，模型 M_2 的三种非线性形式寿命 PDF 仿真结果如图 4.3 所示，其中图 4.3（a）、图 4.3（b）、图 4.3（c）为模型 M_2 的幂函数形式下的仿真结果，且图 4.3（a）为固定参数下的幂函数形式仿真结果，图 4.3（b）为随机漂移系数和随机初值下的幂函数形式仿真结果，图 4.3（c）为随机漂移系数、随机初值和随机变点下的幂函数形式仿真结果。同理，图 4.3（d）、图 4.3（e）、图 4.3（f）为模型 M_2 在指数形式下的仿真结果，图 4.3（g）、图 4.3（h）、图 4.3（i）为模型 M_2 在对数形式下的仿真结果。图 4.3（d）、图 4.3（h）、图 4.3（l）分别为模型 M_2 在三种非线性形式下的固定参数的仿真结果。

为了确保寿命预测的精确，本章采用了蒙特卡洛仿真方法生成了 100000 条退化轨迹[34]，然后统计其首次到达失效阈值的时间点，并画出图 4.2 和图 4.3 的统计直方图。其中间隔时间 $\Delta t=0.01$。图中，曲线为本章方法得到的理论仿真结果。通过对比可以发现，直方图与曲线相重合，即可证明本章所提方法的正确性。此外，从图中可以看出，两阶段非线退化过程的寿命 PDF 具有两个波峰，这是由于两阶段非线性退化过程的寿命与变点较为接近。

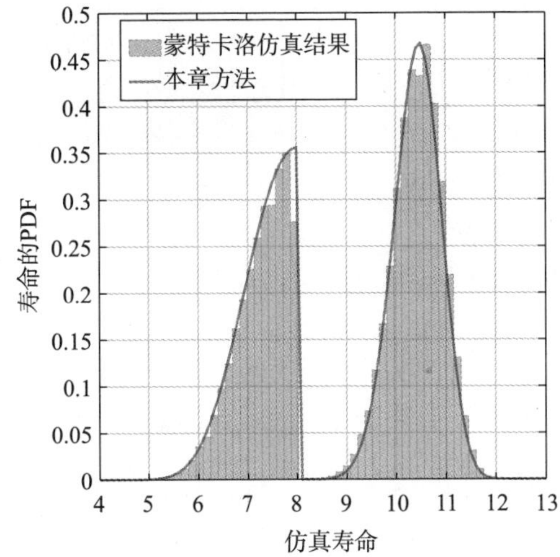
蒙特卡洛仿真结果
本章方法
寿命的PDF
仿真寿命
（a）

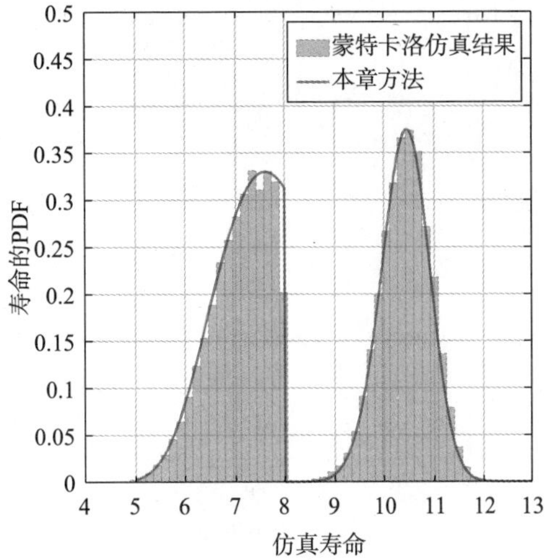
蒙特卡洛仿真结果
本章方法
寿命的PDF
仿真寿命
（b）

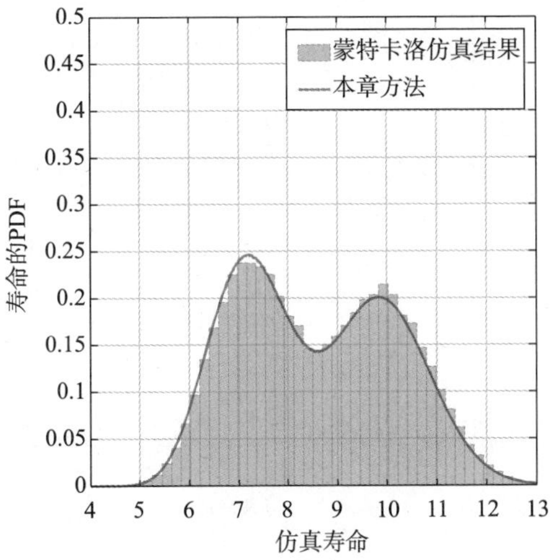
蒙特卡洛仿真结果
本章方法
寿命的PDF
仿真寿命
（c）

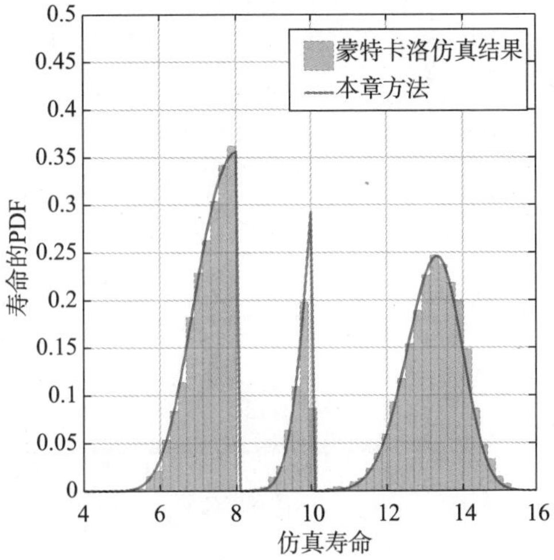
蒙特卡洛仿真结果
本章方法
寿命的PDF
仿真寿命
（d）

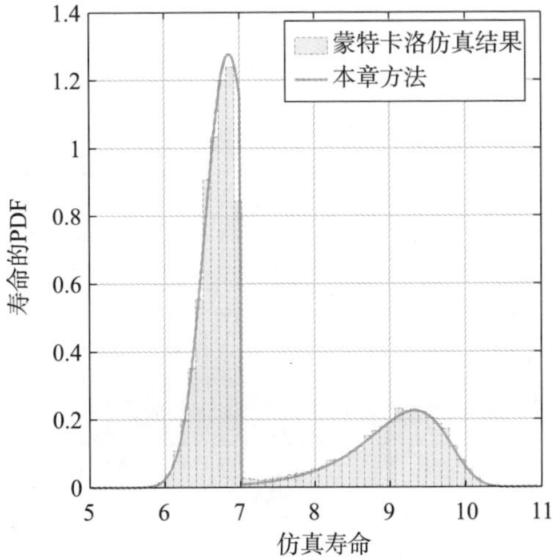
蒙特卡洛仿真结果
本章方法
寿命的PDF
仿真寿命
（e）

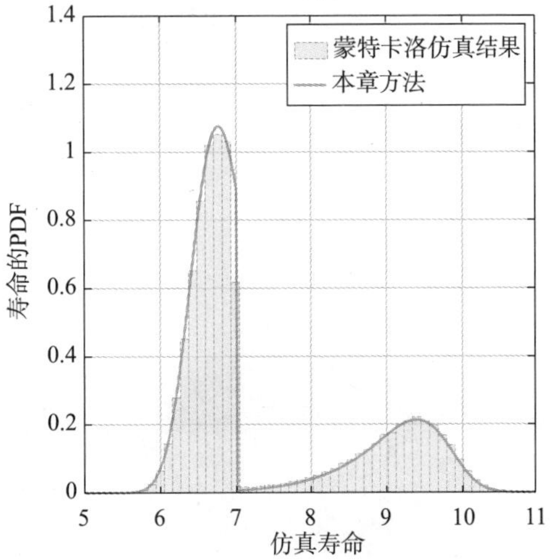
蒙特卡洛仿真结果
本章方法
寿命的PDF
仿真寿命
（f）

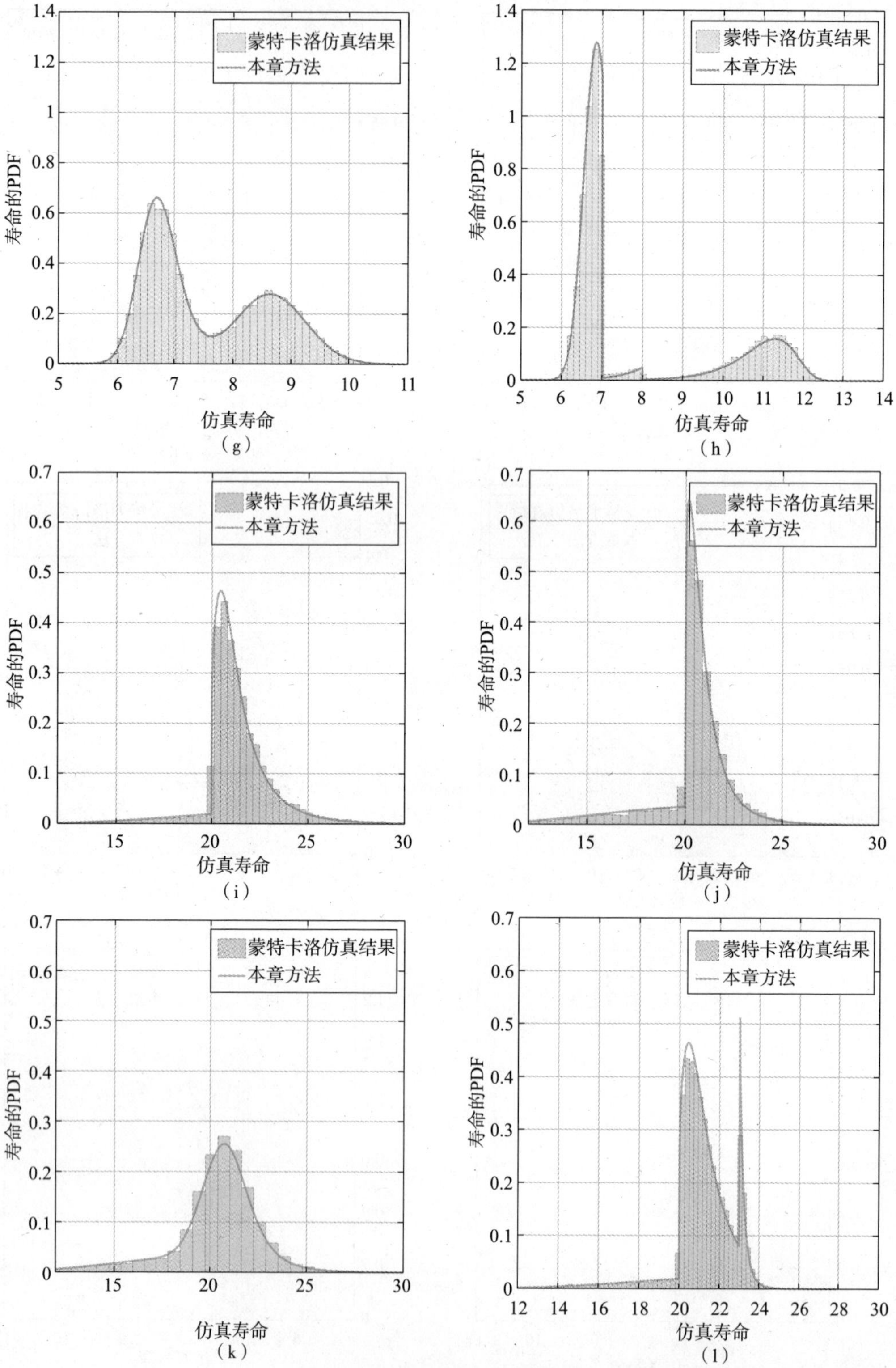

图 4.3　模型 M_2 在三种非线性形式下的寿命 PDF 与蒙特卡洛对比图

此外，为了进一步阐明本章所提方法，选择模型 M_1 和模型 M_2 的幂函数形式为例，进行模型参数灵敏度分析，分别讨论模型参数 σ_{1p}、σ_{2p} 和 μ_τ 对模型寿命分布的影响，其参数值仍如表 4.1 所示，仿真结果如图 4.4 所示。以图 4.4（a）为例，其表示模型 M_1 的寿命分布 PDF 与参数 σ_{1p} 之间的关系，其余参数保持不变，可以看出，随着 σ_{1p} 的增大，模型 M_1 的寿命分布 PDF 曲线变得越来越平坦，表明寿命分布 PDF 的不确定性增大。此外，从图 4.4（c）中可以看出，当变点与真实寿命接近时，寿命 PDF 具有两个波峰的特性。

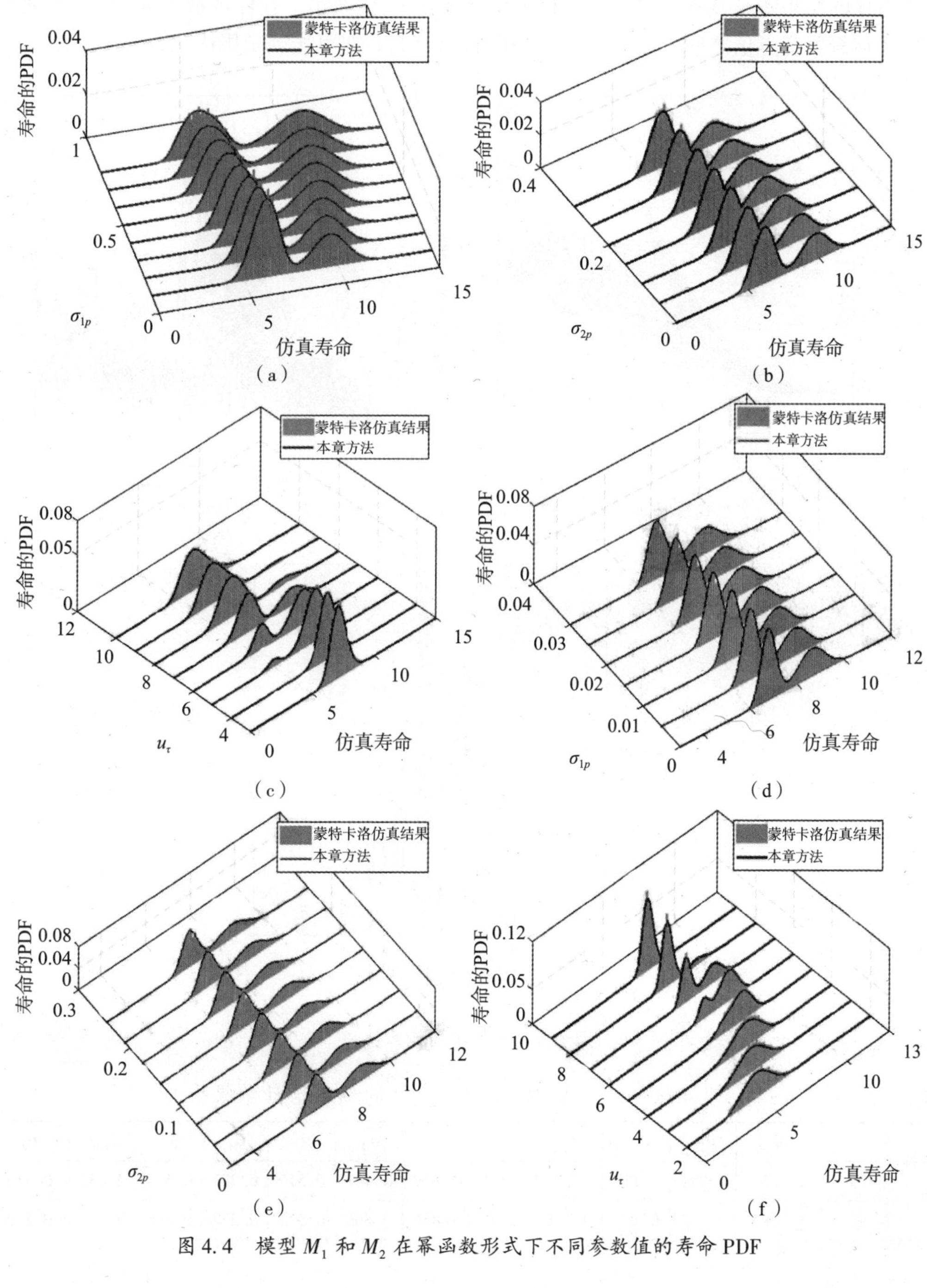

图 4.4　模型 M_1 和 M_2 在幂函数形式下不同参数值的寿命 PDF

4.5.2 参数估计仿真验证

在本小节，以模型 M_1 的幂次形式为例说明 4.4 节参数估计方法的有效性。同理，采用蒙特卡洛方法生成一些具有随机效应的退化轨迹，退化轨迹示意如图 4.5（a）所示，退化轨迹增量示意如图4.5（b）所示，其对应的真实参数值如表4.3所示，并且 $\Delta t=0.1$。在不同样本数量下的参数估计结果如表 4.3 所示，从表中可以看出，随着样本量的增大，参数估计的结果越来越接近真实值。此外，图 4.5（c）展示了在样本量为 100 时统计的估计变点与真实变点值之间的偏差，从图中可看出该偏差在可接受范围内。

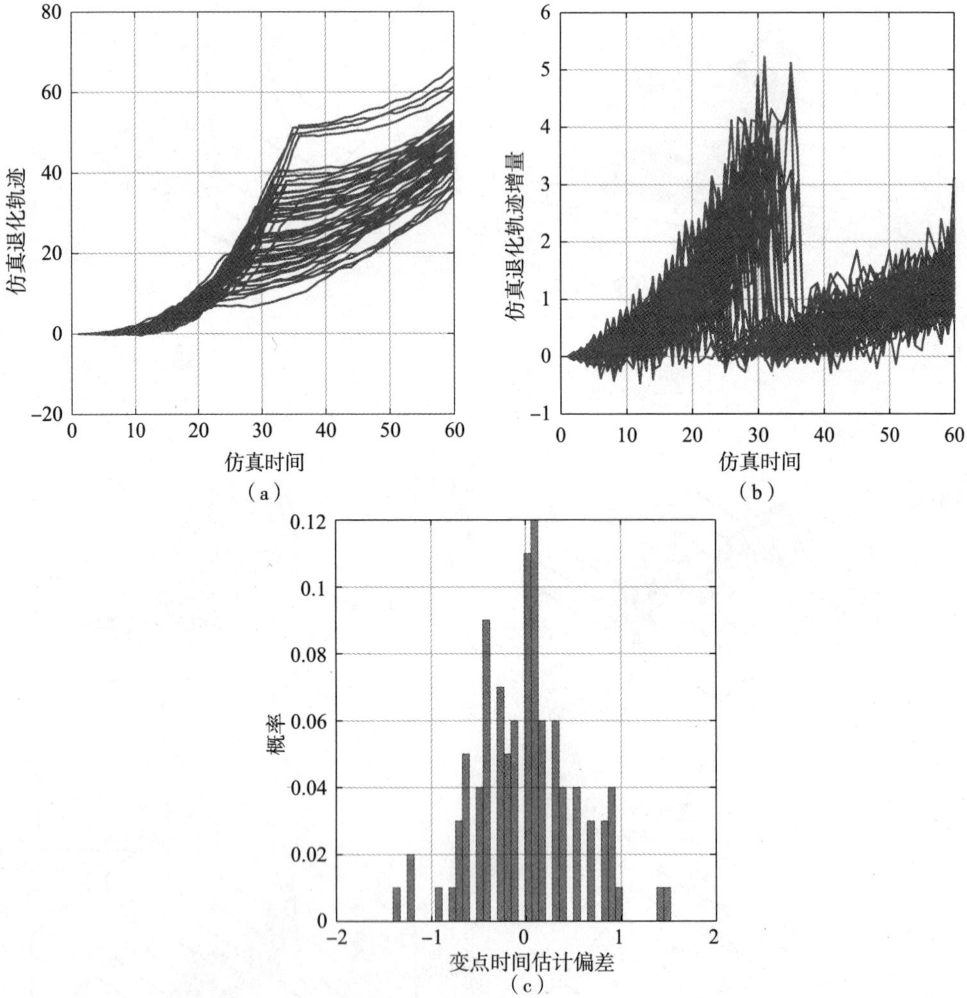

图 4.5 参数估计仿真结果

表 4.3 模型 M_1 在幂次形式下的参数估计结果

样本量	μ_{1p}	μ_{2p}	σ_{1p}	σ_{2p}	b_1	b_2	σ_1	σ_2	μ_τ	σ_τ	μ_{x0}	σ_{x0}
$n=5$	0.80	2.241	0.113	0.380	3.188	1.939	0.461	0.515	0.287	0.553	2.885	0.656
$n=10$	0.85	2.395	0.145	0.375	3.153	1.869	0.466	0.530	0.277	0.489	2.855	0.720

续表

样本量	μ_{1p}	μ_{2p}	σ_{1p}	σ_{2p}	b_1	b_2	σ_1	σ_2	μ_τ	σ_τ	μ_{x0}	σ_{x0}
$n=20$	0.89	2.547	0.122	0.310	3.102	1.846	0.458	0.547	3.140	0.520	2.893	0.856
$n=50$	0.90	2.485	0.154	0.342	3.117	1.874	0.454	0.537	3.303	0.494	3.052	1.054
$n=100$	0.98	1.979	0.101	0.147	3.033	1.978	0.503	0.480	2.999	0.522	2.990	0.991
真实值	1	2	0.1	0.2	3	2	0.5	0.5	3	0.5	3	1

4.6 实例研究

4.6.1 锂电池实例研究

图 4.6 所示为马里兰大学公开的锂电池容量退化数据[145]，从图中可以看出其退化轨迹具有明显的两阶段变化。为此，本小节针对锂电池实例退化数据进行剩余寿命预测研究。为说明本章所提方法的有效性和合理性，将本章所提方法与两阶段线性模型（Zhang 等的方法[154]）、两阶段非线性扩散模型（Lin 等的方法[155]）和 Bi-LSTM 神经网络的方法[159] 进行对比。由于锂电池退化数据明显不符合对数形式的退化趋势，本小节采用幂次模型和指数模型去预测锂电的剩余寿命。

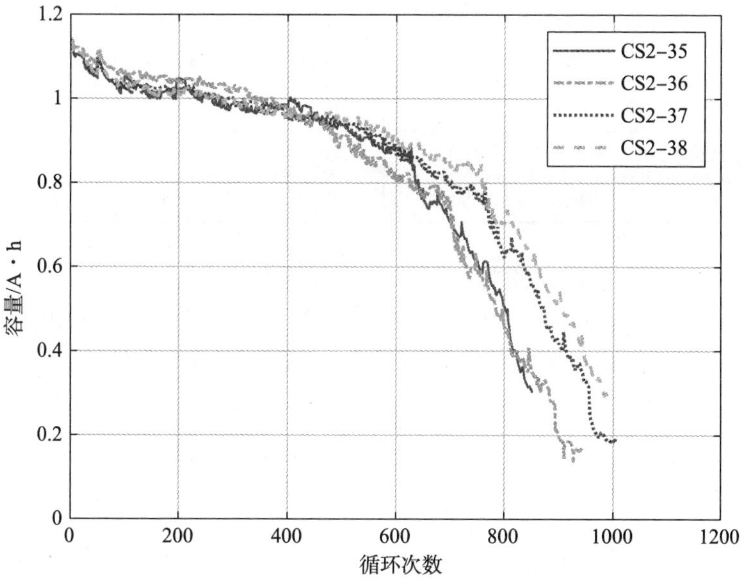

图 4.6　锂电池容量退化轨迹

此外，类似于文献［154］，设定锂电池的失效阈值为初始电容量的45%。图 4.6 中的 CS2-35、CS2-37、CS2-38 实例数据作为训练样本进行模型参数初值估计，后续将 CS2-36 作为测试样本进行模型参数更新和剩余寿命预测。本章所提模型的未知参数采用 4.4 节的参数估计方法获得，其相应结果如表 4.5 所示。为了进一步比较模型的拟合结果，采用 AIC 准则作为评判指标，AIC 的公式如下所示：

$$\mathrm{AIC}=-2(\max L)+2p \tag{4.51}$$

式中：$\max L$ 表示极大似然估计函数的最大值；p 表示被估计的参数数量。AIC 准则在工程实践中通常被用来平衡模型复杂度和过拟合的问题，以此来选择合适模型。AIC 值越小，表明模型越合适，从表 4.4 中可以发现，本章所提的方法具有更小的 AIC 值，表明本章方法更加适用于此数据。且所有两阶段模型的 AIC 值均小于单阶段的 AIC 值，因此有必要考虑两阶段随机退化设备的剩余寿命预测。

表 4.4　锂电池实例数据估计参数值

估计参数	退化模型						
	M_{11}	M_{12}	M_{21}	M_{22}	文献［154］	文献［155］	单阶段
μ_{1p}	-1.73e-5	-1.66e-2	-2.56e-4	-5.60e-5	-4.40e-4	-2.37e-4	0.0182
μ_{2p}	-1.05e-3	-1.19e-2	-5.09e-4	-1.09e-4	-2.75e-3	-5.05e-3	—
σ_{1p}	6.5e-6	4.5e-3	5.00e-5	5.00e-6	6.50e-6	1.5e-7	—
σ_{2p}	1.06e-4	6.80e-3	5.50e-5	6.80e-6	1.63e-5	1.06e-4	—
b_1	1.50	4.50e-3	0.08	2.30e-3	—	0.96	0.012
b_2	1.13	1.83e-2	0.17	1.12e-2	—	1.12	—
σ_1	5.60e-4	1.35e-2	1.23e-3	1.05e-3	5.60e-3	9.80e-3	0.00089
σ_2	1.12e-3	4.30e-3	4.62e-3	3.35e-3	7.80e-3	9.70e-3	—
μ_τ	660	673	680	671	681	710	—
σ_τ	55	48	60	50	45	43	—
μ_{x0}	1.14	1.14	1.1460	1.14	—	—	—
σ_{x0}	3.20e-3	3.20e-3	3.20e-3	3.20e-3	—	—	—
AIC	62.44	106.11	80.85	123.36	89.56	98.75	135.07

图 4.7 为寿命分布 PDF 的对比结果，由于模型 M_1 当 $\Lambda_1(t)=\Lambda_2(t)=t$ 时能被线性化，且模型 M_2 当 $\varphi(t)=\xi(t)=1$ 时也能被线性化，而锂电池数据趋近于两阶段线性，因此，从图中可以看出两种模型的幂函数形式与文献［154］中所提方法（两阶段线性模型）的寿命分布 PDF 曲线相近。这也说明了本章所提方法更具普适性。

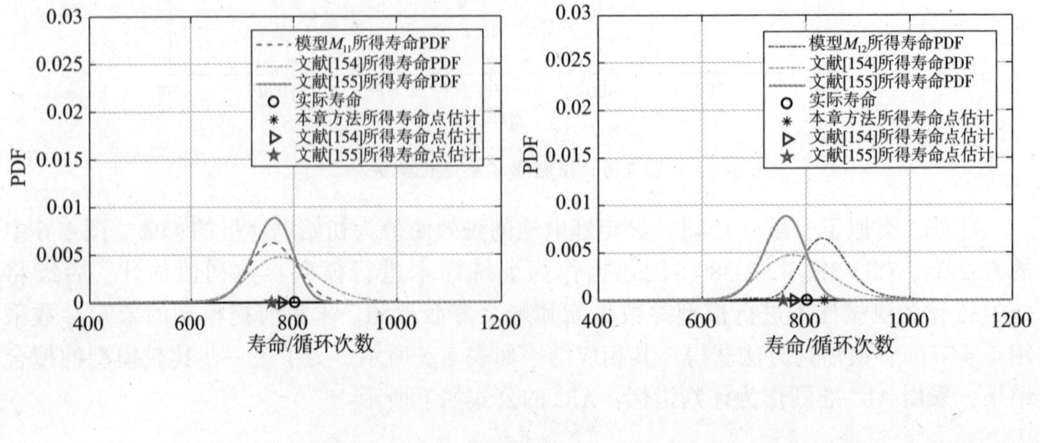

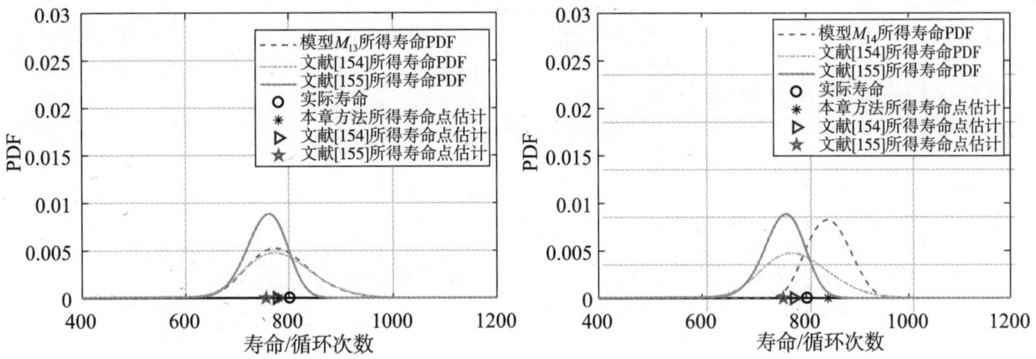

图 4.7　CS2-36 锂电池的寿命 PDF 对比

进一步，采用在图 4.6 中的 CS2-36 进行剩余寿命预测，其中以表 4.4 为模型参数初值，采用 CS2-36 进行参数更新的结果如图 4.8 所示，图 4.8（a）表示模型 M_{11} 的结果，图 4.8（b）表示模型 M_{12} 的结果，图 4.8（c）表示模型 M_{21} 的结果，图 4.8（d）表示模型 M_{22} 的结果。图 4.9 则依次展示了模型 M_{11}、M_{12}、M_{21}、M_{22}、文献［154］方法和文献［155］方法的剩余寿命预测结果。从图中可以看出，六种模型的预测结果相差不大。因此，为了进一步比较六种模型的剩余寿命预测结果，均方误差（Mean Squared Error，MSE）被作为评判指标，MSE 的定义如下：

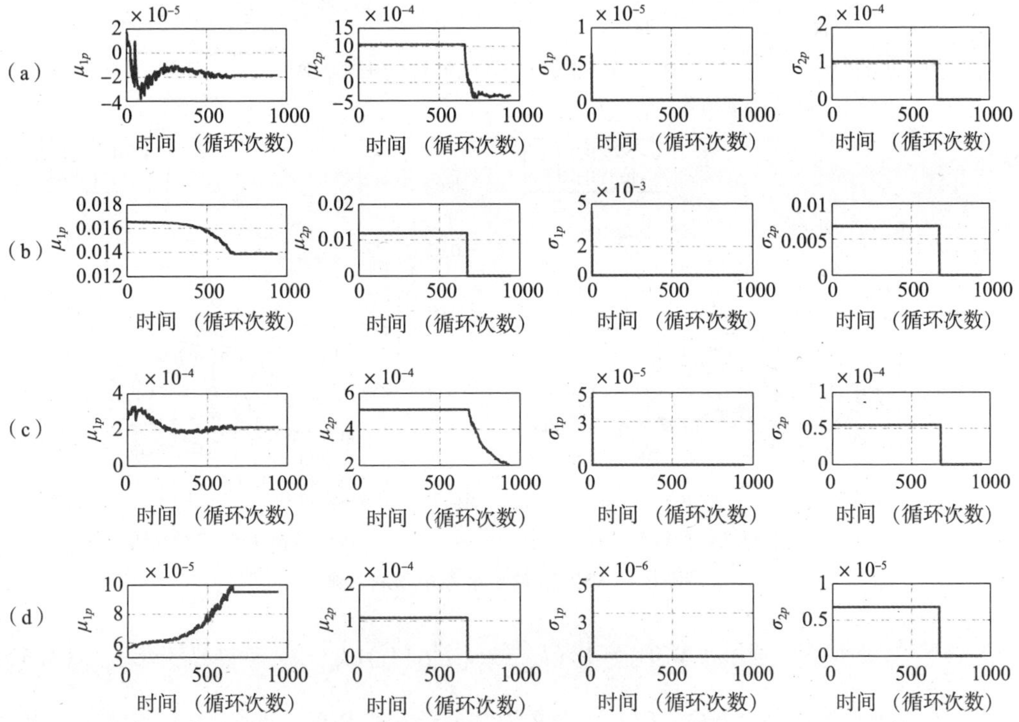

图 4.8　CS2-36 的参数更新结果

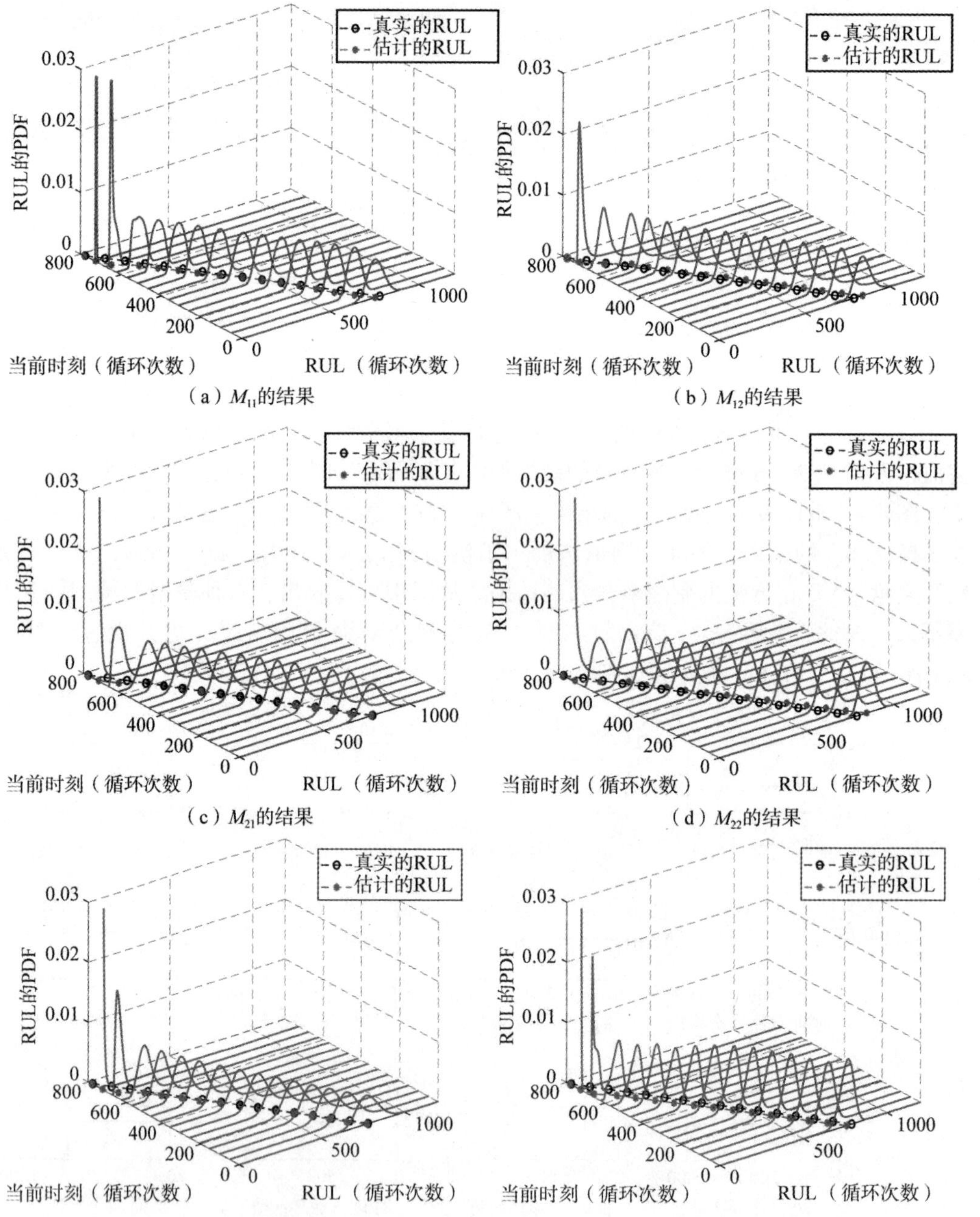

（a）M_{11}的结果　（b）M_{12}的结果

（c）M_{21}的结果　（d）M_{22}的结果

（e）文献[154]方法的结果　（f）文献[155]方法的结果

图 4.9　CS2-36 的剩余寿命预测结果

$$\mathrm{MSE}_{\kappa} = \int_{0}^{\infty} (l_{\kappa} - \tilde{l}_{\kappa})^2 f_L(l_{\kappa}) \mathrm{d} l_{\kappa} \tag{4.52}$$

式中：$\tilde{l}_{\kappa}$ 表示真实的剩余寿命；$f_L(l_{\kappa})$ 定义为剩余寿命的 PDF。通常，MSE 值越小，预测结果越精确。图 4.10（a）对比了七种模型的剩余寿命均值，由于 Bi-LSTM 神经网络所得到的剩余寿命没有分布，因此图 4.10（b）只对比了六种模型的 MSE 值，从图中可以看出本章所提方法具有更小的 MSE，因此，说明本章所提方法能有效提高剩余寿命的预测精度。

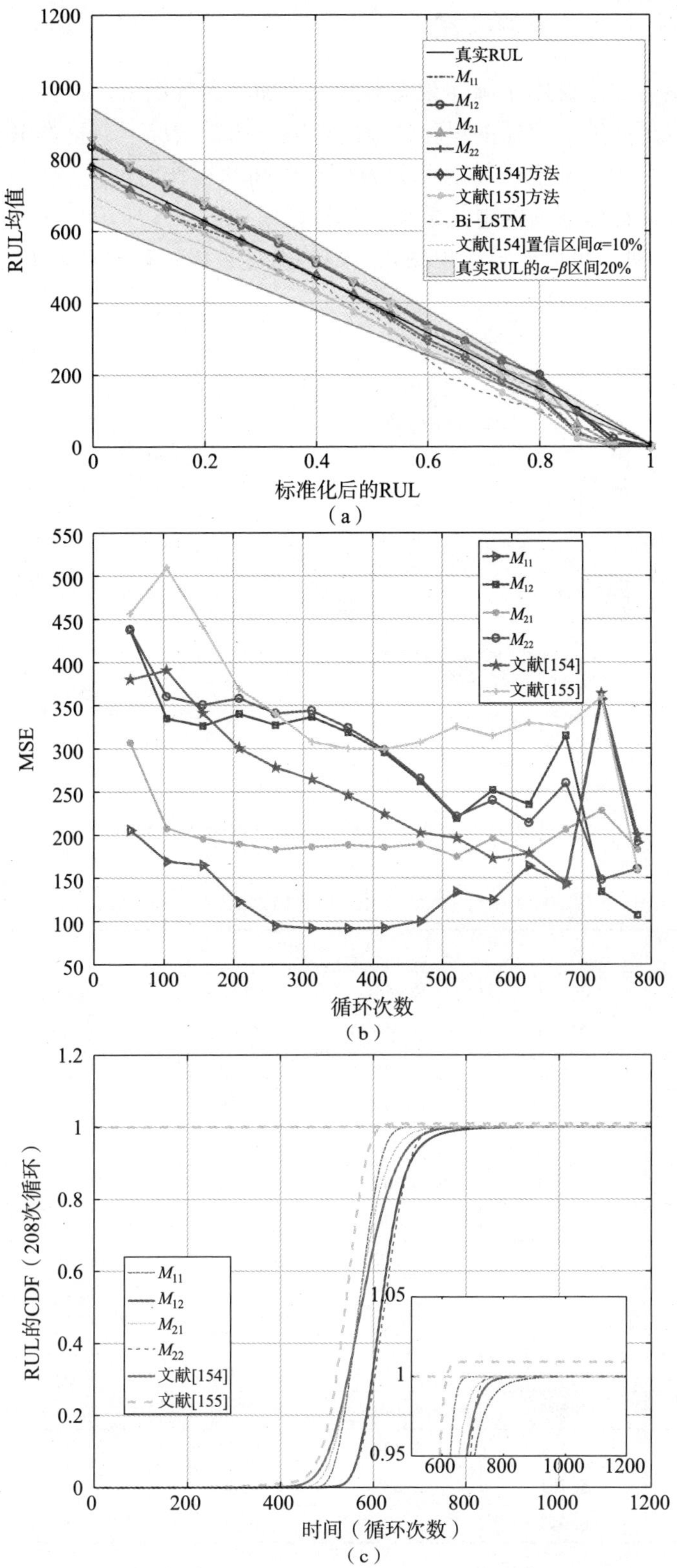

图 4.10　CS2-36 的剩余寿命预测对比

4.6.2　高压脉冲电容实例研究

高压脉冲电容器广泛用于脉冲激光器和粒子加速器等设备。这些电子系统的寿命很大程度上受到高压脉冲电容器的退化性能的影响。通常情况下，这类电子设备在使用前要存放一段时间，因此其生命周期可分为贮存时间和工作时间。图 4.11 给出了 5 个高压脉冲电容器在储存时间内的退化数据，具体数值如表 4.5 所示。每个电容器每月测试一次，持续 14 个月。可以明显看出图 4.7 中的退化数据具有两阶段非线性的特性。

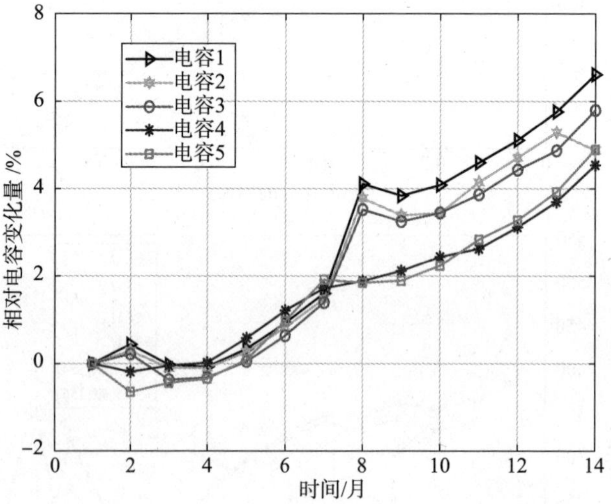

图 4.11　高压脉冲电容的相对电容退化轨迹

表 4.5　高压脉冲电容的相对电容退化数据

监测时间	相对电容变化%				
	电容 1	电容 2	电容 3	电容 4	电容 5
1	0.000	0.000	0.000	0.000	0.000
2	0.438	0.291	0.220	−0.186	−0.646
3	−0.024	−0.097	−0.367	−0.047	−0.438
4	−0.073	−0.097	−0.318	0.023	−0.346
5	0.340	0.267	0.049	0.582	0.092
6	0.924	0.824	0.636	1.210	0.969
7	1.604	1.479	1.394	1.722	1.915
8	4.108	3.782	3.522	1.885	1.846
9	3.841	3.394	3.253	2.117	1.892
10	4.084	3.443	3.449	2.443	2.238
11	4.594	4.146	3.864	2.629	2.838
12	5.105	4.704	4.427	3.118	3.276
13	5.761	5.285	4.867	3.699	3.922
14	6.612	4.873	5.796	4.537	4.891

本小节采用高压脉冲电容实例数据（图 4.11）进行剩余寿命预测研究，与文献

[137] 类似，定义高压脉冲电容的失效阈值 $\omega=5\%$。采用图 4.11 中的电容 1~4 作为训练数据进行模型参数初值估计，结果如表 4.6 所示。

表 4.6　高压脉冲电容实例数据估计参数值

估计参数	退化模型						
	M_{11}	M_{12}	M_{21}	M_{22}	文献 [154]	文献 [155]	单阶段
μ_{1p}	0.044	0.193	4.858×10^{-4}	0.039	0.389	0.315	0.451
μ_{2p}	0.192	0.600	6.053×10^{-4}	0.034	0.361	0.136	—
σ_{1p}	0.007	0.075	8.860×10^{-5}	0.014	0.108	0.019	—
σ_{2p}	0.037	0.205	5.203×10^{-4}	0.017	0.091	0.0344	—
b_1	1.932	0.297	2.118	0.239	—	4.394	0.021
b_2	1.507	0.268	1.894	0.263	—	1.680	—
σ_1	0.164	0.505	0.010	0.008	0.617	0.274	0.065
σ_2	0.248	0.562	0.016	0.006	0.338	0.181	—
μ_τ	7.800	7.400	6.800	7.400	7.600	8.000	—
σ_τ	0.970	1.624	0.979	0.800	0.490	1.095	—
AIC	25.365	66.576	44.026	18.181	108.304	32.495	98.145

由于电容的退化初值均为 0，因此其 $\mu_{x_0}=\sigma_{x_0}=0$。基于表 4.6，高压脉冲电容的寿命 PDF 如图 4.12 所示。然后采用电容 5 作为训练数据进行模型参数更新和剩余寿命预测，参数更新结果如图 4.13 所示，6 种模型的剩余寿命预测结果如图 4.14 所示，分别比较了模型 M_{11}、M_{12}、M_{21}、M_{22}、文献 [154] 方法和文献 [155] 方法的剩余寿命预测结果。从图中可以看出 5 种两阶段非线性模型的预测效果均优于两阶段线性模型，这是由于高压脉冲电容数据具有两阶段非线性的特性。此外，图 4.15 (a) 进一步比较了 7 种模型预测的剩余寿命均值，可以看出 Bi-LSTM 的预测效果不佳，这是由于电容数据量较小，而深度学习的方法需要大量的训练数据，从而导致了预测效果不理想。而本章所提方法能有效避免此类问题。此外，图 4.15 (b) 比较了 6 种模型的 MSE 值，可以看出文献 [155] 的方法也具有较高精度，但是由于文献 [155] 采用了一种近似的方法，导致了其剩余寿命对应的 CDF 并不为 1，如图 4.15 (c) 所示，而本章所提方法有效地避免了此类问题。且随着阶段数的增多，文献 [155] 的方法误差会逐渐增大，本章方法获取的两阶段退化过程剩余寿命的精确解，可以有效避免文献 [155] 方法的问题。

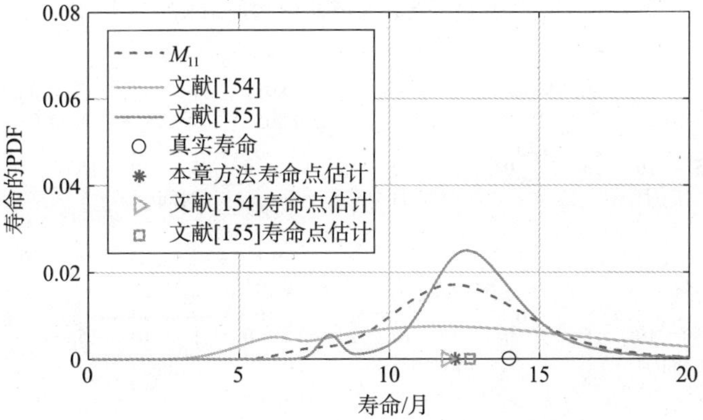

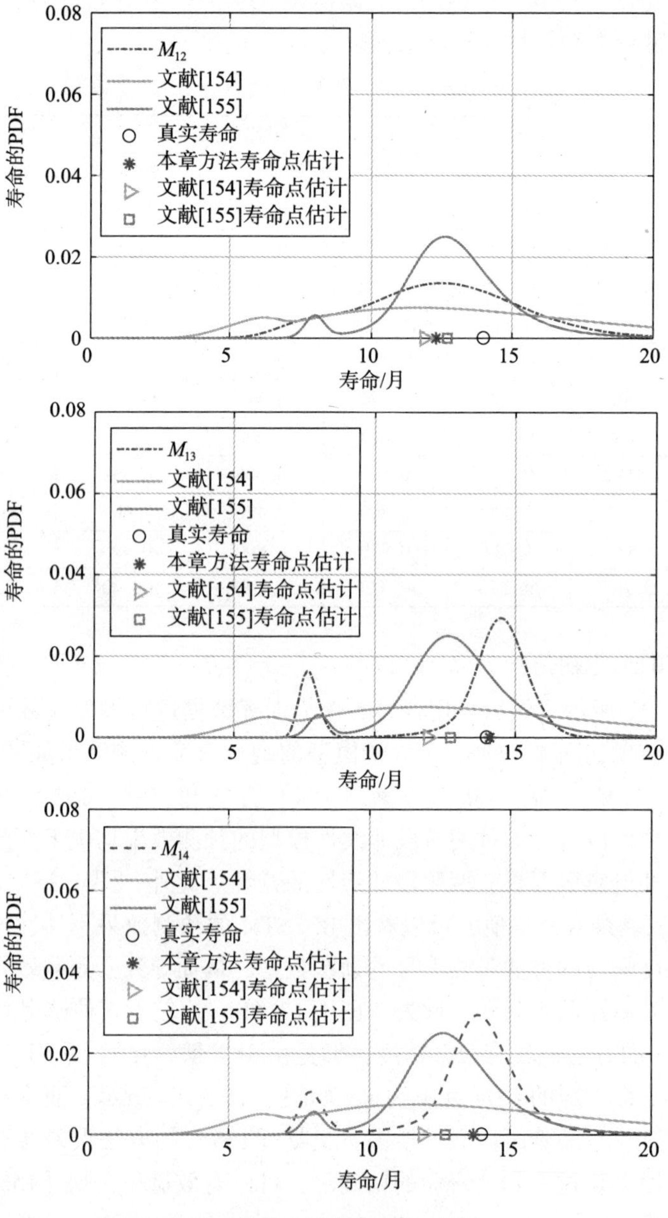

图 4.12　电容 5 的寿命 PDF 对比

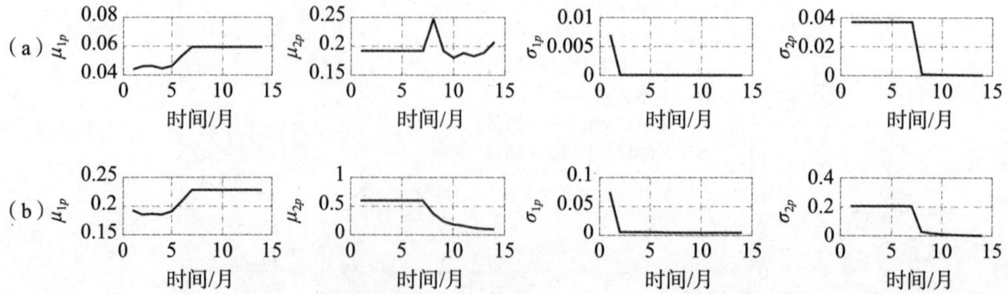

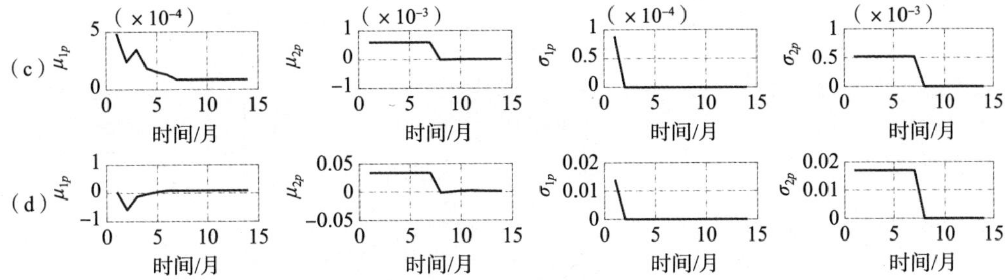

图 4.13　电容 5 的参数更新结果

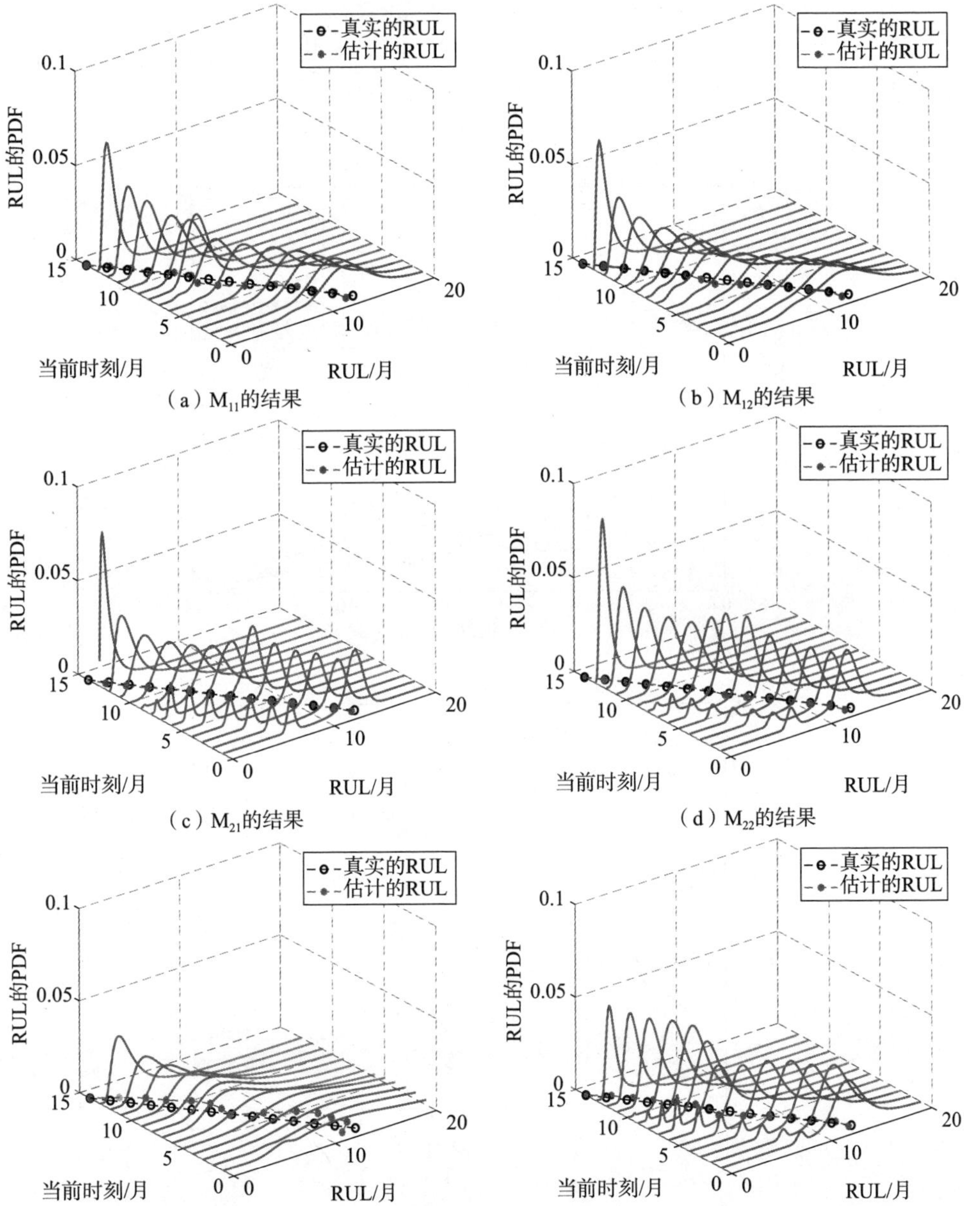

(a) M_{11}的结果　(b) M_{12}的结果

(c) M_{21}的结果　(d) M_{22}的结果

(e)　(f)

图 4.14　电容 5 的剩余寿命预测结果

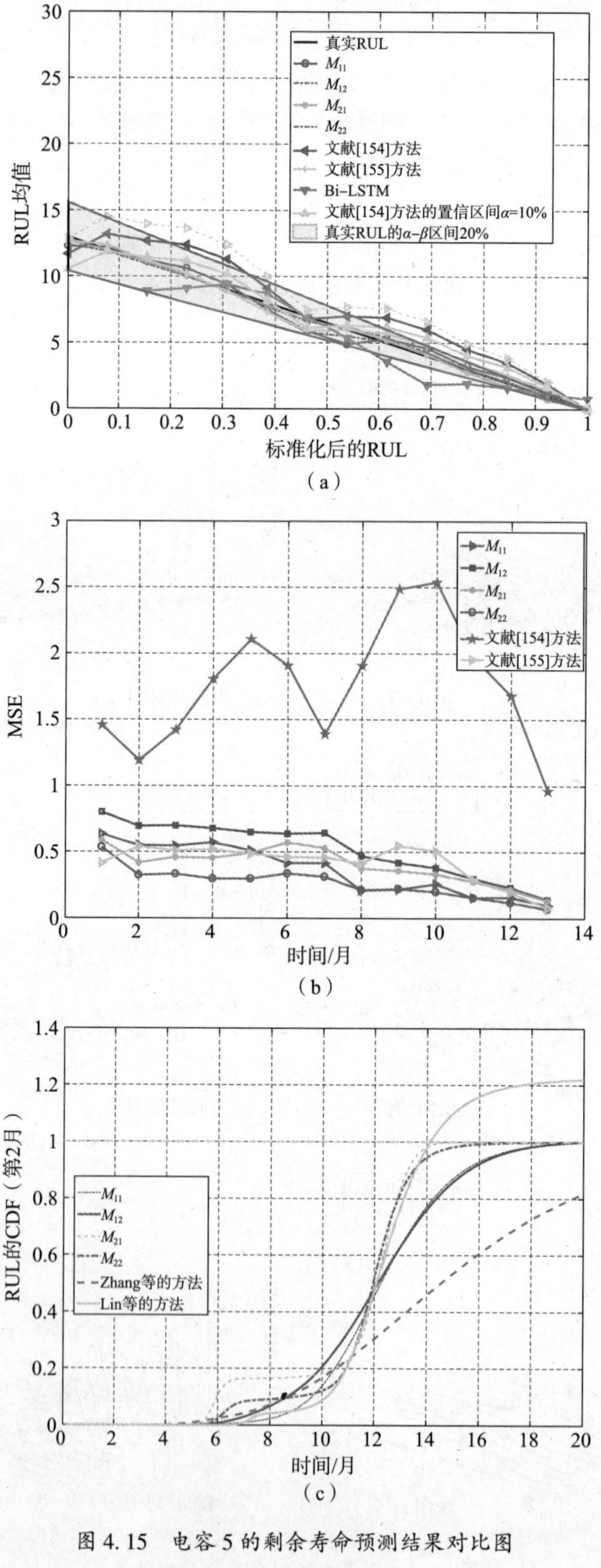

图 4.15　电容 5 的剩余寿命预测结果对比图

4.7　本章小结

本章针对监测退化数据存在多阶段非线性退化特性的设备，提出了一种充分考虑随机效应影响下的多阶段非线性随机退化过程的建模和剩余寿命预测方法，将现有的单一阶段非线性退化过程建模扩展到了更加贴切实际工程的应用场景，具体地，本章主要工作如下：

(1) 针对两种两阶段非线性退化模型，通过充分考虑了模型在变点处的不确定性，推导得到了两种模型在首达时间意义下的剩余寿命分布精确解析表达式，解决了传统方法只能获得近似解的不足。

(2) 考虑了不同个体之间的差异性带来的影响，通过模型中引入随机参数来刻画个体差异性带来的不确定性。并基于固定参数下的剩余寿命分布解析表达式，利用全概率公式特性，进一步推导得到了随机效应影响下的两阶段非线性的剩余寿命分布精确解。

(3) 在两阶段模型的基础上，扩展到了多阶段退化模型，并给出了多阶段非线性模型剩余寿命的迭代求解方法。

(4) 通过数值仿真和锂电池实例、高压脉冲电容实例数据验证了本章所提方法的有效性和准确性。此外，实验结果表明，本章所提方法能显著提高剩余寿命预测精度，且能有效克服传统方法的预测缺陷。

第 5 章　多状态切换下随机退化设备剩余寿命预测方法

5.1 引　　言

迄今为止，基于退化建模的剩余寿命预测方法研究在单一状态情形下取得了丰硕的理论研究成果[160-163]。然而，许多工程实际设备在整个全寿命周期中通常会经历多个状态的切换[139,164]，如发光二极管会在发光和熄灭两种状态下来回切换[165]；锂电池在服役期间会持续的充电和放电[166]；轴承在实际使用过程中可能会经历多个转速之间的切换[154]。第 2~4 章主要研究了多阶段随机退化设备剩余寿命预测问题，但未考虑切换状态模型的不确定性，也就是说存在潜在的假设，即总的切换次数、在各个状态的逗留时间、切换的下一个状态均已知。多状态切换下的剩余寿命预测需要考虑未来时间段内的各个离散状态相互切换的概率以及在每个离散状态下的逗留时长。鉴于此，考虑多状态切换下的设备剩余寿命预测问题更加具有一般性。目前，已有部分学者对多状态切换下的设备剩余寿命预测问题开展研究，例如，Si 等考虑了贮存和运行两种状态相互切换下的剩余寿命预测问题，提出了剩余寿命的近似求解方法[139]。但文献［139］仅考虑了贮存和运行两种状态，实际上许多设备在全寿命周期中会经历两个以上状态之间的切换，即多状态切换。

针对上述问题，本章提出了一种考虑多状态随机切换下的退化建模与剩余寿命预测方法。首先，使用逗留时间服从位相型（Phase-Type，PHT）分布的半马尔可夫模型（Semi-Markov Model，SMM）刻画设备在每个状态的持续时间，并采用离散马尔可夫链模型描述状态之间相互切换的转移概率，然后在固定切换时间点的剩余寿命分布基础上，依据全概率公式推导出设备在随机切换状态下剩余寿命分布，并给出了剩余寿命分布的仿真求解算法；在模型参数辨识方面，根据设备的历史退化数据，采用 MLE 算法辨识出退化模型参数，根据状态切换的时间数据，采用 EM 算法辨识出 SMM 模型参数。

5.2 问题描述与模型构建

图 5.1 为三个状态切换下设备的退化轨迹示意图，其中 τ_i 表示第 i 次状态切换的时刻，t_κ 表示当前时刻，ω 表示预设的失效阈值。从图 5.1 中可以发现，不同状态下设备的退化速率均不相同，且对于未来的切换状态是未知的，这也是造成多状态切换下难以对设备进行剩余寿命预测的原因之一。鉴于此，建立如下退化模型：

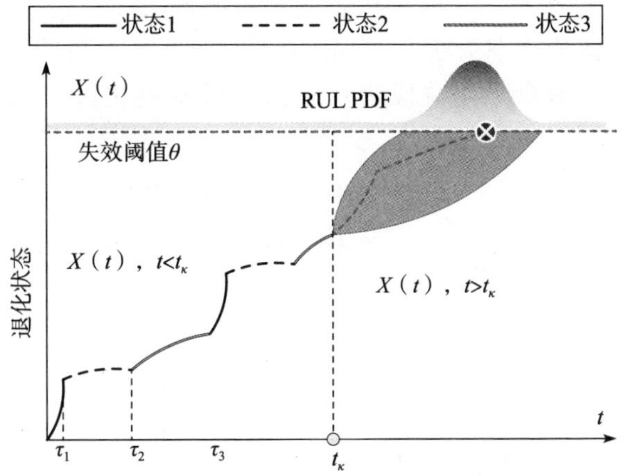

图 5.1　三个状态切换下的设备退化轨迹示意图

$$X(t)=x_0+\mu_{\delta(t)}\int_0^t\varphi(\delta(s);\boldsymbol{\theta})\mathrm{d}s+\sigma_{\delta(t)}\int_0^t\xi(\delta(s);\boldsymbol{\vartheta})\mathrm{d}B(s)\tag{5.1}$$

式中：x_0 为退化量初值，不失一般性，通常令 $x_0=0$；$\delta(t)$ 表示设备在 t 时刻所处的状态，给定一个在 M 个状态下来回切换的设备，$\delta(t)=1,2,\cdots,M$；$\mu_{\delta(t)}$ 和 $\sigma_{\delta(t)}$ 分别表示在 t 时刻所处状态下的漂移系数和扩散系数；$\varphi(\delta(t);\boldsymbol{\theta})$ 和 $\xi(\delta(t);\boldsymbol{\vartheta})$ 表示仅与时间相关的函数，用于刻画退化过程中的非线性特性，其中 $\boldsymbol{\theta}$ 和 $\boldsymbol{\vartheta}$ 为函数中的未知参数；$\{B(t);t\geqslant 0\}$ 为标准布朗运动。与文献［92，139］中所假设的不同，本章假设不同状态下设备的退化速率会发改变，并且反映设备退化波动大小的扩散项也会发生改变。

在工程实际中，设备由于不同的任务需求、工作载荷以及外界环境等因素影响，其在每个状态下的逗留时间为随机变量。此外，与两种状态来回切换不同的是，具有多状态的设备对下一个切换的状态也是未知的，即状态之间的相互切换也具有随机性。因此，本章采用逗留时间服从位相型分布的半马尔可夫模型刻画设备在各个状态下的逗留时间，并采用时间和状态均离散的马尔可夫链描述各状态之间相互切换的概率，然后将其融入退化模型中，从而考虑了未来时间段内存在的状态切换对剩余寿命预测的影响。

类似地，根据首达时间的定义，设备的寿命 T 可定义为

$$T:=\inf\{t:X(t)\geqslant\omega\mid x_0<\omega\}\tag{5.2}$$

那么，对于当前 t_κ 时刻退化量为 $x_\kappa=X(t_\kappa)$ 的设备，其剩余寿命 L_κ 可定义为

$$L_\kappa:=\inf\{l:X(t_k+l)\geqslant\omega\mid x_\kappa<\omega\}\tag{5.3}$$

5.3　多状态切换下随机退化设备剩余寿命分布推导

5.3.1　固定切换下剩余寿命分布推导

首先，考虑固定切换情形下设备剩余寿命分布的推导，即每个状态的之间的切换顺序、逗留时间均已知，且为固定常数的情形下，推导设备的剩余寿命分布。因此，给定一个在 M 个状态下来回切换的设备，状态切换顺序如图 5.2 所示，状态切换顺

序定义为 $\boldsymbol{P}=\{1\to 2\to\cdots M\to 1\}$，每个状态的逗留时间为 $\boldsymbol{C}=[c_1,c_2,\cdots,c_M]^{\mathrm{T}}$。不失一般性，通常令设备的初始状态为状态 1。由于不同状态下设备的漂移系数函数和扩散系数函数均不同，因此本章采用分段函数来描述设备退化过程的漂移系数和扩散系数，公式如下：

$$\mu_{\delta(t)}\varphi(\delta(t);\boldsymbol{\theta})=\begin{cases}\mu_1\varphi_1(t), & \delta(s)=1\\ \mu_2\varphi_2(t), & \delta(s)=2\\ \quad\vdots & \\ \mu_M\varphi_M(t), & \delta(s)=M\end{cases}\tag{5.4}$$

$$\sigma_{\delta(t)}\xi(\delta(t);\boldsymbol{\vartheta})=\begin{cases}\sigma_1\xi_1(t), & \delta(s)=1\\ \sigma_2\xi_2(t), & \delta(s)=2\\ \quad\vdots & \\ \sigma_M\xi_M(t), & \delta(s)=M\end{cases}\tag{5.5}$$

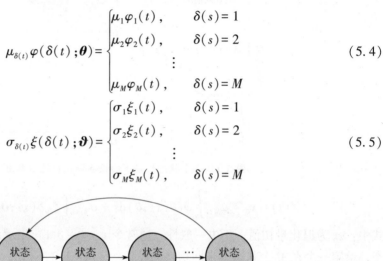

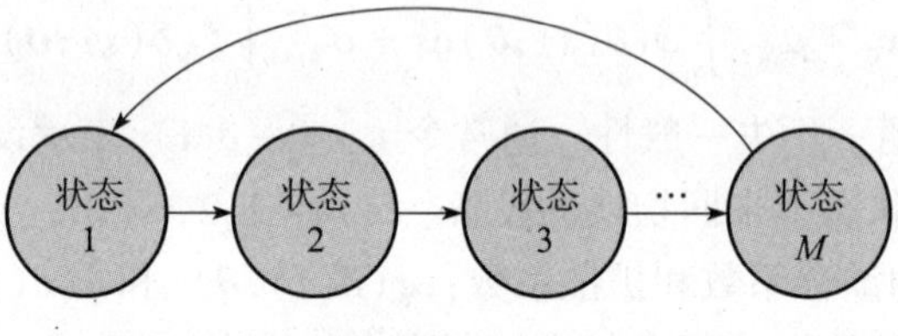

图 5.2　固定状态切换顺序示意图

由前述分析可知，为了满足不同使用要求，设备可能会在不同状态下运行，且由于不同状态下的逗留时间、退化速率、波动大小均不相同，造成了设备剩余寿命难以估计的问题。而文献［92，139］仅考虑了不同状态下退化速率的不同，因此，本章提出的模型更具一般性。

受文献［154］中得到两阶段剩余寿命分布解析表达式的启发，在预测第二个阶段及之后阶段的寿命时，需要充分考虑在每个切换点处退化量的分布形式，即每个阶段退化量的状态转移概率分布，然后根据全概率公式进行求解获得两阶段寿命分布解析表达式。为了进一步简化符号，令 $0=\tau_0<\tau_1<\cdots<\tau_{N(t)}=U$ 表示 $N(t)$ 个设备状态的切换时间，U 表示最后一次状态切换的时间。需要说明的是，在固定切换下给定每个状态的逗留时间 $\boldsymbol{C}=[c_1,c_2,\cdots,c_M]$ 和切换顺序 $\boldsymbol{P}$，即可计算出状态切换的时间点 τ_j，其中 τ_j 表示第 j 个切换的时间，且 $j=0,1,\cdots,N(t)$。在对 M 个状态的设备剩余寿命分布进行推导时，其主要思想是将退化量 $\{X(t),t\geqslant 0\}$ 在时间区间 $[0,U]$ 内没有到达失效阈值 ω 的事件分解为 $N(t)$ 个事件，即 $\{X(t),t\geqslant 0\}$ 在时间区间 $[\tau_{j-1},\tau_j)$ 没有到达固定失效阈值 ω 的条件下，$\{X(t),t\geqslant 0\}$ 在时间区间 $[\tau_j,\tau_{j+1})$ 也没有到达失效阈值 ω。因此，给定每个状态的固定逗留时间 $\boldsymbol{C}=[c_1,c_2,\cdots,c_M]$ 和固定切换顺序 $\boldsymbol{P}$，并基于以上模型假设和分析，给出定理 5.1 求解式（3.1）的随机退化过程在固定切换条件下设备的寿命分布。

定理 5.1：令 $0=\tau_0<\tau_1<\cdots<\tau_{N(t)}=U$ 表示 $N(t)$ 个设备状态的切换时间，若给定每个状态的固定逗留时间 $\boldsymbol{C}$ 和固定切换顺序 $\boldsymbol{P}$，那么设备寿命 T 的概率密度函数为

$$f(t \mid \boldsymbol{C},\boldsymbol{P}) = I(\tau_i < t \leqslant \tau_{i+1}) \times \int_{-\infty}^{\omega} f_{\delta(\tau_i)}(t-\tau_i \mid \boldsymbol{C},\boldsymbol{P}) g_{\delta(\tau_i)}(x_{\tau_i}) \mathrm{d}x_{\tau_i} \tag{5.6}$$

其中：

$$\begin{cases} f_{\delta(\tau_i)}(t-\tau_i \mid \boldsymbol{C},\boldsymbol{P}) = \dfrac{\omega - x_{\tau_i}}{\sqrt{4\pi S_{\delta(\tau_i)}^3(t-\tau_i)}} \dfrac{\mathrm{d}S_{\delta(\tau_i)}(t-\tau_i)}{\mathrm{d}t} \exp\left[-\dfrac{(\omega - x_{\tau_i} - M_{\delta(\tau_i)}(t-\tau_i))^2}{4S_{\delta(\tau_i)}(t-\tau_i)}\right] \\ g_{\delta(\tau_i)}(x_{\tau_i}) = \displaystyle\int_{-\infty}^{\omega}\int_{-\infty}^{\omega}\cdots\int_{-\infty}^{\omega} g_{\delta(\tau_0)}(x_{\tau_1}) g_{\delta(\tau_1)}(x_{\tau_2} \mid x_{\tau_1}) \times \\ \qquad g_{\delta(\tau_2)}(x_{\tau_3} \mid x_{\tau_2}) \cdots g_{\delta(\tau_{i-1})}(x_{\tau_i} \mid x_{\tau_{i-1}}) \mathrm{d}x_{\tau_1}\mathrm{d}x_{\tau_2}\cdots \mathrm{d}x_{\tau_{i-1}} \\ g_{\delta(\tau_{j-1})}(x_{\tau_j} \mid x_{\tau_{j-1}}) = \dfrac{1}{\sqrt{4\pi \Delta S_{\delta(\tau_{j-1})}(\tau)}} \times \left\{\exp\left[-\dfrac{(x_{\tau_j} - x_{\tau_{j-1}} - \Delta M_{\delta(\tau_{j-1})}(\tau))^2}{4\Delta S_{\delta(\tau_{j-1})}(\tau)}\right] - \right. \\ \qquad \exp\left[-\dfrac{(x_{\tau_j} + x_{\tau_{j-1}} - 2\omega - \Delta M_{\delta(\tau_{j-1})}(\tau))^2}{4\Delta S_{\delta(\tau_{j-1})}(\tau)}\right] \times \\ \qquad \left. \exp\left[\dfrac{\Delta M_{\delta(\tau_{j-1})}(\tau)(\omega - x_{\tau_{j-1}})}{\Delta S_{\delta(\tau_{j-1})}(\tau)}\right]\right\} \\ \Delta M_{\delta(\tau_j)}(\tau) = \mu_{\delta(\tau_j)} \displaystyle\int_0^{\tau_j} \varphi_{\delta(\tau_j)}(s)\mathrm{d}s - \mu_{\delta(\tau_j)} \int_0^{\tau_{j-1}} \varphi_{\delta(\tau_j)}(s)\mathrm{d}s \\ \Delta S_{\delta(\tau_j)}(\tau) = \dfrac{1}{2}\sigma_{\delta(\tau_j)}^2 \displaystyle\int_0^{\tau_j} \xi_{\delta(\tau_j)}^2(s)\mathrm{d}s - \dfrac{1}{2}\sigma_{\delta(\tau_j)}^2 \int_0^{\tau_{j-1}} \xi_{\delta(\tau_j)}^2(s)\mathrm{d}s \\ M_{\delta(\tau_i)}(t-\tau_i) = \mu_{\delta(\tau_i)} \displaystyle\int_0^{t-\tau_i} \varphi_{\delta(\tau_i)}(s)\mathrm{d}s, \quad S_{\delta(\tau_i)}(t-\tau_i) = \dfrac{1}{2}\sigma_{\delta(\tau_i)}^2 \int_0^{t-\tau_i} \xi_{\delta(\tau_i)}^2(s)\mathrm{d}s \end{cases} \tag{5.7}$$

式中：$j=2,3,\cdots,i$，$I(\tau_i<t\leqslant\tau_{i+1})$ 为示性函数，当括号内的条件满足时，其值为1，反之则为0；$i=1,2,\cdots,N(t)$ 表示状态切换的次数；$\delta(\tau_i)=1,2,\cdots,M$ 表示第 i 次切换所处的状态，当 $x_{\tau_0}=0$ 时，$g_{\delta(\tau_0)}(x_{\tau_1})=g_{\delta(\tau_0)}(x_{\tau_1} \mid x_{\tau_0})$。此外，上述定理成立的条件为 $q=M_{\delta(\tau_i)}(t)/S_{\delta(\tau_i)}(t)$，且 q 为固定常数。

根据上述结果，给定每个状态的固定逗留时间 $\boldsymbol{C}$ 和固定切换顺序 $\boldsymbol{P}$，可进一步根据非线性退化过程寿命与剩余寿命之间的关系，计算出在 t_κ 时刻退化量 x_κ 的剩余寿命分布。将其总结为推论5.1。

推论5.1：令 $t_\kappa=\tau_{\kappa,0}<\tau_{\kappa,1}<\cdots<\tau_{\kappa,N(l_\kappa)}=U$ 表示设备在时间区间 $[t_\kappa,t_\kappa+l_\kappa]$ 内设备状态的切换时间；若当前 t_κ 时刻所处的状态为 $\delta(t_\kappa)=m$，且后续状态逗留时间为 $\boldsymbol{C}=[\bar{c}_m, c_{m+1},c_{m+2},\cdots,c_M]^{\mathrm{T}}$，其中 $\bar{c}_m=\sum_{z=1}^{m} c_z - t_\kappa$，则设备剩余寿命 l_κ 的概率密度函数为

$$f(l_\kappa \mid \boldsymbol{C},\boldsymbol{P}) = I(\tau_{\kappa,i} < t_\kappa + l_\kappa \leqslant \tau_{\kappa,i+1}) \times \int_{-\infty}^{\omega} f_{\delta(\tau_{\kappa,i})}(t_\kappa + l_\kappa - \tau_{\kappa,i} \mid \boldsymbol{C},\boldsymbol{P}) g_{\delta(\tau_{\kappa,i})}(x_{\tau_{\kappa,i}}) \mathrm{d}x_{\tau_{\kappa,i}} \tag{5.8}$$

其中：

$$
\begin{cases}
f_{\delta(\tau_{\kappa,i})}(t_\kappa + l_\kappa - \tau_{\kappa,i} \mid \boldsymbol{C},\boldsymbol{P}) = \dfrac{\mathrm{d}S_{\delta(\tau_{\kappa,i})}(t_\kappa + l_\kappa - \tau_{\kappa,i})}{\mathrm{d}t} \dfrac{\omega - x_{\tau_{\kappa,i}}}{\sqrt{4\pi S_{\delta(\tau_{\kappa,i})}{}^3(t_\kappa + l_\kappa - \tau_{\kappa,i})}} \times \\
\exp\left[-\dfrac{(\omega - x_{\tau_{\kappa,i}} - M_{\delta(\tau_{\kappa,i})}(t_\kappa + l_\kappa - \tau_{\kappa,i}))^2}{4S_{\delta(\tau_{\kappa,i})}(t_\kappa + l_\kappa - \tau_{\kappa,i})}\right] \\
g_{\delta(\tau_{\kappa,i})}(x_{\tau_{\kappa,i}}) = \int_{-\infty}^{\omega}\int_{-\infty}^{\omega}\cdots\int_{-\infty}^{\omega} g_{\delta(\tau_{\kappa,0})}(x_{\tau_{\kappa,1}} \mid x_{\kappa,0}) g_{\delta(\tau_{\kappa,1})}(x_{\tau_{\kappa,2}} \mid x_{\tau_{\kappa,1}}) \times \\
g_{\delta(\tau_{\kappa,2})}(x_{\tau_{\kappa,3}} \mid x_{\tau_{\kappa,2}}) \cdots g_{\delta(\tau_{\kappa,i-1})}(x_{\tau_{\kappa,i}} \mid x_{\tau_{\kappa,i-1}}) \mathrm{d}x_{\tau_{\kappa,1}} \mathrm{d}x_{\tau_{\kappa,2}} \cdots \mathrm{d}x_{\tau_{\kappa,i-1}} \\
g_{\delta(\tau_{\kappa,j})}(x_{\tau_{\kappa,j}} \mid x_{\tau_{\kappa,j-1}}) = \dfrac{1}{\sqrt{4\pi\Delta S_{\delta(\tau_{\kappa,j})}(\tau)}} \left\{\exp\left[-\dfrac{(x_{\tau_{\kappa,j}} - x_{\tau_{\kappa,j-1}} - \Delta M_{\delta(\tau_{\kappa,j})}(\tau))^2}{4\Delta S_{\delta(\tau_{\kappa,j})}(\tau)}\right] - \right. \\
\exp\left[-\dfrac{(x_{\tau_{\kappa,j}} + x_{\tau_{\kappa,j-1}} - 2\omega - \Delta M_{\delta(\tau_{\kappa,j})}(\tau))^2}{4\Delta S_{\delta(\tau_{\kappa,j})}(\tau)}\right] \times \\
\left.\exp\left[\dfrac{\Delta M_{\delta(\tau_{\kappa,j})}(\tau)(\omega - x_{\tau_{\kappa,j-1}})}{\Delta S_{\delta(\tau_{\kappa,j})}(\tau)}\right]\right\}, \quad j = 2,3,\cdots,i \\
\Delta M_{\delta(\tau_{\kappa,j})}(\tau) = \mu_{\delta(\tau_{\kappa,j})}\int_0^{\tau_{\kappa,j}} \varphi_{\delta(\tau_{\kappa,j})}(s)\mathrm{d}s - \mu_{\delta(\tau_{\kappa,j})}\int_0^{\tau_{\kappa,j-1}} \varphi_{\delta(\tau_{\kappa,j})}(s)\mathrm{d}s \\
\Delta S_{\delta(\tau_{\kappa,j})}(\tau) = \dfrac{1}{2}\sigma^2_{\delta(\tau_{\kappa,j})}\int_0^{\tau_{\kappa,j}} \xi^2_{\delta(\tau_{\kappa,j})}(s)\mathrm{d}s - \dfrac{1}{2}\sigma^2_{\delta(\tau_{\kappa,j})}\int_0^{\tau_{\kappa,j-1}} \xi^2_{\delta(\tau_{\kappa,j})}(s)\mathrm{d}s \\
M_{\delta(\tau_{\kappa,i})}(t_\kappa + l_\kappa - \tau_{\kappa,i}) = \mu_{\delta(\tau_{\kappa,i})}\int_0^{t_\kappa + l_\kappa - \tau_{\kappa,i}} \varphi_{\delta(\tau_{\kappa,i})}(s)\mathrm{d}s \\
S_{\delta(\tau_{\kappa,i})}(t_\kappa + l_\kappa - \tau_{\kappa,i}) = \dfrac{1}{2}\sigma^2_{\delta(\tau_{\kappa,i})}\int_0^{t_\kappa + l_\kappa - \tau_{\kappa,i}} \xi^2_{\delta(\tau_{\kappa,i})}(s)\mathrm{d}s
\end{cases} \tag{5.9}
$$

通过定理5.1和推论5.1可以获得固定状态切换下设备的寿命分布和剩余寿命分布。但上述两个推论的计算十分烦琐，特别是对于经历 i 次切换的状态转移概率 $g_{\delta(\tau_i)}(x_{\tau_i})$ 计算涉及多重积分。因此，可将 $g_{\delta(\tau_i)}(x_{\tau_i})$ 写为一种迭代的形式，如下所示：

$$
g_{\delta(\tau_{i-1})}(x_{\tau_i}) = \int_0^{\omega} g_{\delta(\tau_{i-1})}(x_{\tau_i} \mid x_{\tau_{i-1}}) g_{\delta(\tau_{i-2})}(x_{\tau_{i-1}}) \mathrm{d}x_{\tau_{i-1}} \tag{5.10}
$$

通过这种形式，可以迭代计算每次状态切换下的状态量 $X(t)$ 状态转移概率分布。当产生新的一次状态切换时，可根据前一次的状态概率分布获得最新一次的状态转移概率值。这样，对于新产生一次状态切换时，只需通过计算简单的二重积分即可获得其寿命或剩余寿命分布。

进一步，为了刻画这类样本间的差异性，如文献［154，165］所述，将各个状态下的漂移系数定义为一个正态分布的随机变量，即 $\mu_i \sim N(\mu_{ip}, \sigma_{ip}^2)$。因此，考虑个体差异性的设备剩余寿命推导结论如定理5.2所示。

定理5.2：令 $0=\tau_0<\tau_1<\cdots<\tau_{N(t)}=U$ 表示 $N(t)$ 个设备状态的切换时间，若给定每个状态的固定逗留时间 $\boldsymbol{C}$ 和固定切换顺序 $\boldsymbol{P}$，且各个状态的漂移系数 $\mu_{\delta(t)} \sim N(\mu_{\delta(t)p}, \sigma^2_{\delta(t)p})$，设备寿命 T 的概率密度函数为

$$f(t \mid \boldsymbol{C},\boldsymbol{P}) = I(\tau_i < t \leqslant \tau_{i+1}) \times \int_{-\infty}^{\omega} f_{\delta(\tau_i)}(t-\tau_i \mid \boldsymbol{C},\boldsymbol{P}) g_{\delta(\tau_i)}(x_{\tau_i}) \mathrm{d}x_{\tau_i} \tag{5.11}$$

其中：

$$\begin{cases}
f_{\delta(\tau_i)}(t-\tau_i \mid \boldsymbol{C},\boldsymbol{P}) = \dfrac{\omega - x_{\tau_i}}{\sqrt{2\pi S^2_{\delta(\tau_i)}(t-\tau_i)}} \times \dfrac{1}{\sqrt{2S_{\delta(\tau_i)}(t-\tau_i) + \sigma^2_{\delta(\tau_i)p} H^2_{\delta(\tau_i)}(t-\tau_i)}} \times \\
\dfrac{\mathrm{d}S_{\delta(\tau_i)}(t-\tau_i)}{\mathrm{d}t} \exp\left[-\dfrac{(\omega - x_{\tau_i} - \mu_{\delta(\tau_i)p} H_{\delta(\tau_i)}(t-\tau_i))^2}{2[2S_{\delta(\tau_i)}(t-\tau_i) + \sigma^2_{\delta(\tau_i)p} H^2_{\delta(\tau_i)}]}\right] \\
g_{\delta(\tau_i)}(x_{\tau_i}) = \int_{-\infty}^{\omega}\int_{-\infty}^{\omega}\cdots\int_{-\infty}^{\omega} g_{\delta(\tau_0)}(x_{\tau_1}) g_{\delta(\tau_1)}(x_{\tau_2} \mid x_{\tau_1}) \times \\
g_{\delta(\tau_2)}(x_{\tau_3} \mid x_{\tau_2}) \cdots g_{\delta(\tau_{i-1})}(x_{\tau_i} \mid x_{\tau_{i-1}}) \mathrm{d}x_{\tau_1} \mathrm{d}x_{\tau_2} \cdots \mathrm{d}x_{\tau_{i-1}} \\
g_{\delta(\tau_{j-1})}(x_{\tau_j} \mid x_{\tau_{j-1}}) = \dfrac{1}{\sqrt{2\pi[2\Delta S_{\delta(\tau_{j-1})}(\tau) + \sigma^2_{\delta(\tau_{j-1})p} \Delta H^2_{\delta(\tau_{j-1})}(\tau)]}} \times \\
\left\{\exp\left[-\dfrac{(x_{\tau_j} - x_{\tau_{j-1}} - \mu_{\delta(\tau_{j-1})p} \Delta H_{\delta(\tau_{j-1})}(\tau))^2}{2[2\Delta S_{\delta(\tau_{j-1})}(\tau) + \sigma^2_{\delta(\tau_{j-1})p} \Delta H^2_{\delta(\tau_{j-1})}(\tau)]}\right] - \right. \\
\exp\left[-\dfrac{(\omega - x_{\tau_{j-1}})^2 - (\omega - x_{\tau_{j-1}})(x_{\tau_j} - x_{\tau_{j-1}})}{\Delta S_{\delta(\tau_{j-1})}(\tau)}\right] \times \\
\left. \exp\left[-\dfrac{(x_{\tau_j} - x_{\tau_{j-1}} - \mu_{\delta(\tau_{j-1})p} \Delta H_{\delta(\tau_{j-1})}(\tau))^2}{2[2\Delta S_{\delta(\tau_{j-1})}(\tau) + \sigma^2_{\delta(\tau_{j-1})p} \Delta H^2_{\delta(\tau_{j-1})}(\tau)]}\right]\right\}, \quad j = 2,3,\cdots,i \\
\Delta H_{\delta(\tau_j)}(\tau) = \int_0^{\tau_j} \varphi_{\delta(\tau_j)}(s) \mathrm{d}s - \int_0^{\tau_{j-1}} \varphi_{\delta(\tau_j)}(s) \mathrm{d}s \\
\Delta S_{\delta(\tau_j)}(\tau) = \dfrac{1}{2}\sigma^2_{\delta(\tau_j)} \int_0^{\tau_j} \xi^2_{\delta(\tau_j)}(s) \mathrm{d}s - \dfrac{1}{2}\sigma^2_{\delta(\tau_j)} \int_0^{\tau_{j-1}} \xi^2_{\delta(\tau_j)}(s) \mathrm{d}s \\
H_{\delta(\tau_i)}(t-\tau_i) = \int_0^{t-\tau_i} \varphi_{\delta(\tau_i)}(s) \mathrm{d}s, \quad S_{\delta(\tau_i)}(t-\tau_i) = \dfrac{1}{2}\sigma^2_{\delta(\tau_i)} \int_0^{t-\tau_i} \xi^2_{\delta(\tau_i)}(s) \mathrm{d}s
\end{cases} \tag{5.12}$$

同理，基于定理 5.2，可根据寿命和剩余寿命之间的关系，可得出考虑个体差异性时的剩余寿命 PDF 如推论 5.2 所示。

推论 5.2：令 $t_\kappa = \tau_{\kappa,0} < \tau_{\kappa,1} < \cdots < \tau_{\kappa,N(l_\kappa)} = U$ 表示设备在时间区间 $[t_\kappa, t_\kappa + l_\kappa]$ 内设备状态的切换时间，以及定义各个状态的漂移系数 $\mu_{\delta(t)} \sim N(\mu_{\delta(t)p}, \sigma^2_{\delta(t)p})$ 表示样本间差异性；若当前 t_κ 时刻所处的状态为 $\delta(t_\kappa) = m$，且后续状态逗留时间为 $\boldsymbol{C} = [\bar{c}_m, c_{m+1}, c_{m+2}, \cdots, c_M]^{\mathrm{T}}$，其中 $\bar{c}_m = \sum_{z=1}^{m} c_z - t_\kappa$，那么设备剩余寿命 l_κ 的概率密度函数为

$$f(l_\kappa \mid \boldsymbol{C},\boldsymbol{P}) = I(\tau_{\kappa,i} < t_\kappa + l_\kappa \leqslant \tau_{\kappa,i+1}) \times \int_{-\infty}^{\omega} f_{\delta(\tau_{\kappa,i})}(t_\kappa + l_\kappa - \tau_{\kappa,i} \mid \boldsymbol{C},\boldsymbol{P}) g_{\delta(\tau_{\kappa,i})}(x_{\tau_{\kappa,i}}) \mathrm{d}x_{\tau_{\kappa,i}} \tag{5.13}$$

其中：

$$\begin{cases} f_{\delta(\tau_{\kappa,i})}(t_\kappa + l_\kappa - \tau_{\kappa,i} \mid \boldsymbol{C},\boldsymbol{P}) = \dfrac{\omega - x_{\tau_{\kappa,i}}}{\sqrt{2\pi S^2_{\delta(\tau_{\kappa,i})}(t_\kappa + l_\kappa - \tau_{\kappa,i})}} \dfrac{\mathrm{d}S_{\delta(\tau_{\kappa,i})}(t_\kappa + l_\kappa - \tau_{\kappa,i})}{\mathrm{d}t} \times \\ \qquad \dfrac{1}{\sqrt{2S_{\delta(\tau_{\kappa,i})}(t_\kappa + l_\kappa - \tau_{\kappa,i}) + \sigma^2_{\delta(\tau_{\kappa,i})p} H^2_{\delta(\tau_{\kappa,i})}(t_\kappa + l_\kappa - \tau_{\kappa,i})}} \times \\ \qquad \exp\left[- \dfrac{(\omega - x_{\tau_{\kappa,i}} - \mu_{\delta(\tau_{\kappa,i})p} H_{\delta(\tau_{\kappa,i})}(t_\kappa + l_\kappa - \tau_{\kappa,i}))^2}{2[2S_{\delta(\tau_{\kappa,i})}(t_\kappa + l_\kappa - \tau_{\kappa,i}) + \sigma^2_{\delta(\tau_{\kappa,i})p} H^2_{\delta(\tau_{\kappa,i})}]} \right] \\ g_{\delta(\tau_i)}(x_{\tau_i}) = \int_{-\infty}^{\omega}\int_{-\infty}^{\omega}\cdots\int_{-\infty}^{\omega} g_{\delta(\tau_0)}(x_{\tau_1}) g_{\delta(\tau_1)}(x_{\tau_2} \mid x_{\tau_1}) \times \\ \qquad g_{\delta(\tau_2)}(x_{\tau_3} \mid x_{\tau_2}) \cdots g_{\delta(\tau_{i-1})}(x_{\tau_i} \mid x_{\tau_{i-1}}) \mathrm{d}x_{\tau_1} \mathrm{d}x_{\tau_2} \cdots \mathrm{d}x_{\tau_{i-1}} \\ g_{\delta(\tau_{\kappa,j})}(x_{\tau_{\kappa,j}} \mid x_{\tau_{\kappa,j-1}}) = \dfrac{1}{\sqrt{2\pi[2\Delta S_{\delta(\tau_{\kappa,j})}(\tau) + \sigma^2_{\delta(\tau_{\kappa,j})p} \Delta H^2_{\delta(\tau_{\kappa,j})}(\tau)]}} \times \\ \left\{ \exp\left[- \dfrac{(x_{\tau_{\kappa,j}} - x_{\tau_{\kappa,j-1}} - \mu_{\delta(\tau_{\kappa,j})p} \Delta H_{\delta(\tau_{\kappa,j})}(\tau))^2}{2[2\Delta S_{\delta(\tau_{\kappa,j})}(\tau) + \sigma^2_{\delta(\tau_{\kappa,j})p} \Delta H^2_{\delta(\tau_{\kappa,j})}(\tau)]} \right] - \right. \\ \exp\left[- \dfrac{(\omega - x_{\tau_{\kappa,j-1}})^2 - (\omega - x_{\tau_{\kappa,j-1}})(x_{\tau_{\kappa,j}} - x_{\tau_{\kappa,j-1}})}{\Delta S_{\delta(\tau_{\kappa,j})}(\tau)} \right] \times \\ \left. \exp\left[- \dfrac{(x_{\tau_{\kappa,j}} - x_{\tau_{\kappa,j-1}} - \mu_{\delta(\tau_{\kappa,j})p} \Delta H_{\delta(\tau_{\kappa,j})}(\tau))^2}{2[2\Delta S_{\delta(\tau_{\kappa,j})}(\tau) + \sigma^2_{\delta(\tau_{\kappa,j})p} \Delta H^2_{\delta(\tau_{\kappa,j})}(\tau)]} \right] \right\}, \quad j = 2,3,\cdots,i \\ \Delta H_{\delta(\tau_{\kappa,j})}(\tau) = \int_0^{\tau_{\kappa,j}} \varphi_{\delta(\tau_{\kappa,j})}(s)\mathrm{d}s - \int_0^{\tau_{\kappa,j-1}} \varphi_{\delta(\tau_{\kappa,j})}(s)\mathrm{d}s, \Delta S_{\delta(\tau_{\kappa,j})}(\tau) \\ \qquad = \dfrac{1}{2}\int_0^{\tau_{\kappa,j}} \xi^2_{\delta(\tau_{\kappa,j})}(s)\mathrm{d}s - \dfrac{1}{2}\int_0^{\tau_{\kappa,j-1}} \xi^2_{\delta(\tau_{\kappa,j})}(s)\mathrm{d}s \\ H_{\delta(\tau_{\kappa,i})}(t_\kappa + l_\kappa - \tau_{\kappa,i}) = \int_0^{t_\kappa + l_\kappa - \tau_{\kappa,i}} \varphi_{\delta(\tau_{\kappa,i})}(s)\mathrm{d}s, \quad S_{\delta(\tau_{\kappa,i})}(t_\kappa + l_\kappa - \tau_{\kappa,i}) \\ \qquad = \dfrac{1}{2}\int_0^{t_\kappa + l_\kappa - \tau_{\kappa,i}} \xi^2_{\delta(\tau_{\kappa,i})}(s)\mathrm{d}s \end{cases} \tag{5.14}$$

5.3.2 随机切换下剩余寿命分布推导

由于设备在实际运行过程中通常具有工作任务的时变性、目的需求的随机性以及外界因素的干扰，设备在每个状态下运行的时间长度以及状态之间相互切换都具有不确定性。因此，为了将多状态切换下设备剩余寿命预测扩展到更一般的形式，需要对状态切换表征的随机性进行建模，并将其融入退化模型和剩余寿命预测中。

1. 随机运行状态切换建模

对于设备随机运行状态切换进行建模主要考虑两个方面，一是考虑多个状态之间相互切换的概率，二是考虑设备在每个状态下的逗留时间。首先，本章提出采用离散马尔可夫链模型刻画设备状态之间的切换概率，其状态转移示意图如图 5.3 所示。从图中可以看出，本章考虑的是一种极具一般性的情况，即认为每个状态之间都可以相互切换。假设一个设备在全寿命周期中总共经历了 M 个状态之间的切换，其状态集合可表示为 $\{1,2,\cdots,M\}\in\boldsymbol{S}$，则在 $n+1$ 时刻切换点处的状态和之前的状态关系为

$$\begin{aligned}P(S_{n+1}=\delta(\tau_{n+1})\mid S_0=\delta(\tau_0),S_1=\delta(\tau_1),\cdots,S_n=\delta(\tau_n))\\=P(S_{n+1}=\delta(\tau_{n+1})\mid S_n=\delta(\tau_n))\end{aligned}\tag{5.15}$$

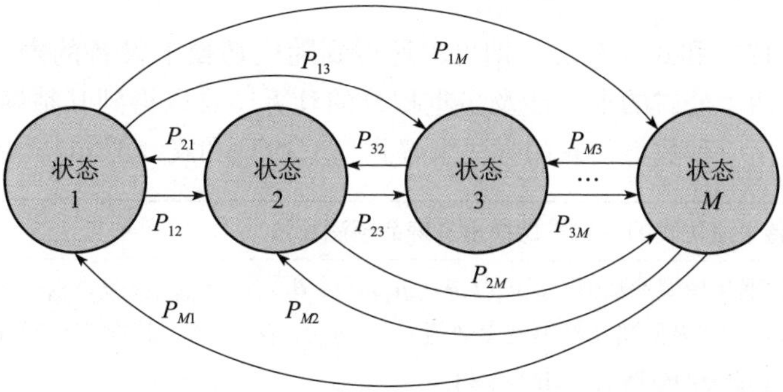

图 5.3　随机状态切换顺序示意图

因此，根据离散马尔可夫链的性质，可以得到一步状态转移概率矩阵如下所示：

$$\boldsymbol{P}=\begin{bmatrix}P_{11} & P_{12} & \cdots & P_{1M}\\ P_{21} & P_{22} & \cdots & P_{2M}\\ \vdots & \vdots & \ddots & \vdots\\ P_{M1} & P_{M2} & \cdots & P_{MM}\end{bmatrix}\tag{5.16}$$

式中：$P_{ij}=P(S_{n+1}=j\mid S_n=i),i,j=1,2,\cdots,M$。接下来对设备在每个状态内的逗留时间进行建模。由于位相型（Phase-Type，PHT）分布具有逼近任意分布的能力，本章采用逗留时间服从位相型分布的半马尔可夫链模型对设备在每个状态下的逗留时间进行建模。故可将设备在 M 个状态下的运行逗留时间分布表示为如下：

$$f_{\delta(\tau_i)}(\tau)=\boldsymbol{p}_{\delta(\tau_i)}\exp(\boldsymbol{Q}_{\delta(\tau_i)}\tau)\boldsymbol{q}_{\delta(\tau_i)}\tag{5.17}$$

式中：$\boldsymbol{p}_{\delta(\tau_i)},\boldsymbol{q}_{\delta(\tau_i)},\boldsymbol{Q}_{\delta(\tau_i)}$ 分别是 PHT 分布中的概率向量、失效率向量、转移矩阵，$\boldsymbol{q}_{\delta(\tau_i)}=-\boldsymbol{Q}_{\delta(\tau_i)}\boldsymbol{e}_{\delta(\tau_i)}$，$\boldsymbol{e}_{\delta(\tau_i)}$ 为各个元素都为 1 的列向量，且与 $\boldsymbol{p}_{\delta(\tau_i)}$ 和 $\boldsymbol{q}_{\delta(\tau_i)}$ 具有相同的长度。

为了预测未来时间段内设备的寿命和剩余寿命，在已经得到固定状态切换下设备的剩余寿命分布的前提下，需要求得将来时间段内设备运行状态切换次数与状态切换时间的联合概率密度。令未来时间段 $[t_\kappa,t_\kappa+l_\kappa]$ 内设备的切换时间 $\boldsymbol{\tau}_\kappa=[\tau_{0,\kappa},\tau_{1,\kappa},\tau_{2,\kappa},\cdots,\tau_{N(l_\kappa),\kappa}]^{\mathrm{T}}$，其中 $N(l_\kappa)$ 表示未来时间段内切换的总次数。当状态转移概率矩阵 $\boldsymbol{P}$ 和每个状态的 PHT 分布参数给定后，设备在 t_κ 时刻之后的切换时刻 $\boldsymbol{\tau}_\kappa$ 和切换次数的 $N(l_\kappa)$ 的联合分布密度如下所示：

$$f_\kappa(\boldsymbol{\tau}_\kappa,N(l_\kappa))=\prod_{i=1}^{N(l_\kappa)}P_{\delta(\tau_{i-1,\kappa})\delta(\tau_{i,\kappa})}\times f_{\delta(\tau_{i,\kappa})}(\tau_{i,\kappa}-\tau_{i-1,\kappa})\tag{5.18}$$

接下来推导随机切换下设备的寿命和剩余寿命分布。

2. 随机运行切换下剩余寿命分布推导

基于上述对随机运行切换模型的构造，可以根据全概率公式获得随机切换下设备的

寿命和剩余寿命分布。因此，通常情形下，多状态切换下设备的寿命和剩余寿命的概率密度函数可分别描述为

$$f(t)=\sum_{N(t)=0}^{+\infty}\int_{\boldsymbol{\tau}_0}f(t\mid\boldsymbol{P},\boldsymbol{\tau}_0)f_0(\boldsymbol{\tau}_0,N(t))\,\mathrm{d}\boldsymbol{\tau}_0 \tag{5.19}$$

$$f(l_\kappa\mid x_\kappa)=\sum_{N(l_\kappa)=0}^{+\infty}\int_{\boldsymbol{\tau}_\kappa}f(l_\kappa\mid\boldsymbol{P},\boldsymbol{\tau}_\kappa)f_\kappa(\boldsymbol{\tau}_\kappa,N(l_\kappa))\,\mathrm{d}\boldsymbol{\tau}_\kappa \tag{5.20}$$

通过式（5.19）和式（5.20）即可求解得到随机切换下设备的寿命和剩余寿命分布，然而，上述两个公式的求解涉及多重积分的计算，难以得到其精确的解析表达式。鉴于此，本章提出一种数值仿真的方法求解式（5.19）和式（5.20），具体步骤如下。

算法 5.1：基于蒙特卡洛仿真的多状态切换设备寿命预测算法

步骤 1：初始化退化模型参数值 $\{\mu_1\varphi_1(t;\boldsymbol{\theta}_1),\mu_2\varphi_2(t;\boldsymbol{\theta}_3),\cdots,\mu_M\varphi_M(t;\boldsymbol{\theta}_M)\}$，$\{\sigma_1\xi_1(t;\boldsymbol{\vartheta}_1),\sigma_2\xi_2(t;\boldsymbol{\vartheta}_2),\cdots,\sigma_M\xi_M(t;\boldsymbol{\vartheta}_M)\}$，以及随机切换模型参数值 $\boldsymbol{p}_{\delta(\tau_i)},\boldsymbol{q}_{\delta(\tau_i)},\boldsymbol{Q}_{\delta(\tau_i)},\boldsymbol{P}$，其中 $\delta(\tau_1)=1,2,\cdots,M$，设定采样间隔 Δt。确定尽可能大的整数 N_1，并令 $z=1$。

步骤 2：确定尽可能大的整数 N_2，基于 PHT 分布公式，即式（5.17），分别对 M 个状态产生 N_2 个设备的逗留时间，记为 $\boldsymbol{\gamma}=\{\boldsymbol{\gamma}_1,\boldsymbol{\gamma}_2,\cdots,\boldsymbol{\gamma}_M\}$，其中 $\boldsymbol{\gamma}_1=[\gamma_1,\gamma_2,\cdots,\gamma_{N_1}]^{\mathrm{T}}$。

步骤 3：确定尽可能大的整数 N_3，基于状态转移概率矩阵 $\boldsymbol{P}$，生成总长度为 N_3 的状态切换顺序 $\boldsymbol{A}$，例如 $\boldsymbol{A}=\{1\to3\to5\to\cdots A\}$，其中 $\boldsymbol{A}\in[1,M]$。

步骤 4：基于 M 个状态的逗留时间和状态切换顺序 $\boldsymbol{A}$，然后分别计算寿命分布 PDF $f_z(t\mid\boldsymbol{\gamma},\boldsymbol{A})$ 和剩余寿命分布 PDF $f_z(l_\kappa\mid\boldsymbol{\gamma},\boldsymbol{A})$；若 $z<N_1$，则返回步骤 2。反之，执行步骤 5。

步骤 5：通过以下求均值运算获得设备的寿命分布和在 t_κ 时刻的剩余寿命分布：

$$f(t)=\frac{1}{N_1}\sum_{z=1}^{N_1}f_z(t\mid\boldsymbol{\gamma},\boldsymbol{A})$$

$$f(l_\kappa\mid x_\kappa)=\frac{1}{N_1}\sum_{z=1}^{N_1}f_z(l_\kappa\mid\boldsymbol{\gamma},\boldsymbol{A})$$

需要注意的是，尽管算法 5.1 的步骤十分复杂，但可以获得多状态切换下设备寿命和剩余寿命分布预测的精确结果。如前所述，多状态切换的设备寿命与状态切换次数和逗留时间密切相关，因此为了充分考虑状态切换所造成的不确定性，采取较为复杂的算法仍是十分有必要的。此外，对于某些状态切换较为固定的设备，状态转移概率矩阵 $\boldsymbol{P}$ 内的元素大部分等于 0，这也会减小整体的计算量。

5.4　模型参数辨识

接下来分别介绍状态切换模型和退化模型的参数估计方法。在此之前，需要对监测的数据信息进行简要分析。本章将数据信息分为两类：第一类为 M 个状态下的退化量信息 $\boldsymbol{X}=[\boldsymbol{X}_1,\boldsymbol{X}_2,\cdots,\boldsymbol{X}_M]^{\mathrm{T}}$；第二类为 M 个状态切换时间 $\boldsymbol{Z}=[\boldsymbol{Z}_1,\boldsymbol{Z}_2,\cdots,\boldsymbol{Z}_M]^{\mathrm{T}}$。接下来将根据这两类信息估计退化模型和随机状态切换模型的参数。

假设具有 N 个设备的数据可用，第 $\boldsymbol{\nu}$ 个设备在服役期间的切换次数为 n_ν，则在第 k 个工作阶段，第 $\boldsymbol{\nu}$ 个设备在退化过程中的监测次数为 m_k，其对应的监测时间和退化量

分别为 $t_{k,j}^{[\nu]}$ 和 $x_{k,j}^{[\nu]}$，其中 $j=1,2,\cdots,m_k$。鉴于此，可得 $t_{k,m_k}^{[\nu]}$ 与 $t_{k+1,1}^{[\nu]}$ 分别为第 k 个阶段的结束时间和第 $k+1$ 阶段的起始时间，$t_{k,m_k}^{[\nu]}-t_{k,1}^{[\nu]}$ 则为第 k 个阶段的逗留时间。则 $\boldsymbol{X}_i=[\boldsymbol{X}_i^{[1]},\boldsymbol{X}_i^{[2]},\cdots,\boldsymbol{X}_i^{[N]}]^{\mathrm{T}}$，其中 $i=1,2,\cdots,M$，$\boldsymbol{X}_i^{[\nu]}=\left[x_{\delta_1^i,1}^{[\nu]},\ x_{\delta_1^i,2}^{[\nu]},\cdots,x_{\delta_1^i,m_{\delta_k}}^{[\nu]};\cdots;x_{\delta_k^i,1}^{[\nu]},x_{\delta_k^i,2}^{[\nu]},\cdots,x_{\delta_k^i,m_{\delta_k^i}}^{[\nu]}\right]^{\mathrm{T}}$，$\delta_k^i$ 表示处于第 i 个状态的阶段数。此外，可得时间数据 $\boldsymbol{Z}_i=[\boldsymbol{Z}_i^{[1]},\boldsymbol{Z}_i^{[2]},\cdots,\boldsymbol{Z}_i^{[N]}]^{\mathrm{T}}$，其中 $\boldsymbol{Z}_i^{[\nu]}=\left[t_{\delta_1^i,m_{\delta_k}}^{[\nu]}-t_{\delta_1^i,1}^{[\nu]},t_{\delta_2^i,m_{\delta_k}}^{[\nu]}-t_{\delta_2^i,1}^{[\nu]},\cdots,t_{\delta_k^i,m_{\delta_k^i}}^{[\nu]}-t_{\delta_k^i,1}^{[\nu]}\right]^{\mathrm{T}}$。

5.4.1　随机状态切换模型参数估计

首先，考虑状态转移概率矩阵 $\boldsymbol{P}$ 的参数估计方法，针对其矩阵内部的参数，采用下式确定：

$$P_{ij}=\frac{N\mathrm{Count}_{i\to j}}{N\mathrm{Count}_{i\to \mathrm{any}}}\tag{5.21}$$

式中：$N\mathrm{Count}_{i\to \mathrm{any}}$ 表示 N 个设备中状态 i 切换到任意状态的总次数，$N\mathrm{Count}_{i\to j}$ 表示 N 个设备中状态 i 转移到状态 j 中的次数。

接下来，考虑对服从 PHT 分布的逗留时间进行参数辨识，本章采用基于 EM 算法估计 L 阶 PHT 的分布参数，由于 EM 算法是一种迭代算法，需要经过足够多次的循环，待估计的参数才会趋于收敛，因此令中间变量 $\boldsymbol{D}_n^{(k+1)}$ 为第 $k+1$ 参数估计时 PHT 分布从状态 n 出发的数目，$\boldsymbol{E}_n^{(k+1)}$ 为在状态 n 的总次数，$\boldsymbol{N}_{mn}^{(k+1)}$ 为从 m 状态转移到 n 状态的总次数，其中 $n=1,2,\cdots,L$，$m=1,2,\cdots,L$，且 $n\neq m$。基于状态切换时间数据 $\boldsymbol{Z}$ 估计 PHT 参数步骤如下。

E 步　若上一次迭代得到的估计值为 $\boldsymbol{Q}^k$、$\boldsymbol{p}^k$，则分别计算统计量 $\boldsymbol{D}_i^{(k+1)}$、$\boldsymbol{E}_i^{(k+1)}$、$\boldsymbol{N}_{ij}^{(k+1)}$ 的条件期望。计算过程主要分为三步，分别如下所示：

（1）计算 L 维向量函数：

$$\begin{cases}\boldsymbol{a}_i(z_\nu\mid \boldsymbol{Q}^{(k)},\boldsymbol{p}^{(k)})=\boldsymbol{p}^{(k)}\exp[\boldsymbol{Q}^{(k)}z_\nu]\\ \boldsymbol{b}_i(z_\nu\mid \boldsymbol{Q}^{(k)},\boldsymbol{p}^{(k)})=\exp[\boldsymbol{Q}^{(k)}z_\nu]\boldsymbol{q}^{(k)}\\ \boldsymbol{c}_i(z_\nu,i\mid \boldsymbol{Q}^{(k)},\boldsymbol{p}^{(k)})=\int_0^{z_\nu}\boldsymbol{p}^{(k)}\exp[\boldsymbol{Q}^{(k)}u]\boldsymbol{e}_i\exp[\boldsymbol{Q}^{(k)}(z_\nu-u)]\boldsymbol{q}^{(k)}\mathrm{d}u\end{cases}\tag{5.22}$$

式中：$i=1,2,\cdots,m$；$\boldsymbol{e}_i$ 为第 i 个元素为 1 的单位向量。

（2）计算第 ν 次观测值的条件充分统计量：

$$\begin{cases}\mathbb{E}_{(\boldsymbol{Q}^{(k)},\boldsymbol{p}^{(k)})}[\boldsymbol{D}_i^{[\nu]}\mid z_\nu]=\dfrac{p_i^{(k)}b_i(z_\nu\mid \boldsymbol{D}_i^{(k)})}{\boldsymbol{p}^{(k)}\boldsymbol{b}(z_\nu\mid \boldsymbol{Q}^{(k)})}\\ \mathbb{E}_{(\boldsymbol{Q}^{(k)},\boldsymbol{p}^{(k)})}[\boldsymbol{Z}_i^{[\nu]}\mid z_\nu]=\dfrac{c_i^{(k)}(z_\nu,i\mid \boldsymbol{p}^{(k)},\boldsymbol{Q}^{(k)})}{\boldsymbol{p}^{(k)}\boldsymbol{b}(z_\nu\mid \boldsymbol{Q}^{(k)})}\\ \mathbb{E}_{(\boldsymbol{Q}^{(k)},\boldsymbol{p}^{(k)})}[\boldsymbol{N}_{ij}^{[\nu]}\mid z_\nu]=\dfrac{q_{ij}c_i(z_\nu,i\mid \boldsymbol{p}^{(k)},\boldsymbol{Q}^{(k)})}{\boldsymbol{p}^{(k)}\boldsymbol{b}(z_\nu\mid \boldsymbol{Q}^{(k)})}\\ \mathbb{E}_{(\boldsymbol{Q}^{(k)},\boldsymbol{p}^{(k)})}[\boldsymbol{N}_{i0}^{[\nu]}\mid z_\nu]=\dfrac{q_ia_i(z_\nu,i\mid \boldsymbol{Q}^{(k)})}{\boldsymbol{p}^{(k)}\boldsymbol{b}(z_\nu\mid \boldsymbol{Q}^{(k)})}\end{cases}\tag{5.23}$$

(3) 计算第 (k+1) 次迭代的充分统计量:

$$\begin{cases}\boldsymbol{D}_i^{(k+1)} = \sum_{\nu=1}^{i} \mathbb{E}_{(\boldsymbol{Q}^{(k)},\boldsymbol{p}^{(k)})}[\boldsymbol{D}_i^{[\nu]} \mid z_\nu] \\ \boldsymbol{E}_i^{(k+1)} = \sum_{\nu=1}^{i} \mathbb{E}_{(\boldsymbol{Q}^{(k)},\boldsymbol{p}^{(k)})}[\boldsymbol{D}_i^{[\nu]} \mid z_\nu] \\ \boldsymbol{N}_{ij}^{(k+1)} = \sum_{\nu=1}^{i} \mathbb{E}_{(\boldsymbol{Q}^{(k)},\boldsymbol{p}^{(k)})}[\boldsymbol{D}_i^{[\nu]} \mid z_\nu] \end{cases} \tag{5.24}$$

M 步 最大化条件期望，即可获得第 k+1 的 $\boldsymbol{Q}^{k+1}$、$\boldsymbol{p}^{k+1}$ 的值，结果如下：

$$\boldsymbol{p}_i^{(k+1)} = \frac{\boldsymbol{D}_i^{(k+1)}}{n}, \quad q_i^{(k+1)} = \frac{\boldsymbol{N}_{i0}^{(k+1)}}{\boldsymbol{E}_i^{(k+1)}}, \quad q_{ij}^{(k+1)} = \frac{\boldsymbol{N}_{ij}^{(k+1)}}{\boldsymbol{E}_i^{(k+1)}}, \quad q_{ii}^{(k+1)} = -q_i^{(k+1)} - \sum_{j=1,j\neq i}^{m} q_{ij}^{(k+1)} \tag{5.25}$$

EM 算法在每次迭代时，E 步和 M 步相互交替执行，直至所获得的参数估计结果趋于收敛，这样便能获得 PHT 分布中的未知参数。

5.4.2 退化模型参数估计

若具有 N 个设备的数据可用，则由于布朗运动的独立增量特性，总的似然函数可由下式给出：

$$L(\boldsymbol{\theta},\boldsymbol{\vartheta} \mid X) = L(\boldsymbol{\theta},\boldsymbol{\vartheta} \mid \boldsymbol{X}_1) + L(\boldsymbol{\theta},\boldsymbol{\vartheta} \mid \boldsymbol{X}_2) + \cdots + L(\boldsymbol{\theta},\boldsymbol{\vartheta} \mid \boldsymbol{X}_N) \tag{5.26}$$

式中：$L(\boldsymbol{\theta},\boldsymbol{\vartheta} \mid \boldsymbol{X}_\nu)$ 为第 ν 个设备退化数据的似然函数，且

$$L(\boldsymbol{\theta},\boldsymbol{\vartheta} \mid \boldsymbol{X}_\nu) = L(\boldsymbol{\theta},\boldsymbol{\vartheta} \mid \boldsymbol{X}_{\nu,1}) + L(\boldsymbol{\theta},\boldsymbol{\vartheta} \mid \boldsymbol{X}_{\nu,2}) + \cdots + L(\boldsymbol{\theta},\boldsymbol{\vartheta} \mid \boldsymbol{X}_{\nu,N_\nu}) \tag{5.27}$$

$$L(\boldsymbol{\theta},\boldsymbol{\vartheta} \mid \boldsymbol{X}_{\nu,i}) = \sum_{k=1}^{\delta_\nu^i} \sum_{j=1}^{m_k-1} \frac{1}{\sqrt{2\pi[\Delta S_{k,j}^{[\nu]}]^2}} \exp\left[-\frac{(\Delta x_{k,j}^{[\nu]} - \Delta M_{k,j}^{[\nu]})^2}{2\Delta S_{k,j}^{[\nu]}}\right] \tag{5.28}$$

式中：N_ν 表示第 ν 个设备中状态 i 出现的次数，且

$$\begin{cases}\Delta S_{k,j}^{[\nu]} = \sigma_i \int_0^{t_{k,j+1}^{[\nu]}} \xi_i(s)\,\mathrm{d}s - \sigma_i \int_0^{t_{k,j}^{[\nu]}} \xi_i(s)\,\mathrm{d}s \\ \Delta M_{k,j}^{[\nu]} = \mu_i \int_0^{t_{k,j+1}^{[\nu]}} \varphi_i(s)\,\mathrm{d}s - \mu_i \int_0^{t_{k,j}^{[\nu]}} \varphi_i(s)\,\mathrm{d}s \\ \Delta x_{k,j}^{[\nu]} = x_{k,j+1}^{[\nu]} - x_{k,j}^{[\nu]} \end{cases} \tag{5.29}$$

因此，只需最大化式（5.26）即可得到各个状态下退化模型的参数值。可根据不同的退化模型形式和退化数据形式选择合适的优化算法。这样便得到了状态切换模型和退化模型的参数值，接下来将对所提方法进行仿真实例验证。

5.5 验证研究

5.5.1 仿真研究

首先，本章采用仿真数据进行模型验证。与文献［154］相似，由于 Wiener 过程具有独立增量的特性，因此采用蒙特卡洛算法生成仿真的退化数据。其基本思想是给定退

化模型的具体形式和参数值，然后产生足够数量的退化轨迹，在给定阈值下记录每条退化轨迹首次到达失效阈值的时间，最后将该失效时间进行统计，依次计算出各个时间点的概率，最后画出统计直方图。

鉴于上述分析，本章以三个状态切换为例进行仿真验证分析，其三个状态的退化模型形式和参数值如表 5.1 所示。然后令失效阈值为 $\omega=35$，固定间隔时间 $\Delta t=0.01$。首先考虑固定切换和固定漂移系数下的寿命 PDF，其每个状态的固定逗留时间如表 5.1 所示，状态转移矩阵如下所示：

$$\boldsymbol{P}=\begin{bmatrix}0 & 1 & 0\\0 & 0 & 1\\1 & 0 & 0\end{bmatrix} \tag{5.30}$$

表 5.1　仿真退化模型参数

状态	μ_p	σ_p	$\varphi'(t)$	σ	$\xi'(t)$	固定逗留时间
1	4.0	0.5	t	2.0	$t^{1/2}$	2.0
2	3.0	0.3	t^2	1.5	t	1.0
3	2.0	0.2	t^3	1.0	$t^{3/2}$	1.5

此外，为了阐明本章所提方法的有效性，将本章所提方法与张等的方法[92] 进行了对比。张等的方法将每个切换点处的退化量分布近似为一个正态分布，这种近似方法在计算过程中无疑会产生一些误差。固定切换和固定参数下的寿命 PDF 对比如图 5.4 所示。图中直方图为仿真产生的退化轨迹失效时间统计直方图，可以看出本章所提方法相比文献［92］的方法更加接近直方图的结果。因此，表明本章所提方法具有更高的寿命预测精度。

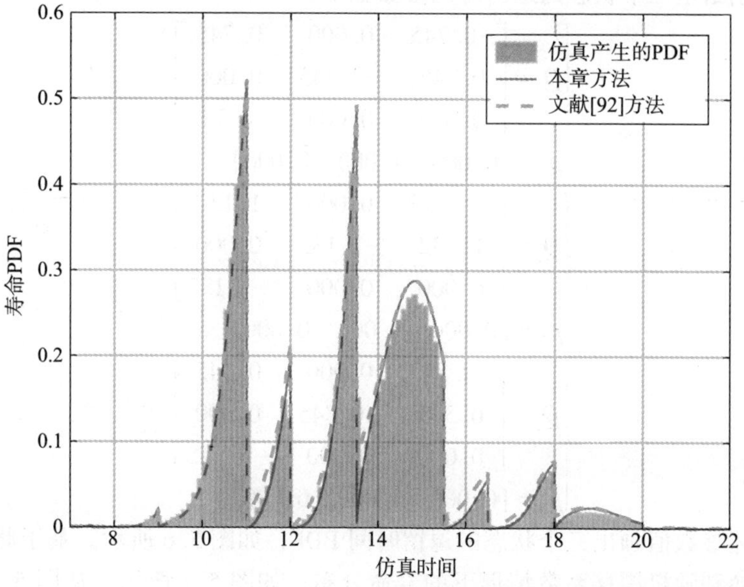

图 5.4　固定切换和固定参数下的寿命 PDF

图 5.5 展示了固定切换和随机漂移系数下的寿命 PDF，本章所提理论方法与仿真所得到的寿命 PDF 相吻合，进一步验证了本章所提方法的有效性。接下来对随机切换和随机漂移系数的情形进行验证。首先令转移概率矩阵如下所示：

$$\boldsymbol{P}=\begin{bmatrix}0 & 1/3 & 2/3\\ 1/2 & 0 & 1/2\\ 2/3 & 1/3 & 0\end{bmatrix} \tag{5.31}$$

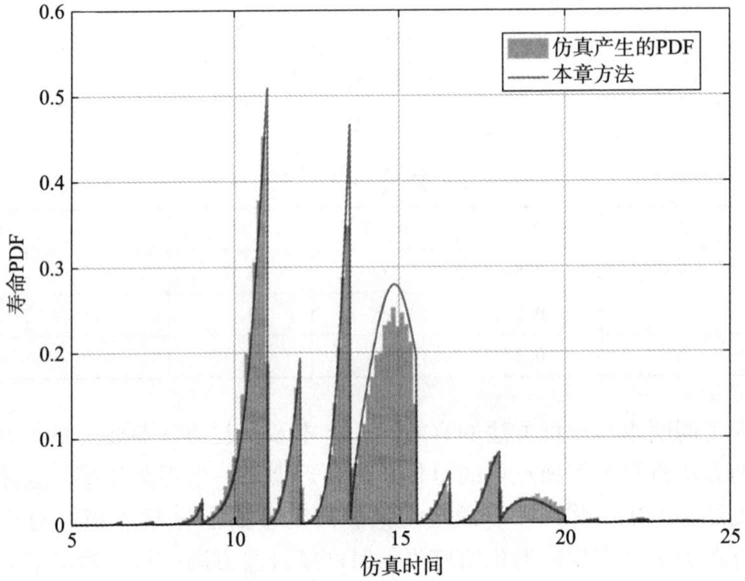

图 5.5　固定切换和随机漂移系数下的寿命 PDF

然后分别给定三个状态的逗留时间参数如下：

$$\begin{cases}\boldsymbol{Q}_1=\begin{bmatrix}-0.745 & 0.000 & 0.745\\ 0.745 & -0.745 & 0.000\\ 0.000 & 0.000 & -0.745\end{bmatrix}\\ \boldsymbol{p}_1=[0.000\quad 1.000\quad 0.000]\end{cases} \tag{5.32}$$

$$\begin{cases}\boldsymbol{Q}_2=\begin{bmatrix}-1.132 & 0.000 & 1.132\\ 1.132 & -1.132 & 0.000\\ 0.000 & 0.000 & -1.132\end{bmatrix}\\ \boldsymbol{p}_2=[0.000\quad 1.000\quad 0.000]\end{cases} \tag{5.33}$$

$$\begin{cases}\boldsymbol{Q}_3=\begin{bmatrix}-0.345 & 0.000 & 0.345\\ 0.345 & -0.345 & 0.000\\ 0.000 & 0.000 & -0.345\end{bmatrix}\\ \boldsymbol{p}_3=[0.000\quad 1.000\quad 0.000]\end{cases} \tag{5.34}$$

根据上述参数值画出三个状态的逗留时间 PDF，如图 5.6 所示。基于此，画出同时考虑随机切换和随机漂移系数情形下的寿命分布，如图 5.7 所示。从图 5.7 中可看出，本章方法与仿真产生的寿命 PDF 具有较好的一致性，证明了本章所提方法的有效性。

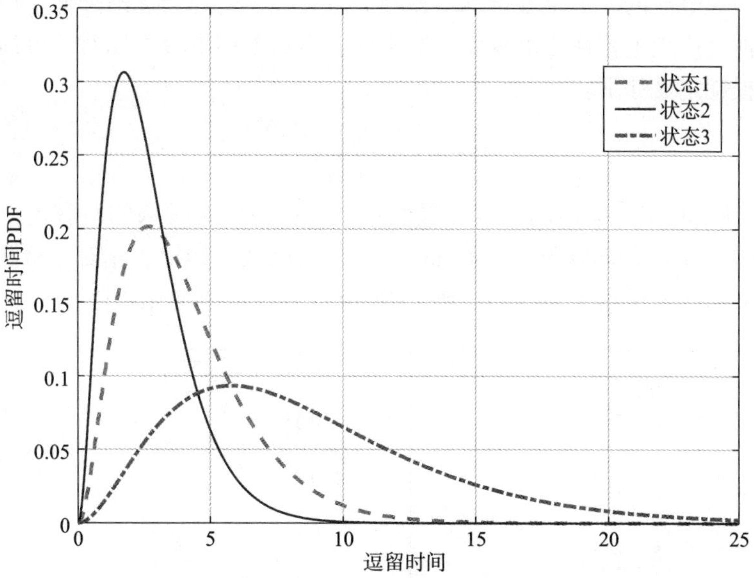

图 5.6　三个状态的逗留时间 PDF

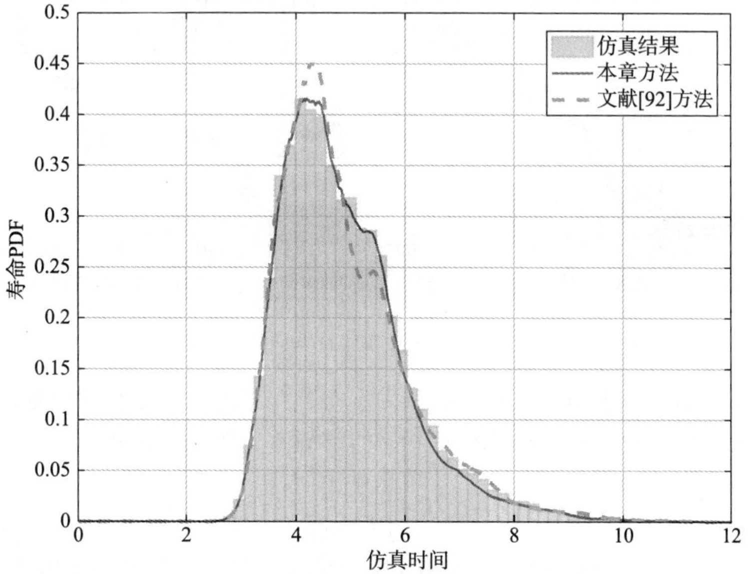

图 5.7　随机切换和随机漂移系数下的寿命 PDF

5.5.2　实例研究

本章采用 NASA 公开的锂电池数据集对所提方法进行验证[167]。该锂电池在实验过程中不断地处于充放电状态中，但是锂电池的充放电过程并不连续，在有些时段是没有进行充放电的。因此本章将锂电池在充放电时视为工作状态，没有进行充放电时看作贮存状态。

电容作为锂电池的一个重要指标，在充放电过程中电容会逐渐降低，但是在贮存状态下，锂电池会产生电容恢复的现象。鉴于此，本章采用电容指标对锂电池进行寿命分析，电容的损耗定义如下：

$$C_{\kappa}(t)=\frac{C(t_0)-C(t)}{C(t_0)} \tag{5.35}$$

式中：$C(t)$ 为 t 时刻锂电池的电容测量值；$C(t_0)$ 为初始时刻的电容值。此外，本章采用 MATLAB 中的时间转换函数 datenum 将自然时间数据转换为相对于检测初始时刻的时间数据。如图 5.8 所示为编号#5、#6、#7、#18 的锂电池退化轨迹。

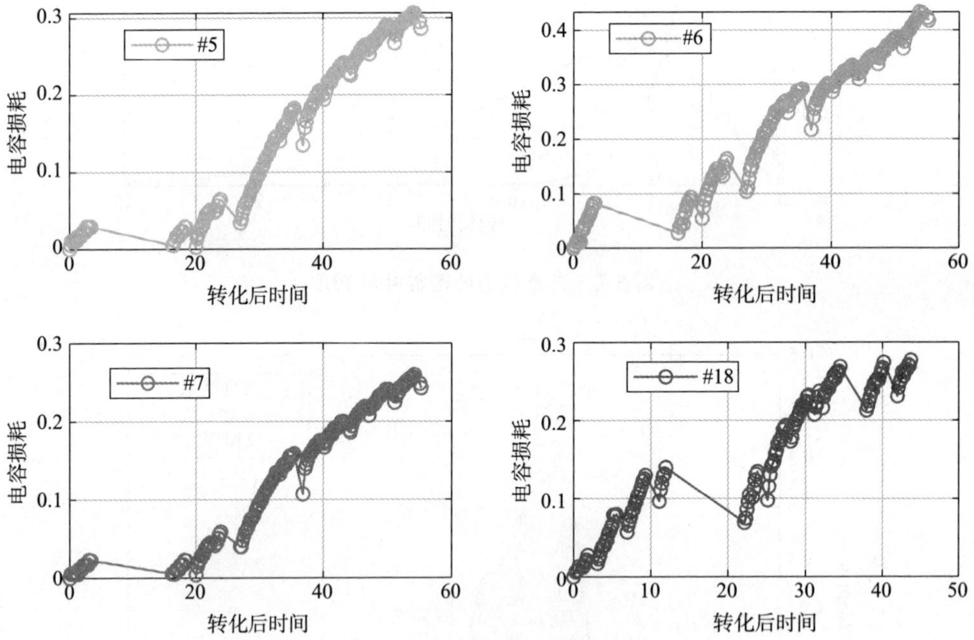

图 5.8　锂电池电容退化轨迹

由图 5.8 可知，锂电池的恢复状态只发生在贮存状态，本章将锂电池的退化看作为两状态切换的随机退化过程。由此可得状态转移概率矩阵如下所示：

$$\boldsymbol{P}=\begin{bmatrix}0 & 1\\1 & 0\end{bmatrix} \tag{5.36}$$

此外，采用 5.4 节的随机状态切换模型参数估计方法，令 PHT 的阶数 $L=3$，可以得到工作状态下的 PHT 参数值如下所示：

$$\begin{cases}\hat{\boldsymbol{Q}}_1=\begin{bmatrix}-0.771 & 0.000 & 0.771\\0.771 & -0.771 & 0.000\\0.000 & 0.000 & -0.771\end{bmatrix}\\ \hat{\boldsymbol{p}}_1=[0.000 \quad 1.000 \quad 0.000]\end{cases} \tag{5.37}$$

贮存状态下的 PHT 参数值如下所示：

$$\begin{cases}\hat{\boldsymbol{Q}}_2=\begin{bmatrix}-7.017 & 0.000 & 3.156\\ 7.017 & -7.017 & 0.000\\ 0.000 & 0.470 & -0.470\end{bmatrix}\\ \hat{\boldsymbol{p}}_2=[0.000\quad 1.000\quad 0.000]\end{cases} \tag{5.38}$$

基于上述估计的参数，可画出锂电池在工作和贮存状态下的逗留时间 PDF，如图 5.9 所示。然后，采用极大似然轨迹退化模型的参数，估计的参数值如表 5.2 所示。

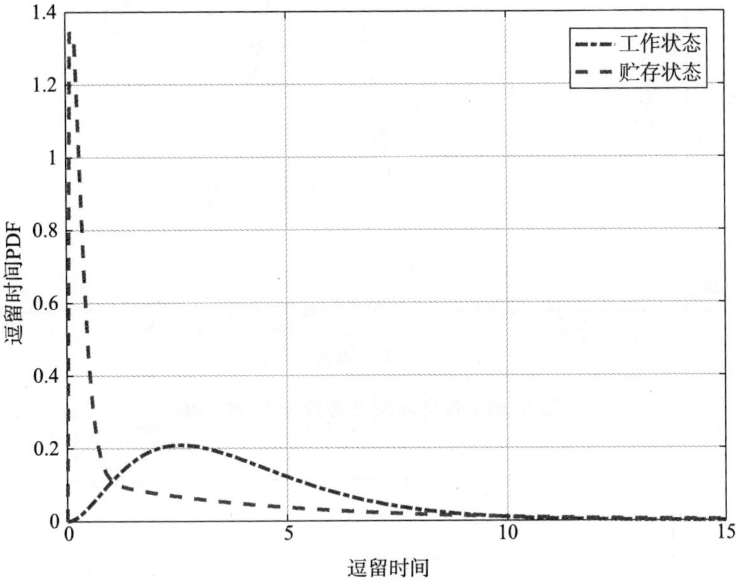

图 5.9　锂电池各状态逗留时间分布

表 5.2　锂电池模型参数

状态	μ_p	σ_p	$\varphi'(t)$	σ	$\xi'(t)$
工作	0.0056647	0.000132	$t^{0.7434}$	0.0067625	$t^{0.3717}$
贮存	0.0046600	0.000253	$t^{0.4300}$	0.0021536	$t^{0.2150}$

基于以上参数估计结果，选用#5 电池进行剩余寿命预测结果说明。根据文献[92]，当锂电池电容损耗超过标称值的 30%时，即可认为电池的性能不在满足要求，因此，本章将阈值设为 $\omega=0.3$。在 $t_\kappa=0$ 时进行剩余寿命预测，最终预测结果如图 5.10 和图 5.11 所示。从图中可以发现，本章所提方法更加接近真实剩余寿命值。究其原因，文献 [92] 采取了一种近似的方法，将每个切换点的退化量概率分布近似为正态分布，造成了估计误差。本章所提方法则精确求解了每个状态切换时刻的退化量概率分布，相比之下，本章所提方法为剩余寿命预测结果提供了更准确的依据。此外，根据图 5.11 可知，由于文献 [92] 采取了近似方法，致使其计算得到的 CDF 不等于 1。而本章方法则充分考虑了这一问题，因此能克服文献 [92] 所提方法的缺陷，为后续的维修决策提供更加充分的依据。

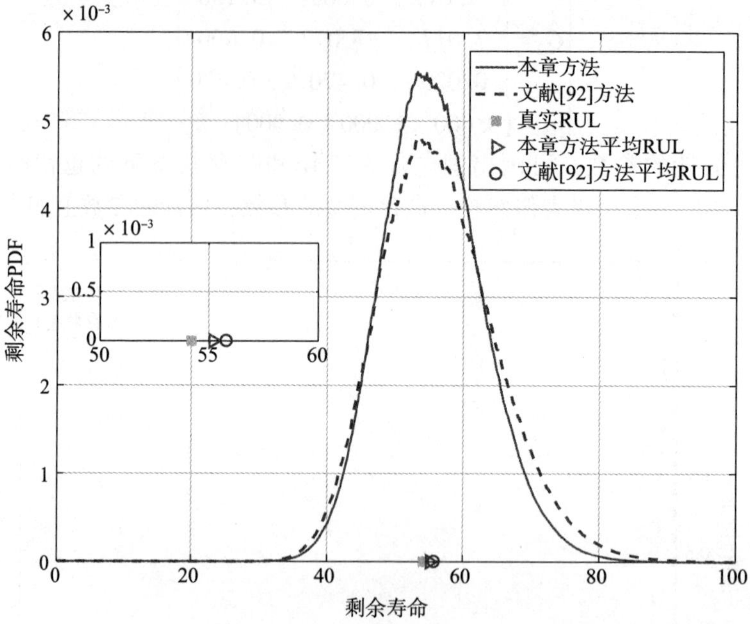

图 5.10 锂电池剩余寿命 PDF 对比图

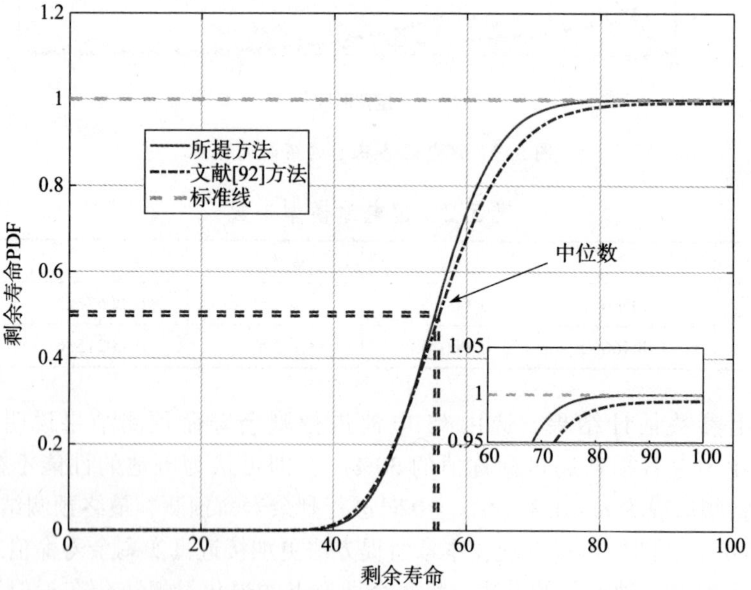

图 5.11 锂电池剩余寿命 PDF 对比图

5.6 本章小结

本章针对多状态切换下的非线性随机退化设备，提出了一种考虑多状态随机切换、设备个体差异性下的退化建模与剩余寿命预测方法。主要工作包括：

（1）提出了一种多状态切换下随机退化设备剩余寿命预测方法，能有效获得剩余寿命分布的精确解。

（2）考虑了个体差异对剩余寿命预测带来的影响，通过在退化模型中的漂移系数引入随机效应来刻画这种差异性，并成功推导了在多状态切换下考虑个体差异性的剩余寿命精确解析表达式。

（3）使用逗留时间服从位相型分布的半马尔可夫模型刻画设备在每个状态的持续时间，并采用离散马尔可夫链模型描述状态之间相互切换的转移概率，并且提出了 EM 和 MLE 估计随机切换模型和退化模型的参数的方法。

（4）通过数值仿真、锂电池退化数据的实例研究，验证了本章所提方法的合理性和有效性。实验结果表明，针对存在多状态切换下的随机退化设备，本章所提方法能够提高剩余寿命的预测精度。

第 6 章　具有非齐次随机跳变的退化过程建模及剩余寿命预测

6.1 引　　言

一般来说，根据建模数据来源的不同，可以将统计数据驱动的剩余寿命方法分为基于直接监测数据的建模方法和基于间接监测数据的建模方法[2]。受系统复杂性的影响，直接监测数据往往难以获取，因此通常采用间接监测数据来反映设备的退化程度[2,22]。但是，这可能会导致收集得到的退化数据中具有较高的波动性，表现在退化过程中存在明显异于连续退化过程的跳变。此外，随着运行时间的增加和退化的累积，设备的可靠性和稳定性也会随之降低，这可能会导致数据中的波动性增大、跳变出现频率变大[89]。那么，这种退化过程可分为两部分：连续退化过程和时变随机跳变。因此，有必要对这两部分同时进行建模，并基于建立的模型对寿命、剩余寿命进行估计。在现有的文献中，绝大多数文献主要关注连续退化过程的建模与寿命估计，仅有少部分文献关注带随机跳变退化过程的建模与寿命预测问题。

具体来说，目前主要有两类模型用于解决该问题：一是退化冲击模型；二是跳变扩散模型。退化冲击模型最早由 Lemoine 和 Wenocur 所提出[168]。在此基础上，Coit 等通过 Lévy 过程展开了一系列研究，得到了首达时间意义下单调退化过程的寿命分布解析表示，并基于此研究了非完美维修情况下维护策略问题[169-170]。但是，其所提出的 Lévy 退化过程模型中存在以下几个问题：一是无法处理非单调退化过程的寿命预测问题；二是仅考虑了固定出现的频率的非负跳变影响；三是未考虑参数估计的问题，这限制了其方法的应用。对于经济领域的扩散跳变过程模型，常用于描述价格、股票等时间序列的变化[119]。扩散跳变模型，最早由 Merton 等于 1976 年提出[171]。Kou 等在此基础上研究了双指数扩散跳变随机过程，并得到了首达时间的拉普拉斯变换表示[172]。Platen 等进一步系统介绍了跳变扩散过程的随机微分表示、数值求解方法以及参数估计问题等[119]。但是，Kou 等研究发现，如果跳变为正态分布，那么其首达时间意义下的解析表达难以得到。此外，之前所提及的文献中，均假设跳变过程是齐次的，也就是说在等时间间隔内跳变出现的频率保持不变，这不太符合工程实际情况。迄今为止，尽管已有部分文献对时变退化冲击模型与跳变扩散过程进行了研究，但是几乎都未考虑首达时间意义下寿命和剩余寿命预测问题[89,91]。

综上所述，可以发现对于非齐次跳变扩散过程的建模与寿命预测，仍有许多问题值得进一步研究。鉴于此，本章主要对具有非齐次跳变退化过程建模与寿命估计问题展开研究。主要工作包括：一是提出一种基于非齐次复合泊松过程的跳变扩散过程来描述出现频率时变情况下的跳变退化模型，并基于该模型，通过时间-空间变换以及复合泊松过程的正态近似特性得到寿命、剩余寿命的近似表达；二是针对提出的退化模型，基于极大似然估计与 ECM

算法提出一种两步模型参数辨识方法，以克服传统极大似然估计方法在线能力差的缺陷。

本章的结构安排如下：6.2 节主要介绍问题来源与问题描述；6.3 节主要介绍首达时间意义下寿命的推导方法并给出近似解析表达；6.4 节提出一种基于 ECM 算法的参数模型辨识方法；6.5 节和 6.6 节分别提供数值仿真与实际高炉退化案例用于说明与验证；6.7 节对本章进行总结。

6.2　问题来源与问题描述

高炉炉壁作为一种典型的复杂系统，其退化过程受到众多因素的共同影响。由于无法直接观测其厚度，因此通常采用热电偶来测量炉壁温度的方法来反映退化程度。在实际中，铁水不仅会对炉壁造成侵蚀，也会跟炉壁、燃料等产生复杂的化学反应生产混合物依附在炉壁上。这种混合物并不稳定，其生成和脱落都会对测量得到的数据造成影响，具体表现为退化数据的随机跳变。此外，该混合物会随着时间增加而累积，也会导致数据中跳变频率的增加。

图 6.1 中为实际某高炉运行一年多的退化数据，其退化数据采样间隔为 5(min)。迄今为止，该高炉数据除了铁口位置外，其余位置测量得到的退化数据仍比较健康，因此目前尚未采用任何维修维护措施。图 6.1 (a) 和 (c) 为两组退化数据，图 6.1 (b) 和 (d) 分别为温度数据差分后得到的退化增量数据。从图 6.1 (b) 和 (d) 中可以看出，退化增量数据存在明显异于其他绝大多数退化增量数据的随机跳变，且出现的频率随时间累积而增加。仅关注图 6.1 (b) 和 (d) 中虚线范围内的连续退化过程，必然会导致退化建模和寿命预测的偏差。所以，有必要同时考虑连续退化过程与随机跳变对建模与寿命估计的影响。

鉴于此，首先采用一类一般性的非线性扩散过程对连续退化过程进行建模，具体模型如下所示：

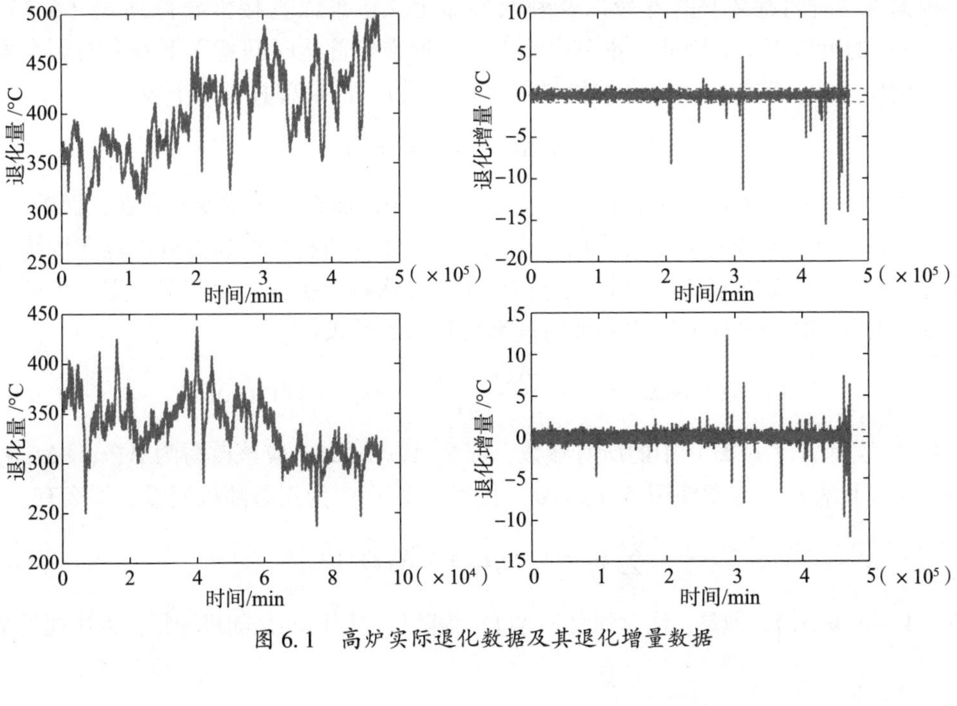

图 6.1　高炉实际退化数据及其退化增量数据

$$X(t)=X(0)+\int_0^t \mu(\tau;\theta_\mu)\mathrm{d}\tau+\sigma_B B(t) \tag{6.1}$$

式中：$X(t)$ 表示非线性扩散过程；$\mu(\tau;\theta_\mu)$ 和 σ_B 分别表示其非线性漂移函数与扩散函数；$B(t)$ 表示标准布朗运动。注意到，监测得到的退化数据不是连续的，令 $\boldsymbol{X}_{0:k}=\{x_0,x_1,\cdots,x_k\}$ 表示从时间 t_0 到 t_k 上的所有退化数据，其中 x_i 表示在时间 t_i 上所对应的退化数据。

如图 6.1 所示，可以发现跳变出现的频率随时间增大，因此，传统的齐次复合泊松过程不再适用[173]。为了描述出现频率时变的随机跳变过程，采用非齐次复合泊松过程来描述随机跳变，其中其密度函数随时间变化。那么，本章基于文献［171］中的模型给出随机跳变扩散过程模型如下所示：

$$T:=\inf\{t:X(t)\geqslant\xi\mid X(0)\leqslant\xi\} \tag{6.2}$$

式中：$\{N(t),t\geqslant 0\}$ 表示非齐次泊松过程，其强度函数为 $\lambda(t)$；V_j 为独立的正态随机变量用于描述每次跳变的幅值，且均值和方程分别为 μ_Y 和 σ_Y^2。那么根据首达时间的概率，退化过程的寿命定义可为

$$T:=\inf\{t:X(t)\geqslant\xi\mid X(0)\leqslant\xi\} \tag{6.3}$$

式中：ξ 为常值参数来表示失效阈值。结合寿命与剩余寿命之间的数学关系，首达时间意义下剩余寿命表示为

$$L_k:=\inf\{l_k:X(t_k+l_k)\geqslant\xi\mid X(t_k)\leqslant\xi\} \tag{6.4}$$

式中：l_k 表示在实际 t_k 处的剩余寿命。

为了基于收集得到退化数据来预测设备的寿命和剩余寿命，需要对式（6.3）和式（6.4）进行求解。

6.3　首达时间意义下寿命预测

根据首达时间意义下的寿命以及剩余寿命定义，难以直接推导得到式（6.3）和式（6.4）的解析表示。因此，本节中给出了一种推导首达时间意义下寿命与剩余寿命估计的近似方法。首先，由复合泊松过程可知，$N(t)$ 的期望具有以下表示[174]：

$$\Lambda(t,t+\Delta t)=\int_t^{t+\Delta t}\lambda(\tau)\mathrm{d}\tau \tag{6.5}$$

式中：$\lambda(\tau)$ 为强度函数。注意到，若满足 $\lambda(\tau)=0$，那么随机跳变不存在，而若 $\lambda(\tau)$ 为常值参数，那么泊松过程是齐次的。也就是说，本章所提出的模型可以包含传统两种退化过程模型，无跳变传统连续退化过程模型和齐次跳变扩散过程模型。进一步可以得到跳变在时间间隔（$t,t+\Delta t$）中出现的概率具有如下形式：

$$\Pr(N(t,t+\Delta t)=n)=\frac{[\Lambda(t,t+\Delta t)]^n}{n!}\exp(-\Lambda(t,t+\Delta t)) \tag{6.6}$$

令 $\boldsymbol{\theta}_\lambda$ 表示 $\Lambda(t,t+\Delta t)$ 中的所有参数，那么 $\Lambda(t,t+\Delta t)$ 应该改写为 $\Lambda(t,t+\Delta t;\boldsymbol{\theta}_\lambda)$，但是为了简化表示，本章使用 $\Lambda(t,t+\Delta t)$ 代替。由于 V_j 为正态随机变量，那么有

$$\sum_{j=0}^{N(t)}V_j=N(t)\mu_Y+\sqrt{N(t)}\,\widetilde{V}_j \tag{6.7}$$

式中：$\widetilde{V}_j\sim N(\boldsymbol{0},\sigma_Y^2)$。但是，注意到由于 $N(t)$ 为随机过程而不是随机变量，无法通过全概

率公式来直接求取寿命的 PDF。对于非齐次泊松过程，$N(t)$ 的期望和方差是相等的，即 $\Lambda(0,t)=\int_0^t \lambda(\tau)\mathrm{d}\tau$，并且根据泊松过程的性质可知，$N(t)$ 近似于一个正态随机变量[174]。根据这个性质，可通过利用正态过程来近似代替泊松过程的方法来推导寿命的近似估计结果。

令 β 表示标准正态随机变量，那么当 $\Lambda(0,t)$ 比较大的时候，β 可近似代替 $\Lambda(0,t)+\sqrt{\Lambda(0,t)}\beta$[175]。这样，式（6.2）可以简化为

$$X(t)=X(0)+\int_0^t \mu(\tau;\theta_\mu)\mathrm{d}\tau+\sigma_B B(t)+(\Lambda(0,t)+\sqrt{\Lambda(0,t)}\beta)\mu_Y+\sqrt{(\Lambda(0,t)+\sqrt{\Lambda(0,t)}\beta)}\,\widetilde{V}_j \tag{6.8}$$

为了推导首达时间意义下的寿命，首先固定正态随机变量 β 和 $\widetilde{V}_j$，随机退化过程则转化为非线性扩散过程。对于如式（6.1）所示的非线性扩散过程，根据 Si 等所提出的首达时间推导方法[34]，可以得到首达时间意义下寿命的 PDF 解析表示为

$$f_T(t)\cong\frac{1}{\sqrt{2\pi t}}\left[\frac{S(t)}{t}-\frac{\mathrm{d}S(t)}{\mathrm{d}t}\right]\exp\left[-\frac{S^2(t)}{2t}\right] \tag{6.9}$$

式中：$S(t)=\dfrac{\xi-\int_0^t \mu(\tau;\theta_\mu)\mathrm{d}\tau-(\Lambda(0,t)+\sqrt{\Lambda(0,t)}\beta)\mu_Y-\sqrt{(\Lambda(0,t)+\sqrt{\Lambda(0,t)}\beta)}\,\widetilde{V}_j}{\sigma_B}$，$\xi$ 表示失效阈值。接下来，式（6.9）可以进一步简化为

$$f'_T(t\mid\beta,\widetilde{V}_j)\cong(\xi-A\mu_Y-B)\frac{1}{\sqrt{2\pi t^3}\sigma_B}\exp[-C] \tag{6.10}$$

其中：

$$\begin{cases}A=\int_0^t \mu(\tau;\theta_\mu)\mathrm{d}\tau+t\mu(t;\theta_\mu)-\left(\Lambda(0,t)-\lambda(t)t+\beta\sqrt{\Lambda(0,t)}-\dfrac{\lambda(t)t\beta}{2\sqrt{\Lambda(0,t)}}\right)\mu_Y\\ B=\left(\sqrt{(\Lambda(0,t)+\sqrt{\Lambda(0,t)}\beta)}-\dfrac{2t\sqrt{\Lambda(0,t)}\lambda(t)-\lambda(t)t\beta}{2\sqrt{\Lambda(0,t)}\sqrt{(\Lambda(0,t)+\sqrt{\Lambda(0,t)}\beta)}}\right)\widetilde{V}_j\\ C=\dfrac{\left(\xi-\int_0^t \mu(\tau;\theta_\mu)\mathrm{d}\tau-(\Lambda(0,t)+\sqrt{\Lambda(0,t)}\beta)\mu_Y-\sqrt{(\Lambda(0,t)+\sqrt{\Lambda(0,t)}\beta)}\,\widetilde{V}_j\right)^2}{2\sigma_B^2 t}\end{cases} \tag{6.11}$$

进一步，由于 β 和 $\widetilde{V}_j$ 为正态随机变量，那么根据全概率公式，考虑随机参数情况下的寿命 PDF 可改写为

$$f_T(t)\cong\int_{-\infty}^{+\infty}\int_{-\infty}^{+\infty}f'_T(t\mid\widetilde{V}_j,\beta)\mathrm{d}\widetilde{V}_j\mathrm{d}\beta \tag{6.12}$$

为了简化以上公式，首先给出引理 6.1。

引理 6.1[34]：如果有随机变量 $C\sim N(\mu,\sigma^2)$，以及常值参数 $A,B,w_1,w_2\in\mathbb{R}$，$w_3\in\mathbb{R}^+$，那么有如下性质：

$$\mathbb{E}_Z\left[(w_1-AC)\cdot\exp\left(\frac{-(w_2-BC)^2}{2w_3}\right)\right]=\sqrt{\frac{w_3}{B^2\sigma^2+w_3}}\left(w_1-A\frac{\sigma^2Bw_2+\mu w_3}{B^2\sigma^2+w_3}\right)\exp\left(-\frac{(w_2-B\mu)^2}{2(B^2\sigma^2+w_3)}\right) \tag{6.13}$$

根据引理 6.1，由于 $\widetilde{V}_j$ 服从期望为 0 方差为 σ_Y^2 的正态分布，那么式（6.12）可以进一步简化为

$$\begin{aligned} f_T(t) &\cong \int_{-\infty}^{+\infty}\int_{-\infty}^{+\infty} f'_T(t\mid \widetilde{V}_j,\beta)\,\mathrm{d}\widetilde{V}_j\mathrm{d}\beta \\ &= \mathbb{E}_{\widetilde{V}_j,\beta}[f'_T(t\mid \widetilde{V}_j,\beta)] = \mathbb{E}_\beta[\mathbb{E}_{\widetilde{V}_j} f'_T(t\mid \widetilde{V}_j,\beta)] \\ &= \mathbb{E}_\beta\left[\sqrt{\frac{w_3}{B^2\sigma_Y^2+w_3}}\left(w_1 - A\frac{\sigma_Y^2 B w_2+\mu w_3}{B^2\sigma_Y^2+w_3}\right)\exp\left(-\frac{(w_2-B\mu)^2}{2(B^2\sigma_Y^2+w_3)}\right)\right] \end{aligned} \tag{6.14}$$

其中：

$$\begin{cases} A = \sqrt{(\Lambda(0,t)+\sqrt{\Lambda(0,t)}\beta)} - \dfrac{2t\sqrt{\Lambda(0,t)}\lambda(t)-\lambda(t)t\beta}{2\sqrt{\Lambda(0,t)}\sqrt{(\Lambda(0,t)+\sqrt{\Lambda(0,t)}\beta)}} \\ B = \sqrt{(\Lambda(0,t)+\sqrt{\Lambda(0,t)}\beta)} \\ w_1 = \xi - \displaystyle\int_0^t \mu(\tau;\theta_\mu)\mathrm{d}\tau + t\mu(t;\theta_\mu) - \left(\Lambda(0,t) - \lambda(t)t + \beta\sqrt{\Lambda(0,t)} - \dfrac{\lambda(t)t\beta}{2\sqrt{\Lambda(0,t)}}\right)\mu_Y \\ w_2 = \xi - \displaystyle\int_0^t \mu(\tau;\theta_\mu)\mathrm{d}\tau - (\Lambda(0,t)+\sqrt{\Lambda(0,t)}\beta)\mu_Y, w_3 = 2\sigma_B^2 t \end{cases} \tag{6.15}$$

其中，不妨令 $X(0)=0$ 且 $t_0=0$。但是，注意到式（6.14）中积分无法得到解析结果，因此需通过数值积分来求解。进一步根据剩余寿命与寿命的关联，可以得到 t_k 时刻处剩余寿命 PDF 表示为

$$f_{\mathrm{RUL}}(l) \cong \mathbb{E}_\beta\left[\sqrt{\frac{w_3}{B^2\sigma_Y^2+w_3}}\left(w_1 - A\frac{\sigma_Y^2 B w_2+\mu w_3}{B^2\sigma_Y^2+w_3}\right)\exp\left(-\frac{(w_2-B\mu)^2}{2(B^2\sigma_Y^2+w_3)}\right)\right] \tag{6.16}$$

其中：

$$\begin{cases} A = \sqrt{(\Lambda(t_k,l+t_k)+\sqrt{\Lambda(t_k,l+t_k)}\beta)} - \\ \qquad \dfrac{2t\sqrt{\Lambda(t_k,l+t_k)}\lambda(l+t_k)(l+t_k) - \lambda(l+t_k)(l+t_k)\beta}{2\sqrt{\Lambda(t_k,l+t_k)}\sqrt{(\Lambda(t_k,l+t_k)+\sqrt{\Lambda(t_k,l+t_k)}\beta)}} \\ B = \sqrt{(\Lambda(t_k,l+t_k)+\sqrt{\Lambda(t_k,l+t_k)}\beta)} \\ w_1 = \xi - x_k - \displaystyle\int_{t_k}^{l+t_k}\mu(\tau;\theta_\mu)\mathrm{d}\tau + t\mu(t;\theta_\mu) - \\ \qquad \left(\Lambda(t_k,l+t_k) - \lambda(l+t_k)(l+t_k) + \beta\sqrt{\Lambda(t_k,l+t_k)} - \dfrac{\lambda(l+t_k)(l+t_k)\beta}{2\sqrt{\Lambda(t_k,l+t_k)}}\right)\mu_Y \\ w_2 = \xi - x_k - \displaystyle\int_{t_k}^{l+t_k}\mu(\tau;\theta_\mu)\mathrm{d}\tau - (\Lambda(t_k,l+t_k)+\sqrt{\Lambda(t_k,l+t_k)}\beta)\mu_Y \\ w_3 = 2\sigma_B^2(l+t_k) \end{cases} \tag{6.17}$$

注释 6.1：式（6.14）和式（6.17）的解析表达难以得到。因此，需要通过数值积

分用于计算以上一层积分。另外，泊松分布的取值范围是非负的，但是正态分布的取值范围是整个实数域上。因此，β 需要通过截断正态来近似泊松分布，进而计算寿命与剩余寿命的 PDF。

6.4　模型参数辨识

在本节中，主要介绍如何基于收集得到的退化数据，对所提出的退化过程模型参数进行辨识。

6.4.1　基于极大似然估计的参数辨识方法

假设 $\boldsymbol{X}_{0:k}=\{x_0,x_1,\cdots,x_k\}$ 在时刻 $t_0,t_1,\cdots,t_k$ 处得到的退化数据，$\Delta X_{1:k}=\{\Delta x_1,\Delta x_2,\cdots,\Delta x_k\}$ 表示退化增量数据，其中 $\Delta X_i=x_i-x_{i-1}$。根据非齐次泊松过程和扩散过程的特性，$\Delta X_i=x_i-x_{i-1}$ 服从高斯混合分布，由于提出的退化过程模型具有马尔可夫特性，那么可以构造似然函数如下所示，

$$\begin{aligned}L(\Theta\mid\Delta X_{1:k})&=\ln\prod_{i=1}^{k}p(\Delta x_i;\Theta)\\&=\sum_{i=1}^{k}\ln\sum_{n=0}^{+\infty}p(\Delta x_i\mid N(t_{i-1},t_i)=n;\Theta)\times\Pr(N(t_{i-1},t_i)=n;\Theta)\\&=\sum_{i=1}^{k}\ln\sum_{n=0}^{+\infty}\frac{\exp(-\Lambda(t_{i-1},t_i))\Lambda^n(t_{i-1},t_i)}{\sqrt{2\pi(n\sigma_Y^2+\Delta t_i\sigma_B^2)}\,n!}\times\exp\left(-\frac{\left(\Delta x_i-\int_{t_{i-1}}^{t_i}\mu(\tau;\theta_\mu)\mathrm{d}\tau-n\mu_Y\right)^2}{2n\sigma_Y^2+2\Delta t_i\sigma_B^2}\right)\end{aligned}\tag{6.18}$$

式中：$\Delta t_i=t_i-t_{i-1}$，$\Theta=\{\boldsymbol{\theta}_\lambda,\boldsymbol{\theta}_\mu,\sigma_B,\mu_Y,\sigma_Y\}$。

在图 6.2 中可以发现，去除随机跳变的退化数据增量比较平稳，且波动幅度变化不大，说明了可通过线性 Wiener 过程能够较好地描述该退化数据连续退化过程。这样，在式（6.8）中 $\int_{t_{i-1}}^{t_i}\mu(\tau;\boldsymbol{\theta}_\mu)\mathrm{d}\tau=\Delta t_i\mu$，为了便于计算，给出引理 6.2。

引理 6.2：对于非齐次泊松过程，若其强度函数为 $\lambda(t)$，那么有以下结论。

$$\begin{cases}P\{N(t+h)-N(t)=1\}=\lambda(t)h+o(h)\\P\{N(t+h)-N(t)\geqslant 2\}=o(h)\end{cases}\tag{6.19}$$

式中：$o(h)$ 表示关于 h 的无穷小量，即若 $h\to0$，那么 $o(h)/h\to0$。实际上，采样间隔 Δt 一般较小，而在本章所介绍的实际高炉案例中 $\Delta t=5(\mathrm{min})$。因此，根据引理 6.2，当满足 $n\to+\infty$ 时，概率 $\Pr(N(t_{i-1},t_i)=n;\Theta)\to0$。因此，定义如果满足 $n\geqslant M$ 则有 $\Pr(N(t_{i-1},t_i)=n;\Theta)=0$，其中，$M$ 可根据 AIC 或者 BIC 准则计算得到。此外，在实际工程中通常采用等间隔采样，例如在本章所介绍案例中 Δt_i 为固定常值，即 $\Delta t=5$。需要注意的是，在本章后面部分令 Δt 代替 Δt_i。

这样，可构造似然函数借助极大似然估计方法来辨识模型参数，具体表达形式如下：

$$\hat{\Theta}_k=\underset{\Theta}{\operatorname{argmax}}L(\Theta\mid\boldsymbol{X}_{1:k})\tag{6.20}$$

但是，似然函数表示形式较为复杂，难以得到解析的结果，需通过寻优算法来对其进行求解，如遗传算法、粒子群算法、模拟退火算法等[176]。但这些算法难以分析其算法的收敛性与解的存在性，且会导致计算复杂较大以及较差的在线能力。

6.4.2 基于ECM的参数辨识方法

令 $\Pr(N(t_{i-1}, t_i)=n;\Theta)=\omega_{n,i}$，那么有退化增量服从期望为 μ_n 和方差为 σ_n^2 的混合高斯模型。这里，μ_n 和 σ_n^2 可以改写为 μ_Y,μ 和 σ_Y^2,σ_B^2 的线性表示，即

$$\begin{cases}\mu_n=\mu\Delta t+n\mu_Y\\ \sigma_n^2=n\sigma_Y^2+\Delta t\sigma_B^2\end{cases} \tag{6.21}$$

实际上，由于 $\omega_{n,i}$ 无法直接观测，因此可作为一个隐含变量。这样，自然可采用EM算法对其进行参数估计。但 $\omega_{n,i}$ 会随着时间 t_i 的变化而变化，那么传统用于混合高斯分布的辨识方法不再适用。在这种情况下，本小节提出一种基于极大似然估计和ECM算法的两步估计算法，用于减小计算的复杂性以克服EM算法无法得到解析迭代情况下在线能力较差的问题。

根据之前的定义与分析，可以发现退化增量数据 $\{\Delta x_1,\Delta x_2,\cdots,\Delta x_k\}$ 实际上为 M 个期望方程分为 μ_n、$\sigma_n^2(n\in\{1,2,\cdots,M\})$ 的正态分布中任意一个的样本。这样，可以将 $\{\Delta x_1,\Delta x_2,\cdots,\Delta x_k\}$ 看作一个新的混合高斯分布的样本，其权重参数为 $\gamma_{n,k}$，期望和方程分别为 $\mu_{n,k}$ 和 $\sigma_{n,k}^2$，其中，$\mu_{n,k}$ 和 $\sigma_{n,k}^2$ 相等。这样，根据混合高斯模型的性质很容易得到 $\mu_{n,k}$ 和 $\sigma_{n,k}^2$ 的估计值。但是由于存在如式（6.21）所示的线性关系，无法在EM算法中M得到解析迭代结果。因此，本小节采用EM算法的改进算法ECM进行估计混合高斯模型参数。注意到 $\gamma_0,\gamma_1,\cdots,\gamma_n,\cdots,\mu,\sigma_B^2,\mu_Y,\sigma_Y^2$ 为所有待估计参数，为了简化计算和表示，令 $\sigma_Y^2=\nu\cdot\Delta t\sigma_B^2$，这样所有待估计的参数为 $\Xi=\{\gamma_0,\gamma_1,\cdots,\gamma_M,\mu,\nu,\mu_Y,\sigma_Y\}$。

步骤1，基于ECM算法的混合高斯模型参数估计令 $Z\in\{0,1,\cdots,M\}$ 表示混合高斯模型中的隐含变量，那么可以构造完全似然函数如下所示：

$$L(\Xi\mid\Delta\boldsymbol{X},\boldsymbol{Z})=\ln\prod_{i=1}^{k}p(\Delta x_i,z_i\mid\Xi)=\sum_{i=1}^{k}\ln(p(z_i\mid\Xi)p(x_i\mid z_i,\Xi)) \tag{6.22}$$

式中：$\boldsymbol{Z}=\{z_1,z_2,\cdots,z_k\}$ 表示隐变量的观测数据。令 $\hat{\Xi}_k^{(j)}=\{\hat{\gamma}_{0,k}^{(j)},\hat{\gamma}_{1,k}^{(j)},\cdots,\hat{\gamma}_{M,k}^{(j)},\hat{\mu}_k^{(j)},\hat{\nu}_k^{(j)},\hat{\mu}_{Y,k}^{(j)},\hat{\sigma}_{,k}^{(j)}\}$ 表示基于数据 $\Delta\boldsymbol{X}_{1:k}$ 得到的第 j 步的参数估计值，那么ECM算法具体实现如下。

CM步：计算完全似然函数中关于隐变量的条件期望，即 $Q(\Xi_k\mid\hat{\Xi}_k^{(j)})=\mathbb{E}_{Z\mid\Delta X_{1:k},\hat{\Xi}_k^{(j)}}[\ln p(\Delta\boldsymbol{X}_{1:k},\boldsymbol{Z}_{1:k}\mid\hat{\Xi}_k^{(j)})]$。

E步：

$$\begin{aligned}Q(\Xi_k\mid\hat{\Xi}_k^{(j)})&=\mathbb{E}_{Z\mid\Delta X_{1:k},\hat{\Xi}_k^{(j)}}[\ln p(\Delta\boldsymbol{X}_{1:k},\boldsymbol{Z}_{1:k}\mid\hat{\Xi}_k^{(j)})]\\&=\sum_{n}\sum_{i=1}^{k}\ln(\gamma_{n,i}p(\Delta x_i\mid Z_i=n,\hat{\Xi}_k^{(j)}))p(Z_i=n\mid\Delta x_i,\hat{\Xi}_k^{(j)})\\&=\sum_{n=0}^{M}\sum_{i=1}^{k}\ln(\gamma_{n,i}p(\Delta x_i\mid Z_i=n,\hat{\Xi}_k^{(j)}))p(Z_i=n\mid\Delta x_i,\hat{\Xi}_k^{(j)})\end{aligned} \tag{6.23}$$

其中：

$$\begin{cases}p(Z_i=n\mid\Delta x_i,\hat{\Xi}^{(j)})=\dfrac{p(Z_i=n,\Delta x_i\mid\hat{\Xi}^{(i)})}{\sum\limits_{\tilde{n}=0}^{M}p(Z_i=\tilde{n},\Delta x_i\mid\hat{\Xi}^{(i)})}=\dfrac{\hat{\gamma}_{n,k}^{(j)}p(\Delta x_i\mid Z_i=n,\hat{\Xi}^{(j)})}{\sum\limits_{\tilde{n}=0}^{M}\hat{\gamma}_{\tilde{n},k}^{(i)}p(\Delta x_i\mid Z_i=\tilde{n},\hat{\Xi}^{(j)})}\\ p(\Delta x_i\mid z_i,\hat{\Xi}^{(j)})=p(\Delta x_i\mid Z_i=z_i,\hat{\Xi}^{(j)})=\dfrac{1}{\sqrt{2\pi(\hat{v}_k^{(j)}\hat{\sigma}_{Y,k}^{2(j)}+z_i\hat{\sigma}_{Y,k}^{2(j)})}}\exp\left(-\dfrac{(\Delta x_i-(\hat{\mu}_k^{(j)}\Delta t+z_i\hat{\mu}_{Y,k}^{(j)}))^2}{2(\hat{v}_k^{(j)}\hat{\sigma}_{Y,k}^{2(j)}+z_i\hat{\sigma}_{Y,k}^{2(j)})}\right)\end{cases}\tag{6.24}$$

不同于传统 EM 算法，ECM 算法中 CM 步是在固定某几个参数情况下求最优迭代解，具体如下：

CM-1 步：令 $g_1(\Xi)=\{\nu,\sigma_Y\}$，然后最大化函数 $Q_1=Q(\gamma_{0,k},\gamma_{1,k},\cdots,\gamma_{M,k},\mu_k,\mu_{Y,k}\mid\hat{\Xi}_k^{(j)})$，这样便可得到

$$\begin{cases}\hat{\mu}_k^{(j+1)}=\dfrac{A_cA_x-A_zA_a}{\Delta t(A_bA_x-A_aA_y)}\\ \hat{\mu}_{Y,k}^{(j+1)}=\dfrac{A_cA_y-A_zA_b}{A_aA_y-A_bA_x}\\ \hat{\gamma}_{n,k}^{(j+1)}=\dfrac{1}{k}\sum\limits_{i=1}^{k}p(Z_i=n\mid\Delta x_i,\hat{\Xi}^{(j)})\end{cases}\tag{6.25}$$

其中：

$$\begin{cases}A_a=\sum\limits_{n=0}^{M}\dfrac{n^2}{(\hat{\nu}^{(j)}+n)\hat{\sigma}_Y^{2(j)}}\sum\limits_{i=1}^{k}p(Z_i=n\mid\Delta x_i,\hat{\Xi}^{(j)})\\ A_x=A_b=\sum\limits_{n=0}^{M}\dfrac{n}{(\hat{\nu}^{(j)}+n)\hat{\sigma}_Y^{2(j)}}\sum\limits_{i=1}^{k}p(Z_i=n\mid\Delta x_i,\hat{\Xi}^{(j)})\\ A_c=\sum\limits_{n=0}^{M}\dfrac{n}{(\hat{\nu}^{(j)}+n)\hat{\sigma}_Y^{2(j)}}\sum\limits_{i=1}^{k}\Delta x_ip(Z_i=n\mid\Delta x_i,\hat{\Xi}^{(j)})\\ A_y=\sum\limits_{n=0}^{M}\dfrac{1}{(\hat{\nu}^{(j)}+n)\hat{\sigma}_Y^{2(j)}}\sum\limits_{i=1}^{k}p(Z_i=n\mid\Delta x_i,\hat{\Xi}^{(j)})\\ A_z=\sum\limits_{n=0}^{M}\dfrac{1}{(\hat{\nu}^{(j)}+n)\hat{\sigma}_Y^{2(j)}}\sum\limits_{i=1}^{k}\Delta x_ip(Z_i=n\mid\Delta x_i,\hat{\Xi}^{(j)})\end{cases}\tag{6.26}$$

CM-2 步：令 $g_2(\Xi)=\{\gamma_0,\gamma_1,\cdots,\gamma_M,\nu,\mu_Y,\mu\}$，类似于 CM-1 步，最大化 $Q_2=Q(\sigma_{Y,k}\mid\gamma_{0,k}^{(j+1)},\gamma_{1,k}^{(j+1)},\cdots,\gamma_{M,k}^{(j+1)},\hat{\mu}_k^{(j+1)},\hat{\mu}_{Y,k}^{(j+1)},\hat{\nu}_k^{(j)},\hat{\sigma}_{Y,k}^{2(j)},\nu_k^j)$，然后可以得到

$$\hat{\sigma}_{Y,k}^{2(j+1)}=\frac{\sum\limits_{n=0}^{M}\sum\limits_{i=1}^{k}(x_i-n\mu_{Y,k}^{(j+1)}-\mu_k^{(j+1)})^2p(Z_i=n\mid\Delta x_i,\hat{\Xi}^{(j)})/(\hat{\nu}^{(j)}+n)}{\sum\limits_{n=0}^{M}\sum\limits_{i=1}^{k}p(Z_i=n\mid\Delta x_i,\hat{\Xi}^{(j)})}\tag{6.27}$$

CM-3 步：令 $g_3(\Xi)=\{\gamma_0,\gamma_1,\cdots,\gamma_M,\sigma_Y^2,\mu_Y,\mu\}$，最大化 $Q_3=Q(\nu_k\mid\gamma_{0,k}^{(j+1)},\cdots,\gamma_{M,k}^{(j+1)},\hat{\mu}_k^{(j+1)},\hat{\mu}_{Y,k}^{(j+1)},\hat{\nu}_k^{(j)},\hat{\sigma}_{Y,k}^{2(j+1)})$。注意到，$\hat{\nu}_k^{(j+1)}$ 的解析表示无法得到，可通过搜索以下方程的方法估计得到：

$$\hat{\nu}_k^{(j+1)}=\underset{\nu}{\operatorname{argmax}}Q_1\tag{6.28}$$

这样，便得到了 $\hat{\sigma}_{B,k}^{2(j+1)}=\hat{\nu}_k^{(j)}\hat{\sigma}_{Y,k}^{2(j+1)}$。与传统 EM 算法相比，仅有一个参数需要通过寻优求解，这可以减小计算的复杂度。此外，CM-1 步和 CM-2 步的具体推导见附录 D.1。

步骤 2，这样，仅有参数 $\boldsymbol{\theta}_\lambda$ 需进一步辨识，接下来便可以根据极大似然估计来辨识 $\boldsymbol{\theta}_\lambda$：

$$\hat{\boldsymbol{\theta}}_\lambda=\underset{\boldsymbol{\theta}_\lambda}{\arg\max}L(\boldsymbol{\theta}_\lambda\mid\boldsymbol{X}_{1:k}) \tag{6.29}$$

其中：

$$\begin{aligned}L(\boldsymbol{\theta}_\lambda\mid\boldsymbol{X}_{1:k})&=\ln\prod_{i=1}^{k}p(\Delta x_i;\boldsymbol{\theta}_\lambda)\\&=\sum_{i=1}^{k}\ln\sum_{n=0}^{M}p(\Delta x_i\mid N(t_{i-1},t_i)=n;\boldsymbol{\theta}_\lambda)\times\Pr(N(t_{i-1},t_i)=n;\boldsymbol{\theta}_\lambda)\\&=\sum_{i=1}^{k}\ln\sum_{n=0}^{M}\frac{\exp(-\Lambda(t_{i-1},t_i);\boldsymbol{\theta}_\lambda)\Lambda^n(t_{i-1},t_i;\boldsymbol{\theta}_\lambda)}{\sqrt{2\pi(n\hat{\sigma}_{Y,k}^2+\Delta t_i\hat{\sigma}_{B,k}^2)}\,n!}\times\exp\left(-\frac{(\Delta x_i-\hat{\mu}_k\Delta t_i-n\hat{\mu}_{Y,k})^2}{2n\hat{\sigma}_{Y,k}^2+2\Delta t_i\hat{\sigma}_{B,k}^2}\right)\end{aligned} \tag{6.30}$$

注释 6.2：对于混合高斯模型的辨识，EM 算法是最常用的方法，因此在步骤 1 中通过 EM 算法的改进 ECM 算法对 $\mu,\sigma_B^2,\mu_Y,\sigma_Y^2$ 进行估计。这样在步骤 2 中，仅有 $\boldsymbol{\theta}_\lambda$ 需要通过极大似然估计进行寻优求解。这样，可以减少计算的复杂度以提高算法的在线能力。

6.5 仿真研究

在本章中，主要通过数值仿真来验证本章方法理论上的准确性与合理性。为了便于蒙特卡洛仿真，强度函数 $\lambda(t)$ 形式定义为

$$\lambda(t)=\begin{cases}0, & t<\theta_{\lambda1}\\ \dfrac{\theta_{\lambda3}}{\theta_{\lambda2}-\theta_{\lambda1}}(t-\theta_{\lambda1}), & \theta_{\lambda1}\leqslant t\leqslant\theta_{\lambda2}\\ \theta_{\lambda3}, & t>\theta_{\lambda2}\end{cases} \tag{6.31}$$

式中：$\lambda(t)$ 是线性模型，且有 $\Lambda(t,t+\Delta t)=\int_t^{\Delta t}\lambda(\tau)\mathrm{d}\tau$。但在实际中，$\lambda(t)$ 是未知的，一般的方法是提供几个可能的函数形式，然后选择一个最优模型用于建模与寿命估计。

首先，给定退化模型参数如表（6.1）所示。这样，可以得到生成退化轨迹与其增量数据，如图 6.2 和图 6.3 所示。

表 6.1　仿真参数设定

参数	μ	μ_Y	σ_B	σ_Y
设定值	0.01	0.1	1	20
参数	$\theta_{\lambda1}$	$\theta_{\lambda2}$	$\theta_{\lambda3}$	ξ
设定值	40000	80000	-ln(0.99)	800

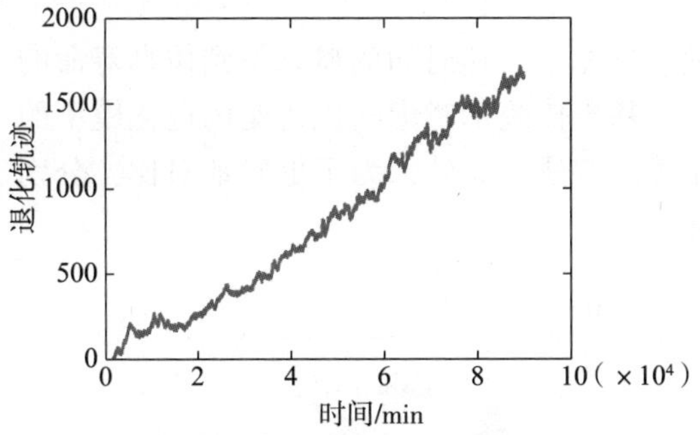

图 6.2　仿真得到的退化轨迹

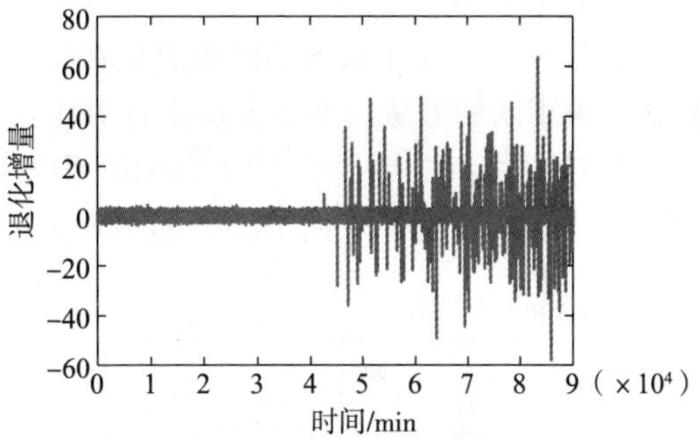

图 6.3　退化增量数据

从图 6.3 中可以看见，跳变出现的频率随时间的累积而变大。接下来，根据本章所提出的参数估计算法，可以得到所有参数的估计值，如表 6.2 所示，

表 6.2　在不同监测时间处参数估计值

时间	方法	μ	μ_Y	σ_B	σ_Y	$\theta_{\lambda 1}$	$\theta_{\lambda 2}$	$e^{-\theta_{\lambda 3}}$	运行时间
300000/min	**本章方法**	**0.016**	**1.59**	**0.988**	**20.7**	**40246**	**63181**	**0.994**	**10/min**
	MLE(IP)	0.016	1.58	0.989	21.1	40245	60001	0.996	92/min
	MLE(PS)	0.016	0.20	0.801	9.38	85536	191072	0.893	34/min
	MLE(PSO)	0.015	2.13	1.51	27.6	65126	196648	0.999	621/min
350000/min	**本章方法**	**0.015**	**2.11**	**0.991**	**19.7**	**40463**	**71447**	**0.992**	**15/min**
	MLE(IP)	0.015	2.13	0.995	19.8	40567	69793	0.973	105/min
	MLE(PS)	0.015	2.10	0.968	9.49	40582	158554	0.989	42/min
	MLE(PSO)	0.016	1.24	0.994	18.7	36449	59733	0.996	755/min
400000/min	**本章方法**	**0.015**	**1.23**	**0.992**	**18.4**	**41020**	**80080**	**0.989**	**31/min**
	MLE(IP)	0.016	1.24	0.992	18.4	41001	79493	0.987	191/min
	MLE(PS)	0.016	0.85	0.988	9.62	41134	79422	0.989	83/min
	MLE(PSO)	0.021	1.12	0.987	19.3	44191	86129	0.997	838/min
450000/min	**本章方法**	**0.014**	**0.90**	**0.997**	**18.7**	**41029**	**79693**	**0.989**	**33/min**
	MLE(IP)	0.014	1.11	0.989	18.6	41039	79452	0.989	275/min
	MLE(PS)	0.014	0.81	0.988	9.78	41154	79456	0.989	144/min
	MLE(PSO)	0.016	0.81	0.989	18.5	41020	79948	0.991	1121/min

注释 6.3：在表 6.2 中，比较了本章方法与传统极大似然估计方法，可以注意到，由于极大似然估计方法没有解析结果，因此采用三种不同的优化算法对似然函数进行寻优，即内点法、模式搜索以及粒子群方法。

通过表 6.2 中对比可以发现，内点法和粒子群方法得到的结果优于模式搜索，但是会花费较长的计算时间。而本章所提方法不仅能取得较为准确的参数估计结果，还可以保证较短的运行时间，这说明了本章所提模型参数辨识方法的有效性和合理性。此外，注意到参数估计结果受到跳变出现次数的影响，跳变出现频率越大、次数越多，参数估计结果越接近真实值。

接下来，仿真生成 50000 组退化数据轨迹，并基于首达时间的概念得到仿真寿命的 PDF。采用两种方法与本章方法进行对比：一是基于传统不考虑随机跳变的退化模型的寿命估计方法；二是基于文献［151］中 Coit 等的方法。此外，为了更好地对比，分别对比了 4 种阈值情况下的结果，如图 6.4 所示。

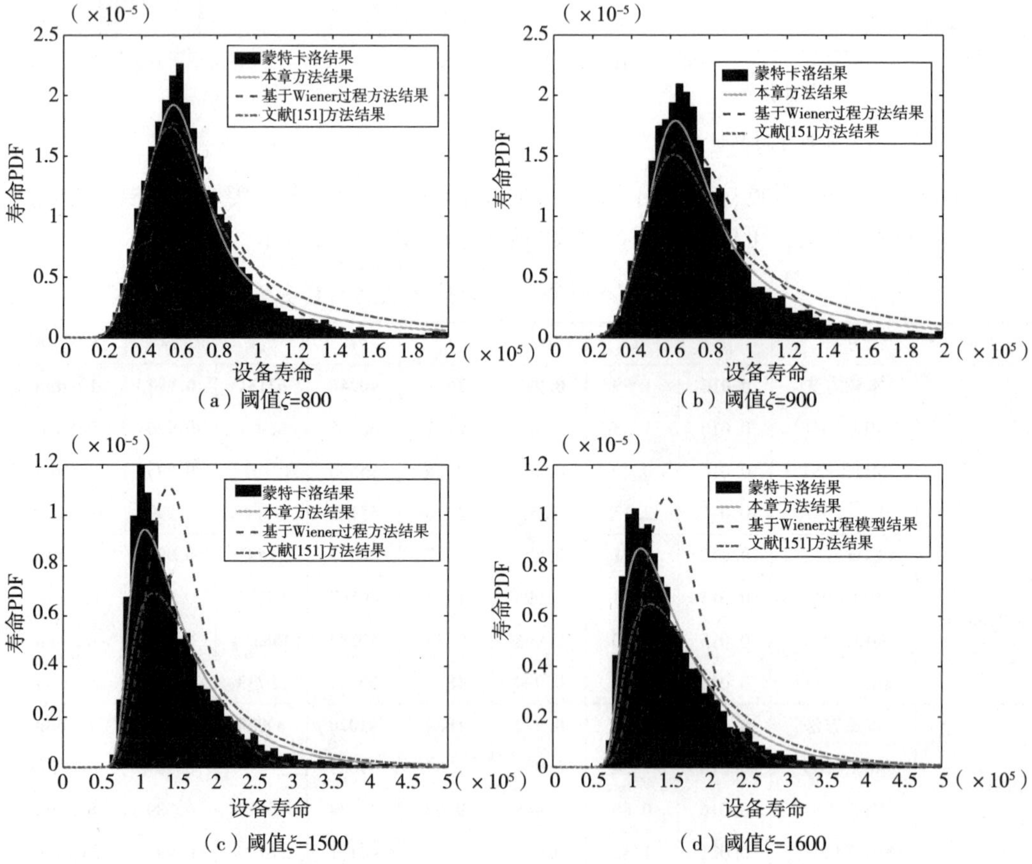

（a）阈值ξ=800　（b）阈值ξ=900

（c）阈值ξ=1500　（d）阈值ξ=1600

图 6.4　不同失效阈值条件下寿命分布

通过对比可以发现，相比于另外两种方法，本章方法得到的解析结果接近蒙特卡洛仿真结果。注意到，如果阈值较小，另外两种情况下估计误差较小，反之则较大。这是由于阈值较小时，随机跳变出现较少，寿命估计受其影响较小。但是，本章所得到的寿命估计近似结果，也存在一定的误差，这是由于式（6.8）和式（6.9）中的近似处理所造成的。

综上所述，可以说明本章方法包括参数辨识与寿命预测在理论上的有效性与合理性。接下来，将通过一个实例研究来说明本章方法如何应用。

6.6　实例研究

本章利用高炉炉壁铁口处退化数据用于实验说明，铁口处受到铁水冲刷相对频繁，其退化程度一般高于其他位置退化，如图 6.2（a）所示。由于 $\lambda(t)$ 的具体表达形式未知，因此这里给出了几种常见的单调增函数用于选择：

$$\begin{cases} \lambda_{\mathrm{A}}(t)=\begin{cases} 0, & t<\theta_{\lambda1} \\ \dfrac{\theta_{\lambda3}}{\theta_{\lambda2}-\theta_{\lambda1}}(t-\theta_{\lambda1}), & \theta_{\lambda1}\leqslant t\leqslant\theta_{\lambda2} \\ \theta_{\lambda3}, & t>\theta_{\lambda2} \end{cases} \\ \lambda_{\mathrm{B}}(t)=\theta_{\lambda3}-\exp(\theta_{\lambda2}-\theta_{\lambda1}t) \\ \lambda_{\mathrm{C}}(t)=\theta_{\lambda3}\Phi(\theta_{\lambda2}+\theta_{\lambda1}t) \end{cases} \tag{6.32}$$

式中：$\Phi(\cdot)$ 表示标准正态分布的 CDF。接下来，采用本章所提方法对这三种模型的参数进行估计时，除了跳变出现频率模型参数（即非齐次泊松分布模型参数）外，其他参数估计值相同，因此仅需对比跳变频率模型参数。在本节中，采用 AIC 准则选一个最优模型，具体结果如表 6.3 所示，而其他模型参数 μ、σ_B、μ_Y、σ_Y 的估计值分别为 $\hat{\mu}=1.681\times10^{-4}$、$\hat{\sigma}_B=0.0707$、$\hat{\mu}_Y=0.0302$、$\hat{\sigma}_Y=1.42$。注意到，$\hat{\sigma}_Y$ 远大于 $\hat{\sigma}_B$ 且 $\theta_{\lambda2}\neq0$，说明随机跳变的存在且其出现频率随时间累积而增大。根据表 6.3 中结果，采用第三种模型对随机跳变出现频率进行描述，进而可根据模型参数的估计对剩余寿命进行预测。由于退化数据尚未到失效阈值 800℃，这里用其警戒阈值 500℃进行实验验证，得到不同时间处剩余寿命的 PDF 以及相应的期望与均方误差，如图 6.5 所示。

表 6.3　参数估计结果

	$\theta_{\lambda1}$	$\theta_{\lambda2}$	$\theta_{\lambda3}$	AIC
A	1.4935	456505	$-\ln0.987$	-1.803×10^4
B	0.2792	1.43×10^{-5}	$-\ln0.975$	-1.743×10^4
C	0.20×10^{-5}	0.998	$-\ln0.978$	-1.984×10^4

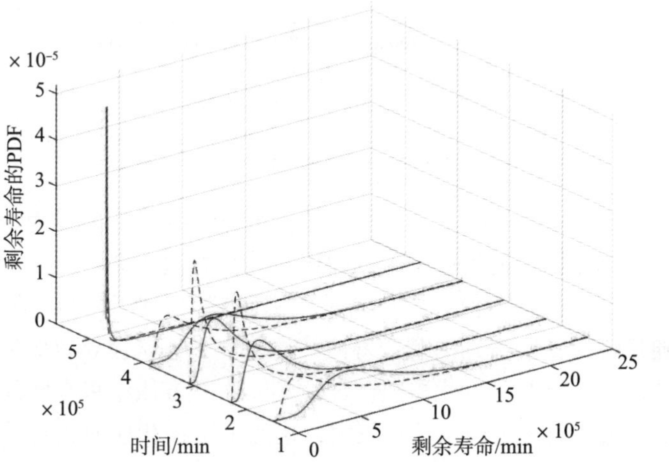

（a）剩余寿命PDF

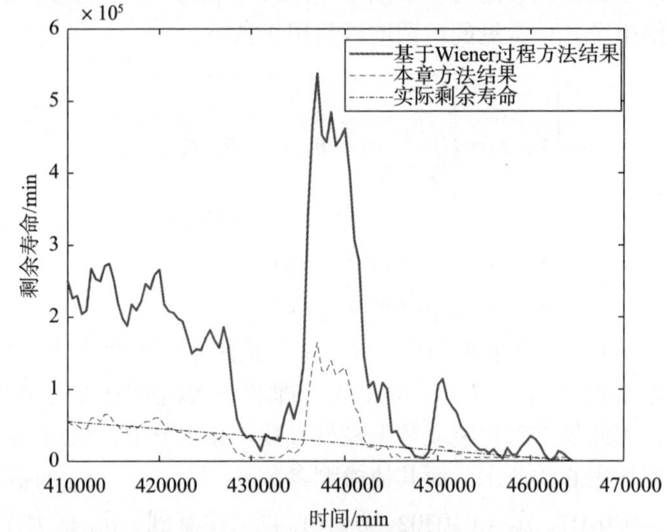

（b）剩余寿命期望对比

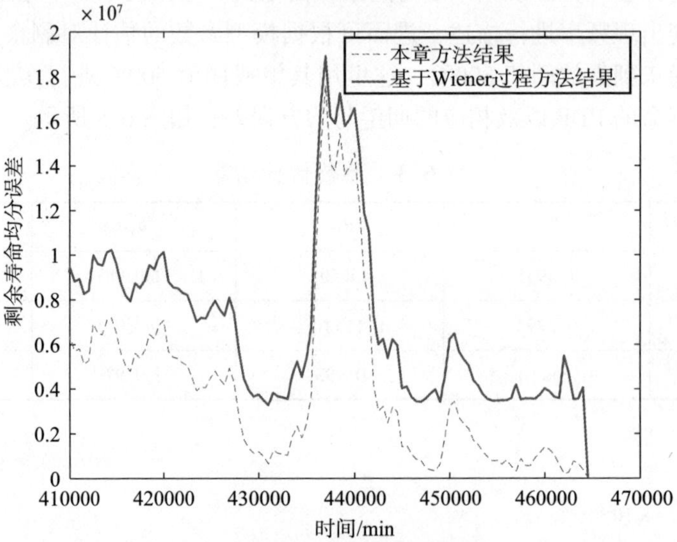

（c）剩余寿命估计结果均方误差

图 6.5　剩余寿命估计结果

在图 6.5 中，实线为忽略随机跳变影响的传统方法结果，虚线为本章方法结果。可以发现，仅有当退化数据接近失效阈值的时候，传统方法才会接近本章方法与实际剩余寿命，而在其他时刻剩余寿命估计结果的偏差都比较大。此外，从图 6.5（b）中可以发现，若忽略随机跳变，则得到的剩余寿命估计值偏大，这会导致低估了安全风险，可能会错过最优维修时机以至于发生事故。注意到，本章方法结果在时间 $t=435000$min 到 $t=445000$min 处相比其他时刻偏差相对较大，这是由于在相应时刻退化数据存在较大的负向跳变。

综上，可以发现随机跳变对剩余寿命估计存在较大影响，有必要在退化建模中对随机跳变过程进行建模。本章方法相比未考虑随机跳变情况下的传统方法，不仅能够较好地描述随机跳变对退化过程的影响，并且还能较为准确地预测设备的寿命、剩余寿命，说明了本章方法的有效性与实用性。

6.7　本章小结

本章主要研究了存在随机跳变情况下的退化过程建模与寿命、剩余寿命预测问题，主要工作包括：

（1）提出了一种基于非齐次复合泊松过程的跳变扩散模型，该模型分布通过非齐次复合泊松过程和扩散退化模型来分别描述随机跳变过程和连续退化过程。

（2）研究了首达时间意义下的寿命、剩余寿命预测方法，基于时间-空间变换以及泊松过程的正态近似性质，给出了寿命和剩余寿命 PDF 的一层积分表达形式。

（3）基于极大似然估计与 ECM 算法给出了一种两步模型参数辨识方法，克服了传统极大似然估计在无法得到解析结果情况下在线能力差、易收敛到局部最优解的问题。

第 7 章 考虑随机冲击影响的随机退化设备自适应剩余寿命预测方法

7.1 引 言

在实际工程应用中，设备的退化过程往往受到多种复杂因素的影响，当设备在连续退化过程中受到随机冲击时，退化数据将出现明显的随机跳变。例如，铣床的切削刀具在全寿命周期内会经历多次启停操作，除了正常使用时的磨损外，每次重新启动都会因冲击引起退化[177]。另外，滑动阀芯作为液压控制系统中的关键控制元件，存在两种失效机理，即阀芯与套筒之间的磨损和阀芯在套筒中的卡滞。造成卡滞的主要原因之一是液压油中出现的污染物，每次卡滞均可视为一次随机冲击[178]。此外，高炉的炉壁不仅直接被铁水冲蚀，并且与铁水发生化学反应，生成新的未知化合物。这些不稳定化合物的产生与脱落，会造成炉壁厚度的变化。当化合物突然脱落时，可视为高炉炉壁受到随机冲击[123]。上述随机冲击的发生不仅会对设备的性能水平和健康状态造成突然的破坏，还可能会导致设备退化速率和冲击频率随时间的推移而加快。

通常，研究者假设随机冲击的发生频率服从具有某一固定常数发生率的齐次泊松过程（Homogeneous Poisson Process，HPP）[91,179-183]，这意味着在固定时间间隔内随机冲击的发生次数是恒定的，具有一定的局限性。Fan 等[178] 提出了一种新的退化——冲击依赖模型，并假设随机冲击可以用强度函数依赖于设备的退化过程的非齐次泊松过程（Non-Homogeneous Poisson Process，NHPP）来建模。此外，随机冲击不仅能直接造成设备退化状态的跳变，还可能导致设备退化速率的增加。Rafiee 等[179] 将引发设备退化速率变化的首次冲击定义为触发冲击，但退化速率只允许改变一次。Gao 等[181] 提出了一种由多重外部冲击引起的冲击效应模型，但该模型仅考虑随机冲击对退化速率的影响，并不改变设备的退化状态。Wang 和 Pham[91] 利用时变 Copulas 函数建立了具有多重退化过程和随机冲击的竞争风险模型，该模型考虑了非致命冲击对退化状态突变和退化速率改变的影响，并且退化速率的增量与非致命随机冲击的次数和累积强度的大小有关。受到文献［91］的启发，Wang 等[182-183] 提出了一类考虑随机冲击的退化时间和状态同时依赖的竞争风险模型，将设备当前时刻的退化状态以及非致命随机冲击的次数和累积冲击的强度对退化速率的影响考虑其中。

上述研究主要集中于可靠性评估领域，仅有少部分研究关注随机冲击影响下的设备剩余寿命预测问题。例如，Wang 等[184] 研究了考虑软、硬失效过程的冲击损伤模型，并利用粒子滤波（Particle Filter，PF）算法推导出了首达时间意义下剩余寿命的非解析解，但该模型并未考虑退化过程的时变不确定性。Fan 等[185] 提出了一种用于竞争失效模型剩余寿命估计的序贯贝叶斯方法，该方法考虑了连续退化导致的软失效和随机冲击导致的硬失效。Ke 等[177] 提出了一种随机冲击下非平稳退化过程的剩余寿命预测方法，并能够得到首达时间意义下设备的剩余寿命，但需要已知冲击的到达时间，且每次非致命冲击对退化过程的增量是恒定的。上述三篇文献均假设随机冲击发生的时间服从固定频率的 HPP，且未考虑随机冲击对设备退化速率的影响。第 6 章研究了一种考虑连续退化过程和时变随机跳变的退化模型，得到了首达时间意义下设备剩余寿命的近似解析解。虽然该模型中随机冲击服从时变频率的 NHPP，但忽略了随机冲击对设备退化速率的影响。除此之外，同批次设备的个体差异性和退化过程中普遍存在的测量误差也是退化设备剩余寿命预测中需要关注的问题。但是，对于考虑随机冲击的连续退化过程，文献［177，185］仅考虑了测量误差的影响，几乎没有研究综合考虑设备个体差异性和测量不确定性对退化设备剩余寿命预测的影响。

为此，本章主要研究时变随机冲击下退化设备的寿命和剩余寿命预测问题，并考虑随机冲击对退化速率、设备个体差异性和测量不确定性的影响。首先，通过冲击退化模型描述具有时变随机冲击的退化过程，其中，利用 Wiener 过程描述设备非单调的连续退化过程，将设备受到的随机冲击过程描述为非齐次复合泊松过程（Non-Homogenous Compound Poisson Process，NHCPP）；其次，考虑退化设备个体差异性、测量不确定性以及随机冲击的次数和累积强度对退化速率的影响，推导得到首达时间意义下剩余寿命分布的近似解析解；再次，利用强跟踪滤波（Strong Tracking Filter，STF）算法估计设备的真实退化状态，提出基于条件期望最大化算法（Expectation Conditional Maximization，ECM）算法和极大似然估计（Maximum Likelihood Estimation，MLE）算法的两步模型参数估计方法，并根据最新的监测数据对模型参数进行更新，从而实现设备剩余寿命的自适应预测；最后，利用数值仿真和高炉炉壁退化的实际案例对本章所提方法的有效性进行验证。

7.2　问题来源与问题描述

设备的连续退化过程可以用 Wiener 过程模型描述为

$$X(t)=X(0)+\eta t+\sigma_B B(t) \tag{7.1}$$

式中：$X(t)$ 表示设备在 t 时刻的退化状态；$B(t)$ 表示标准布朗运动；η 和 σ_B 分别表示退化过程的漂移系数和扩散系数。η 是描述设备退化速率的随机变量，表示同批次设备间的个体差异性，且 $\eta\sim N(\mu_\eta,\sigma_\eta^2)$。$\sigma_B$ 是描述设备退化过程波动性的常数。不失一般性，假设设备在初始监测时刻 $t=0$ 时的退化状态为 $X(0)=0$。

值得注意的是，式（7.1）所示模型描述了关于时间 t 的线性退化过程，对于退化过程表现出非线性退化趋势的设备，可以通过适当的时间尺度变换 $\Lambda(t)$ 将非线性退化过程线性化处理，即

$$X(t)=X(0)+\eta\Lambda(t)+\sigma_B B(\Lambda(t)) \tag{7.2}$$

使得在时间尺度 t 下的非线性退化过程变换为时间尺度 $\Lambda(t)$ 下的线性退化过程。关于这类时间尺度变换的细节可参考文献［73］，类似的变换也应用于文献［118，156，186］。实际上，经时间尺度变换后的退化过程仍可用式（7.1）对应的结果进行剩余寿命预测。因此，本章基于式（7.1）进行退化建模。

随着设备的退化过程，设备的可靠性和稳定性逐渐降低，更易受到外部冲击的影响，导致冲击频率随时间的推移而加快[89]，传统描述冲击频率的 HPP 将不再适用。因此，利用 NHPP 描述冲击发生的频率，并利用 NHCPP 描述随机冲击过程。那么，为描述带有随机冲击的退化过程，在式（7.1）的基础上，本章所提出了冲击退化模型，即

$$X(t)=\eta t+\sigma_B B(t)+\sum_{i=0}^{N(t)} I_i \tag{7.3}$$

式中：$\{N(t),t\geqslant 0\}$ 表示强度函数为 $\lambda(t)$ 的 NHPP；I_i 表示每次冲击导致设备退化状态跳变的幅值，假设其为独立同分布的正态随机变量，即 $I_i\sim N(\mu_I,\sigma_I^2)$，其中 μ_I 和 σ_I^2 分别表示均值和方差。

此外，考虑到设备退化状态测量不确定性的影响，监测数据只能反映设备真实退化状态的部分信息。因此，利用测量过程描述监测数据与真实退化状态之间的关系，即

$$Y(t)=X(t)+\varepsilon(t) \tag{7.4}$$

式中：$Y(t)$ 表示设备在 t 时刻的实际监测数据；$\varepsilon(t)$ 表示测量误差，假设在任意时刻 t，$\varepsilon(t)$ 独立同分布，且 $\varepsilon(t)\sim N(0,\sigma_\varepsilon^2)$，该假设广泛应用于随机退化建模中[78,187-188]。

为了预测退化设备的寿命，通常将寿命 T 定义为退化状态 $X(t)$ 首次达到失效阈值 ω 的时间。因此，在首达时间意义下，退化设备的寿命 T 可以定义为[2]

$$T=\inf\{t:X(t)\geqslant\omega\mid X(0)<\omega\} \tag{7.5}$$

式中：ω 为预设的退化设备失效阈值，通常是由专家经验知识或具体设备的行业标准所确定的常数。寿命 T 的 PDF 表示为 $f_T(t)$。

假设在离散时刻 $0=t_0<t_1<\cdots<t_k$ 可以得到退化设备的监测数据 $\boldsymbol{Y}_{1:k}=\{y_1,y_2,\cdots,y_k\}$，其中，$y_k=Y(t_k)$。设备相应的真实退化状态可表示为 $\boldsymbol{X}_{1:k}=\{x_1,x_2,\cdots,x_k\}$，其中，$x_k=X(t_k)$。那么，在首达时间意义下退化设备在 t_k 时刻的剩余寿命 L_k 可定义为[2]

$$L_k=\inf\{l_k>0:X(l_k+t_k)\geqslant\omega\mid x_k<\omega\} \tag{7.6}$$

相应地，剩余寿命 L_k 的条件 PDF 可表示为 $f_{L_k\mid \boldsymbol{Y}_{1:k}}(l_k\mid\boldsymbol{Y}_{1:k})$。

7.3 节将考虑随机冲击过程对设备退化速率的影响，同时考虑设备在退化过程中的个体差异性和测量误差，根据监测数据 $\boldsymbol{Y}_{1:k}$ 推导首达时间意义下，设备剩余寿命的条件分布 $f_{L_k\mid \boldsymbol{Y}_{1:k}}(l_k\mid\boldsymbol{Y}_{1:k})$，并实现设备剩余寿命预测值随监测数据的更新。

7.3 剩余寿命分布推导与自适应预测

7.3.1 剩余寿命分布推导

为了根据式（7.5）和式（7.6）推导退化设备的寿命和剩余寿命，首先给出引理 7.1。

引理 7.1[174]：根据 NHPP 的性质，冲击次数 $N(t)$ 的期望 $\Xi(t,t+\Delta t;\boldsymbol{\theta}_\lambda)$ 可表示为

$$\Xi(t,t+\Delta t;\boldsymbol{\theta}_\lambda)=\int_t^{t+\Delta t}\lambda(\tau)\mathrm{d}\tau \tag{7.7}$$

式中：$\lambda(t)$ 表示随时间 t 变化的强度函数；$\boldsymbol{\theta}_\lambda$ 表示期望 $\Xi(t,t+\Delta t;\boldsymbol{\theta}_\lambda)$ 中的未知参数向量。那么，随机冲击在上述时间区间 $(t,t+\Delta t)$ 内发生 n 次的概率可表示为

$$\Pr(N(t,t+\Delta t)=n)=\frac{[\Xi(t,t+\Delta t;\boldsymbol{\theta}_\lambda)]^n}{n!}\exp(-\Xi(t,t+\Delta t;\boldsymbol{\theta}_\lambda)) \tag{7.8}$$

为便于表达，下文中将期望 $\Xi(t,t+\Delta t;\boldsymbol{\theta}_\lambda)$ 简记为 $\Xi(t,t+\Delta t)$。

注释 7.1：对于强度函数 $\lambda(t)$，若 $\lambda(t)=0$，则不存在随机冲击，式（7.3）为连续退化过程模型；若 $\lambda(t)$ 为常数，那么描述随机冲击的泊松过程是齐次的，式（7.3）将转化为随机冲击发生频率恒定的冲击退化模型。因此，本章提出的冲击退化模型具有通用性，可以包含上述两种常见的退化过程模型。

根据复合泊松过程的性质，I_i 是服从 $N(\mu_I,\sigma_I^2)$ 的正态随机变量，那么

$$\sum_{i=0}^{N(t)} I_i = N(t)\mu_I + \sqrt{N(t)}\,\widetilde{I}_i \tag{7.9}$$

式中，$\widetilde{I}_i\sim N(0,\sigma_I^2)$。

需要注意的是，由于 $N(t)$ 是一个随机过程，而非随机变量，因此难以直接利用全概率公式推导退化设备寿命的 PDF。但根据泊松过程的性质，$N(t)$ 可近似为正态分布[3,9]。基于这一性质，即可利用正态分布代替泊松过程，推导出寿命分布的近似 PDF。

受文献［123］的启发，对于 NHPP 中 $N(t)$ 的期望和方差相同，即 $\Xi(0,t)=\int_0^t\lambda(\tau)\mathrm{d}\tau$。令 ζ 为标准正态随机变量，即 $\zeta\sim N(0,1)$。当 $\Xi(0,t)$ 的值较大时，$N(t)$ 可近似表示为 $\Xi(0,t)+\sqrt{\Xi(0,t)}\zeta$[174]。那么，冲击退化模型（7.3）可改写为

$$X(t)=\eta t+\sigma_B B(t)+\left[\left(\Xi(0,t)+\sqrt{\Xi(0,t)}\zeta\right)\mu_I+\sqrt{\Xi(0,t)+\sqrt{\Xi(0,t)}\zeta}\,\widetilde{I}_i\right] \tag{7.10}$$

注释 7.2：根据文献［189］可知，若 $\Xi(0,t)$ 的值较大，那么近似所造成的偏差较小；相反地，若 $\Xi(0,t)$ 的值较小，说明随机冲击发生的频率较低，使得随机冲击对设备退化的影响很小，可以忽略不计。

对于式（7.10）所示的冲击退化模型，在给定随机变量 η、ζ 和 $\widetilde{I}_i$ 的条件下，首达时间意义下退化设备寿命 T 的 PDF$f_{T|\eta,\widetilde{I}_i,\zeta}$ 可近似表示为[34]

$$f_{T|\eta,\widetilde{I}_i,\zeta}(t\mid\eta,\widetilde{I}_i,\zeta)\cong\frac{1}{\sqrt{2\pi t}}\left[\frac{S(t)}{t}-\frac{\mathrm{d}S(t)}{\mathrm{d}t}\right]\exp\left[-\frac{S^2(t)}{2t}\right] \tag{7.11}$$

其中：

$$S(t)=\frac{1}{\sigma_B}\left[\omega-\eta t-\left(\Xi(0,t)+\sqrt{\Xi(0,t)}\zeta\right)\mu_I-\sqrt{\left(\Xi(0,t)+\sqrt{\Xi(0,t)}\zeta\right)}\,\widetilde{I}_i\right]$$

将式（7.11）进一步化简可得

$$f_{T|\eta,\widetilde{I}_i,\zeta}(t\mid\eta,\widetilde{I}_i,\zeta)\cong\frac{1}{\sqrt{2\pi t^3\sigma_B^2}}(\omega-A_1\mu_I-B_1\widetilde{I}_i)\exp\left[-\frac{(C_1-D_1\widetilde{I}_i)^2}{2t\sigma_B^2}\right] \tag{7.12}$$

其中：

$$\begin{cases} A_1=\Xi(0,t)+\sqrt{\Xi(0,t)}\zeta-\lambda(t)t-\dfrac{\lambda(t)t\zeta}{2\sqrt{\Xi(0,t)}} \\ B_1=\sqrt{\Xi(0,t)+\sqrt{\Xi(0,t)}\zeta}-\dfrac{2\sqrt{\Xi(0,t)}\lambda(t)t+\lambda(t)t\zeta}{4\sqrt{\Xi(0,t)}\sqrt{\Xi(0,t)+\sqrt{\Xi(0,t)}\zeta}} \\ C_1=\omega-\eta t-(\Xi(0,t)+\sqrt{\Xi(0,t)}\zeta)\mu_I \\ D_1=\sqrt{\Xi(0,t)+\sqrt{\Xi(0,t)}\zeta} \end{cases} \tag{7.13}$$

实际上，随机变量ζ和$\widetilde{I}_i$是高斯分布的。根据全概率公式，在考虑参数ζ和$\widetilde{I}_i$随机效应的情况下，退化设备在首达时间意义下寿命T的PDF$f_{T|\eta}(t|\eta)$可以表示为

$$f_{T|\eta}(t|\eta)=\int_{-\infty}^{+\infty}\int_{-\infty}^{+\infty}f_{T|\eta,\widetilde{I}_i,\zeta}(t|\eta,\widetilde{I}_i,\zeta)\,\mathrm{d}\widetilde{I}_i\mathrm{d}\zeta=\mathbb{E}_{\zeta|\eta}[\mathbb{E}_{\widetilde{I}_i|\eta,\zeta}[f_{T|\eta,\widetilde{I}_i,\zeta}(t|\eta,\widetilde{I}_i,\zeta)]] \tag{7.14}$$

为进一步简化式（7.17），给出引理7.2。

引理7.2[190]：若$\delta\sim N(\mu,\sigma^2)$，且$\gamma_1,\gamma_2,\alpha,\beta\in\mathbb{R},\lambda\in\mathbb{R}^+$，则存在

$$\begin{aligned}&\mathbb{E}_\delta\left[(\gamma_1-\alpha\delta)\cdot\exp\left\{-\frac{(\gamma_2-\beta\delta)^2}{2\lambda}\right\}\right]\\&=\sqrt{\frac{\lambda}{\sigma^2\beta^2+\lambda}}\cdot\left(\gamma_1-\alpha\frac{\beta\sigma^2\gamma_2+\mu\lambda}{\sigma^2\beta^2+\lambda}\right)\cdot\exp\left\{-\frac{(\gamma_2-\mu\beta)^2}{2(\sigma^2\beta^2+\lambda)}\right\}\end{aligned} \tag{7.15}$$

已知$\widetilde{I}_i\sim N(0,\sigma_I^2)$，根据引理7.2，式（7.14）可进一步化简为

$$\begin{aligned}f_{T|\eta}(t|\eta)&=\mathbb{E}_{\zeta|\eta}[\mathbb{E}_{\widetilde{I}_i|\eta,\zeta}[f_{T|\eta,\widetilde{I}_i,\zeta}(t|\eta,\widetilde{I}_i,\zeta)]]\\&\cong\mathbb{E}_{\zeta|\eta}\left[\mathbb{E}_{\widetilde{I}_i|\eta,\zeta}\left[\frac{1}{\sqrt{2\pi t^3\sigma_B^2}}\{\omega-A_1\mu_I-B_1\widetilde{I}_i\}\exp\left[-\frac{(C_1-D_1\widetilde{I}_i)^2}{2t\sigma_B^2}\right]\right]\right]\\&=\mathbb{E}_{\zeta|\eta}\left[\frac{1}{\sqrt{2\pi t^2(D_1^2\sigma_I^2+t\sigma_B^2)}}\left(\omega-A_1\mu_I-\frac{B_1C_1D_1\sigma_I^2}{D_1^2\sigma_I^2+t\sigma_B^2}\right)\exp\left[-\frac{C_1^2}{2(D_1^2\sigma_I^2+t\sigma_B^2)}\right]\right]\end{aligned} \tag{7.16}$$

式中：A_1、B_1、C_1和D_1的表达式与式（7.13）一致。

对于工作中的退化设备，t_k时刻的真实退化状态为$x_k=X(t_k)(x_k<\omega)$。根据Wiener过程的马尔可夫特性，退化设备在$t(t\geqslant t_k)$时刻的退化状态$X(t)$可表示为

$$X(t)=x_k+\eta(t-t_k)+\sigma_B(B(t)-B(t_k))+\left(\sum_{i=0}^{N(t)}I_i-\sum_{i=0}^{N(t_k)}I_i\right) \tag{7.17}$$

此时，定义变换$l_k=t-t_k$。根据退化设备首达时间意义下剩余寿命的定义（7.6），若t为退化过程首次达到失效阈值的时刻，即退化设备在首达时间意义下的寿命，那么l_k则是退化设备在t_k时刻的剩余寿命，则设备在t_k时刻的剩余寿命即为退化过程到达失效阈值$\omega_k=\omega-x_k$的首达时间，式（7.17）可改写为

$$\widetilde{X}(l_k)=\eta l_k+\sigma_B W(l_k)+\sum_{i=N(t_k)}^{N(t_k+l_k)}I_i \tag{7.18}$$

式中：$\widetilde{X}(l_k)=X(l_k+t_k)-x_k$；$W(l_k)=B(l_k+t_k)-B(t_k)$。这里，$W(l_k)$ 仍是一个标准布朗运动，具体的证明可参考文献［111］。

因此，首达时间意义下退化设备剩余寿命的 PDF 可以用类似于推导退化设备寿命 PDF 的方法获得，具体地，退化设备在 t_k 时刻剩余寿命 L_k 的 PDF$f_{L_k|x_k,\eta}(l_k|x_k,\eta)$ 可表示为

$$f_{L_k|x_k,\eta}(l_k|x_k,\eta)\cong\mathbb{E}_{\zeta|x_k,\eta}\left[\frac{1}{\sqrt{2\pi l_k^2(D_2^2\sigma_I^2+l_k\sigma_B^2)}}\left(\omega-A_2\mu_I-\frac{B_2C_2D_2\sigma_I^2}{D_2^2\sigma_I^2+l_k\sigma_B^2}\right)\times\exp\left[-\frac{C_2^2}{2(D_2^2\sigma_I^2+l_k\sigma_B^2)}\right]\right]\tag{7.19}$$

其中：

$$\begin{cases}A_2=\Xi(t_k,t_k+l_k)+\sqrt{\Xi(t_k,t_k+l_k)}\,\zeta-[\lambda(t_k+l_k)-\lambda(t_k)]l_k-\dfrac{[\lambda(t_k+l_k)-\lambda(t_k)]l_k\zeta}{2\sqrt{\Xi(t_k,t_k+l_k)}}\\B_2=D_2-\dfrac{2\sqrt{\Xi(t_k,t_k+l_k)}\,\lambda(t_k+l_k)(t_k+l_k)+\lambda(t_k+l_k)(t_k+l_k)\zeta}{4\sqrt{\Xi(t_k,t_k+l_k)}\sqrt{\Xi(t_k,t_k+l_k)+\sqrt{\Xi(t_k,t_k+l_k)}\,\zeta}}\\C_2=\omega-x_k-\eta l_k-(\Xi(t_k,t_k+l_k)+\sqrt{\Xi(t_k,t_k+l_k)}\,\zeta)\mu_I\\D_2=\sqrt{\Xi(t_k,t_k+l_k)+\sqrt{\Xi(t_k,t_k+l_k)}\,\zeta}\end{cases}$$

注释 7.3：由于难以直接得到式（7.16）和式（7.19）的解析表达，因此，在首达时间意义下退化设备的寿命和剩余寿命的 PDF 必须通过数值积分的方式获得。此外，为了利用取值范围为全实数域的正态分布近似取值范围为非负实数域的泊松分布，需要将参数 ζ 表示为截断正态分布。幸运的是，只需要计算相对简单的单变量数值积分，常见的方法有梯形近似、抛物线近似和 Rhomberg 积分等。

在上述推导过程中，均假设漂移系数 η 为一个常数，且设备的真实退化状态是已知的。然而，不同的设备存在个体差异，并且由于测量误差的普遍存在，难以准确获得设备的真实退化状态。另外，设备在随机冲击的影响下，退化速率会发生变化[179]。为了与实际工况更加贴合，获得准确性更高的剩余寿命预测值，这些问题都应该在对设备进行剩余寿命预测时考虑在内。7.3.2 小节将基于监测数据 $\boldsymbol{Y}_{1:k}$，在考虑设备个体差异性、测量误差以及随机冲击对退化速率影响的情况下，推导退化设备剩余寿命的 PDF $f_{L_k|Y_{1:k}}(l_k|\boldsymbol{Y}_{1:k})$，实现自适应的剩余寿命预测。

7.3.2　剩余寿命自适应预测

为提出考虑设备个体差异性、退化状态测量不确定性以及随机冲击对退化速率影响的剩余寿命自适应预测方法，首先将冲击退化模型式（7.3）和式（7.4）改写为如下的状态空间模型，即

$$\begin{cases} x_k = x_{k-1} + \eta_{k-1}(t_k - t_{k-1}) \sum\limits_{i=N(t_{k-1})}^{N(t_k)} I_i + v_k \\ \eta_k = \eta_{k-1} + \gamma_1 [N(t_k) - N(t_{k-1})] + \gamma_2 \sum\limits_{i=N(t_{k-1})}^{N(t_k)} I_i + \alpha \\ y_k = x_k + \varepsilon_k \end{cases} \tag{7.20}$$

式中：漂移参数 η_k 表示第 k 到第（k+1）个 CM 时刻内设备的退化速率，且参数 η 的初始分布为 $\eta_0 \sim N(\mu_\eta, \sigma_\eta^2)$；设备的退化速率受到随机冲击次数和累积冲击强度的影响，分别用参数 γ_1 和 γ_2 表示相应影响的系数；随机变量 $\alpha \sim N(0, \sigma_\alpha^2)$ 为漂移系数的更新过程。退化过程的时变不确定性表示为 $v_k = \sigma_B[B(t_k) - B(t_{k-1})]$，$\varepsilon_k$ 为测量误差 $\varepsilon(t)$ 在 t_k 时刻的具体实现。v_k 和 ε_k 均为独立同分布的噪声，且 $v_k \sim N(0, \sigma_B^2(t_k - t_{k-1}))$，$\varepsilon_k \sim N(0, \sigma_\varepsilon^2)$。

为便于真实退化状态 x_k 和漂移系数 η_k 的估计，将其定义为隐含状态 s_k。进一步地，可将式（7.20）改写为

$$\begin{cases} s_k = E_{k-1} s_{k-1} + F_{k-1} + G_{k-1} \\ y_k = H s_k + \varepsilon_k \end{cases} \tag{7.21}$$

式中：$s_k \in \mathbb{R}^{2\times1}, E_{k-1} \in \mathbb{R}^{2\times2}, F_{k-1} \in \mathbb{R}^{2\times1}, G_{k-1} \in \mathbb{R}^{2\times1}, G_{k-1} \sim N(0, Q_{k-1})$，$H \in \mathbb{R}^{1\times2}$，具体地，有

$$s_k = \begin{bmatrix} x_k \\ \eta_k \end{bmatrix}, \quad E_{k-1} = \begin{bmatrix} 1 & t_k - t_{k-1} \\ 0 & 1 \end{bmatrix}, \quad F_{k-1} = \begin{bmatrix} \Gamma_{k-1} \\ \gamma_1 \Lambda_{k-1} + \gamma_2 \Gamma_{k-1} \end{bmatrix},$$

$$G_{k-1} = \begin{bmatrix} v_k \\ \alpha \end{bmatrix}, \quad Q_{k-1} = \begin{bmatrix} \sigma_B^2(t_k - t_{k-1}) & 0 \\ 0 & \sigma_\alpha^2 \end{bmatrix}, \quad H = \begin{bmatrix} 1 \\ 0 \end{bmatrix}^{\mathrm{T}}$$

式中：$\Gamma_{k-1} = \sum\limits_{i=N(t_{k-1})}^{N(t_k)} I_i$，$\Lambda_{k-1} = N(t_k) - N(t_{k-1})$。

基于退化设备的监测数据 $Y_{1:k}$，隐含状态 s_k 的期望和协方差可分别定义为

$$\hat{s}_{k|k} = \begin{bmatrix} \hat{x}_{k|k} \\ \hat{\eta}_{k|k} \end{bmatrix} = \mathbb{E}(s_k \mid Y_{1:k}), \quad \mathrm{P}_{k|k} = \begin{bmatrix} \rho_{x,k}^2 & \rho_{x\eta,k}^2 \\ \rho_{x\eta,k}^2 & \rho_{\eta,k}^2 \end{bmatrix} = \mathrm{cov}(s_k \mid Y_{1:k})$$

式中：$\hat{x}_{k|k} = \mathbb{E}(x_k \mid Y_{1:k})$，$\hat{\eta}_{k|k} = \mathbb{E}(\eta_k \mid Y_{1:k})$，$\rho_{x,k}^2 = \mathrm{Var}(x_k \mid Y_{1:k})$，$\rho_{\eta,k}^2 = \mathrm{Var}(\eta_k \mid Y_{1:k})$，$\rho_{x\eta,k}^2 = \mathrm{cov}(x_k \eta_k \mid Y_{1:k})$。

相应地，隐含状态 s_k 一步向前预测的期望和协方差可分别定义为

$$\hat{s}_{k|k-1} = \begin{bmatrix} \hat{x}_{k|k-1} \\ \hat{\eta}_{k|k-1} \end{bmatrix} = \mathbb{E}(s_k \mid Y_{1:k-1}), \quad P_{k|k-1} = \begin{bmatrix} \rho_{x,k|k-1}^2 & \rho_{x\eta,k|k-1}^2 \\ \rho_{x\eta,k|k-1}^2 & \rho_{b,k|k-1}^2 \end{bmatrix} = \mathrm{cov}(s_k \mid Y_{1:k-1})$$

根据上述定义，可利用递归滤波方法对隐含状态 s_k 基于监测数据 $Y_{1:k}$ 的期望 $\hat{s}_{k|k}$ 和协方差 $P_{k|k}$ 进行估计。在已有文献中，卡尔曼滤波（Kalman Filtering，KF）算法已经成功地应用于解决隐含状态和监测数据平滑或逐渐变化情况下的估计问题。但是，由于设备在退化过程中受到随机冲击的影响，导致退化状态出现跳跃和突变的情况，因此，本章引入 STF 算法[191] 来解决状态存在突变情况下的估计问题。STF 算法在 KF 算法的基础上通过调整预测方差 $P_{k|k-1}$ 使其能敏感预测误差，使得滤波增益 K 对退化设备的状态变化更加敏感。STF 算法的具体步骤如下：

算法 7.1 STF 算法

步骤 1：初始化 $\hat{\boldsymbol{s}}_{0|0}$，$\boldsymbol{P}_{0|0}$，$\delta$ 和 φ

　对于 $i=1, 2, \cdots, k$

步骤 2：基于正交性原则求解渐消因子 $\nu(t_i)$

$$V_0(t_i)=\begin{cases}\gamma^2(t_1) & i=1\\ \dfrac{\varphi V_0(t_{i-1})+\gamma^2(t_1)}{1+\varphi} & i>1\end{cases},\quad \gamma(t_i)=y_i-\boldsymbol{H}\hat{\boldsymbol{s}}_{i|i-1}$$

$$\mathcal{U}(t_i)=V_0(t_i)-\delta\sigma_\varepsilon^2-\boldsymbol{H}\boldsymbol{Q}_{i-1}\boldsymbol{H}^{\mathrm{T}}$$

$$\mathcal{T}(t_i)=\boldsymbol{H}\boldsymbol{E}_{k-1}\boldsymbol{P}_{k-1|k-1}\boldsymbol{E}_{k-1}^{\mathrm{T}}\boldsymbol{H}^{\mathrm{T}}$$

$$\nu(t_i)=\begin{cases}\nu_0, & \nu_0\geqslant 1\\ 1, & \nu_0<1\end{cases},\quad \nu_0=\mathbf{Tr}[\mathcal{U}(t_i)]/\mathbf{Tr}[\mathcal{T}(t_i)]$$

步骤 3：状态估计

$$\hat{\boldsymbol{s}}_{i|i-1}=\boldsymbol{E}_{i-1}\hat{\boldsymbol{s}}_{i-1|i-1}+\boldsymbol{F}_{i-1}$$

$$\boldsymbol{P}_{i|i-1}=\nu(t_i)\boldsymbol{E}_{i-1}\boldsymbol{P}_{i-1|i-1}\boldsymbol{E}_{i-1}^{\mathrm{T}}+\boldsymbol{Q}_{i-1}$$

$$\boldsymbol{K}(i)=\boldsymbol{P}_{i|i-1}\boldsymbol{H}^{\mathrm{T}}(\boldsymbol{H}\boldsymbol{P}_{i|i-1}\boldsymbol{H}^{\mathrm{T}}+\sigma_\varepsilon^2)^{-1}$$

$$\hat{\boldsymbol{s}}_{i|i}=\hat{\boldsymbol{s}}_{i|i-1}+\boldsymbol{K}(i)(y_i-\boldsymbol{H}\hat{\boldsymbol{s}}_{i|i-1})$$

步骤 4：协方差更新

$$\boldsymbol{P}_{i|i}=[\boldsymbol{I}-\boldsymbol{K}(i)\boldsymbol{H}]\boldsymbol{P}_{i|i-1}$$

　结束

得到 t_k 时刻隐含状态 $\boldsymbol{s}_k$ 的期望 $\hat{\boldsymbol{s}}_{k|k}$ 和协方差 $\boldsymbol{P}_{k|k}$

在算法 7.1 中，φ 和 δ 分别表示遗忘系数和软化系数。遗忘系数 φ 的取值范围为 $0<\varphi\leqslant 1$，通常选择 $\varphi=0.95$[191-192]。软化系数 δ 用于平滑状态估计：δ 越大，估计准确性越高；δ 越小，则跟踪能力越强。δ 的值通常参考计算机模拟的结果，根据经验确定，本章选择 $\delta=4.5$[191]。事实上，STF 算法在一定程度上能够得到较 KF 算法更好的估计结果，两者在处理退化过程中存在状态跳变情况的详细对比可参考文献［193-194］。

初始状态 $\hat{\boldsymbol{s}}_{0|0}$ 和 $\boldsymbol{P}_{0|0}$ 分别为

$$\hat{\boldsymbol{s}}_{0|0}=\begin{bmatrix}0\\ \mu_\eta\end{bmatrix},\quad \boldsymbol{P}_{0|0}=\begin{bmatrix}0 & 0\\ 0 & \sigma_\eta^2\end{bmatrix}\tag{7.22}$$

由状态空间模型式（7.21）和 STF 算法的性质易知，基于监测数据 $\boldsymbol{Y}_{1:k}$ 的隐含状态 $\boldsymbol{s}_k$ 服从双变量的高斯分布，即 $\boldsymbol{s}_k\sim N(\boldsymbol{s}_{k|k},\boldsymbol{P}_{k|k})$，并且隐含退化状态的后验分布与漂移系数 η_k 是相关的。

由双变量高斯分布的性质可得

$$\begin{cases}x_k\mid \boldsymbol{Y}_{1:k}\sim N(\hat{x}_{k|k},\rho_{x,k}^2)\\ \eta_k\mid \boldsymbol{Y}_{1:k}\sim N(\hat{\eta}_{k|k},\rho_{\eta,k}^2)\\ x_k\mid \eta_k,\boldsymbol{Y}_{1:k}\sim N(\mu_{x_k|\eta,k},\sigma_{x_k|\eta,k}^2)\end{cases}\tag{7.23}$$

其中：

$$\begin{cases}\mu_{x_k|\eta,k}=\hat{x}_{k|k}+\kappa_k\dfrac{\rho_{x,k}}{\rho_{\eta,k}}(\eta_k-\hat{\eta}_{k|k})\\ \sigma_{x_k|\eta,k}^2=\eta_{x,k}^2(1-\kappa_k^2)\end{cases}\tag{7.24}$$

且 $\kappa_k=\rho_{x\eta,k}^2/(\rho_{x,k}\rho_{\eta,k})$。

根据式（7.23），基于全概率公式，可以计算得到 t_k 时刻退化设备剩余寿命 L_k 的条件 PDF $f_{L_k|\boldsymbol{Y}_{1:k}}(l_k|\boldsymbol{Y}_{1:k})$，如下式所示：

$$
\begin{aligned}
f_{L_k|\boldsymbol{Y}_{1:k}}(l_k|\boldsymbol{Y}_{1:k}) &= \int_{-\infty}^{\infty} f_{L_k|\boldsymbol{s}_k,\boldsymbol{Y}_{1:k}}(l_k|\boldsymbol{s}_k,\boldsymbol{Y}_{1:k})f(\boldsymbol{s}_k|\boldsymbol{Y}_{1:k})\mathrm{d}\boldsymbol{s}_k \\
&= \int_{-\infty}^{\infty}\left[p(\boldsymbol{\eta}_k|\boldsymbol{Y}_{1:k})\int_{-\infty}^{\infty} f_{L_k|x_k,\boldsymbol{\eta}_k,\boldsymbol{Y}_{1:k}}(l_k|x_k,\boldsymbol{\eta}_k,\boldsymbol{Y}_{1:k})f(x_k|\boldsymbol{\eta}_k,\boldsymbol{Y}_{1:k})\mathrm{d}x_k\right]\mathrm{d}\boldsymbol{\eta}_k \\
&= \mathbb{E}_{\boldsymbol{\eta}_k|\boldsymbol{Y}_{1:k}}\left[\mathbb{E}_{x_k|\boldsymbol{\eta}_k,\boldsymbol{Y}_{1:k}}\left[f_{L_k|x_k,\boldsymbol{\eta}_k,\boldsymbol{Y}_{1:k}}(l_k|x_k,\boldsymbol{\eta}_k,\boldsymbol{Y}_{1:k})\right]\right]
\end{aligned} \tag{7.25}
$$

式中：$f(\boldsymbol{s}_k|\boldsymbol{Y}_{1:k})$ 表示隐含状态 $\boldsymbol{s}_k$ 基于监测数据 $\boldsymbol{Y}_{1:k}$ 的条件 PDF；相似地，$f(\boldsymbol{\eta}_k|\boldsymbol{Y}_{1:k})$ 和 $f(x_k|\boldsymbol{\eta}_k,\boldsymbol{Y}_{1:k})$ 分别表示随机效应参数 $\boldsymbol{\eta}_k$ 基于监测数据 $\boldsymbol{Y}_{1:k}$ 的条件 PDF 和设备退化状态 x_k 基于随机效应参数 $\boldsymbol{\eta}_k$ 和监测数据 $\boldsymbol{Y}_{1:k}$ 的条件 PDF。

将式（7.19）代入式（7.25），并根据引理 7.2 进行化简，由定理 7.1 可以得到退化设备在 t_k 时刻退化设备剩余寿命 L_k 的 PDF $f_{L_k|\boldsymbol{Y}_{1:k}}(l_k|\boldsymbol{Y}_{1:k})$。

定理 7.1：对于式（7.3）所描述的退化过程 $\{X(t),\ t\geqslant 0\}$，定义退化设备在 t_k 时刻的剩余寿命 L_k 为式（7.6），那么基于监测数据 $\boldsymbol{Y}_{1:k}$，退化设备在 t_k 时刻的剩余寿命 L_k 的 PDF $f_{L_k|\boldsymbol{Y}_{1:k}}(l_k|\boldsymbol{Y}_{1:k})$ 可由如下近似的解析形式表示为

$$
\begin{aligned}
f_{L_k|\boldsymbol{Y}_{1:k}}(l_k|\boldsymbol{Y}_{1:k}) = &\frac{1}{\sqrt{2\pi l_k^2(\rho_{\eta,k}^2D_4^2+\sigma_{x_k|\eta,k}^2+D_3)}}\times \\
&\mathbb{E}_{\zeta|\boldsymbol{Y}_{1:k}}\left[\left[A_4-B_4\frac{\rho_{\eta,k}^2C_4D_4+\hat{\eta}_{k|k}(\sigma_{x_k|\eta,k}^2+D_3)}{\rho_{\eta,k}^2D_4^2+\sigma_{x_k|\eta,k}^2+D_3}\right]\exp\left[-\frac{(C_4-\hat{\eta}_{k|k}D_4)^2}{2(\rho_{\eta,k}^2D_4^2+\sigma_{x_k|\eta,k}^2+D_3)}\right]\right]
\end{aligned} \tag{7.26}
$$

其中：

$$
\begin{cases}
A_3=\omega-A_2\mu_I-\dfrac{B_2C_3D_2\sigma_I^2}{D_2^2\sigma_I^2+l_k\sigma_B^2} \\
B_3=-\left(\dfrac{B_2D_2\sigma_I^2}{D_2^2\sigma_I^2+l_k\sigma_B^2}+1\right) \\
C_3=\omega-\eta_kl_k-\left(\Xi(t_k,t_k+l_k)+\sqrt{\Xi(t_k,t_k+l_k)}\,\zeta\right)\mu_I \\
D_3=D_2^2\sigma_I^2+l_k\sigma_B^2 \\
A_4=A_3-\dfrac{B_3}{\sigma_{x_k|\eta,k}^2+D_3}\left\{\sigma_{x_k|\eta,k}^2\left[\omega-\left(\Xi(t_k,t_k+l_k)+\sqrt{\Xi(t_k,t_k+l_k)}\,\zeta\right)\mu_I\right]+\left[\hat{x}_{k|k}-\hat{\eta}_{k|k}\kappa_k\dfrac{\rho_{x,k}}{\rho_{\eta,k}}\right]D_3\right\} \\
B_4=\dfrac{B_3}{\sigma_{x_k|\eta,k}^2+D_3}\left[\kappa_k\dfrac{\rho_{x,k}}{\rho_{\eta,k}}D_3-l_k\sigma_{x_k|\eta,k}^2\right] \\
C_4=\omega-\hat{x}_{k|k}-\left(\Xi(t_k,t_k+l_k)+\sqrt{\Xi(t_k,t_k+l_k)}\,\zeta\right)\mu_I+\kappa_k\dfrac{\rho_{x,k}}{\rho_{\eta,k}}\hat{\eta}_{k|k} \\
D_4=l_k+\kappa_k\dfrac{\rho_{x,k}}{\rho_{\eta,k}}
\end{cases}
$$

定理7.1的证明过程详见附录D.1。

根据上述结果，基于退化设备的监测数据 $\boldsymbol{Y}_{1:k}$ 可以对隐含状态 $\boldsymbol{s}_k$ 进行实时更新；再根据定理7.1即可实现对退化设备剩余寿命 L_k 分布 $f_{L_k|\boldsymbol{Y}_{1:k}}(l_k \mid \boldsymbol{Y}_{1:k})$ 的自适应更新，从而得到退化设备剩余寿命 L_k 的实时预测值。7.4节将根据退化设备的监测数据 $\boldsymbol{Y}_{1:k}$ 对状态空间模型式（7.21）中的未知参数进行估计。

7.4　模型参数估计

为便于估计状态空间模型式（7.21）中的未知参数，将未知参数分为两部分：一是退化过程的参数向量 $\boldsymbol{\Theta}=\{\boldsymbol{s}_{0|0},\boldsymbol{P}_{0|0},\gamma_1,\gamma_2,\mu_I,\sigma_I^2,\sigma_B^2,\sigma_\alpha^2,\sigma_\varepsilon^2\}$；二是冲击过程的参数向量 $\boldsymbol{\theta}_\lambda$。假设 $\Delta t(\Delta t=t_k-t_{k-1})$ 内退化设备受到随机冲击的次数为 n，那么，式（7.21）可改写为

$$\begin{cases}\boldsymbol{s}_k=\boldsymbol{E}_{k-1}\boldsymbol{s}_{k-1}+\widetilde{\boldsymbol{F}}_{k-1}\\ y_k=\boldsymbol{H}\boldsymbol{s}_k+\varepsilon_k\end{cases}\tag{7.27}$$

式中：$\widetilde{\boldsymbol{F}}_{k-1}=\boldsymbol{F}_{k-1}+\boldsymbol{G}_{k-1}$，服从于正态分布 $\widetilde{\boldsymbol{F}}_{k-1}\sim N(\boldsymbol{R}_{k-1},\widetilde{\boldsymbol{Q}}_{k-1})$，具体地，有

$$\boldsymbol{R}_{k-1}=\begin{bmatrix}n\mu_I\\ \gamma_1 n+\gamma_2 n\mu_I\end{bmatrix},\quad \widetilde{\boldsymbol{Q}}_{k-1}=\begin{bmatrix}\sigma_B^2(t_k-t_{k-1})+n\sigma_I^2 & 0\\ 0 & \sigma_\alpha^2+\gamma_2 n\sigma_I^2\end{bmatrix}\tag{7.28}$$

显然，随机冲击的次数无法由直接观测得到，可将其视为一个隐含变量。定义时间区间 (t_{k-1},t_k) 内随机冲击的次数为 z_k，可考虑采用EM算法估计模型参数，但考虑到随机冲击次数 z_k 与时间 t_k 相关，则常规应用于分布的参数估计方法将无法适用。鉴于此，本节提出一种基于ECM算法[195]和MLE算法的两步模型参数估计方法，分别对退化过程和冲击过程的未知参数向量进行估计，能够有效降低计算复杂度，提高在线能力。为便于后续的参数估计，给出引理7.3。

引理7.3[175]：对于任意强度函数为 $\lambda(t)$ 的NHPP，存在以下性质：

$$\begin{cases}\Pr\{N(t+\Delta t)-N(t)=1\}=\lambda(t)\Delta t+o(\Delta t)\\ \Pr\{N(t+\Delta t)-N(t)\geqslant 2\}=o(\Delta t)\end{cases}\tag{7.29}$$

式中：$o(\Delta t)$ 为关于时间间隔 Δt 的无穷小量，即若 $\Delta t\to 0$，则 $o(\Delta t)/\Delta t\to 0$。

在实际工程中，与产品的寿命相比，退化设备的CM间隔通常是较小的。因此，基于引理7.3，当退化设备在时间间隔 Δt 内受到随机冲击的次数 $n\to+\infty$ 时，可认为概率 $\Pr(N(t,t+\Delta t)=n;\boldsymbol{\Theta})\to 0$。由此，可以定义参数 M，当随机冲击次数 $n\geqslant M$ 时，发生的概率 $\Pr(N(t,t+\Delta t)=n;\Theta)\to 0$，其中，$M$ 的取值可由赤池信息准则（Akaike Information Criterion，AIC）或Bayesian信息准则（Bayesian Information Criterion，BIC）[196] 确定。

令 $\boldsymbol{Z}_{1:k}=\{z_1,z_2,\cdots,z_k\}$，其中，$z_i\in\{0,1,\cdots,M\}$，$i=1,2,\cdots,k$。那么，利用ECM算法估计退化过程参数向量 Θ 的具体步骤如下：

算法7.2 ECM算法

步骤1：E-步骤 计算完全似然函数 $p(\boldsymbol{\Theta}\mid \boldsymbol{s}_{0:k},\boldsymbol{Y}_{1:k},\boldsymbol{Z}_{1:k})$ 关于隐含状态 $\boldsymbol{s}_{0:k}$ 和 $\boldsymbol{Z}_{1:k}$ 的条件期望；

$$\boldsymbol{Q}(\boldsymbol{\Theta}\mid\hat{\boldsymbol{\Theta}}^{(l)})=\mathbb{E}_{\boldsymbol{s}_{0:k},\boldsymbol{Z}_{1:k}|\boldsymbol{Y}_{1:k},\hat{\boldsymbol{\Theta}}^{(l)}}[\ell(\boldsymbol{\Theta}\mid\boldsymbol{s}_{0:k},\boldsymbol{Y}_{1:k},\boldsymbol{Z}_{1:k})]$$

式中：$\hat{\boldsymbol{\Theta}}^{(l)}$ 表示EM算法经第 l 步迭代后的参数估计值；$\mathbb{E}_{s_{0:k},Z_{1:k}\mid Y_{1:k},\hat{\boldsymbol{\Theta}}^{(l)}}[\cdot]$ 表示关于隐含状态 $\boldsymbol{s}_{0:k}$ 和 $\boldsymbol{Z}_{1:k}$ 的条件期望算子；$\ell(\boldsymbol{\Theta}\mid \boldsymbol{s}_{0:k},\boldsymbol{Y}_{1:k},\boldsymbol{Z}_{1:k})=\ln p(\boldsymbol{s}_{0:k},\boldsymbol{Y}_{1:k},\boldsymbol{Z}_{1:k}\mid\boldsymbol{\Theta})$。

步骤2：CM-步骤 最大化 $\boldsymbol{Q}(\boldsymbol{\Theta}\mid\hat{\boldsymbol{\Theta}}^{(l)})$，以得到第（$l$+1）步的参数估计值 $\hat{\boldsymbol{\Theta}}^{(l+1)}$。

$$\hat{\boldsymbol{\Theta}}^{(l+1)}=\arg\max_{\boldsymbol{\Theta}}\boldsymbol{Q}(\boldsymbol{\Theta}\mid\hat{\boldsymbol{\Theta}}^{(l)})$$

反复迭代E-步骤和CM-步骤，直至满足某一收敛判据，即可得到参数估计值 $\hat{\boldsymbol{\Theta}}$。

基于状态空间模型式（7.27）的马尔可夫特性和条件概率的乘法公式，可得 t_k 时刻隐含状态序列 $\boldsymbol{s}_{0:k},\boldsymbol{Z}_{1:k}$ 和监测数据 $\boldsymbol{Y}_{1:k}$ 的联合对数似然函数 $\ell(\boldsymbol{\Theta}\mid\boldsymbol{s}_{0:k},\boldsymbol{Y}_{1:k},\boldsymbol{Z}_{1:k})$ 为

$$\begin{aligned}&\ell(\boldsymbol{\Theta}\mid\boldsymbol{s}_{0:k},\boldsymbol{Y}_{1:k},\boldsymbol{Z}_{1:k})\\&=\ln p(\boldsymbol{\Theta}\mid s_{0:k},\boldsymbol{Y}_{1:k},\boldsymbol{Z}_{1:k})=\ln\prod_{j=0}^{k}p(s_j,y_j,z_j\mid\boldsymbol{\Theta})\\&=\ln p(s_0\mid\boldsymbol{\Theta})+\sum_{j=1}^{k}\ln[p(s_j\mid z_j,\boldsymbol{\Theta})p(z_j\mid\boldsymbol{\Theta})]+\sum_{j=1}^{k}\ln p(y_j\mid s_j,\boldsymbol{\Theta})\end{aligned}\tag{7.30}$$

根据E-步骤，联合对数似然函数 $\ell(\boldsymbol{\Theta}\mid\boldsymbol{s}_{0:k},\boldsymbol{Y}_{1:k},\boldsymbol{Z}_{1:k})$ 的条件期望 $\boldsymbol{Q}(\boldsymbol{\Theta}\mid\hat{\boldsymbol{\Theta}}^{(l)})$ 为

$$\boldsymbol{Q}(\boldsymbol{\Theta}\mid\hat{\boldsymbol{\Theta}}^{(l)})=\mathbb{E}_{s_{0:k},Y_{1:k},Z_{1:k},\hat{\boldsymbol{\Theta}}^{(l)}}[\ell(\boldsymbol{\Theta}\mid\boldsymbol{s}_{0:k},\boldsymbol{Y}_{1:k},\boldsymbol{Z}_{1:k})]\tag{7.31}$$

显然，直接计算 $\boldsymbol{Q}(\boldsymbol{\Theta}\mid\hat{\boldsymbol{\Theta}}^{(l)})$ 过于复杂，因此，可将 $\boldsymbol{Q}(\boldsymbol{\Theta}\mid\hat{\boldsymbol{\Theta}}^{(l)})$ 和参数向量 $\boldsymbol{\Theta}$ 分为相互独立的三个部分，分别求取条件期望，以便于后续CM-步骤的计算。

具体地，$\boldsymbol{Q}(\boldsymbol{\Theta}\mid\hat{\boldsymbol{\Theta}}^{(l)})$ 的第一部分包含初始状态参数 $\boldsymbol{\Theta}_1=\{\boldsymbol{s}_{0|0},\boldsymbol{P}_{0|0}\}$，即

$$\begin{aligned}\boldsymbol{Q}_1(\boldsymbol{\Theta}_1\mid\hat{\boldsymbol{\Theta}}_1^{(l)})&=\mathbb{E}_{s_{0:k},Y_{1:k},Z_{1:k},\hat{\boldsymbol{\Theta}}^{(l)}}[\ln p(\boldsymbol{s}_0\mid\hat{\boldsymbol{\Theta}}_1^{(l)})]\\&\propto-\frac{1}{2}\ln|\boldsymbol{P}_{0|0}|-\frac{1}{2}\mathbf{Tr}\{P_{0|0}^{-1}[(\boldsymbol{s}_{0|k}-\boldsymbol{s}_{0|0})(\hat{\boldsymbol{s}}_{0|k}-\boldsymbol{s}_{0|0})^{\mathrm{T}}+\boldsymbol{P}_{0|k}]\}\end{aligned}\tag{7.32}$$

$\boldsymbol{Q}(\boldsymbol{\Theta}\mid\hat{\boldsymbol{\Theta}}^{(l)})$ 的第二部分包含退化方程参数 $\boldsymbol{\Theta}_2=\{\gamma_1,\gamma_2,\mu_I,\sigma_I^2,\sigma_B^2,\sigma_\alpha^2\}$，即

$$\begin{aligned}&\boldsymbol{Q}_2(\boldsymbol{\Theta}_2\mid\hat{\boldsymbol{\Theta}}_2^{(l)})\\&=\mathbb{E}_{s_{0:k},Y_{1:k},Z_{1:k},\hat{\boldsymbol{\Theta}}^{(l)}}\left[\sum_{j=1}^{k}\ln[p(\boldsymbol{s}_j\mid z_j,\boldsymbol{\Theta})p(z_j\mid\hat{\boldsymbol{\Theta}}_2^{(l)})]\right]\\&=\mathbb{E}_{s_{0:k},Y_{1:k},Z_{1:k},\hat{\boldsymbol{\Theta}}^{(l)}}\left[\sum_{j=1}^{k}\ln[\delta_{z_j,j}p(\boldsymbol{s}_j\mid z_j,\hat{\boldsymbol{\Theta}}_2^{(l)})]\right]\\&\propto\sum_{j=1}^{k}\sum_{n=0}^{M}\{p(z_j=n\mid\boldsymbol{s}_j,\hat{\boldsymbol{\Theta}}_2^{(l)})[\ln\delta_{n,j}+\mathbb{E}_{s_{0:k},Y_{1:k},Z_{1:k},\hat{\boldsymbol{\Theta}}^{(l)}}[\ln p(\boldsymbol{s}_j\mid z_j=n,\hat{\boldsymbol{\Theta}}_2^{(l)})]]\}\end{aligned}\tag{7.33}$$

其中：

$$\delta_{n,j}=p(z_j=n\mid\hat{\boldsymbol{\Theta}}_2^{(l)})$$

$$p(z_j=n\mid\boldsymbol{s}_j,\hat{\boldsymbol{\Theta}}_2^{(l)})=\frac{p(z_j=n,\boldsymbol{s}_j\mid\hat{\boldsymbol{\Theta}}_2^{(l)})}{\sum_{n=0}^{M}p(z_j=n,\boldsymbol{s}_j\mid\hat{\boldsymbol{\Theta}}_2^{(l)})}=\frac{\hat{\delta}_{n,j}^{(l)}p(\boldsymbol{s}_j\mid z_j=n,\hat{\boldsymbol{\Theta}}_2^{(l)})}{\sum_{n=0}^{M}\hat{\delta}_{n,j}^{(l)}p(\boldsymbol{s}_j\mid z_j=n,\hat{\boldsymbol{\Theta}}_2^{(l)})}$$

$$\begin{aligned}\ln p(\boldsymbol{s}_j\mid z_j=n,\boldsymbol{\Theta}_2^{(l)})=&-\ln 2\pi-\frac{1}{2}\ln|\widetilde{\boldsymbol{Q}}_{j-1}|-\\&\frac{1}{2}(\boldsymbol{s}_j-\boldsymbol{E}_{j-1}\boldsymbol{s}_{j-1}-\boldsymbol{R}_{j-1})^{\mathrm{T}}\widetilde{\boldsymbol{Q}}_{j-1}^{-1}(\boldsymbol{s}_j-\boldsymbol{E}_{j-1}\boldsymbol{s}_{j-1}-\boldsymbol{R}_{j-1})\end{aligned}$$

$\boldsymbol{Q}(\boldsymbol{\Theta}\mid\hat{\boldsymbol{\Theta}}^{(l)})$ 的第三部分包含观测方程参数 $\Theta_3=\{\sigma_\varepsilon^2\}$，即

$$
\begin{aligned}
\boldsymbol{Q}_3(\Theta_3\mid\hat{\Theta}_3^{(l)}) &= \mathbb{E}_{s_{0:k},\boldsymbol{Z}_{1:k}\mid\boldsymbol{Y}_{1:k},\hat{\boldsymbol{\Theta}}^{(l)}}\left[\sum_{j=1}^{k}\ln p(y_j\mid\boldsymbol{s}_j,\hat{\Theta}_3^{(l)})\right] \\
&\propto -\frac{1}{2}\sum_{j=1}^{k}\ln\sigma_\varepsilon^2-\frac{1}{2\sigma_\varepsilon^2}\sum_{j=1}^{k}(y_j-\boldsymbol{H}\boldsymbol{s}_j)^2
\end{aligned}
\tag{7.34}
$$

为计算上述条件期望式（7.32）~式（7.34），需要计算下列条件期望：

$$
\begin{aligned}
&\mathbb{E}_{s_{0:k},\boldsymbol{Z}_{1:k}\mid\boldsymbol{Y}_{1:k},\hat{\boldsymbol{\Theta}}^{(l)}}[\boldsymbol{s}_j^{\mathrm{T}}\widetilde{\boldsymbol{Q}}_{j-1}^{-1}\boldsymbol{s}_j],\quad \mathbb{E}_{s_{0:k},\boldsymbol{Z}_{1:k}\mid\boldsymbol{Y}_{1:k},\hat{\boldsymbol{\Theta}}^{(l)}}[(\boldsymbol{E}_{j-1}\boldsymbol{s}_{j-1})^{\mathrm{T}}\widetilde{\boldsymbol{Q}}_{j-1}^{-1}\boldsymbol{E}_{j-1}\boldsymbol{s}_{j-1}],\\
&\mathbb{E}_{s_{0:k},\boldsymbol{Z}_{1:k}\mid\boldsymbol{Y}_{1:k},\hat{\boldsymbol{\Theta}}^{(l)}}[\boldsymbol{s}_j^{\mathrm{T}}\widetilde{\boldsymbol{Q}}_{j-1}^{-1}\boldsymbol{E}_{j-1}\boldsymbol{s}_{j-1}],\quad \mathbb{E}_{s_{0:k},\boldsymbol{Z}_{1:k}\mid\boldsymbol{Y}_{1:k},\hat{\boldsymbol{\Theta}}^{(l)}}[\boldsymbol{R}_{j-1}^{\mathrm{T}}\widetilde{\boldsymbol{Q}}_{j-1}^{-1}\boldsymbol{s}_j],\\
&\mathbb{E}_{s_{0:k},\boldsymbol{Z}_{1:k}\mid\boldsymbol{Y}_{1:k},\hat{\boldsymbol{\Theta}}^{(l)}}[\boldsymbol{s}_j^{\mathrm{T}}\widetilde{\boldsymbol{Q}}_{j-1}^{-1}\boldsymbol{R}_{j-1}],\quad \mathbb{E}_{s_{0:k},\boldsymbol{Z}_{1:k}\mid\boldsymbol{Y}_{1:k},\hat{\boldsymbol{\Theta}}^{(l)}}[(\boldsymbol{E}_{j-1}\boldsymbol{s}_{j-1})^{\mathrm{T}}\widetilde{\boldsymbol{Q}}_{j-1}^{-1}\boldsymbol{R}_{j-1}],\\
&\mathbb{E}_{s_{0:k},\boldsymbol{Z}_{1:k}\mid\boldsymbol{Y}_{1:k},\hat{\boldsymbol{\Theta}}^{(l)}}[(\boldsymbol{E}_{j-1}\boldsymbol{s}_{j-1})^{\mathrm{T}}\widetilde{\boldsymbol{Q}}_{j-1}^{-1}\boldsymbol{s}_j],\quad \mathbb{E}_{s_{0:k},\boldsymbol{Z}_{1:k}\mid\boldsymbol{Y}_{1:k},\hat{\boldsymbol{\Theta}}^{(l)}}[\boldsymbol{R}_{j-1}^{\mathrm{T}}\widetilde{\boldsymbol{Q}}_{j-1}^{-1}\boldsymbol{E}_{j-1}\boldsymbol{s}_{j-1}]
\end{aligned}
\tag{7.35}
$$

式中：$j\leqslant k$。为便于后续的计算，对于 $j=1,2,\cdots,k$，进行如下的定义：

$$
\begin{cases}
\hat{\boldsymbol{s}}_{j\mid k}=\mathbb{E}_{s_{0:k},\boldsymbol{Z}_{1:k}\mid\boldsymbol{Y}_{1:k},\hat{\boldsymbol{\Theta}}^{(l)}}[\boldsymbol{s}_j]\\
\boldsymbol{P}_{j\mid k}=\mathbb{E}_{s_{0:k},\boldsymbol{Z}_{1:k}\mid\boldsymbol{Y}_{1:k},\hat{\boldsymbol{\Theta}}^{(l)}}[\boldsymbol{s}_j\boldsymbol{s}_j^{\mathrm{T}}]-\hat{\boldsymbol{s}}_{j\mid k}\hat{\boldsymbol{s}}_{j\mid k}^{\mathrm{T}}\\
\boldsymbol{M}_{j\mid k}=\mathbf{cov}(\boldsymbol{s}_j,\boldsymbol{s}_{j-1}\mid\mathrm{Y}_{1:k})=\mathbb{E}_{s_{0:k},\boldsymbol{Z}_{1:k}\mid\boldsymbol{Y}_{1:k},\hat{\boldsymbol{\Theta}}^{(l)}}[\boldsymbol{s}_j\boldsymbol{s}_{j-1}^{\mathrm{T}}]-\hat{\boldsymbol{s}}_{j\mid k}\hat{\boldsymbol{s}}_{j-1\mid k}^{\mathrm{T}}
\end{cases}
\tag{7.36}
$$

基于状态空间模型式（7.27），条件期望式（7.35）可根据 Rauch-Tung-Striebel（RTS）平滑算法[192]进行计算，算法的具体步骤如下：

算法 7.3 RTS 算法

步骤 1：根据算法 7.1 进行前向迭代，得到 t_k 时刻隐含状态 $\boldsymbol{s}_k$ 的期望 $\hat{\boldsymbol{s}}_{k\mid k}$ 和协方差 $\boldsymbol{P}_{k\mid k}$；

对于 $j=k,\ k-1,\ \cdots,\ 1$

步骤 2：后向平滑计算

$$
\begin{gathered}
\boldsymbol{J}_{j-1}=\boldsymbol{P}_{j-1\mid j-1}\boldsymbol{E}_{i-1}^{\mathrm{T}}\boldsymbol{P}_{j\mid j-1}^{-1}\\
\hat{\boldsymbol{s}}_{j-1\mid k}=\hat{\boldsymbol{s}}_{j-1\mid j-1}+\boldsymbol{J}_{j-1}(\hat{\boldsymbol{s}}_{j\mid k}-\hat{\boldsymbol{s}}_{j-1\mid j-1})\\
\boldsymbol{P}_{j-1\mid k}=\boldsymbol{P}_{j-1\mid j-1}+\boldsymbol{J}_{j-1}(\boldsymbol{P}_{j\mid k}-\boldsymbol{P}_{j\mid j-1})\boldsymbol{J}_{j-1}^{\mathrm{T}}
\end{gathered}
$$

步骤 3：初始化协方差矩阵

$$
\boldsymbol{M}_{k\mid k}=[\boldsymbol{I}-\boldsymbol{K}(k)\boldsymbol{H}]\boldsymbol{E}_{k-1}\boldsymbol{P}_{k-1\mid k-1}
$$

步骤 4：更新协方差矩阵

$$
\boldsymbol{M}_{j\mid k}=\boldsymbol{P}_{k\mid k}\boldsymbol{J}_{j-1}^{\mathrm{T}}+\boldsymbol{J}_j(\boldsymbol{M}_{j+1\mid k}-\boldsymbol{E}_j\boldsymbol{P}_{j\mid j})\boldsymbol{J}_{j-1}^{\mathrm{T}}
$$

结束

基于第 l 步迭代后的参数估计值 $\hat{\boldsymbol{\Theta}}^{(1)}$ 执行算法 7.3，根据协方差矩阵的性质，可以计算得到所需的条件期望值，具体如下：

$$
\begin{aligned}
&\mathbb{E}_{s_{0:k},\boldsymbol{Z}_{1:k}\mid\boldsymbol{Y}_{1:k},\hat{\boldsymbol{\Theta}}^{(l)}}[\boldsymbol{s}_j^{\mathrm{T}}\widetilde{\boldsymbol{Q}}_{j-1}^{-1}\boldsymbol{s}_j]=\mathrm{Tr}(\widetilde{\boldsymbol{Q}}_{j-1}^{-1}\boldsymbol{P}_{j\mid k})+\mathrm{Tr}(\widetilde{\boldsymbol{Q}}_{j-1}^{-1}\hat{\boldsymbol{s}}_{j\mid k}\hat{\boldsymbol{s}}_{j\mid k}^{\mathrm{T}})\\
&\mathbb{E}_{s_{0:k},\boldsymbol{Z}_{1:k}\mid\boldsymbol{Y}_{1:k},\hat{\boldsymbol{\Theta}}^{(l)}}[(\boldsymbol{E}_{j-1}\boldsymbol{s}_{j-1})^{\mathrm{T}}\widetilde{\boldsymbol{Q}}_{j-1}^{-1}\boldsymbol{E}_{j-1}\boldsymbol{s}_{j-1}]=\mathrm{Tr}(\boldsymbol{E}_{j-1}^{\mathrm{T}}\widetilde{\boldsymbol{Q}}_{j-1}^{-1}\boldsymbol{E}_{j-1}\boldsymbol{P}_{j-1\mid k})+\mathrm{Tr}(\boldsymbol{E}_{j-1}^{\mathrm{T}}\widetilde{\boldsymbol{Q}}_{j-1}^{-1}\boldsymbol{E}_{j-1}\hat{\boldsymbol{s}}_{j-1\mid k}\hat{\boldsymbol{s}}_{j-1\mid k}^{\mathrm{T}})\\
&\mathbb{E}_{s_{0:k},\boldsymbol{Z}_{1:k}\mid\boldsymbol{Y}_{1:k},\hat{\boldsymbol{\Theta}}^{(l)}}[(\boldsymbol{E}_{j-1}\boldsymbol{s}_{j-1})^{\mathrm{T}}\widetilde{\boldsymbol{Q}}_{j-1}^{-1}\boldsymbol{s}_j]=\mathrm{Tr}(\boldsymbol{E}_{j-1}^{\mathrm{T}}\widetilde{\boldsymbol{Q}}_{j-1}^{-1}\mathrm{M}_{j\mid k})+\mathrm{Tr}(\boldsymbol{E}_{j-1}^{\mathrm{T}}\widetilde{\boldsymbol{Q}}_{j-1}^{-1}\hat{\boldsymbol{s}}_{j\mid k}\hat{\boldsymbol{s}}_{j-1\mid k}^{\mathrm{T}})\\
&\mathbb{E}_{s_{0:k},\boldsymbol{Z}_{1:k}\mid\boldsymbol{Y}_{1:k},\hat{\boldsymbol{\Theta}}^{(l)}}[\boldsymbol{s}_j^{\mathrm{T}}\widetilde{\boldsymbol{Q}}_{j-1}^{-1}\boldsymbol{E}_{j-1}\boldsymbol{s}_{j-1}]=\mathrm{Tr}(\widetilde{\boldsymbol{Q}}_{j-1}^{-1}\boldsymbol{E}_{j-1}\mathrm{M}_{j\mid k}^{k})+\mathrm{Tr}(\widetilde{\boldsymbol{Q}}_{j-1}^{-1}\boldsymbol{E}_{j-1}\hat{\boldsymbol{s}}_{j-1\mid k}\hat{\boldsymbol{s}}_{j\mid k}^{\mathrm{T}})
\end{aligned}
$$

$$\mathbb{E}_{s_{0:k},Z_{1:k}\mid Y_{1:k},\hat{\boldsymbol{\Theta}}^{(l)}}[\boldsymbol{R}_{j-1}^{\mathrm{T}}\widetilde{\boldsymbol{Q}}_{j-1}^{-1}\boldsymbol{s}_j]=\boldsymbol{R}_{j-1}^{\mathrm{T}}\widetilde{\boldsymbol{Q}}_{j-1}^{-1}\hat{\boldsymbol{s}}_{j|k}$$

$$\mathbb{E}_{s_{0:k},Z_{1:k}\mid Y_{1:k},\hat{\boldsymbol{\Theta}}^{(l)}}[\boldsymbol{s}_j^{\mathrm{T}}\widetilde{\boldsymbol{Q}}_{j-1}^{-1}\boldsymbol{R}_{j-1}]=\hat{\boldsymbol{s}}_{j|k}^{\mathrm{T}}\widetilde{\boldsymbol{Q}}_{j-1}^{-1}\boldsymbol{R}_{j-1}$$

$$\mathbb{E}_{s_{0:k},Z_{1:k}\mid Y_{1:k},\hat{\boldsymbol{\Theta}}^{(l)}}[(\boldsymbol{E}_{j-1}\boldsymbol{s}_{j-1})^{\mathrm{T}}\widetilde{\boldsymbol{Q}}_{j-1}^{-1}\boldsymbol{R}_{j-1}]=\hat{\boldsymbol{s}}_{j-1|k}^{\mathrm{T}}\boldsymbol{E}_{j-1}^{\mathrm{T}}\widetilde{\boldsymbol{Q}}_{j-1}^{-1}\boldsymbol{R}_{j-1}$$

$$\mathbb{E}_{s_{0:k},Z_{1:k}\mid Y_{1:k},\hat{\boldsymbol{\Theta}}^{(l)}}[\boldsymbol{R}_{j-1}^{\mathrm{T}}\widetilde{\boldsymbol{Q}}_{j-1}^{-1}\boldsymbol{E}_{j-1}\boldsymbol{s}_{j-1}]=\boldsymbol{R}_{j-1}^{\mathrm{T}}\widetilde{\boldsymbol{Q}}_{j-1}^{-1}\boldsymbol{E}_{j-1}\hat{\boldsymbol{s}}_{j-1|k}$$

根据上述条件期望，可以分别对 $\boldsymbol{Q}_1(\boldsymbol{\Theta}_1\mid\hat{\boldsymbol{\Theta}}_1^{(l)}),\boldsymbol{Q}_2(\boldsymbol{\Theta}_2\mid\hat{\boldsymbol{\Theta}}_2^{(l)})$ 和 $\boldsymbol{Q}_3(\Theta_3\mid\hat{\Theta}_3^{(l)})$ 进行最大化以估计相应的未知参数。

对于第一部分 $\boldsymbol{Q}_1(\boldsymbol{\Theta}_1\mid\hat{\boldsymbol{\Theta}}_1^{(l)})$ 所包含的未知参数 $\boldsymbol{\Theta}_1=\{\boldsymbol{s}_{0|0},\boldsymbol{P}_{0|0}\}$，可以通过分别求取 $\boldsymbol{Q}_1(\boldsymbol{\Theta}_1\mid\hat{\boldsymbol{\Theta}}_1^{(l)})$ 关于参数 $\boldsymbol{s}_{0|0}$ 和 $\boldsymbol{P}_{0|0}$ 的偏导数得到相应参数的估计值，即

$$\begin{cases}\dfrac{\boldsymbol{Q}_1(\boldsymbol{\Theta}_1\mid\hat{\boldsymbol{\Theta}}_1^{(l)})}{\partial\boldsymbol{s}_{0|0}}=-\boldsymbol{P}_{0|0}^{-1}(s_{0|0}-\hat{\boldsymbol{s}}_{0|k})\\ \dfrac{\boldsymbol{Q}_1(\boldsymbol{\Theta}_1\mid\hat{\boldsymbol{\Theta}}_1^{(l)})}{\partial\boldsymbol{P}_{0|0}}=-\dfrac{1}{2}(\boldsymbol{P}_{0|0}^{-1}-\boldsymbol{P}_{0|0}^{-1}\boldsymbol{P}_{0|k}\boldsymbol{P}_{0|0}^{-1})\end{cases}\tag{7.37}$$

令式（7.37）为0，可以得到第（l+1）步的参数估计值 $\hat{\boldsymbol{\Theta}}_1^{(l+1)}$，即

$$\hat{\boldsymbol{s}}_{0|0}^{(l+1)}=\hat{\boldsymbol{s}}_{0|k},\quad\hat{\boldsymbol{P}}_{0|0}^{(l+1)}=\boldsymbol{P}_{0|k}\tag{7.38}$$

对于第二部分 $\boldsymbol{Q}_2(\Theta_2\mid\hat{\Theta}_2^{(l)})$ 所包含的未知参数 $\Theta_2=\{\gamma_1,\gamma_2,\mu_I,\sigma_I^2,\sigma_B^2,\sigma_\alpha^2\}$，可得

$$\begin{aligned}&\mathbb{E}_{s_{0:k},Z_{1:k}\mid Y_{1:k},\hat{\Theta}^{(l)}}[\ln p(\boldsymbol{s}_j\mid z_j=n,\hat{\boldsymbol{\Theta}}_2^{(l)})]\\&\propto-\frac{1}{2}\ln|\widetilde{\boldsymbol{Q}}_{j-1}|-\frac{1}{2}\mathrm{Tr}[\widetilde{\boldsymbol{Q}}_j^{-1}(\boldsymbol{\Psi}_j-\boldsymbol{\Phi}_j\boldsymbol{E}_{j-1}^{\mathrm{T}}-\boldsymbol{E}_{j-1}\boldsymbol{\Phi}_j^{\mathrm{T}}+\boldsymbol{E}_{j-1}\boldsymbol{Y}_i\boldsymbol{E}_{j-1}^{\mathrm{T}})-\\&\boldsymbol{R}_{j-1}^{\mathrm{T}}\widetilde{\boldsymbol{Q}}_{j-1}^{-1}\hat{\boldsymbol{s}}_{j|k}+\boldsymbol{R}_{j-1}^{\mathrm{T}}\widetilde{\boldsymbol{Q}}_{j-1}^{-1}\boldsymbol{E}_{j-1}\hat{\boldsymbol{s}}_{j-1|k}-\hat{\boldsymbol{s}}_{j|k}^{\mathrm{T}}\widetilde{\boldsymbol{Q}}_{j-1}^{-1}\boldsymbol{R}_{j-1}+\hat{\boldsymbol{s}}_{j-1|k}^{\mathrm{T}}\boldsymbol{E}_{j-1}^{\mathrm{T}}\widetilde{\boldsymbol{Q}}_{j-1}^{-1}\boldsymbol{R}_{j-1}]\end{aligned}\tag{7.39}$$

其中：

$$\begin{cases}\boldsymbol{\Psi}_j=\mathbb{E}_{s_{0:k},Z_{1:k}\mid Y_{1:k},\hat{\boldsymbol{\Theta}}^{(l)}}[\boldsymbol{s}_j\boldsymbol{s}_j^{\mathrm{T}}]=\hat{\boldsymbol{s}}_{j|k}\hat{\boldsymbol{s}}_{j|k}^{\mathrm{T}}+\boldsymbol{P}_{j|k}\\ \boldsymbol{\Phi}_j=\mathbb{E}_{s_{0:k},Z_{1:k}\mid Y_{1:k},\hat{\boldsymbol{\Theta}}^{(l)}}[\boldsymbol{s}_j\boldsymbol{s}_{j-1}^{\mathrm{T}}]=\hat{\boldsymbol{s}}_{j|k}\hat{\boldsymbol{s}}_{j-1|k}^{\mathrm{T}}+\boldsymbol{M}_{j|k}\\ \boldsymbol{Y}_j=\mathbb{E}_{s_{0:k},Z_{1:k}\mid Y_{1:k},\hat{\boldsymbol{\Theta}}^{(l)}}[\boldsymbol{s}_{j-1}\boldsymbol{s}_{j-1}^{\mathrm{T}}]=\hat{\boldsymbol{s}}_{j-1|k}\hat{\boldsymbol{s}}_{j-1|k}^{\mathrm{T}}+\boldsymbol{P}_{j-1|k}\end{cases}\tag{7.40}$$

定义 $\boldsymbol{W}_j$ 和 $\boldsymbol{U}_j$ 为

$$\boldsymbol{W}_j=\boldsymbol{\Psi}_j-\boldsymbol{\Phi}_j\boldsymbol{E}_{j-1}^{\mathrm{T}}-\boldsymbol{E}_{j-1}\boldsymbol{\Phi}_j^{\mathrm{T}}+\boldsymbol{E}_{j-1}\boldsymbol{Y}_i\boldsymbol{E}_{j-1}^{\mathrm{T}}$$

$$\boldsymbol{U}_j=-\boldsymbol{R}_{j-1}^{\mathrm{T}}\widetilde{\boldsymbol{Q}}_{j-1}^{-1}\hat{\boldsymbol{s}}_{j|k}+\boldsymbol{R}_{j-1}^{\mathrm{T}}\widetilde{\boldsymbol{Q}}_{j-1}^{-1}\boldsymbol{E}_{j-1}\hat{\boldsymbol{s}}_{j-1|k}-\hat{\boldsymbol{s}}_{j|k}^{\mathrm{T}}\widetilde{\boldsymbol{Q}}_{j-1}^{-1}\boldsymbol{R}_{j-1}+\hat{\boldsymbol{s}}_{j-1|k}^{\mathrm{T}}\boldsymbol{E}_{j-1}^{\mathrm{T}}\widetilde{\boldsymbol{Q}}_{j-1}^{-1}\boldsymbol{R}_{j-1}$$

那么，$\boldsymbol{Q}_2(\boldsymbol{\Theta}_2\mid\hat{\boldsymbol{\Theta}}_2^{(l)})$ 可表示为

$$\begin{aligned}&\boldsymbol{Q}_2(\boldsymbol{\Theta}_2\mid\hat{\boldsymbol{\Theta}}_2^{(l)})\\&=\sum_{j=1}^{k}\sum_{n=0}^{M}\{p(z_j=n\mid\boldsymbol{s}_j,\hat{\boldsymbol{\Theta}}_2^{(l)})[\ln\delta_{n,j}+\mathbb{E}_{s_{0:k},Z_{1:k}\mid Y_{1:k},\hat{\boldsymbol{\Theta}}^{(l)}}[\ln p(\boldsymbol{s}_j\mid z_j=n,\hat{\boldsymbol{\Theta}}_2^{(l)})]]\}\\&\propto\sum_{j=1}^{k}\sum_{n=0}^{M}\{p(z_j=n\mid\boldsymbol{s}_j,\hat{\boldsymbol{\Theta}}_2^{(l)})[\ln\delta_{n,j}-\frac{1}{2}\ln|\widetilde{\boldsymbol{Q}}_{j-1}|-\\&\frac{1}{2}\mathrm{Tr}[\widetilde{\boldsymbol{Q}}_j^{-1}(\Psi_j-\Phi_j\boldsymbol{E}_{j-1}^{\mathrm{T}}-\boldsymbol{E}_{j-1}\Phi_j^{\mathrm{T}}+\boldsymbol{E}_{j-1}Y_i\boldsymbol{E}_{j-1}^{\mathrm{T}})-\end{aligned}$$

$$\boldsymbol{R}_{j-1}^{\mathrm{T}}\widetilde{\boldsymbol{Q}}_{j-1}^{-1}\hat{\boldsymbol{s}}_{j|k}+\boldsymbol{R}_{j-1}^{\mathrm{T}}\widetilde{\boldsymbol{Q}}_{j-1}^{-1}\boldsymbol{E}_{j-1}\hat{\boldsymbol{s}}_{j-1|k}-\hat{\boldsymbol{s}}_{j|k}^{\mathrm{T}}\widetilde{\boldsymbol{Q}}_{j-1}^{-1}\boldsymbol{R}_{j-1}+\hat{\boldsymbol{s}}_{j-1|k}^{\mathrm{T}}\boldsymbol{E}_{j-1}^{\mathrm{T}}\widetilde{\boldsymbol{Q}}_{j-1}^{-1}\boldsymbol{R}_{j-1}]$$
$$=\sum_{j=1}^{k}\sum_{n=0}^{M}\left\{p(z_j=n\mid\boldsymbol{s}_j,\hat{\boldsymbol{\Theta}}_2^{(l)})\left[\ln\delta_{n,j}-\frac{1}{2}\ln|\widetilde{\boldsymbol{Q}}_{j-1}|-\frac{1}{2}\mathrm{Tr}(\widetilde{\boldsymbol{Q}}_j^{-1}\boldsymbol{W}_j+\boldsymbol{U}_j)\right]\right\} \tag{7.41}$$

利用 ECM 算法中的 CM 步骤估计参数向量 $\Theta_2=\{\gamma_1,\gamma_2,\mu_I,\sigma_I^2,\sigma_B^2,\sigma_\alpha^2\}$。与传统 EM 算法的区别在于，CM 步骤中的每一步都是在某些参数固定为前一步估计值的条件下，求解最优迭代解。具体步骤如下。

CM-1 步：假设参数 γ_1,γ_2 和 μ_I 是固定的，令 $\boldsymbol{Q}_2'=\boldsymbol{Q}_2(\sigma_I^2,\sigma_B^2,\sigma_\alpha^2\mid\Theta_2^{(l)})$，并进行最大化，可得

$$\begin{cases}\hat{\delta}_{n,k}^{(l+1)}=\dfrac{1}{k}\displaystyle\sum_{j=1}^{k}p(z_j=n\mid\boldsymbol{s}_j,\hat{\boldsymbol{\Theta}}_2^{(l)})\\ \hat{\sigma}_B^{2(l+1)}=\dfrac{1}{\boldsymbol{V}_a}(\boldsymbol{V}_c-\boldsymbol{V}_b\hat{\sigma}_I^{2(l+1)})\\ \hat{\sigma}_\alpha^{2(l+1)}=\dfrac{1}{\boldsymbol{V}_d}(\boldsymbol{V}_f-\boldsymbol{V}_e\hat{\sigma}_I^{2(l+1)})\end{cases} \tag{7.42}$$

其中：

$$\boldsymbol{V}_a=\sum_{n=0}^{M}\sum_{j=1}^{k}(t_k-t_{k-1})^2p(z_j=n\mid\boldsymbol{s}_j,\hat{\boldsymbol{\Theta}}_2^{(l)})$$
$$\boldsymbol{V}_b=\sum_{n=0}^{M}n\sum_{j=1}^{k}(t_k-t_{k-1})p(z_j=n\mid s_j,\hat{\boldsymbol{\Theta}}_2^{(l)})$$
$$\boldsymbol{V}_c=\sum_{n=0}^{M}\sum_{j=1}^{k}[\varpi_{11,j}(t_k-t_{k-1})-2n\hat{\mu}_I^{(l)}(t_k-t_{k-1})(\hat{x}_{j|k}-\hat{x}_{j-1|k}+\hat{\eta}_{j-1|k}(t_k-t_{k-1})]\times$$
$$p(z_j=n\mid\boldsymbol{s}_j,\hat{\boldsymbol{\Theta}}_2^{(l)})$$
$$\boldsymbol{V}_d=\sum_{n=0}^{M}\sum_{j=1}^{k}p(z_j=n\mid\boldsymbol{s}_j,\hat{\boldsymbol{\Theta}}_2^{(l)})$$
$$\boldsymbol{V}_e=\sum_{n=0}^{M}\hat{\gamma}_2^{(l)}n\sum_{j=1}^{k}p(z_j=n\mid\boldsymbol{s}_j,\hat{\boldsymbol{\Theta}}_2^{(l)})$$
$$\boldsymbol{V}_f=\sum_{n=0}^{M}\sum_{j=1}^{k}[\varpi_{22,j}-2(\hat{\gamma}_1^{(l)}n+\hat{\gamma}_2^{(l)}n\hat{\mu}_I^{(l)})(\hat{\eta}_{j-1|k}-\hat{\eta}_{j|k})]p(z_j=n\mid\boldsymbol{s}_j,\hat{\boldsymbol{\Theta}}_2^{(l)})$$

且 $\varpi_{11,j}$ 和 $\varpi_{22,j}$ 分别是 $\boldsymbol{W}_j$ 主对角线元素上的第一个和第二个元素。

参数 $\hat{\delta}_{n,k}^{(l+1)}$ 和 $\hat{\sigma}_B^{2(l+1)},\hat{\sigma}_\alpha^{2(l+1)}$ 的详细推导过程分别见附录 D. 2 和附录 D. 3。

在式（7.42）中，$\hat{\sigma}_B^{2(l+1)}$ 和 $\hat{\sigma}_\alpha^{2(l+1)}$ 均为关于 $\hat{\sigma}_I^{2(l+1)}$ 的表达式。将式（7.42）代入 $\boldsymbol{Q}_2'=\boldsymbol{Q}_2(\sigma_I^2,\sigma_B^2,\sigma_\alpha^2\mid\boldsymbol{\Theta}_2^{(l)})$ 得到关于 $\hat{\sigma}_I^{2(l+1)}$ 的表达式并将其最大化，可得

$$\hat{\sigma}_I^{2(l+1)}=\arg\max_{\sigma_I^2}\boldsymbol{Q}_2' \tag{7.43}$$

需要注意的是，通常难以通过推导直接得到参数 $\hat{\sigma}_I^{2(l+1)}$ 的解析解，可利用搜索算法进行求解。此时，仅存在一个待求解的未知参数，能有效降低计算复杂度。将估计值 $\hat{\sigma}_I^{2(l+1)}$ 代回式（7.42），即可得到参数估计值 $\hat{\sigma}_B^{2(l+1)}$ 和 $\hat{\sigma}_\alpha^{2(l+1)}$。

CM-2 步：与 CM-1 步类似，通过固定参数 $\hat{\delta}_{n,k}^{(l+1)}$、$\hat{\sigma}_B^{2(l+1)}$ 和 $\hat{\sigma}_\alpha^{2(l+1)}$，以及未知参数 γ_1、γ_2 和 μ_I 中的任意两个，依次求解另一个参数的估计值，具体步骤如下：

$$\begin{cases}\hat{\gamma}_1^{(l+1)}=\arg\max\limits_{\gamma_1}\boldsymbol{Q}_2(\gamma_1\mid\gamma_2^{(l)},\mu_I^{(l)},\hat{\sigma}_I^{2(l+1)},\hat{\sigma}_B^{2(l+1)},\hat{\sigma}_\alpha^{2(l+1)})\\ \hat{\gamma}_2^{(l+1)}=\arg\max\limits_{\gamma_2}\boldsymbol{Q}_2(\gamma_2\mid\mu_I^{(l)},\gamma_1^{(l+1)},\hat{\sigma}_I^{2(l+1)},\hat{\sigma}_B^{2(l+1)},\hat{\sigma}_\alpha^{2(l+1)})\\ \hat{\mu}_I^{(l+1)}=\arg\max\limits_{\mu_I}\boldsymbol{Q}_2(\mu_I\mid\gamma_1^{(l+1)},\gamma_2^{(l+1)},\hat{\delta}_0^{(l+1)},\hat{\sigma}_I^{2(l+1)},\hat{\sigma}_B^{2(l+1)},\hat{\sigma}_\alpha^{2(l+1)})\end{cases}\tag{7.44}$$

对于第三部分 $\boldsymbol{Q}_3(\boldsymbol{\Theta}_3\mid\hat{\boldsymbol{\Theta}}_3^{(l)})$ 所包含的未知参数 $\boldsymbol{\Theta}_3=\{\sigma_\varepsilon^2\}$，根据式（7.34）可得

$$\boldsymbol{Q}_3(\boldsymbol{\Theta}_3\mid\hat{\boldsymbol{\Theta}}_3^{(l)})\propto-\frac{1}{2}\sum_{j=1}^{k}\ln\sigma_\varepsilon^2-\frac{1}{2\sigma_\varepsilon^2}\sum_{j=1}^{k}(y_j^2-2y_j\boldsymbol{H}\hat{\boldsymbol{s}}_{j|k}+\boldsymbol{H}\boldsymbol{\Psi}_j\boldsymbol{H}^{\mathrm{T}})\tag{7.45}$$

未知参数 $\boldsymbol{\Theta}_3$ 的估计方法与参数 Θ_1 相同，可以通过直接求解 $\boldsymbol{Q}_3(\boldsymbol{\Theta}_3\mid\hat{\boldsymbol{\Theta}}_3^{(l)})$ 关于参数 σ_ε^2 的偏导数，并令其为 0，得到参数 σ_ε^2 的估计值，结果可表示为

$$\hat{\sigma}_\varepsilon^{2(l+1)}=\frac{1}{k}\sum_{j=1}^{k}(y_j^2-2y_j\boldsymbol{H}\hat{\boldsymbol{s}}_{j|k}+\boldsymbol{H}\boldsymbol{\Psi}_j\boldsymbol{H}^{\mathrm{T}})\tag{7.46}$$

通过上述推导及运算，可以得到退化过程的参数向量 $\boldsymbol{\Theta}$ 的估计值。此时，仅有冲击过程的参数向量 $\boldsymbol{\theta}_\lambda$ 需要估计，可直接利用 MLE 算法对其进行估计：

$$\hat{\boldsymbol{\theta}}_\lambda=\arg\max_{\boldsymbol{\theta}_\lambda}l(\boldsymbol{\theta}_\lambda\mid\hat{\boldsymbol{s}}_{1:k})\tag{7.47}$$

其中：

$$\begin{aligned}\ell(\boldsymbol{\theta}_\lambda\mid\hat{\boldsymbol{s}}_{1:k})&=\ln\prod_{j=1}^{k}p(\hat{\boldsymbol{s}}_{1:k};\boldsymbol{\theta}_\lambda)\\ &=\sum_{j=1}^{k}\ln\sum_{n=0}^{M}p(\hat{\boldsymbol{s}}_{1:k}\mid\Xi(t_{j-1},t_j)=n;\boldsymbol{\theta}_\lambda)\times\Pr(\Xi(t_{j-1},t_j)=n;\boldsymbol{\theta}_\lambda)\\ &=\sum_{j=1}^{k}\ln\sum_{n=0}^{M}\frac{\Xi^n(t_{j-1},t_j;\boldsymbol{\theta}_\lambda)\exp[-\Xi(t_{j-1},t_j;\boldsymbol{\theta}_\lambda)]}{2\pi\sqrt{|\hat{\tilde{\boldsymbol{Q}}}_{j-1}|}\,n!}\times\\ &\quad\exp\left[-\frac{1}{2}(\hat{\boldsymbol{s}}_j-\boldsymbol{E}_{j-1}\hat{\boldsymbol{s}}_{j-1}-\hat{\boldsymbol{R}}_{j-1})^{\mathrm{T}}\hat{\tilde{\boldsymbol{Q}}}_{j-1}(\hat{\boldsymbol{s}}_j-\boldsymbol{E}_{j-1}\hat{\boldsymbol{s}}_{j-1}-\hat{\boldsymbol{R}}_{j-1})\right]\end{aligned}$$

注释 7.4：在工程应用中，描述随机冲击频率的 NHPP 强度函数 $\lambda(t)$ 的具体形式往往是未知且难以辨识的。通常根据 AIC，从若干种常见的强度函数形式中选择最合适的一种[197]。

采用基于 ECM 算法和 MLE 算法的两步法对冲击退化模型中的所有未知参数进行估计，能够有效降低计算复杂度，提高算法的在线估计能力和估计精度。通过上述推导过程，可将本章所提出的考虑随机冲击的线性退化设备自适应剩余寿命预测方法的步骤概括为以下算法，具体步骤如下：

算法 7.4 剩余寿命预测算法

步骤 1：收集设备的退化数据作为训练数据集；

步骤 2：基于强度函数 $\lambda(t)$ 的多种常见形式，建立冲击退化模型；

步骤 3：根据训练数据集，利用基于 ECM 算法和 MLE 算法的两步法估计冲击退化模型的

初始参数 $\hat{\boldsymbol{\Theta}}_0$ 和 $\hat{\boldsymbol{\theta}}_{\lambda 0}$；

步骤 4：根据 AIC，从常见强度函数 $\lambda(t)$ 的形式中确定拟合效果最好的一种；

步骤 5：收集退化设备个体截止到当前 t_k 时刻的监测数据作为退化数据；

步骤 6：根据监测数据，利用 STF 算法估计 t_k 时刻退化设备的真实退化状态 x_k 和表示退化速率的漂移系数 η_k；

步骤 7：根据监测数据，利用两步参数估计法更新 t_k 时刻冲击退化模型的参数；

步骤 8：将冲击退化模型参数估计值 $\hat{\boldsymbol{\Theta}}_k$ 和 $\hat{\boldsymbol{\theta}}_{k0}$ 代入 $f_{L_k|\boldsymbol{Y}_{1:k}}(l_k|\boldsymbol{Y}_{1:k})$，得到 t_k 时刻退化设备的剩余寿命的分布，进而得到剩余寿命预测值；

步骤 9：当获得新的监测数据后，重复步骤 6 至步骤 8，更新冲击退化模型的剩余寿命预测值。

通过上述步骤，可以根据实时获得的监测数据在线更新冲击退化模型的参数，得到当前时刻退化设备的剩余寿命分布，从而实现自适应的剩余寿命预测。

7.5　仿真研究

本节将通过一个数值仿真的例子来验证本章所提参数估计和剩余寿命预测方法的有效性。首先，基于状态空间模型式（7.20），根据预设的参数初始值，利用常见的欧拉离散化方法[119]仿真退化轨迹，状态空间模型式（7.20）可改写为

$$\begin{cases}x_{(k+1)\Delta t}=x_{k\Delta t}+\eta_{k\Delta t}\Delta t+\sum\limits_{i=N(k\Delta t)}^{N((k+1)\Delta t)}I_i+\sigma_B B(\sqrt{\Delta t})\\ \eta_{(k+1)\Delta t}=\eta_{k\Delta t}+\gamma_1[N((k+1)\Delta t)-N(k\Delta t)]+\gamma_2\sum\limits_{i=N(k\Delta t)}^{N((k+1)\Delta t)}I_i+\alpha\\ y_{(k+1)\Delta t}=x_{(k+1)\Delta t}+\varepsilon_{k\Delta t}\end{cases}\tag{7.48}$$

式中：Δt 表示离散步长，且 $\eta_0\sim N(\mu_\eta,\sigma_\eta^2)$。

此外，为便于退化轨迹的仿真，选择线性形式的强度函数 $\lambda(t)$ 为

$$\lambda(t)=\begin{cases}0, & t<\theta_{\lambda1}\\ \dfrac{\theta_{\lambda3}}{\theta_{\lambda2}-\theta_{\lambda1}}(t-\theta_{\lambda1}), & \theta_{\lambda1}\leqslant t\leqslant\theta_{\lambda2}\\ \theta_{\lambda3}, & t>\theta_{\lambda2}\end{cases}\tag{7.49}$$

数值仿真中预设的参数初始值如表 7.1 所示。

表 7.1　数值仿真中预设的参数初始值

参数	μ_η	σ_η	γ_1	γ_2	μ_I	σ_I	σ_B
预设值	0.05	0.01	10^{-6}	10^{-4}	0.05	5	0.8
参数	σ_α	σ_ε	$\theta_{\lambda1}$	$\theta_{\lambda2}$	$e^{-\theta_{\lambda3}}$	ω	Δt
预设值	10^{-4}	0.2	4000	6000	0.9	300	1

根据表 7.1 中的参数预设值仿真了 11 条退化轨迹，其中 10 条作为训练样本，用于估计冲击退化模型的初始参数，如图 7.1（a）中虚线所示；另外一条作为测试样本，用于验证本章所提出的剩余寿命预测方法，如图 7.1（a）实线所示。测试样本的退化增量如图 2.1（b）所示。

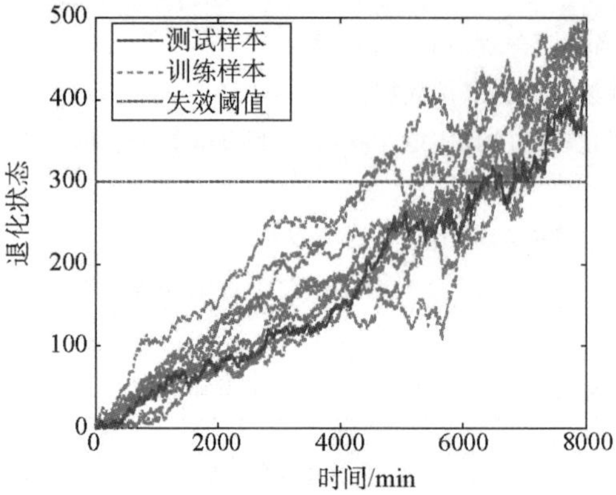

（a）数值仿真的退化轨迹

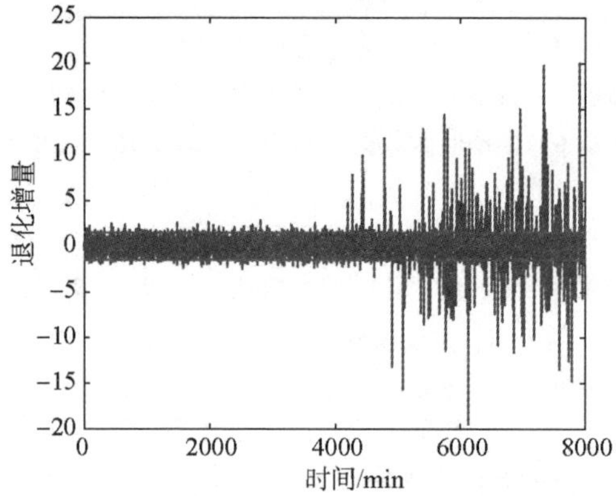

（b）测试样本的退化增量

图 7.1 数值仿真的退化轨迹及测试样本的退化增量

由图 7.1 可知，在退化过程中存在随机冲击的影响，且冲击的幅值并不固定；此外，随着时间的推移，随机冲击的频率逐渐增加。为说明本章所提方法的有效性和优越性，将其与文献［122］中所提方法进行对比，该方法并未考虑退设备的个体差异性和测量误差，以及随机冲击对设备退化速率的影响。为便于后续表述，将本章所提模型和文献［122］中所提模型分别记为模型 M_1 和模型 M_2。

随后，基于仿真的退化数据，选择 4 个监测时刻估计冲击退化模型的参数值，并预测测试样本的剩余寿命，具体结果如表 7.2 所示。需要说明的是，当 CM 时刻 $t_k=0$ 时，模型的参数估计结果来自于训练数据集，此时的参数估计值即为模型的参数初始值，预测的剩余寿命即为寿命。对于其余 3 个 CM 时刻，模型 M_1 的参数估计值是根据测试样本的退化数据对参数初始值实时更新得到的，而模型 M_2 的参数估计值是直接由测试样本的退化数据估计得到的。

对比表 7.1 中的参数初始值和表 7.2 中的参数估计值不难发现，与模型 M_2 相比，模型 M_1 能够得到更为精确的参数估计值。对比表 7.2 中的剩余寿命预测值 $\hat{L}_k$ 和真实剩余寿命 L_k 可以看出，模型 M_1 相比模型 M_2 能够得到准确性更高的剩余寿命预测值，这说明了本章所提方法的合理性和有效性。此外，随着时间的推移，随机冲击的发生频率增加，次数增多，但模型 M_1 的参数随着测试样本的退化数据实时更新，参数估计和剩余寿命预测结果更加接近真实值，说明了本章所提方法具有良好的在线能力。

表 7.2 各监测时刻下模型参数估计值和剩余寿命预测值

监测时刻	$t_k=0$		$t_k=1500$		$t_k=3000$		$t_k=4500$	
模型	M_1	M_2	M_1	M_2	M_1	M_2	M_1	M_2
$\mu_\eta(\eta)$	0.0482	0.0473	0.0477	0.0482	0.0469	0.0475	0.0490	0.0479
σ_η	0.0085	—	0.0097	—	0.0104	—	0.0105	—
$\gamma_1/10^{-6}$	1.24	—	1.18	—	1.14	—	1.06	—
$\gamma_2/10^{-4}$	0.82	—	0.89	—	0.91	—	0.95	—
μ_I	0.0430	0.0427	0.0467	0.0436	0.0459	0.0462	0.0475	0.0468
σ_I	5.88	5.76	5.62	5.71	5.54	5.66	5.27	5.49

续表

监测时刻	$t_k=0$		$t_k=1500$		$t_k=3000$		$t_k=4500$	
σ_B	0.92	0.88	0.90	0.87	0.84	0.86	0.83	0.84
$\sigma_\alpha/10^{-4}$	1.12	—	1.03	—	0.96	—	1.02	—
σ_ε	0.186	—	0.177	—	0.193	—	0.208	—
$\theta_{\lambda1}$	4205.67	4285.49	4176.24	4216.62	4087.81	4103.94	4022.76	4088.29
$\theta_{\lambda2}$	5893.45	6108.72	6092.17	6082.47	6063.27	6068.92	5985.39	6045.36
$e^{-\theta_{\lambda3}}$	0.983	0.991	0.965	0.982	0.937	0.972	0.929	0.943
$\hat{L}_k/10^3$	6.1741	6.7027	4.9159	5.1778	3.4317	3.5480	1.8387	2.0475
$L_k/10^3$	6.333		4.833		3.333		1.833	

为了更加直观地比较两种模型下预测剩余寿命分布的 PDF，利用 MC 方法分别在 4 个 CM 时刻仿真 5000 条退化轨迹，统计确定其剩余寿命的分布，对比 MC 方法得到的剩余寿命分布直方图，模型 M_1 在给定参数下剩余寿命分布的 PDF 以及两个模型分别在估计参数下剩余寿命分布的 PDF，如图 7.2 所示。

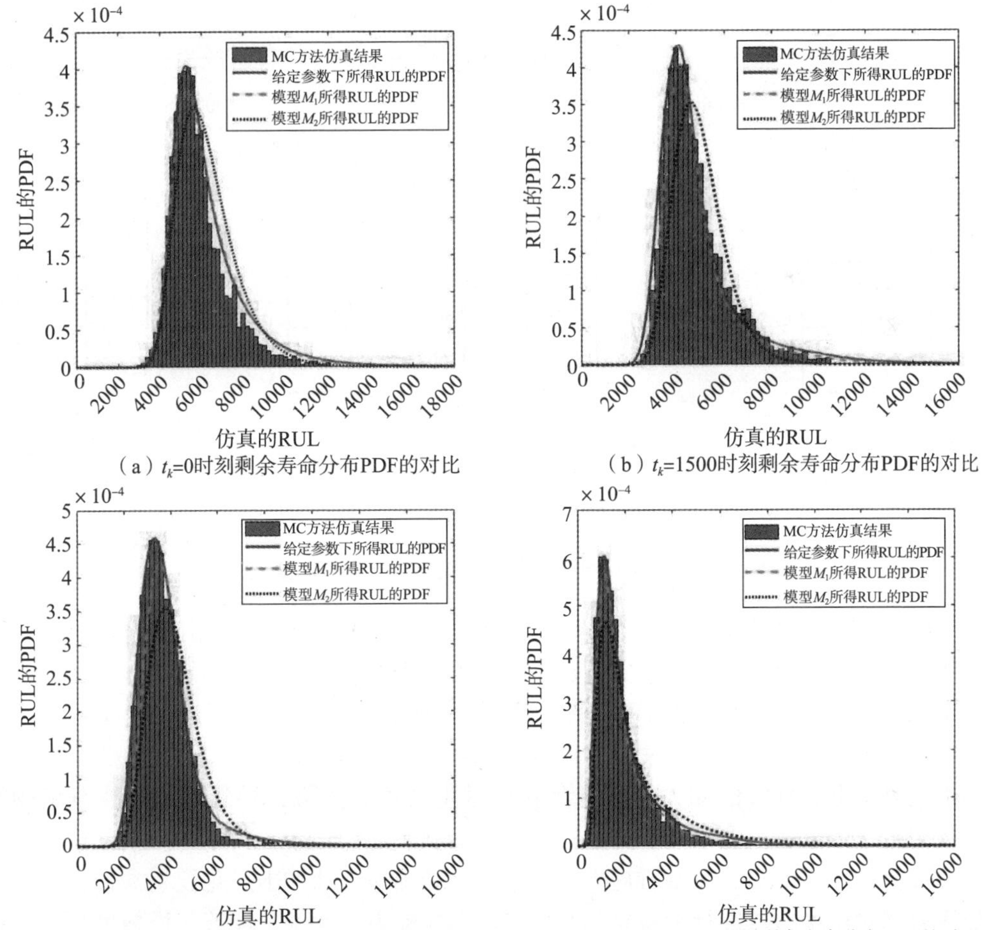

（a）t_k=0时刻剩余寿命分布PDF的对比

（b）t_k=1500时刻剩余寿命分布PDF的对比

（c）t_k=3000时刻剩余寿命分布PDF的对比

（d）t_k=4500时刻剩余寿命分布PDF的对比

图 7.2 不同监测时刻下剩余寿命分布 PDF 的对比

通过图 7.2 的对比不难发现，在不同的监测时刻，模型 M_1 在给定参数下剩余寿命分布的 PDF 能很好地拟合由 MC 方法所得的剩余寿命分布直方图；模型 M_1 在估计参数下剩余寿命分布的 PDF 较模型 M_2 所得结果更接近给定参数下剩余寿命分布的 PDF，并且两者之间的偏差随退化时间的增加逐渐增大，说明本章方法能够准确地估计模型参数并预测剩余寿命，并且具有良好的在线更新能力。

进一步地，图 7.3 利用盒型图对比了两种模型在 4 个监测时刻下，根据估计参数值所得的剩余寿命预测值和剩余寿命真实值。

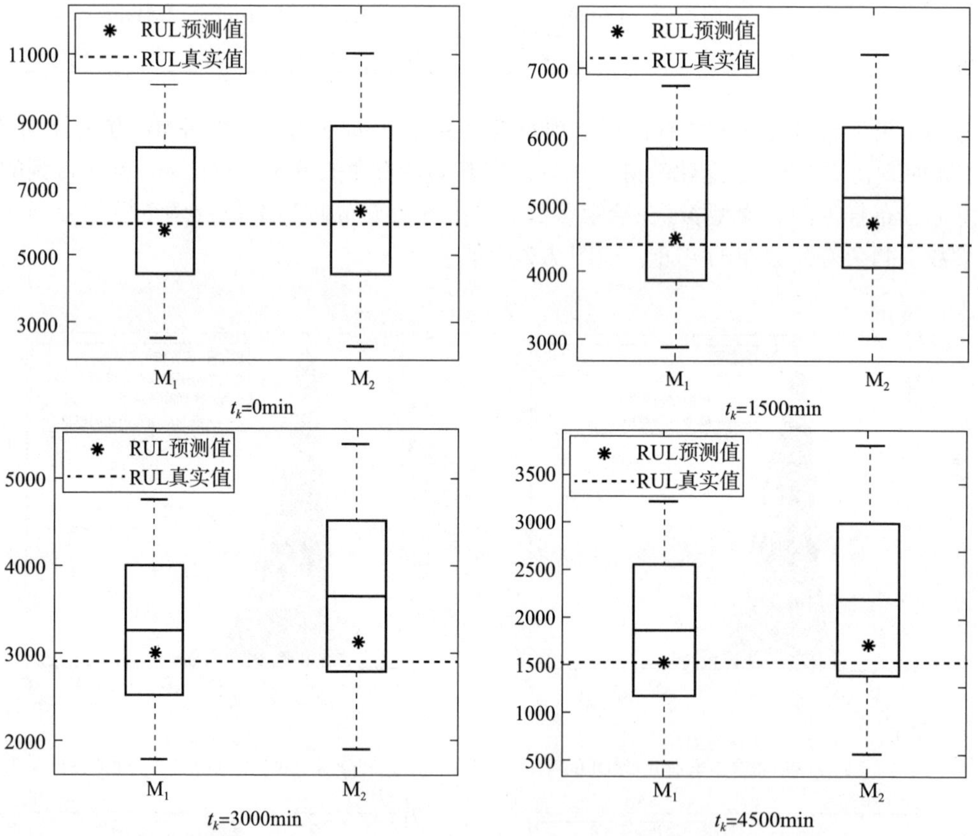

图 7.3　4 个监测时刻下两种模型剩余寿命预测盒型图

从图 7.3 中不难发现，在 4 个 CM 时刻下，与模型 M_2 所得结果相比，模型 M_1 在估计参数下所得的剩余寿命预测值更接近于真实剩余寿命，且具有更小的盒体尺寸，说明模型 M_1 具有更高的预测精度和更小的不确定性。此外，由于忽略了退化设备的个体差异性、测量不确定性以及随机冲击对设备退化速率的影响，模型 M_2 所得的剩余寿命预测结果比剩余寿命真实值偏大，可能会低估退化设备的风险，导致维修替换策略的制定，从而造成严重后果。

通过上述对比可知，本章所提方法能够较为准确地估计冲击退化模型参数，并可根据监测数据对模型参数进行更新，具有良好的在线能力；此外，能够获得精度更高、不确定性更小的剩余寿命预测结果，说明了本章所提方法的优势。7.6 节将在实际案例中应用本章所提方法。

7.6 实例研究

高炉炉壁的退化过程是典型的具有随机冲击的退化过程，本节以高炉炉壁的退化为实际案例，分别用模型 M_1 和 M_2 预测其剩余寿命，并比较预测结果，对本章所提方法进行验证。高炉的真实退化数据及相应的退化增量如图 7.4 所示，图 7.4（a）表示由温度传感器得到的高炉退化数据，图 7.4（b）表示由退化数据差分后所得的退化增量。不难发现，由于随机冲击的影响，退化数据存在明显的跳变，并且随机冲击的频率随时间的推移逐渐增加。因此，在连续退化过程中考虑随机冲击的影响具有重要的现实意义。为贴近工程实际，本章所提出的方法还考虑了退化设备的个体差异性、退化状态的测量不确定性以及随机冲击对退化率的影响。

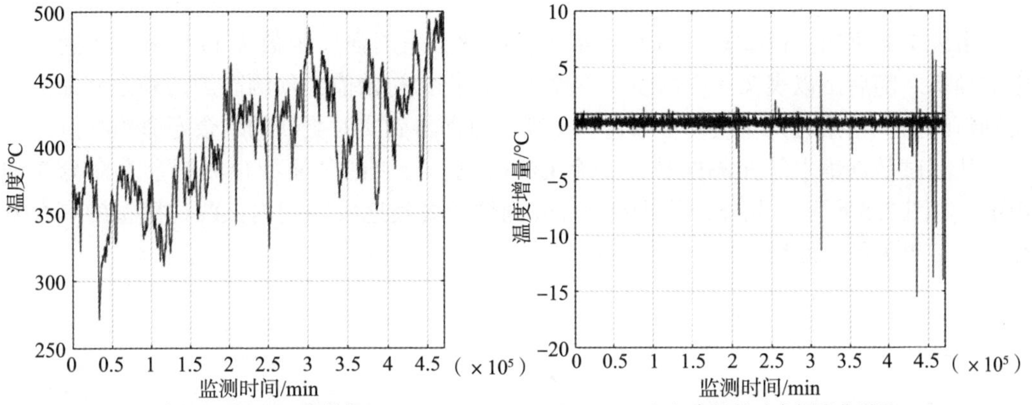

（a）高炉炉壁实际退化数据　　（b）高炉炉壁实际退化增量

图 7.4　高炉炉壁实际退化数据及相应退化增量

由于强度函数 $\lambda(t)$ 的具体形式是未知且难以辨识的，因此，利用 AIC 准则[197] 从强度函数的三种常见形式中选择最合适的一种作为最优模型，具体如下：

$$\begin{cases}\lambda_A(t)=\begin{cases}0, & t<\theta_{\lambda1}\\ \dfrac{\theta_{\lambda3}}{\theta_{\lambda2}-\theta_{\lambda1}}(t-\theta_{\lambda1}), & \theta_{\lambda1}\leqslant t\leqslant\theta_{\lambda2}\\ \theta_{\lambda3}, & t>\theta_{\lambda2}\end{cases}\\ \lambda_B(t)=\theta_{\lambda3}-\exp(\theta_{\lambda2}-\theta_{\lambda1}t)\\ \lambda_C(t)=\theta_{\lambda3}\Phi(\theta_{\lambda2}+\theta_{\lambda1}t)\end{cases} \tag{7.50}$$

式中：$\Phi(\cdot)$ 表示标准正态分布的累积分布函数。

由文献［122］可知，预设的失效阈值为 $\omega=500$℃，退化数据的 CM 时间间隔为 5min，那么，高炉炉壁的寿命可以视为 $T=469460$min。将前 20000 个退化数据作为训练数据集，用于估计冲击退化模型参数的初始值；其余退化数据作为测试数据集，用于预测炉壁的剩余寿命，以验证本章所提方法的有效性。冲击退化模型参数的初始估计值和强度函数的参数估计值分别如表 7.3 和表 7.4 所示。

表 7.3 冲击退化模型参数的初始估计值

参数	μ_η	σ_η	γ_1	γ_2	μ_I
估计值	1.702×10^{-4}	0.356×10^{-4}	0.885×10^{-8}	1.063×10^{-6}	0.0286
参数	σ_I	σ_B	σ_α	σ_ε	
估计值	1.393	0.0695	0.914×10^{-5}	0.0189	

表 7.4 强度函数的参数估计值

	$\theta_{\lambda1}$	$\theta_{\lambda2}$	$e^{-\theta_{\lambda3}}$	AIC
模型 A	1.4793	468297	0.987	-1.796×10^4
模型 B	0.2645	1.376×10^{-5}	0.965	-1.708×10^4
模型 C	0.217×10^{-5}	0.986	0.973	-1.843×10^4

由表 7.4 可知，模型 C 的 AIC 值最小，因此，采用强度函数 $\lambda_C(t)$ 来描述随机冲击的频率。随后，以表 7.3 中的模型参数估计值作为初始值，预测高炉的剩余寿命。当得到新的监测数据时，对模型参数进行更新，进而得到实时更新的剩余寿命预测值。

从测试数据集中等间隔的选择 5 个 CM 时刻，绘制两种模型预测剩余寿命分布的 PDF，如图 7.5 所示。此外，从 410000min 到炉壁失效这段时间内，两种模型的剩余寿命预测结果如图 7.6 所示。

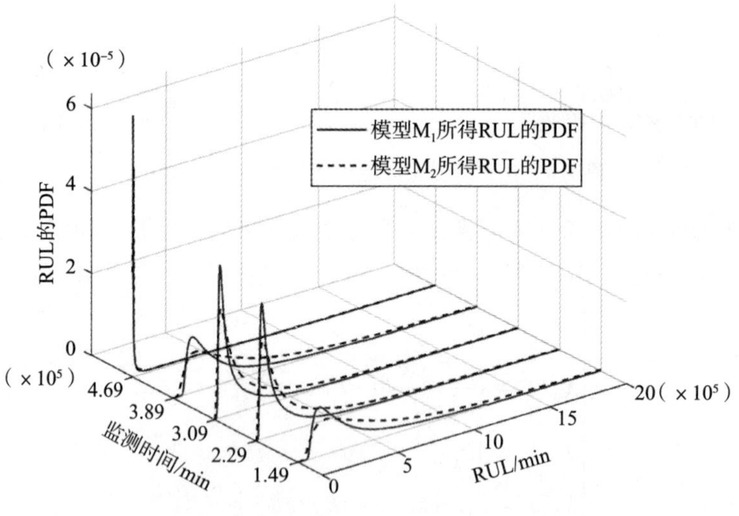

图 7.5 两种模型剩余寿命分布的 PDF 对比

由图 7.5 可知，两种模型所得的剩余寿分布 PDF 的形状相似，并随着时间的推移，不确定性逐渐减小。但是，模型 M_1 所得剩余寿命分布的 PDF 较模型 M_2 所得结果有明显更小的不确定性。由图 7.6 可知，两种模型所得的剩余寿命预测值保持相似的趋势，但模型 M_1 所得剩余寿命预测值的预测准确性和收敛速度要明显优于模型 M_2 所得结果。受到随机冲击的影响，高炉炉壁的退化数据在 435000~445000min 存在较大的跳变，导致剩余寿命预测值存在一定的波动，且与真实剩余寿命之间存在相对较大的偏差。但是，模型 M_1 可以根据最新监测数据实时更新模型参数，以保证剩余寿命预测值快速收敛，且较模型 M_2 所得结果有更高的预测准确性。

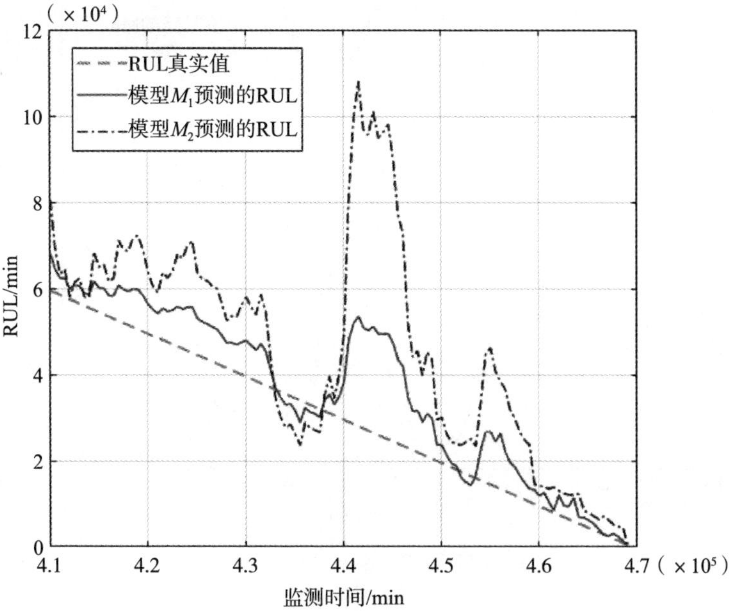

图 7.6　两种模型剩余寿命的预测值对比

为了进一步定量比较两种模型所得剩余寿命预测值的精度，本章采用 SOA[198] 和 MSE[192] 作为模型性能的评价指标。具体地，两种模型在各 CM 时刻的 SOA_k 和 MSE_k 分别如图 7.7 和图 7.8 所示。

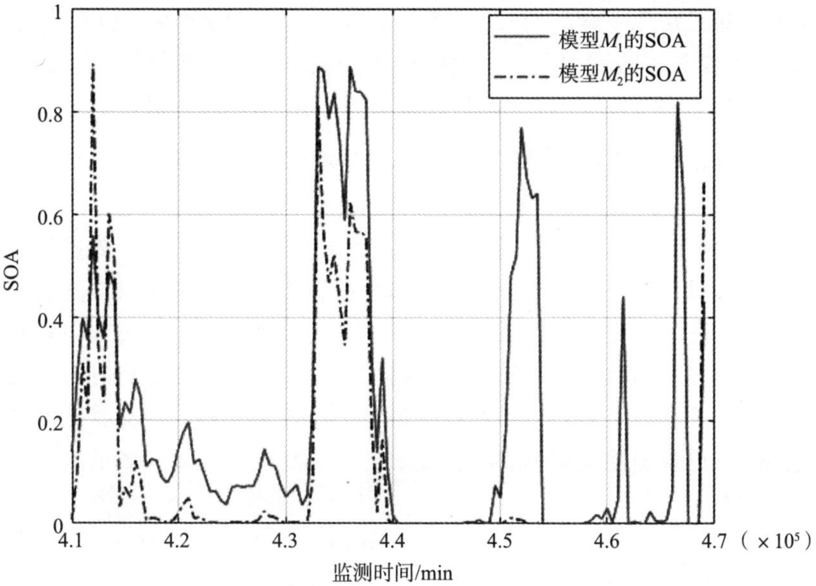

图 7.7　两种模型下剩余寿命预测的 SOA

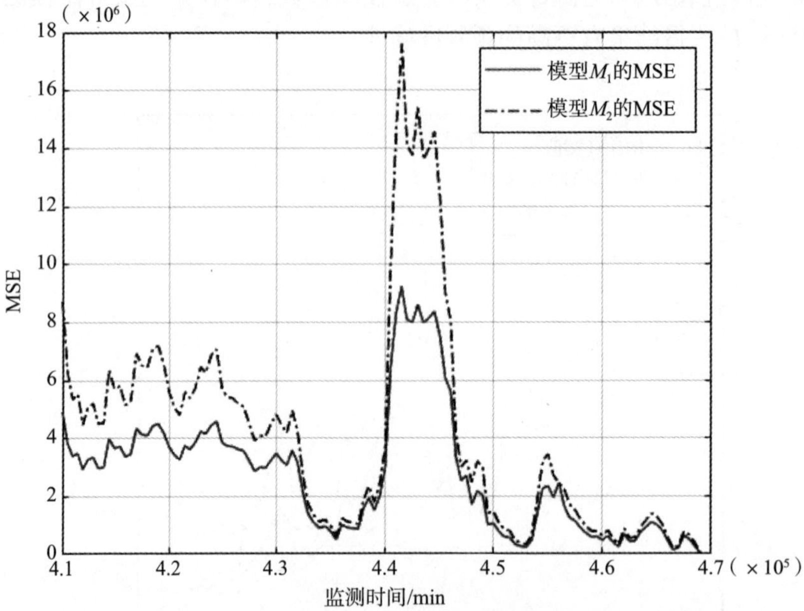

图 7.8 两种模型下剩余寿命预测的 MSE

由图 7.7 可知，虽然在个别 CM 时刻，模型 M_1 所得剩余寿命预测值的 SOA 值略小于模型 M_2 所得结果，但在其余绝大多数 CM 时刻，模型 M_1 所对应的 SOA 值要明显大于模型 M_2 所对应的 SOA 值。两种模型在各 CM 时刻所得剩余寿命预测值的 SOA 的均值分别为 $\overline{\mathrm{SOA}}_{\mathrm{M}_1}=0.1962$ 和 $\overline{\mathrm{SOA}}_{\mathrm{M}_2}=0.0883$，显然 $\overline{\mathrm{SOA}}_{\mathrm{M}_1}>\overline{\mathrm{SOA}}_{\mathrm{M}_2}$，进一步说明了本章所提模型 M_1 较模型 M_2 有更高的剩余寿命预测准确性。

由图 7.8 可知，在几乎全部的 CM 时刻，模型 M_1 所得剩余寿命预测值的 MSE 值均小于模型 M_2 所得结果，说明由本章所提模型 M_1 得到的预测剩余寿命分布的 PDF 较模型 M_2 所得结果有更小的不确定性。两种模型在各 CM 时刻所得剩余寿命预测值的 MSE 的均值分别为 $\overline{\mathrm{MSE}}_{\mathrm{M}_1}=2.735\times10^6$ 和 $\overline{\mathrm{MSE}}_{\mathrm{M}_2}=4.151\times10^6$，显然 $\overline{\mathrm{MSE}}_{\mathrm{M}_1}<\overline{\mathrm{MSE}}_{\mathrm{M}_2}$，进一步验证了上述结论。

上述对比结果表明，由于本章所提模型 M_1 考虑了退化设备的个体差异性、退化状态的测量不确定性以及随机冲击对设备退化速率的影响，并且模型参数随着监测数据实时更新，实现了自适应的剩余寿命预测，因此，该模型在预测退化过程包含随机冲击的设备剩余寿命方面显示出优越的性能。可以得出结论：在对存在随机冲击的设备进行退化建模和剩余寿命预测时，有必要考虑退化设备的个体差异性、退化状态的测量不确定性以及随机冲击对设备退化速率的影响，能够有效提高剩余寿命预测的准确性，减小预测结果的不确定性。

7.7 本章小结

本章针对在连续退化过程中受到时变随机冲击的退化设备，提出了一种考虑退化设备的个体差异性、退化状态的测量不确定性以及随机冲击对设备退化状态和退化速率影响的剩余寿命自适应预测方法，将现有考虑随机冲击影响的退化建模和剩余寿命预测方法推广到更贴合实际工程应用的情形。具体地，本章的工作主要包括：

（1）利用 Wiener 过程描述非单调的连续退化过程，利用 NHCPP 描述设备受到的频率时变的随机冲击过程，提出一种考虑随机冲击影响的线性退化模型。

（2）考虑漂移系数的随机效应，将其随监测数据的更新过程描述为随机游走模型以表征退化设备的个体差异性，利用状态空间模型描述监测数据与真实退化状态间的关系，进一步考虑了随机冲击的次数与累积强度对设备退化速率的影响。

（3）提出了基于 STF 算法的退化状态和退化速率联合估计方法，并基于时间-空间变换和全概率公式，推导得到了首达时间意义下退化设备剩余寿命分布的近似解析表达式。

（4）提出了基于 ECM 算法和 MLE 算法的两步模型参数在线估计方法，有效降低了计算复杂度，提高了算法的在线估计能力和估计准确性，并根据最新得到的监测数据，实时更新了当前时刻的退化状态和模型参数，从而实现了退化设备剩余寿命的自适应预测。

（5）通过数值仿真和高炉炉壁退化数据的实例研究，验证了本章所提方法的有效性和优越性。

第 8 章　考虑备件退化情况下贮备系统寿命预测方法

8.1 引　　言

为提高系统的运行可靠性与安全性，贮备技术得到了广泛关注与实际应用[199-202]。在实际工程中，备件短缺可能会导致系统停机或失效，并造成人员财产损失；而备件库存过多会大幅提高库存成本，并带来不必要的浪费[203-205,209]。因此，为确定合理的备件个数，准确预测给定备件数目下贮备系统寿命具有重要理论研究意义。实际上，无论热贮备、温贮备还是冷贮备，由于备件贮备内部退化机理以及贮备条件限制，备件在贮存过程中都不可避免地会发生退化，导致备件的性能状态可能出现劣化[139,207-208]。由于备件在贮存过程中的退化，贮备系统寿命不能简单地通过累加所有备件的运行寿命计算得到，而必要考虑备件退化的影响以及贮存失效的发生概率。

目前，大多数研究主要关注单个运行设备的寿命或剩余寿命[2,209]，考虑贮备系统的寿命预测的相关研究较少，特别是考虑备件退化情况下贮备系统寿命预测。例如，Jia 等[199] 提出了一种用于热贮备系统可靠性评估的多状态决策图方法，该方法与传统的二元状态模型相比，可以处理退化过程的任意类型的转移时间分布，但该方法仅考虑离散的退化过程，限制了其应用范围。此外，Ma 等[200] 使用 Wiener 过程模型描述备件贮存与运行退化过程，但是该方法仅考虑了单个备件的热贮备系统。Jiang 等[206] 通过将运行部件失效时间和备件失效时间定义为两个不相关的随机变量，然后给出了一种针对备件库存损失的多部件系统的预防性维护和库存策略的联合优化方法，但失效时间分布往往需要大量的失效数据。另外，每次备件从贮存转换为工作状态都可以视为对原运行系统的一次不完美维护。因此，考虑备件退化下的贮备系统寿命预测可视为一种不完美维护下的寿命预测问题。在现有的研究中，通常假设不完美维修的恢复程度是一个固定或随机值[116,210-211]，例如，Wang 等[211] 提出了一种不完美维护下的设备剩余寿命预测方法，其中，每次不完美维修的影响是一个独立同分布的随机变量。但是，对于贮备系统寿命预测问题，退化状态的恢复程度和库存损失主要取决于备件的贮存退化过程。因此，为解决考虑备件退化下的贮备系统寿命预测问题，需要重点考虑以下两个问题：一是如何建立备件的退化过程与库存损失之间的关联关系，即贮存退化如何导致贮存失效；二是如何在首达时间意义下计算寿命分布，这需要同时考虑在首达时间意义下贮存退化过程与运行退化过程切换关系。

针对这两个核心问题，本章主要研究如何推导得到首达时间意义下考虑备件退化的贮备系统寿命预测问题。本章的主要贡献包括：一是提出了一种基于运行与贮存退化过程模型的贮备系统寿命分布的迭代求解方法，不同于以往的研究[166,199-200,205,210-211]，本章所提方法通过建立了退化状态恢复、库存损失和备件贮存退化过程之间的关联关系，保证了贮存寿命预测的有效性与合理性；二是以广泛使用的 Wiener 过程退化模型为例，推导得到了贮备系统寿命分布 PDF 迭代计算表示，在此基础上进一步研究了考虑样本间差异性下贮备系统寿命预测问题；三是考虑贮存退化比较缓慢、贮存失效发生概率极低情况下，得到了无贮存失效假设条件下贮存寿命期望与方差的近似解析表达形式。

8.2　问题来源与问题描述

8.2.1　问题来源

在实际工程中，若运行设备的关键性能指标超过给定阈值则认为设备发生退化失效。对于贮备系统，此时其备件则激活替换运行失效部件，以维持系统的正常运行。但是由于备件的贮存退化影响，替换更新后其运行寿命可能会缩短。如图 8.1 所示，本章提供了一个数值仿真过程来展示由 1 个运行部件和 1 个贮存备件组成的二元贮备系统的退化过程。其中，运行退化和贮存退化过程均由初始退化量为 0 的 Wiener 过程进行描述。图 8.1 中，上、下两图分别表示未考虑贮存退化和考虑贮存退化两种情况，虚线为贮存退化过程，实线为运行退化过程。如前所述，当运行设备达到失效阈值时，对其进行更换，并开始一个新的退化过程。可以发现，若不考虑贮存退化的影响，那么第二次退化过程初始退化量为 0；相比之下，若考虑贮存退化，那么第二次的退化过程初始退化量则很可能大于 0，这可能缩短运行时长。如数值仿真所示，不考虑贮存退化最终系统运行时长大于 200，而考虑贮存退化情况下，最终运行时长则小于 170。也就是说，忽略贮存退化影响则可能导致寿命预测误差。

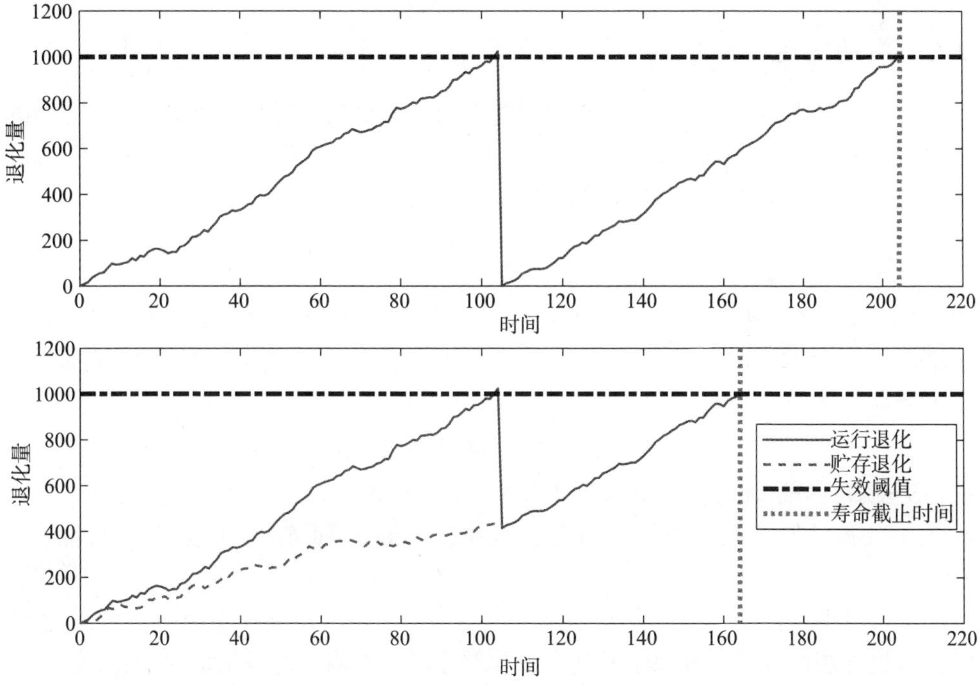

图 8.1　考虑备件退化时系统退化轨迹

此外，备件的贮存过程也有可能会引起贮存退化失效导致库存损失。为更好地说明问题，本章仿真产生了一个由 1 个运行部件和 80 个备件组成的贮备系统，图 8.2 表示库存变化过程。其中，其中纵轴表示备件库存数量，横轴表示时间；每个 * 号表示替换事件，其纵坐标值和横坐标值分别为剩余备件数和运行时间。从图 8.2 可以看出，库存下降的速度越来越快，即相邻两个星号之间的时间间隔越来越短，这意味着由于贮存退化影响，初始退化量越来越接近失效阈值，导致备件更换变得愈发频繁。此外，图 8.2 中只有 26 个 * 号，也就是说仅有 26 个备件被激活，那么其余备件在贮存中已经发生失效。因此可以总结，简单地增加备件数量不完全是延长贮备系统寿命的有效途径。

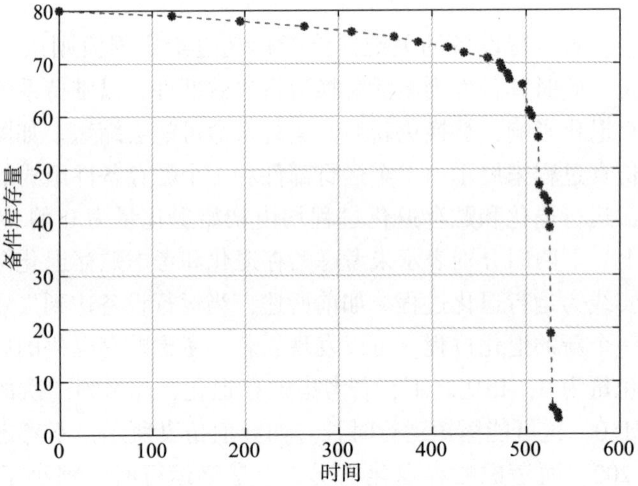

图 8.2　库存的变化过程

8.2.2　问题描述

本章需要解决的基本问题是，在给定备件数目下根据运行与贮存退化过程预测贮备系统的运行寿命分布。令 $X_{op}(t)$ 和 $X_{st}(t)$ 分别表示运行退化和贮存退化过程，那么具有 n 个备件的贮备系统退化过程模型可以描述为

$$X(t) = \sum_{i=0}^{N(t)} I(\tau_i \leqslant t < \tau_{i+1}) \times [X_{op,i}(t-\tau_i) + X_{st,i}(\tau_i) \times I(i>0)] \tag{8.1}$$

式中：$N(t) \leqslant n$ 表示更换备件在时间 t，n 代表给定备件的个数；$I(\cdot)$ 为指示函数；τ_i 表示第 i 次更新的时刻（$\tau_0=0, \tau_{N(t)+1}=+\infty$）。那么，在首达时间意义下的贮备系统的寿命可以定义为[207,212]

$$S=\inf\{s: X(s) \geqslant \xi \mid X(0)<\xi\} \tag{8.2}$$

式中：S 表示贮备系统的运行时长（寿命）；ξ 为失效阈值。为了更好地说明，定义 S_n 表示有 n 个备件贮备系统的运行寿命，其中，$f_{s,n}(t)$ 和 $F_{s,n}(t)$ 分别反映寿命 PDF 和 CDF。

那么可以得到，$n-N(t)$ 为库存损失，$X_{st,i}(\tau_i)$ 表示备件在更换时刻的退化程度。这样，所提方法便可同时考虑了贮存失效和贮存退化影响，贮备系统的寿命预测即等价于为求解公式（8.2）。

8.2.3 假设条件

为简化问题，本章给出以下假设条件：

（1）采用随机过程模型来描述运行和贮存退化。

（2）退化模型参数已知或可根据历史数据进行辨识得到。

（3）备件数目已知。

（4）忽略备件更换时间。

（5）随机选择待更换的备件，若选择的备件已在贮存中失效，则再进行一次选择。

需要注意的是，假设（5）说明不考虑备件选择策略，即当运行部件达到失效阈值时，从库存中任意选择一个备件进行更换。如果选择的一个备件在贮存过程中发生失效，则另选一个。

8.3 贮备系统寿命预测的主要结论

8.3.1 贮备系统寿命预测的通用迭代方法

考虑到式（8.2）难以直接求解得到，本章提出一种迭代寿命预测方法。首先，考虑一个简单的情况，即备件在贮存过程中不会退化。那么，n 个备件贮备系统的寿命可以表示为

$$S_n = \sum_{i=0}^{n} L_{op,i} = \sum_{i=0}^{n-1} L_{op,i} + L_{op,n} = S_{n-1} + L_{op,n} \tag{8.3}$$

式中：$L_{op,0}$ 为初始运行部件的运行时长；$L_{op,i}$ 为第 i 次更新阶段的运行时长，即为第 i 个备件激活后的运行寿命。由于贮存退化影响，可能发生贮存失效并引起备件库存损失，在这种情况下，式（8.3）应改写为

$$S_n = S_{n-1} + L_{op,n} \times I_n = S_0 + \sum_{i=1}^{n} L_{op,i} \times I_i \tag{8.4}$$

式中：$S_0=L_{op,0}$；$I_n \in \{0, 1\}$ 表示第 n 个备件是否失效，$\Pr\{I_n=1\}=\alpha_n$，$\Pr\{I_n=0\}=1-\alpha_n$。那么，若可以推导出 α_n 与 $L_{op,n}$ 的函数关系表示，则根据式（8.4）可得到 S_n 与 S_{n-1} 之间的迭代关系。实际上，α_n 反映了备件的贮存失效概率，而 $L_{op,n}$ 由激活时备件退化程度和未来运行规律决定。鉴于此，本章提供了一个一般性的贮备系统寿命迭代预测方法，如定理 8.1 所示。

定理 8.1：假设存在一个贮备系统拥有一个运行部件和 n 个备件，其中 $X_{op}(t)$ 和 $X_{st}(t)$ 分别表示运行和贮存退化过程。设 $f_{op}(t)$ 和 $F_{op}(t)$ 分别表示初始部件运行寿命的 PDF 和 CDF，$f_{st}(t)$ 和 $F_{st}(t)$ 分别表示初值为 0 时贮存寿命的 PDF 和 CDF。那么，n 个备件贮备系统寿命的 PDF$f_{s,n}(t)$ 通过如下公式迭代计算得到：

$$f_{s,n}(t)=f_{s,n-1}(t)F_{st}(t)+\int_0^{+\infty}\int_{-\infty}^{\xi} f_{op}(t-\tau \mid X_{op}(0)=x_\tau)p_{st}(x_\tau, M_\tau \mid \tau)f_{s,n-1}(\tau)\,\mathrm{d}x_\tau \mathrm{d}\tau \tag{8.5}$$

式中：$f_{s,0}(t)=f_{op}(t)$ 表示 $X_{op}(0)=0$ 时的运行寿命 PDF；通过令 $X_{op}(0)=x_\tau$ 可得备件激活后运行寿命的 PDF 为 $f_{op}(t \mid X_{op}(0)=x_\tau)$；$M_\tau$ 表示给定事件——贮存退化过程 $X_{st}(t)$

在时间 $(0,\tau]$ 期间未达到失效阈值，即 $\{\max\{X_{st}(\tilde{t})\}<\xi,\tilde{t}\in(0,\tau]\}$；$p_{st}(x_\tau, M_\tau\mid\tau)$ 表示给定事件条件 M_τ，在时间 τ 上贮存退化状态的 PDF，也就是说，$p_{st}(x_\tau,M_\tau\mid\tau)$ 是在首达时间意义下，在时间 τ 时贮存退化状态的 PDF。值得注意的是，$f_{s,n-1}(t)F_{st}(t)$ 反映了备件贮存失效的可能性，即第 n 个备件已经在贮存中发生失效；另外，$p_{st}(x_\tau, M_\tau\mid\tau)$ 反映了其贮存退化对运行退化状态的影响。

证明 请见附录 E.1。

注释 1：需要注意的是，如果贮存退化过程单调（如 Gamma 过程、逆高斯过程），则事件 $\{X(t)<X(t+\Delta t),\ \Delta t>0\}$ 必然成立。在这种情况下，事件 M_τ 等价于 $\{x_\tau<\xi\}$，那么 $p_{st}(x_\tau,M_\tau\mid\tau)=p_{st}(x_\tau\mid\tau)$，其中 $x_\tau<\xi$。这里 $p_{st}(x_\tau\mid\tau)$ 表示在 τ 时刻贮存退化状态的 PDF，可通过贮存退化模型直接获得。但如果退化过程非单调，如 Wiener 过程等，则 $p_{st}(x_\tau,M_\tau\mid\tau)$ 不能直接由 $p_{st}(x_\tau\mid\tau)$ 的表达式得出，需要进一步深入推导计算。

定理 8.1 给出了一种基于贮存与运行过程 $X_{op}(t)$ 和 $X_{st}(t)$ 的贮备系统寿命预测一般性迭代计算方法，并构建了 $f_{s,n}(t)$ 和 $f_{s,n-1}(t)$ 之间的迭代关系。实际上，如果运行和贮存退化模型，即 $X_{op}(t)$ 和 $X_{st}(t)$ 与模型参数已知，则可以根据其理论模型推导得到 $f_{op}(t)$、$f_{st}(t)$ 和 $p_{st}(x_\tau\mid\tau)$[139]。在定理 8.1 中，在备件数量给定条件下，对于单调的退化过程，可以直接迭代计算得到贮备系统寿命的 PDF。为了更好地说明非单调退化过程的寿命预测问题，8.3.2 小节将以 Wiener 过程为例，进行详细说明。

8.3.2 基于 Wiener 退化过程模型的贮备系统寿命预测

Wiener 退化过程模型由于其非单调退化特性和良好的数学特性，得到了广泛的研究和应用[1]。鉴于此，本小节以 Wiener 过程模型为例进行说明。首先，给出以下假设条件。

假设 1：假设运行和贮存退化可以用 Wiener 过程来进行描述。目前，正如 Zhang 等所分析[1] 的，非线性退化建模的常用方法是线性化，如时间尺度变换技术。因此为了简化问题，本章主要关注线性 Wiener 过程。

运行退化 $X_{op}(t)$ 和贮存退化 $X_{st}(t)$ 可表示为

$$\begin{cases}X_{op}(t)=\mu_{op}t+\sigma_{op}B(t)\\X_{st}(t)=\mu_{st}t+\sigma_{st}B(t)\end{cases}\tag{8.6}$$

式中：退化初始值定义为 0，即 $x_0=0$；μ_{op}、σ_{op}、μ_{st}、σ_{st} 分别表示运行退化过程和贮存退化过程的漂移系数和扩散系数。

因此，如何基于 Wiener 过程退化模型估计贮备系统寿命是主要需要解决的关键问题；同时，如何根据式（8.6）的退化模型得到式（8.5）的解析解是本节相应的理论问题。与定理 8.1 相似，基于 Wiener 过程的贮备系统寿命预测结果如定理 8.2 所示。

定理 8.2：考虑由 1 个运行部件与 n 个备件组成的贮备系统，其中，$X_{op}(t)=\mu_{op}t+\sigma_{op}B(t)$ 和 $X_{st}(t)=\mu_{st}t+\sigma_{st}B(t)$ 分别表示运行和贮存退化过程。与定理 8.1 类似，$f_{op}(t)$ 和 $F_{op}(t)$ 分别表示运行寿命的 PDF 和 CDF（初始退化量为 0），$f_{st}(t)$ 和 $F_{st}(t)$ 分别表示贮存寿命周期的 PDF 和 CDF（初始退化量为 0）。那么，若备件数量为 n，则贮备系统寿命的 PDF 可通过如下公式迭代计算得到：

$$f_{s,n}(t)=f_{s,n-1}(t)F_{st}(t)+\int_{0}^{+\infty}[A_1(t,\tau)-B_1(t,\tau)]f_{s,n-1}(\tau)\mathrm{d}\tau \tag{8.7}$$

其中：

$$\begin{cases}f_{s,0}(t)=\dfrac{\xi}{\sqrt{2\pi\sigma_{op}^2t^3}}\exp\left[-\dfrac{(\xi-\mu_{op}t)^2}{2\sigma_{op}^2t}\right]\\ F_{st}(t)=\Phi\left(\dfrac{\mu_{st}t-\xi}{\sigma_{st}\sqrt{t}}\right)+\exp\left(\dfrac{2\mu_{st}\xi}{\sigma_{st}^2}\right)\Phi\left(\dfrac{-\xi-\mu_{st}t}{\sigma_{st}\sqrt{t}}\right)\\ A_1(t,\tau)=\sqrt{\dfrac{1}{2\pi(t-\tau)^2(\sigma_a^2+\sigma_b^2)}}\exp\left[-\dfrac{(\mu_a-\mu_b)^2}{2(\sigma_a^2+\sigma_b^2)}\right]\times\\ \qquad\left\{\dfrac{\mu_b\sigma_a^2+\mu_a\sigma_b^2}{\sigma_a^2+\sigma_b^2}\Phi\left(\dfrac{\mu_b\sigma_a^2+\mu_a\sigma_b^2}{\sqrt{\sigma_a^2\sigma_b^2(\sigma_a^2+\sigma_b^2)}}\right)+\sqrt{\dfrac{\sigma_a^2\sigma_b^2}{\sigma_a^2+\sigma_b^2}}\phi\left(\dfrac{\mu_b\sigma_a^2+\mu_a\sigma_b^2}{\sqrt{\sigma_a^2\sigma_b^2(\sigma_a^2+\sigma_b^2)}}\right)\right\}\\ B_1(t,\tau)=\exp\left(\dfrac{2\mu_{st}\xi}{\sigma_{st}^2}\right)\sqrt{\dfrac{1}{2\pi(t-\tau)^2(\sigma_a^2+\sigma_b^2)}}\exp\left[-\dfrac{(\mu_a-\mu_c)^2}{2(\sigma_a^2+\sigma_b^2)}\right]\times\\ \qquad\left\{\dfrac{\mu_c\sigma_a^2+\mu_a\sigma_b^2}{\sigma_a^2+\sigma_b^2}\Phi\left(\dfrac{\mu_c\sigma_a^2+\mu_a\sigma_b^2}{\sqrt{\sigma_a^2\sigma_b^2(\sigma_a^2+\sigma_b^2)}}\right)+\sqrt{\dfrac{\sigma_a^2\sigma_b^2}{\sigma_a^2+\sigma_b^2}}\phi\left(\dfrac{\mu_c\sigma_a^2+\mu_a\sigma_b^2}{\sqrt{\sigma_a^2\sigma_b^2(\sigma_a^2+\sigma_b^2)}}\right)\right\}\\ \mu_a=\mu_{op}(t-\tau),\mu_b=\xi-\mu_{st}\tau,\mu_c=-\xi-\mu_{st}\tau\\ \sigma_b^2=\sigma_{st}^2\tau,\sigma_a^2=\sigma_{op}^2(t-\tau)\end{cases} \tag{8.8}$$

证明　见附录 E. 2。

类似地，定理 8. 2 说明了 S_n 与 S_{n-1} 之间的函数关系。由于 $X_{op}(t)$ 和 $X_{st}(t)$ 为线性 Wiener 过程模型，那么 $f_{st}(t)$ 和 $F_{st}(t)$ 的解析表达式是已知的。因此，若给定 $X_{op}(t)$ 和 $X_{st}(t)$ 的模型参数，或者其模型参数可根据历史数据辨识得到，便可通过 n 次迭代计算得到 $f_{s,n}(t)$。此外，由于每次迭代都是对 $f_{s,n-1}(t)$ 的一次积分，因此，$f_{s,n}(t)$ 可看作 $f_{s,0}(t)$ 的多重积分表示。

8.3.3　考虑随机效应贮备系统寿命预测

在实际工程中，受样本间差异性影响，退化过程模型参数可能存在差异性以及随机性。因此，本小节进一步研究考虑样本间差异性的贮备系统寿命预测问题。对于样本间差异性，随机效应是一种广泛采用的方法，即将模型中部分参数定义为随机变量，例如高斯分布。但是，在实际中，可能存在其他多种随机变量形式，而如果实际的分布不是高斯分布，则可能导致建模误差引起估计偏差。由于混合高斯模型（Gaussian Mixture Mode，GMM）可以以任意精度逼近任意形式分布，因此，本小节拟采用 GMM 来描述随机效应。

根据定理 8. 1 和定理 8. 2 以及 GMM 的相关数学性质，进一步得到具有随机效应的贮备系统寿命预测的主要结果如下。

类似于定理 8. 2 中考虑具有 1 个运行元件和 n 个备件的贮备系统，$X_{op}(t)=\mu_{op}t+\sigma_{op}B(t)$ 和 $X_{st}(t)=\mu_{st}t+\sigma_{st}B(t)$ 分别表示运行和贮存退化过程。由于样本间差异系，运行和贮存退化是不同的，μ_{op} 和 μ_{st} 服从具有权重系数为 $\omega_{op,i},\omega_{st,j}\left(\sum_{i=1}^{K_{op}}\omega_{op,i}=1,\sum_{i=j}^{K_{st}}\omega_{st,j}=1\right)$ 、期望为 $\mu_{or,i},\mu_{sr,j}$ 与方差为 $\sigma_{or,i}^2,\sigma_{sr,j}^2$ 的GMM。那么，贮备系统寿命的PDF可以迭代计算如下：

$$f_{s,n}(t)=f_{s,n-1}(t)F_{st}(t)+\int_0^{+\infty}\sum_{i=1}^{K_{op}}\omega_{op,i}\sum_{j=1}^{K_{st}}\omega_{st,j}\left[A_{ij}(t,\tau)-B_{ij}(t,\tau)\right]f_{s,n-1}(\tau)\mathrm{d}\tau \tag{8.9}$$

其中：

$$\begin{cases}
f_{s,0}(t)=\sum\limits_{i=1}^{K_{op}}\dfrac{\xi\omega_{op,i}}{\sqrt{2\pi t^2(t\sigma_{op}^2+t^2\sigma_{or,i}^2)}}\exp\left[-\dfrac{(\xi-\mu_{or,i}t)^2}{2(t\sigma_{op}^2+t^2\sigma_{or,i}^2)}\right]\\
F_{st}(t)=\sum\limits_{j=1}^{K_{st}}\omega_{st,j}\left[\Phi\left(\dfrac{\mu_{sr,j}t-\xi}{\sqrt{\sigma_{st}^2t+\sigma_{sr,j}^2t^2}}\right)+\exp\left(\dfrac{2\mu_{sr,j}\xi}{\sigma_{st}^2}+\dfrac{2\sigma_{sr,j}^2\xi^2}{\sigma_{st,j}^4}\right)\Phi\left(-\dfrac{2\sigma_{sr,j}^2\xi t+\sigma_{st}^2(\mu_{sr,j}t+\xi)}{\sigma_{st}^2\sqrt{\sigma_{st}^2t+\sigma_{sr,j}^2t^2}}\right)\right]\\
A_{ij}(t,\tau)=\sqrt{\dfrac{1}{2\pi(t-\tau)^2(\sigma_{aij}^2+\sigma_{bij}^2)}}\exp\left[-\dfrac{(\mu_{aij}-\mu_{bij})^2}{2(\sigma_{aij}^2+\sigma_{bij}^2)}\right]\times\\
\qquad\left\{\dfrac{\mu_{bij}\sigma_{aij}^2+\mu_{aij}\sigma_{bij}^2}{\sigma_{aij}^2+\sigma_{bij}^2}\Phi\left(\dfrac{\mu_{bij}\sigma_{aij}^2+\mu_{aij}\sigma_{bij}^2}{\sqrt{\sigma_{aij}^2\sigma_{bij}^2(\sigma_{aij}^2+\sigma_{bij}^2)}}\right)+\sqrt{\dfrac{\sigma_{aij}^2\sigma_{bij}^2}{\sigma_{aij}^2+\sigma_{bij}^2}}\phi\left(\dfrac{\mu_{bij}\sigma_{aij}^2+\mu_{aij}\sigma_{bij}^2}{\sqrt{\sigma_{aij}^2\sigma_{bij}^2(\sigma_{aij}^2+\sigma_{bij}^2)}}\right)\right\}\\
B_{ij}(t,\tau)=\exp\left[\dfrac{2\mu_{sr,j}\xi}{\sigma_{st}^2}+\dfrac{2(\xi^2\sigma_{sr,j}^4\tau+\xi^2\sigma_{sr,j}^2\sigma_{st}^2)}{(\sigma_{st}^2+\tau\sigma_{sr,j}^2)\sigma_{st}^4}\right]\sqrt{\dfrac{1}{2\pi(t-\tau)^2(\sigma_{aij}^2+\sigma_{bij}^2)}}\times\\
\qquad\exp\left[-\dfrac{(\mu_{aij}-\mu_{cij})^2}{2(\sigma_{aij}^2+\sigma_{bij}^2)}\right]\left\{\dfrac{\mu_{cij}\sigma_{aij}^2+\mu_{aij}\sigma_{bij}^2}{\sigma_{aij}^2+\sigma_{bij}^2}\times\Phi\left(\dfrac{\mu_{cij}\sigma_{aij}^2+\mu_{aij}\sigma_{bij}^2}{\sqrt{\sigma_{aij}^2\sigma_{bij}^2(\sigma_{aij}^2+\sigma_{bij}^2)}}\right)+\right.\\
\qquad\left.\sqrt{\dfrac{\sigma_{aij}^2\sigma_{bij}^2}{\sigma_{aij}^2+\sigma_{bij}^2}}\phi\left(\dfrac{\mu_{cij}\sigma_{aij}^2+\mu_{aij}\sigma_{bij}^2}{\sqrt{\sigma_{aij}^2\sigma_{bij}^2(\sigma_{aij}^2+\sigma_{bij}^2)}}\right)\right\}\\
\mu_{aij}=\mu_{or,i}(t-\tau),\quad \mu_{bij}=\xi-\mu_{sr,j}\tau,\quad \mu_{cij}=-\xi-\mu_{sr,j}\tau-\dfrac{2\xi\sigma_{sr,j}^2\tau}{\sigma_{st}^2}\\
\sigma_{aij}^2=\sigma_{op}^2(t-\tau)+\sigma_{or,i}^2(t-\tau)^2,\quad \sigma_{bij}^2=\tau\sigma_{st}^2+\tau^2\sigma_{sr,j}^2
\end{cases} \tag{8.10}$$

证明　见附录E.3。

这样，便得到了具有随机效应的贮备系统寿命迭代计算表达式。与定理8.2类似，每次迭代都需要计算一层积分，$f_{s,n}(t)$ 可以看作是 $f_{s,0}(t)$ 的多重积分。

8.3.4　基于Wiener退化过程模型的贮备系统寿命预测分析结果

在实际运行中，当备件数量较少或贮存退化速度较慢时，贮存退化只会影响备件的使用性能，而贮存失效可能性很小，甚至可以忽略不计。换句话说，也就是不会导致备件贮存退化失效。在这种情况下，所有的备件都是可用的，均可以用于维持系统的正常运行。因此，本小节拟研究在无贮存失效假设下以Wiener过程为例来推导贮备系统寿命期望和方差的解析解。

在定理8.1中，若贮存失效可以忽略，则 $F_{st}(t)=0$，因此 $f_{s,n-1}(t)F_{st}(t)=0$。那么，

式（8.5）的迭代公式可以改写为

$$f_{s,n}(t)=\int_0^{+\infty}\int_{-\infty}^{\xi}f_{op}(t-\tau\mid X_{op}(0)=x_\tau)p_{st}(x_\tau,M_\tau\mid\tau)f_{s,n-1}(\tau)\mathrm{d}x_\tau\mathrm{d}\tau \tag{8.11}$$

此外，若备件的失效概率很小且可以忽略，$\Pr\{\max\{X_{st}(\tilde{t})\}<\xi,\tilde{t}\in(0,\tau]\}\cong 1$；也就是说事件 M_τ 总是成立的。那么，$p_{st}(x_\tau,M_\tau\mid\tau)$ 可以近似为 $p_{st}(x_\tau\mid\tau)$，然后可以将其重写为

$$p_{st}(x_\tau,M_\tau\mid\tau)\cong p_{st}(x_\tau\mid\tau)=\frac{1}{\sqrt{2\pi\tau\sigma_{st}^2}}\exp\left[-\frac{(x_\tau-\mu_{st}\tau)^2}{2\sigma_{st}^2\tau}\right] \tag{8.12}$$

然后，在定理 8.2 的条件下进一步考虑一个简单的情况，即运行和贮存退化过程为线性 Wiener 过程。与定理 8.2 相似，$X_{op}(t)=\mu_{op}t+\sigma_{op}B(t)$ 和 $X_{st}(t)=\mu_{st}t+\sigma_{st}B(t)$ 分别表示运行和贮存退化过程。那么，若忽略贮存失效且给定备件数目为 n，则贮备系统寿命的期望和方差可由如下公式计算得到：

$$\begin{aligned}\mathbb{E}[S_n]&=\frac{\xi-\mu_{st}\mathbb{E}[S_{n-1}]}{\mu_{op}}+\mathbb{E}[S_{n-1}]\\ \mathrm{Var}[S_n]&=\mathrm{Var}[S_{n-1}]-\frac{2\mu_{st}\mathrm{Var}[S_{n-1}]}{\mu_{op}}+\\ &\quad\frac{(\xi-\mu_{st}\mathbb{E}[S_{n-1}])\sigma_{op}^2+\mu_{op}\sigma_{st}^2\mathbb{E}[S_{n-1}]+\mu_{op}\mu_{st}^2 Var[S_{n-1}]}{\mu_{op}^3}\end{aligned} \tag{8.13}$$

式中：$\mathbb{E}[S_0]=\xi/\mu_{op}$，$\mathrm{Var}[S_0]=\xi\sigma_{op}^2/\mu_{op}^3$。

证明　请参阅附录 E.4。

类似地，进一步考虑样本间差异性的影响，便可得到以下结果。

$X_{op}(t)=\mu_{op}t+\sigma_{op}B(t)$ 和 $X_{st}(t)=\mu_{st}t+\sigma_{st}B(t)$ 分别表示运行和贮存退化过程。同样，为反映样本间差异性，假设 μ_{op} 和 μ_{st} 服从权重系数 $\omega_{op,\,i}$，$\omega_{st,\,j}\left(\sum_{i=1}^{K_{op}}\omega_{op,\,i}=1,\sum_{i=j}^{K_{st}}\omega_{st,\,j}=1\right)$、期望为 $\mu_{or,i}$，$\mu_{sr,j}$ 与方差为 $\sigma_{or,i}^2$，$\sigma_{sr,j}^2$ 的 GMM。如果可以忽略贮存失效，并给出备件数量 n，则当 $\mu_{or}\gg\sigma_{or}$ 与 $\mu_{sr}\gg\sigma_{sr}$ 时，贮备系统寿命的期望可以表示为

$$\mathbb{E}[S_n]\cong\sum_{i=1}^{K_{op}}\omega_{op,i}\frac{\left(\xi-\sum_{j=1}^{K_{st}}\omega_{st,j}\mu_{sr,j}\mathbb{E}[SSL_{n-1}]\right)}{\mu_{or,i}}+\mathbb{E}[S_{n-1}] \tag{8.14}$$

证明　请参阅附录 E.5。

在式（8.14）中，S_0 表示第 1 个部件的运行寿命，由运行退化模型决定。也就是说，$\mathbb{E}[S_0]$ 可以直接通过运行退化模型计算得到。这样，如果忽略贮存失效，则不再需要根据原始定义方式计算贮备系统寿命期望。根据上述结果，可通过式（8.13）和式（8.14）迭代得到贮备系统寿命期望解析结果。然而，如何确定贮存失效是否可以忽略是一个有趣的问题。方便起见，本章基于 Wiener 过程模型给出了一种简单定量辨识方法，具体方法如下。

类似于定理 2 的条件，定义 $X_{op}(t)=\mu_{op}t+\sigma_{op}B(t)$ 和 $X_{st}(t)=\mu_{st}t+\sigma_{st}B(t)$ 分别表示运行和贮存退化过程，η 表示可接受的最低置信水平（也就是说，如果一个事件的概率

大于 η，则可以认为此件事一定发生）。那么若满足以下条件，则可认为备件在贮存中不会发生失效。

$$R_s(l_\eta)=\left[\Phi\left(\frac{\xi-\mu_{st}l_\eta}{\sigma_{st}\sqrt{l_\eta}}\right)-\exp\left(\frac{2\mu_{st}\xi}{\sigma_{st}^2}\right)\Phi\left(\frac{-\xi-\mu_{st}l_\eta}{\sigma_{st}\sqrt{l_\eta}}\right)\right]^n\geqslant\eta \tag{8.15}$$

式中：l_η 表示 $\widetilde{S}$（$\widetilde{S}$ 代表无贮存退化情况下贮备系统寿命）的 η 分位数，即 $F_{\widetilde{s}}(l_\eta)=\eta$。那么，$l_\eta$ 可以看作 $\widetilde{S}$ 在最低置信水平下的最大取值。基于 Wiener 过程的性质，$F_{\widetilde{s}}(l_\eta)$ 的表达可以表示为

$$F_{\widetilde{s}}(l_\eta)=\Phi\left(\frac{\mu_{op}l_\eta-(n+1)\xi}{\sigma_{op}\sqrt{l_\eta}}\right)+\exp\left(\frac{2(n+1)\mu_{op}\xi}{\sigma_{op}^2}\right)\Phi\left(\frac{-(n+1)\xi-\mu_{op}l_\eta}{\sigma_{op}\sqrt{l_\eta}}\right)=\eta \tag{8.16}$$

证明 请参阅附录 E.6。

这样，便得到了无贮存失效条件下贮备系统寿命期望和方差的解析结果。相比于迭代计算方法，所提近似方法无需求解多个数值积分，可以减小积累估计误差。

8.4 数值案例

首先，通过一个数值案例以验证所提方法的理论正确性。在数值情况下，假设运行和贮存退化模型可以表示为

$$\begin{cases}X_{op}(t)=10t+10B(t)\\X_{st}(t)=2t+2B(t)\end{cases} \tag{8.17}$$

进一步定义失效阈值 ξ 为 1000。然后，根据 Euler-Maruyama 离散化策略[119]，便可在给定贮备数目下，得到贮备系统的寿命数值。其中，样本量为 10000，步长设为 1。为了更好地说明，分别给出 $n=10$，20，30，40，50，60，70 和 80 时的仿真实验结果，如图 8.3 所示。图中，曲线表示所提方法的理论结果，柱状图为蒙特卡洛方法得到的数值结果。对比发现，理论结果与数值结果拟合较好，验证了本文提出方法的理论正确性。需要注意的是，受限于样本量、步长和数值积分误差，仍存在一些较小偏差。

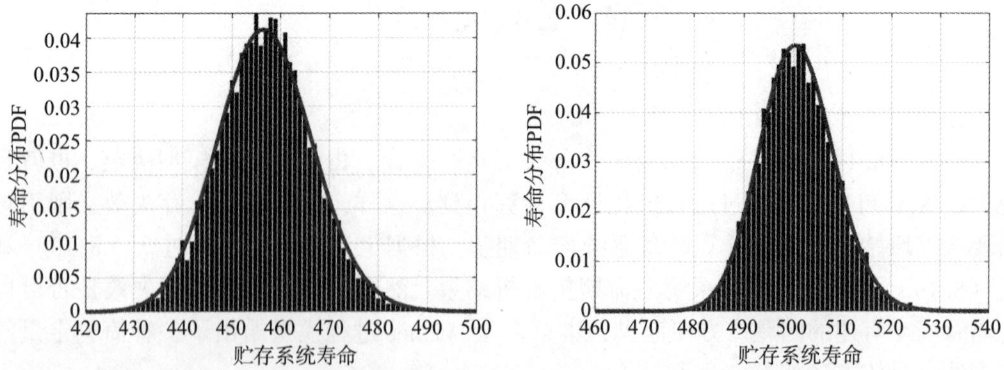

（a）n=10 （b）n=20

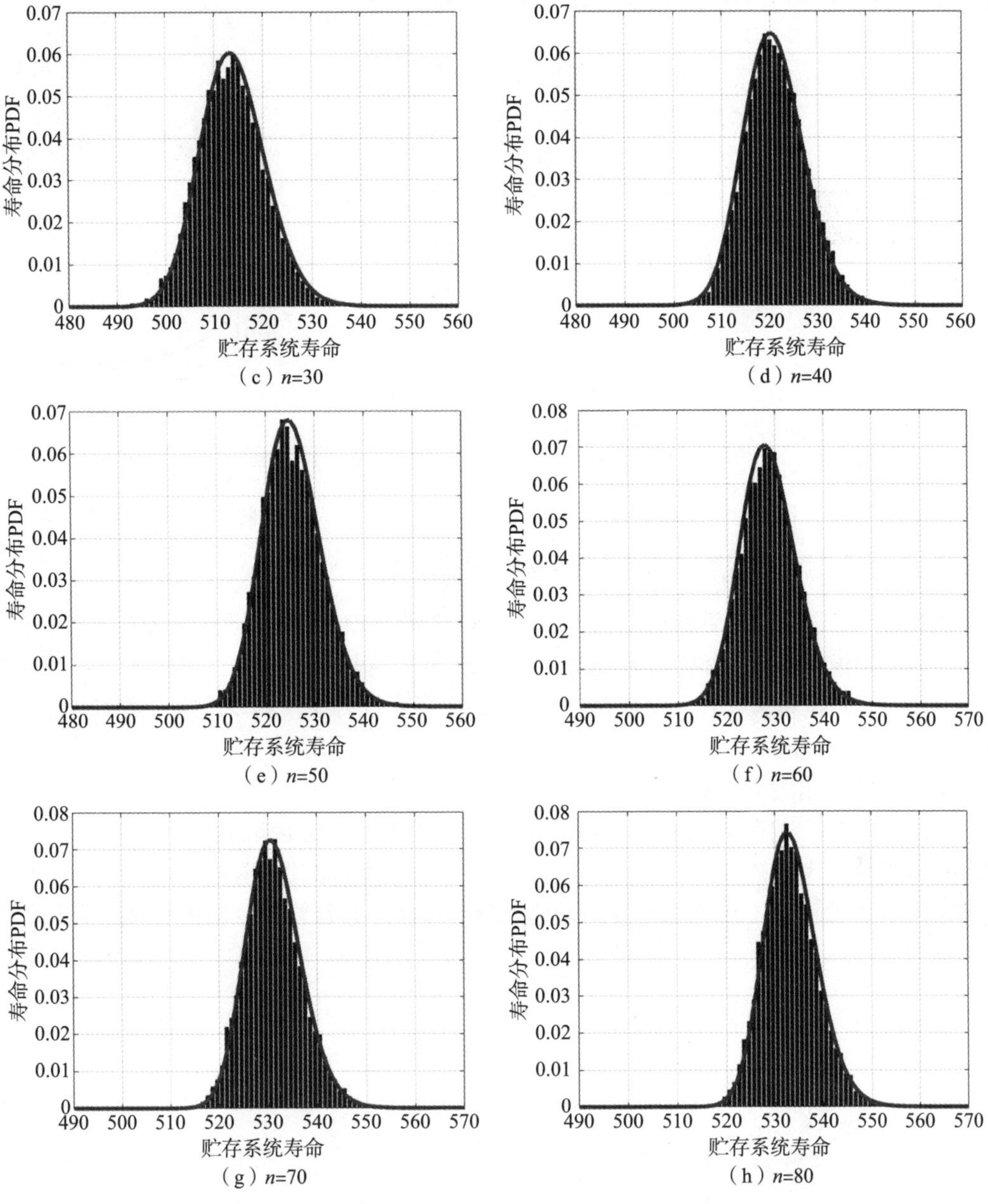

图 8.3　贮备系统寿命的 PDF

此外，图 8.4（a）显示了不同备件数目下贮备系统寿命 PDF 三维图。在图 8.4（a）中，可以发现，随着备件数量的增加，贮备系统寿命虽然逐渐增大，但贮备系统寿命的增长速率却逐渐变慢。为了量化 S_{n-1} 和 S_n 之间的差异，使用 Kullback-Leibler(KL) 散度来测量两个随机变量之间的距离[213]。如文献［214］中所介绍的，为了保证对称性，KL 距离可定义为

$$D_{KL}(P \parallel Q)=0.5D(P \parallel Q)+0.5D(Q \parallel P) \tag{8.18}$$

式中：P 和 Q 代表两个连续的随机变量，其 PDF 分别为 $f_P(z)$ 和 $f_Q(z)$，P 和 Q 之间的

相对熵常表示为 $D(P \| Q)$，根据文献［213-214］有以下形式

$$D(P \| Q) = \int f_P(z) \ln \frac{f_P(z)}{f_Q(z)} \mathrm{d}z \tag{8.19}$$

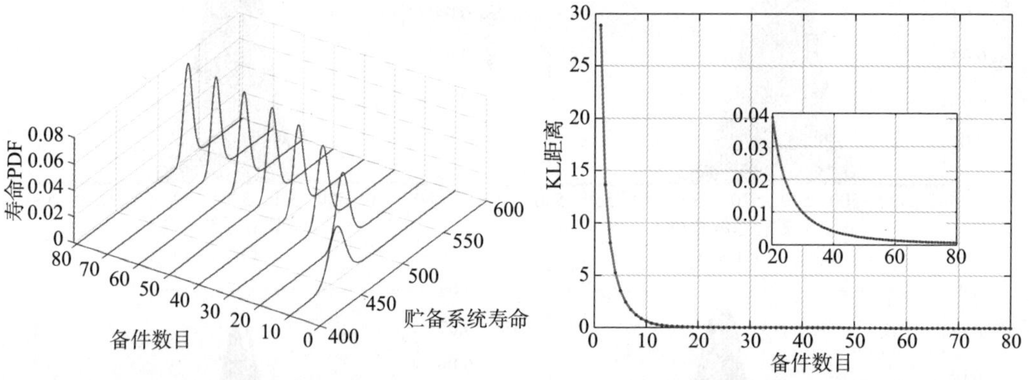

（a）贮备系统寿命的PDF　　（b）两个相邻的贮备系统寿命的KL距离

图 8.4　不同数目备件下贮备系统寿命的 PDF

可以发现，随着备件数量的增加，S_{n-1} 与 S_n 之间的 KL 距离逐渐减小，如图 8.4（b）所示。也就是说，两个相邻贮备系统寿命的 PDF 越来越相似。因此，仅扩大备件的库存数量并不是延长贮备系统寿命的有效方法，通过贮备系统寿命预测以确定合适的备件数量可以降低库存管理成本。

另外，将提出的方法的结果与不考虑备件退化的结果进行了比较（图 8.5）。图 8.5 中，实线表示考虑贮存退化的寿命预测结果，虚线表示不考虑贮存退化的寿命预测结果。可以发现，考虑贮存退化的实际贮备系统寿命比未考虑贮存退化的寿命更短，并且随着备件数量的增加，两者之间的偏差越来越大。这意味着贮存退化将明显影响贮备系统寿命预测。

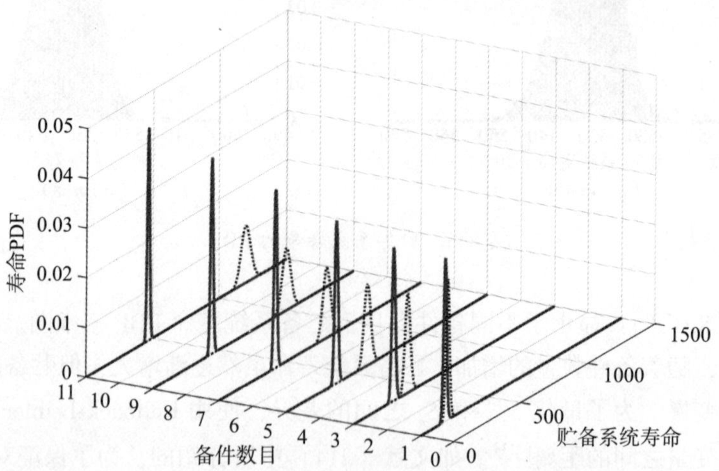

图 8.5　考虑贮存退化与无贮存退化的贮备系统寿命 PDF 对比

图 8.6 显示了 8.3.4 节中提出的近似方法预测结果。可以发现，当备件数量较小时

(如本数值案例中 $n<10$)，所提方法的理论结果与实际结果拟合较好。与之相反，当备件数量较大时（如 $n>20$)，两者的偏差较大，且随备件数量的增加而增大。因此，可以得出结论，当备件数量较少，特别是满足命题 1 时，8.3.4 节中所提近似方法可以较容易得到贮备系统寿命的期望和方差估计值。

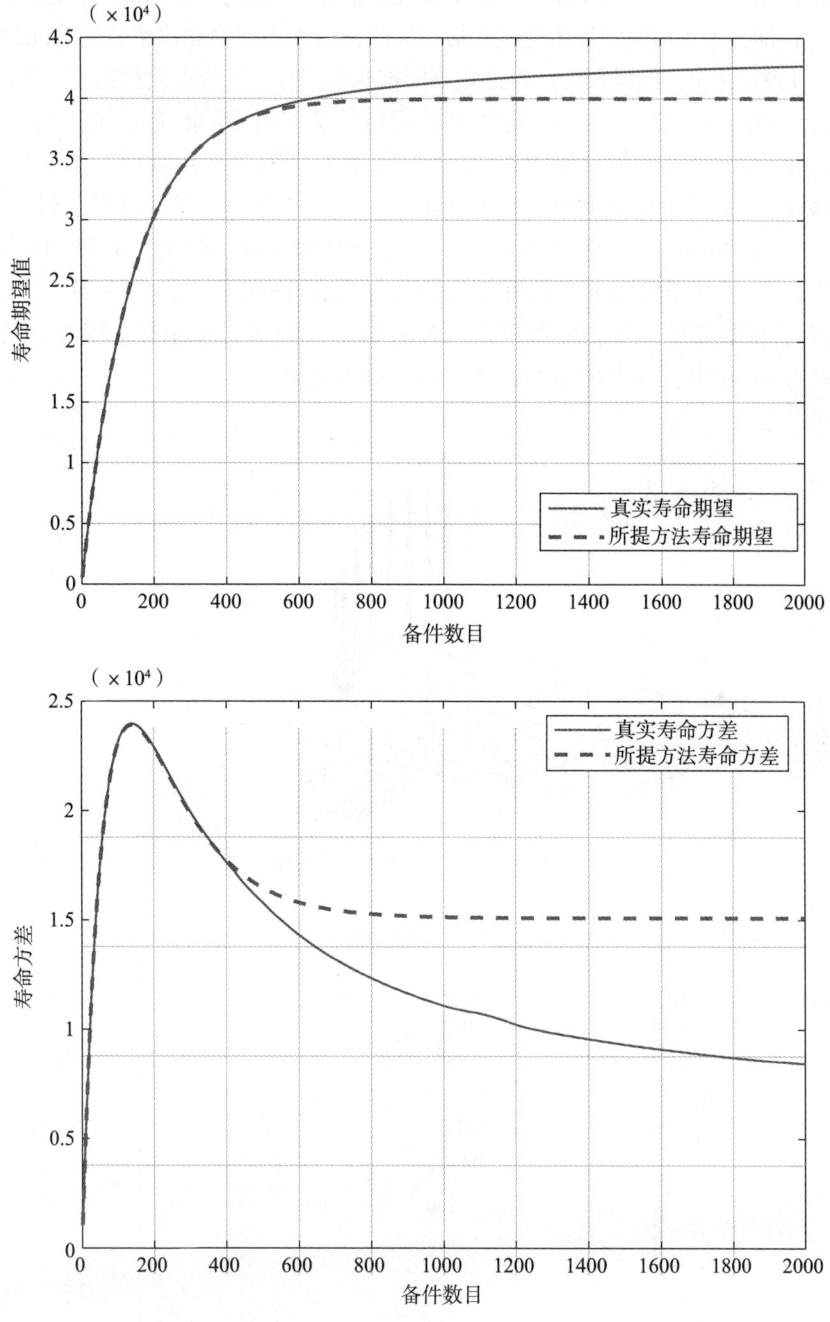

图 8.6　贮备系统寿命的期望与方差

8.5 陀螺实例

本节进一步以陀螺仪实际退化为例进行说明。陀螺作为一种重要的惯性平台机电传感器，已广泛应用于许多工业和军事系统，如船舶、潜艇、飞机、火箭和宇宙飞船等。一般来讲，陀螺仪性能会不可避免地发生退化并最终失效，通常表现为漂移系数随时间的趋势性变换。文献［139］指出，陀螺仪的贮存退化不能被忽视，且其运行退化相比于贮存退化较快。

为简化问题，仅考虑一个运行部件和任意数量备件组成的贮备系统，由于其退化过程非单调，因此定义其退化过程如式（8.6）所示。受限于实际数据，本节仅关注具有确定性参数的贮备系统寿命预测。基于文献［139］中的实际测试数据，得到模型参数估计值为 $u_{op}=0.00132$，$\sigma_{op}=1.79910\times10^{-03}$，$u_{st}=9.01\times10^{-6}$ 和 $\sigma_{st}=9.39\times10^{-5}$。定义阈值为 $\xi=0.36^{\circ}/h$，基于定理 8.2 便可得到的贮备系统寿命，如图 8.7 所示。与数值案例类似，随着备件数量的增加，贮备系统寿命的 PDF 变得越来越相似，图 8.8 显示了 S_{n-1} 和 S_n 之间的 KL 距离，其差距逐渐减小，最后收敛到 0。

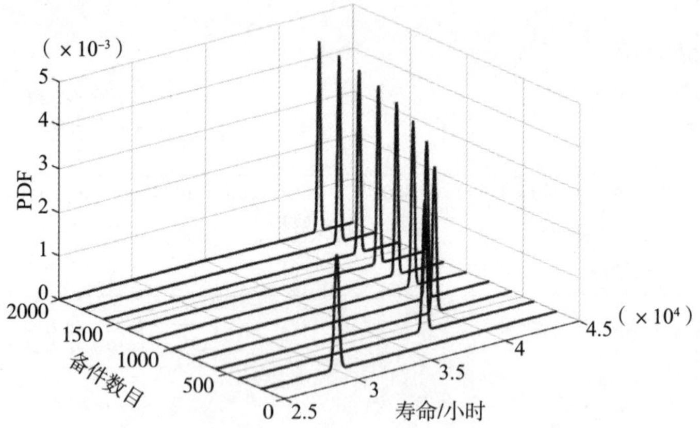

图 8.7 贮备系统寿命的 PDF

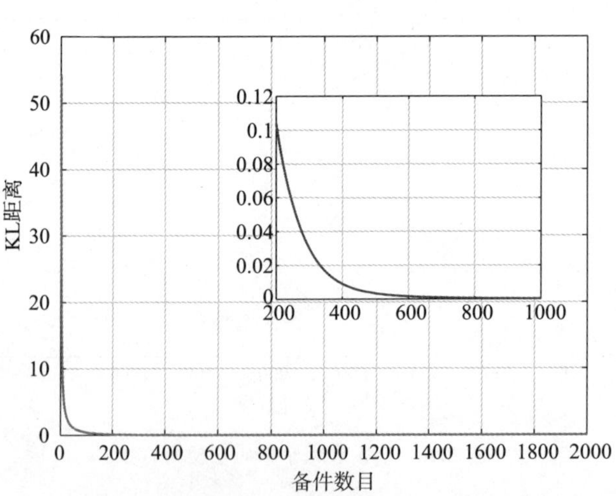

图 8.8 两个相邻贮备系统寿命间的 KL 距离

图 8.9 对比了考虑和不考虑备件贮存退化下的贮存寿命，其中实线和虚线曲线分别表示考虑和不考虑贮存退化的预测结果。相比之下，基于所提方法估计的贮备系统寿命比没有贮存退化的贮备系统寿命要短，并且随着备件数量的增加，它们之间的差异会随之增大。进一步，定义 $\overline{F}_{s,n}(t)=1-F_{s,n}(t)$ 作为条件可靠度，那么可计算 $\overline{F}_{s,n}(t)$ 如图 8.10 所示。

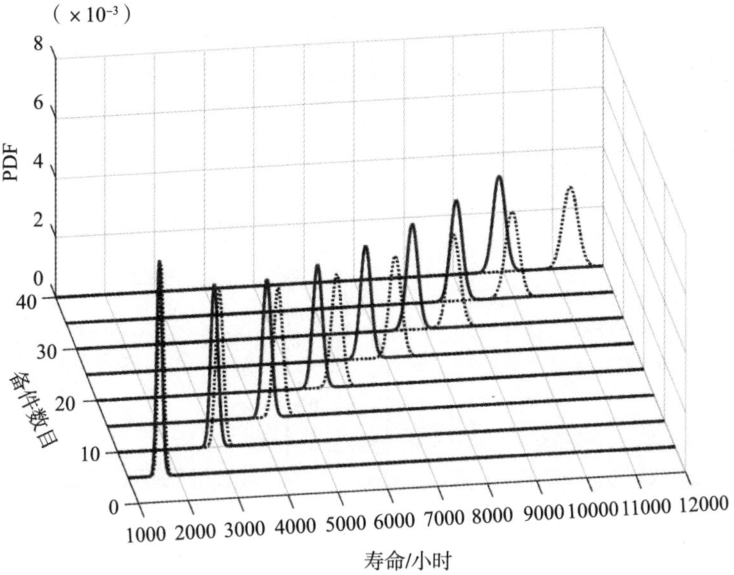

图 8.9　贮备系统寿命的 PDF 比较

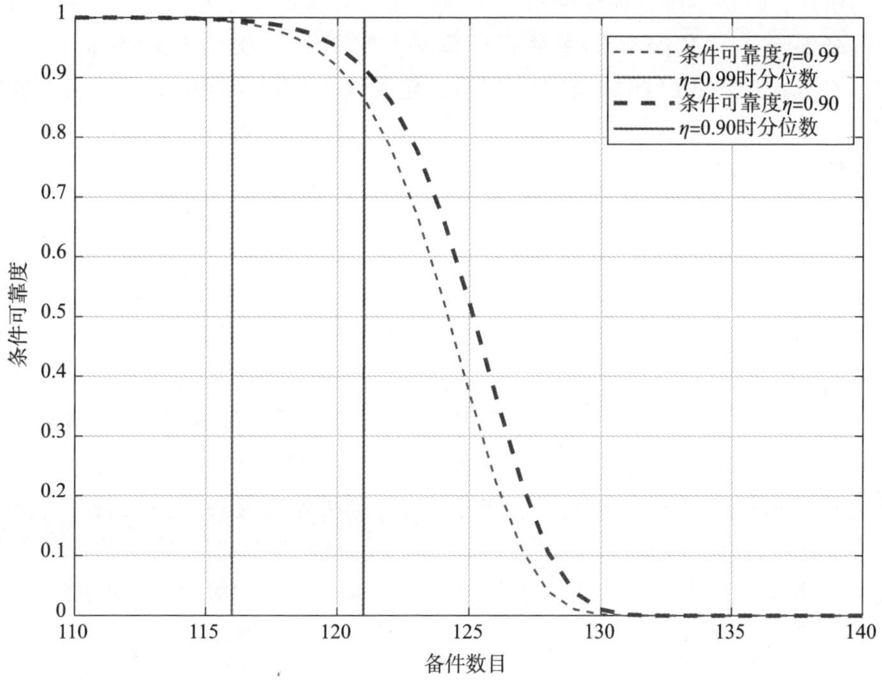

图 8.10　条件可靠度

为了说明无贮存失效情况，图 8.10 显示了随着备件数量增加 $R_s(l_\eta)$ 的变换情况，其中 $R_s(l_\eta)$ 表示所有备件在贮存中不发生失效的概率，其定义见式（8.15）。为了更好地说明，分别考虑置信度为 $\eta=0.99$ 和 $\eta=0.90$ 两种情况。在图 8.10 中，当备件数量小于 117 和 122 时，无贮存失效概率分别大于 0.99 和 0.90。那么若定义 $\eta=0.99$，则当 $n<117$ 时，可以忽略贮存失败。需要注意的是，$R_s(l_\eta)>\eta$ 是一个充分条件，但不是充要条件。此外，图 8.11 显示基于 8.3.4 节中所提近似方法得到的贮备系统寿命期望和方差。虚线表示基于 8.3.4 节提出的方法的结果，实线表示基于估计 PDF 的结果。在图 8.11 中，基于 8.3.4 节中提出的方法得到的结果可以较好地拟合实际结果。

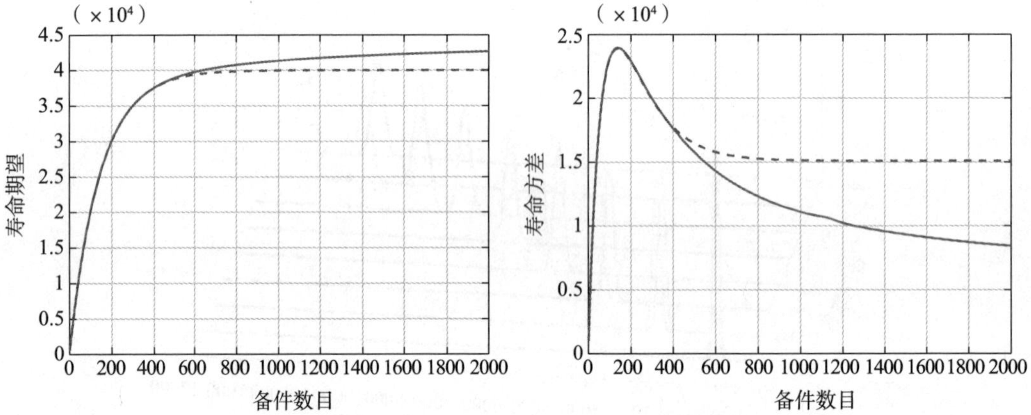

（a）寿命期望　　（b）寿命方差

图 8.11　贮备系统寿命期望和方差

如前所述，贮备系统寿命评估对于库存管理和维护非常有用，本章进一步基于估计得到的贮备系统寿命研究最优库存管理策略。定义 $C_{st}=0.1$（RMB/hour）、$C_s=1000$（RMB）、C_{ex} 分别表示元件时间的贮存成本、陀螺仪单价以及停机期间的运输成本和生产损失等额外费用。为简化问题，忽略更换时间、预防性维护和失效损失的影响。那么，平均费用率可以表示为

$$C(n)=\frac{\mathbb{E}[Cost]}{\mathbb{E}[S_n]}=\frac{\sum_{i=1}^{n}\mathbb{E}[S_i]C_{st}+nC_s+C_{ex}}{\mathbb{E}[S_n]} \tag{8.20}$$

在这种情况下，如果给定额外成本 C_{ex}，便可得到最优的备件数目 n，以确保元件时间的平均费用率最小。在实践中，C_{ex} 受到许多因素的影响，如运输距离、运输工具、工作环境、生产损失等。在图 8.12 中，分布给出了几种不同的 C_{ex} 值来计算。从图中可以发现，所提方法的最优备件数量明显小于不考虑备件贮存量退化下得到的备件数量。这意味着，如果不考虑贮存退化影响，则可能会需要更多的备件。此外，如果 C_{ex} 规模更大，则需要更多的备件来保证较小的平均费用率。换句话说，如果系统的额外费用很高，则应该准备更多的备件来降低成本，例如航天器、舰船和空间站的某些核心部件。

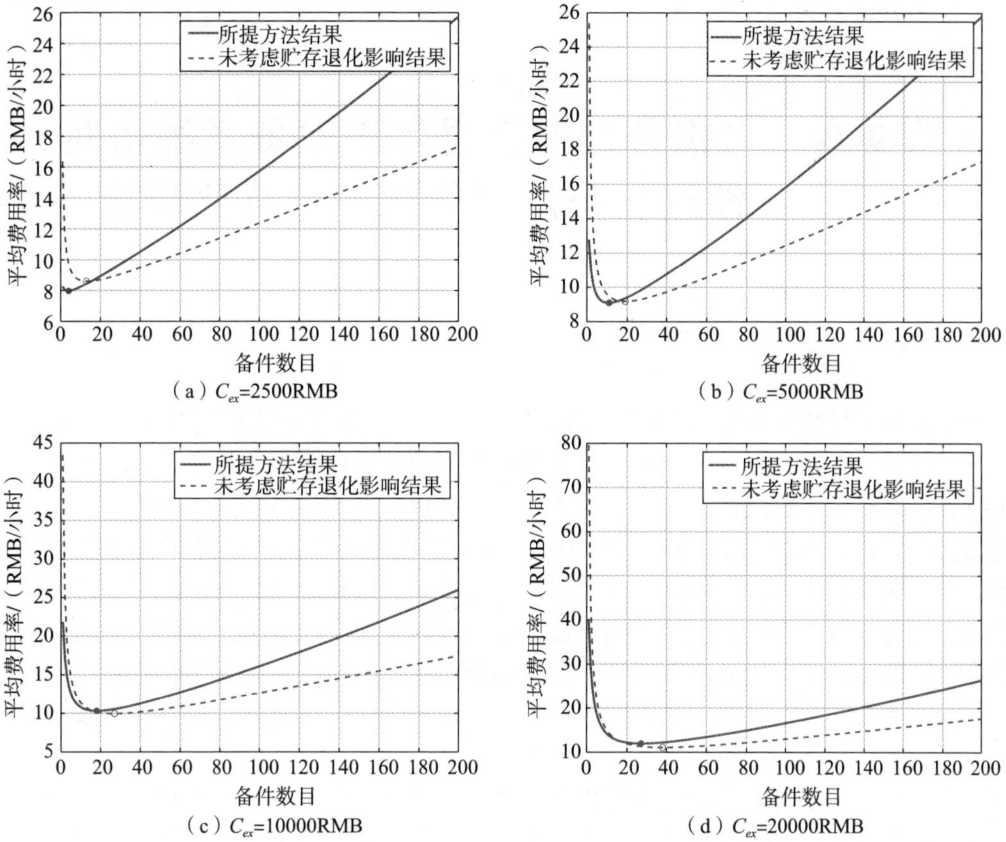

图 8.12　基于条件的库存管理策略的说明

综上所述，所提出方法为贮备系统寿命预测提供了一种有效途径。但是，在具体实现过程中需要注意以下几个问题：一是多重数值积分引起的计算误差。如前所述，式（8.5）、式（8.9）、式（8.11）可以转化为多重积分，其积分次数由备件的数量决定。

8.6　结论

本章主要研究如何基于随机数据驱动的方法估计贮备系统寿命，主要工作如下：

（1）在首达时间意义下，通过建立状态恢复、库存损失和备件贮存退化过程之间的关联关系，提出了一种贮备系统寿命预测一般性迭代求解方法。

（2）推导得到了基于 Wiener 退化过程的贮备系统寿命 PDF 的迭代表达式，并将结果进一步扩展到考虑样本间差异性的情况。

（3）给出了无贮存失效假设下贮备系统寿命期望和方差的解析结果，简化了计算复杂度。

（4）通过数值仿真和实例验证了所提出的理论结果，并说明了其实际应用价值。

第 9 章　考虑备件混合退化下贮备系统预防性维护与库存管理联合优化决策

9.1 引　言

作为预测与健康管理（PHM）的关键问题之一，合理的维修安排不仅可以提高系统可靠性、降低运行风险，还可以减少不必要的费用成本。一般来说，维修可分为故障后维修和预防性维修。其中，故障后维修是指在发生故障后对设备进行维护；而预防性维修是在故障发生之前采取的维修活动，这样可以减少故障损失甚至避免故障，因此更受关注。近年来，预防性维护方法得到了快速发展，并已应用于许多实际系统中。对于预防性维护，如何确定最佳维修时间是一个较为重要的核心问题，通常是将预防性维护时间作为决策变量、以平均费用率作为决策目标，构建优化函数得到最优维修决策。此外，为增强系统的可靠性、延长系统运行时间，贮备技术也得到了广泛的应用，其核心思想是为运行部件提供一些备件，若运行部件出现故障，则激活备件进行更换。事实上，由于内部机理以及贮存条件等因素影响，在贮存环境中备件性能也常常会发生退化。另外，不仅备件的性能会逐渐发生退化，还可能因外部冲击而导致突发失效。在本书第 8 章的研究中发现，由于备件的贮存退化，因此仅通过增加备件个数（即扩大库存）并不能有效延长贮备系统的运行寿命。在实际工程中，备件堆积可能会导致较高的库存成本和较多的贮存失效，从而造成不必要的浪费；而备件短缺可能会导致系统发生停机并带来损失。因此，研究确定贮备系统最优维修时机和库存数量具有重要意义。

目前，维护和备件供应的联合优化问题得到了一些国内外学者的研究。例如，早在 2003 年，Brezavscek 和 Hudoklin 研究并提出了一种考虑整体替换维护和备件供给联合优化模型[216]。2013 年，Van Horenbeek 等[217] 对联合维修和备件库存管理联合优化的相关文献进行了详细综述。De Jonge 讨论并调研了 2001—2018 年的维修建模和优化方法，并且综述了维护和备件库存供应这一联合决策问题[218]。Jiang 等研究了考虑备件库存退化情况下多部件系统的预防性维护和库存管理联合优化问题[206]。Ruiz 等首先给出了一种两阶段连续时间马尔可夫链模型用于描述备件的退化过程，然后基于该退化模型构建了优化函数并研究了寻优求解方法，最后给出了两种不同备件损失模型下最佳订货间隔和订货数量[6]。Yan 等通过基于库存量转移关系构建了平均费用率函数，并提出了一种考虑不完善维修下多部件系统的维护和备件库存联合优化方法[208]。Ma 等基于 Wiener 退化过程模型分析了热贮备制冷系统的可靠性并进一步制定了事情维护策略[200]。Zhang 等研究了事情维护和（0,1）型贮备系统库存管理联合优化策略[219]。

然而，作为贮备系统预防性维护和库存管理联合优化问题的关键，贮备系统的运行寿命由实际备件贮存退化和突发失效共同决定。具体来说，突发失效会减少备件库存；贮存退化不仅使得备件性能变差，而且可能会造成备件失效并带来库存损失。然而现有研究很少考虑备件退化和突发失效对预防性维护和备件库存管理联合策略优化的影响。因此，本章主要关注贮备系统寿命预测，并基于寿命预测结果以确定最佳维护间隔和库存数量。总体来说，主要有以下两个难点：一是如何估计给定备件数量的贮备系统寿命；二是如何建立维修时间与库存数量的联合优化模型。

因此，本章的主要工作为：首先，研究同时考虑贮存退化和突发失效的复杂退化过程下贮备系统寿命的预测方法，并给出一般性的迭代求解算法；然后，以 Wiener 退化过程为例，推导并得到贮备系统寿命预测的解析表示形式；再次，基于寿命预测结果，构建维修时间和库存数量的联合优化模型。

9.2 问题描述

9.2.1 问题来源

本章主要考虑一种常见的贮备系统替换维护和库存管理策略。具体来说，如果运行部件退化过程达到一个给定的失效阈值，便意味着此运行部件发生失效；接下来，需要选择现存的一个备件进行激活并投入使用，这样便可以使得系统继续正常运行。若运行的部件发射失效或者到达预定的维修时刻时已无备件，那么执行整系统替换，即同时更新运行部件并订购备件。但在实际中，备件的贮存退化或失效可能会导致备件更新后的性能下降并缩短其激活后的运行寿命。为了更好地说明，图 9.1 仿真说明了备件退化对贮备系统的影响，其中，实线和虚线分别反映了运行部件和备件的退化过程。图 9.1 上图反映了贮备部件无贮存退化的情况，可以发现，部件更新恢复如初，其退化初始值未发生变化。而图 9.1 下图反映了存在贮存退化的情况，注意到由于备件的贮存退化导致激活后的运行部件退化初始性能水平有所下降。此外，贮存退化和备件的突发失效也会导致库存损失。图 9.2 展示了含有 3 个备件的贮备系统的运行及更新过程，其中，短虚线和长虚线分别代表备件替换时间和整个系统更换时间。注意到，若运行的退化过程达到阈值，则激活 1 个备件用于更换故障运行部件；同时，备件的数量则相应减少；若库存耗尽，则进行运行部件和备件的整体更换，这样保证运行部件和备件更新为新。实际上，每一次备件的激活更新可以看作一次非完美维修，那么每一次维修后的运行寿命将会缩短，即图 9.2 下图中的 T_1、T_2、T_3、T_4。

在实际中，部分设备的备件其性能状态难以在贮存过程中进行监测，直至其通电使用时候才能获知。而由于存在贮存退化和失效，因此若不对贮存过程中备件进行测试，则难以知道具体多少备件发生了贮存失效。也就是说，除非所有备件都进行测试或激活，否则难以知道备件库存是否耗尽。如果贮备系统整体更换维护时间过早，则许多备件并未得到使用或失效；若整体更换时间过晚，则可能会导致系统停机造成损失。此外，如前所述，备件库存过多，很多备件会在贮存中出现失效，这也是一种浪费；然而，备件短缺则可能会导致系统停机，从而造成损失、甚至可能导致事故。因此，有必要研究如何得到最佳的系统整体更换时机和备件库存数量。

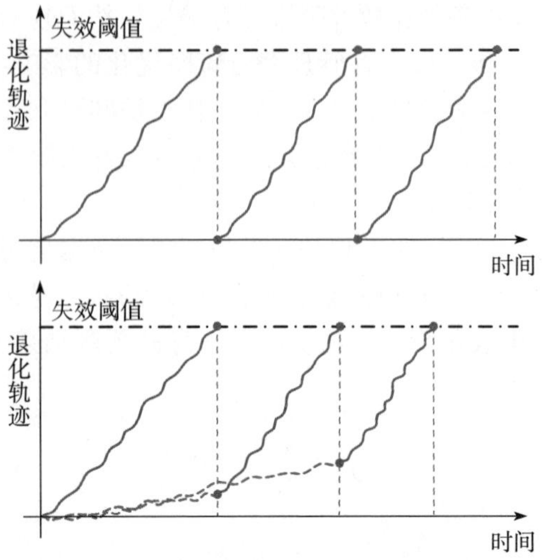

图 9.1　备件退化的贮备系统退化轨迹

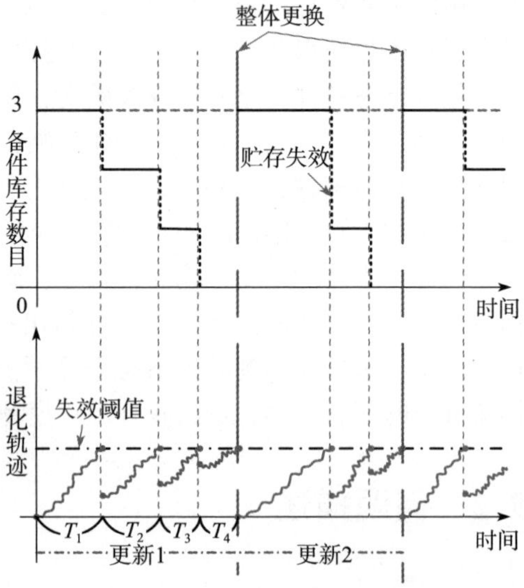

图 9.2　三个备件的贮备系统更新过程

9.2.2　问题描述

在目前的大多数研究中，更换时间和库存数量可视为两个决策变量，而决策目标则一般定义为最小化单位时间的预期费用，即平均费用率。类似地，本章拟构建决策变量为整体更换时间与订购备件数目的联合优化模型。为了简化问题，本章主要关注单个运行部件和任意数量备件的贮备系统。

首先，令 $X_{op}(t)$ 和 $X_{st,i}(t)$ 分别表示运行退化过程和第 i 个备件的贮存退化过程。由于因为备件的退化机制和存储条件是相同的，那么假设备件具有相同的贮存退化模型和突发失效模型。为了简化说明，本章采用 $X_{st}(t)$ 表示备件贮存退化模型。此外，为不失一般性，假设 $X_{op}(t)$ 和 $X_{st}(t)$ 是具有正增长趋势的随机过程，那么根据费用率的定义，具有 N 个备件的平均费用率可以写成

$$C_{\infty}(N,T)_{\infty}=\lim_{t\to\infty}\frac{C(t\mid N,T)}{t}=\frac{\mathbb{E}[C(N,T)]}{\mathbb{E}[T_r]}=\frac{\mathbb{E}[C(N,T)]}{\mathbb{E}[\min\{T,S_N\}]} \tag{9.1}$$

式中：$\mathbb{E}[C(N,T)]$ 表示预期费用；T 表示预定的系统整体替换间隔；t 是自然时间；T_r 表示实际替换时间；S_N 表示具有 N 个备件的贮备系统的使用寿命。值得注意的是，如果贮备系统的实际寿命早于预先定义整体替换时间，即 $S_N<T$，实际替换时间则应为 S_N。这样，可以得到 $T_r=\min\{T,S_N\}$，如式（9.1）所示。需要注意的是，为求解最优维护决策，首先需要得求 S_N。如第 8 章中所介绍的，在整个大更新周期内，具有 N 个备件的贮备系统寿命可表示为

$$S_N=\sum_{i=0}^{N}L_{op,i} \tag{9.2}$$

式中：$L_{op,i}$ 为第 i 个备件激活后的运行寿命；$L_{op,0}$ 为第一个运行部件的运行寿命，若第 i 个备件贮备过程中已经失效，则 $L_{op,i}=0$。

实际上，$\mathbb{E}[C(N,T)]$ 也受 S_N 取值的影响，因此，为了求取最优的 T 和 N，必须先计算 S_N 的分布。注意到，由于贮存和运行过程的退化是随机的，因此 S_N 是一个随机变量。

9.2.3　假设条件

（1）基于随机过程模型对运行和贮存退化进行建模，退化模型的参数是给定的或可以根据历史数据识别得到。

（2）对于备件激活更换，忽略更换时间。

（3）运行部件其退化状态在任意时刻已知。

（4）忽略备件在运输过程中的退化和失效。

（5）备件的性能在贮存过程中是未知的。

（6）备件选择随机，若所选备件在贮存过程中失效，则重新选择另一个备件进行激活。

（7）贮备系统整体更换时，前面剩余非失效备件不被再考虑使用。

假设（5）表示着备件贮存退化未被监测且无法知道其性能，直到备件激活用于替换运行部件。假设（6）说明当运行部件出现失效时，随机选择备件进行激活和更换，若所选备件在贮存中失效，则立即重新选择另一个。假设（7）表示当进行整体替换时，前面剩余的一些备件可能不仅没有发生失效而且还没有被使用，但为了简化问题，这些非失效备件不再继续使用。

9.3　贮存退化失效和突发失效共同影响下的贮备系统寿命预测

如前所述，为了确定最佳维护时间和备件数量，首先需要计算得到贮备系统的寿命分布。本节主要研究基于随机退化建模的贮备系统寿命预测方法。

9.3.1　贮备系统寿命预测一般性迭代方法

在第8章所得主要结论的基础上，本章首先给出一种同时考虑贮存退化失效与突发失效下贮备系统寿命迭代计算方法，具体结论如定理9.1所示。

定理9.1：考虑由1个运行部件和 n 个备件组成的贮备系统，令 $f_{op}(t)$ 和 $F_{op}(t)$ 分别为运行条件下寿命概率密度函数（PDF）和累积分布函数（CDF），且 $f_{st}(t)$ 和 $F_{st}(t)$ 分别为备件贮备寿命的PDF和CDF。那么，贮备系统寿命可以通过如下方式迭代计算得到：

$$f_{s,n}(t)=f_{s,n-1}(t)[1-p(M_t)]+\int_0^{+\infty}\int_{-\infty}^{\xi}f_{op}(t-\tau\mid X_{op}(0)=x_\tau)p_{st}(x_\tau,M_\tau\mid\tau)f_{s,n-1}(\tau)\mathrm{d}x_\tau\mathrm{d}\tau \tag{9.3}$$

式中：$f_{s,0}(t)=f_{op}(t\mid X_{op}(0)=0)$ 表示退化初值为 $X_{op}(0)=0$ 条件下运行部件的寿命PDF；$f_{op}(t\mid X_{op}(0)=x_\tau)$ 表示退化初值为 $X_{op}(0)=x_\tau$ 条件下运行部件的寿命PDF；M_τ 表示给定事件，即备件在 τ 时刻前未发生失效；$p_{st}(x_\tau,M_\tau\mid\tau)$ 表示在时间 τ 处未发生贮存失效条件下退化值的PDF。

定理 9.1 的证明详见附录 F.1。

在定理 9.1 中，$f_{s,n-1}(t)[1-p(M_t)]$ 反映了备件贮存失效的概率，即第 n 个备件在贮存过程中发生失效，$p_{st}(x_\tau, M_\tau \mid \tau)$ 则反映了贮存退化对运行退化过程的影响。如前所述，由于需要同时考虑贮存退化失效和突发失效，令 M_1 和 M_2 为两个事件，即分别为发生退化失效和突发失效。这样，式（9.3）可以改写为

$$f_{s,n}(t) = f_{s,n-1}(t)[1 - p(M_{1,t}, M_{2,t})] + \int_0^{+\infty}\int_{-\infty}^{\xi} f_{op}(t - \tau \mid X_{op}(0) = x_\tau) \times p_{st}(x_\tau, M_{1,\tau}, M_{2,\tau} \mid \tau) f_{s,n-1}(\tau)\,\mathrm{d}x_\tau \mathrm{d}\tau \tag{9.4}$$

式中：$1-p(M_{1,t}, M_{2,t})$ 为贮存失效的概率（包括了退化失效和突发失效）；$f_{op}(t \mid X_{op}(0)=x_\tau)$ 为初值为 $X_{op}(0)=x_\tau$ 时运行寿命 PDF。定义突发失效为一个随机事件，其 PDF 和 CDF 分别为 $f_{ib}(t)$ 和 $F_{ib}(t)$，且退化失效和突发失效是不相关的，那么有

$$\begin{cases} p(M_{1,t}, M_{2,t}) = p(M_{1,t})p(M_{2,t}) = [1-F_{st}(t)][1-F_{ib}(t)] \\ p_{st}(x_\tau, M_{1,\tau}, M_{2,\tau} \mid \tau) = p_{st}(x_\tau, M_{1,\tau} \mid \tau)[1-F_{ib}(\tau)] \end{cases} \tag{9.5}$$

若已知贮存和运行退化模型，则 $f_{st}(t), F_{st}(t), f_{op}(t), F_{op}(t)$ 能相应被获得。实际上，求解式（9.3）和式（9.4）的关键在于获得 $p(M_{1,t}, M_{2,t})$ 和 $p_{st}(x_\tau, M_{1,t}, M_{2,t} \mid \tau)$ 的表达式。如果能够求得 $p(M_{1,t}, M_{2,t})$ 和 $p_{st}(x_\tau, M_{1,t}, M_{2,t} \mid \tau)$ 的表达式，则可以利用定理 9.1 迭代计算得到 S_N。此外，如果可以忽略贮存退化或者突发失效，则式（9.4）的结果可以分别简化为以下两种情形。

情形 1：忽略贮存退化，则

$$f_{s,n}(t) = f_{s,n-1}(t)F_{ib}(\tau) + \int_0^{+\infty} f_{op}(t - \tau)[1 - F_{ib}(\tau)] f_{s,n-1}(\tau)\,\mathrm{d}\tau \tag{9.6}$$

情形 2：忽略突发失效，则

$$f_{s,n}(t) = f_{s,n-1}(t)F_{st}(t) + \int_0^{+\infty}\int_{-\infty}^{\xi} f_{op}(t - \tau \mid X_{op}(0) = x_\tau) \times p_{st}(x_\tau, M_{1,\tau} \mid \tau) f_{s,n-1}(\tau)\,\mathrm{d}x_\tau \mathrm{d}\tau \tag{9.7}$$

为了更好地说明这个问题，本章以常见的 Wiener 退化过程模型为例进行介绍。

9.3.2　固定模型参数的寿命预测

众所周知，Wiener 退化过程是非单调模型，且由于其良好的数学计算性质，已被广泛应用于许多退化设备的剩余寿命预测。因此，本小节以 Wiener 过程为例进行说明，定义贮存退化过程 $X_{st}(t)$ 和运行退化过程 $X_{op}(t)$ 为

$$\begin{cases} X_{op}(t) = x_{op,0} + \mu_{op} t + \sigma_{op} B(t) \\ X_{st}(t) = x_{st,0} + \mu_{st} t + \sigma_{st} B(t) \end{cases} \tag{9.8}$$

式中：μ_{op}，σ_{op} 和 μ_{st}，σ_{st} 分别表示运行退化过程和贮存退化过程的漂移系数和扩散系数。简单起见，不妨假设初始退化值为 0，即 $x_{op,0} = x_{st,0} = 0$，则但由于贮存退化的影响，当备件激活来替换运行失效部件时，$x_{op,0}$ 将不等于 0。

此外，考虑到威布尔（Weibull）分布常用于描述失效分布，且可以转换多种常见分布形式，因此，采用 Weibull 分布刻画突发失效。定义突发失效服从 Weibull 分布，其 CDF$F_{ib}(t)$ 和 PDF$f_{ib}(t)$ 的表达式如下：

$$\begin{cases}F_{ib}(t)=1-\exp\left[-\left(\dfrac{t}{\alpha}\right)^{\beta}\right]\\ f_{ib}(t)=\dfrac{\beta}{\alpha}\left(\dfrac{t}{\alpha}\right)^{\beta-1}\exp\left[-\left(\dfrac{t}{\alpha}\right)^{\beta}\right]\end{cases}\tag{9.9}$$

式中：α 和 β 分别表示 Weibull 分布中的形状参数和尺度参数。

如果退化失效和突发失效是不相关的，便可能获得贮备系统的寿命预测迭代结果，如推论 9.1 所示。

推论 9.1：考虑由 1 个运行部件和 n 个备件组成的贮备系统，其运行退化和贮存退化过程如式（9.8）所示。若其备件在贮存过程中的突发失效和贮存退化过程不相关，并且突发失效服从 Weibull 分布（其 CDF 和 PDF 如式（9.9）所示），那么该贮备系统的寿命 PDF 可以通过如下公式迭代计算得到：

$$\begin{aligned}f_{s,n}(t)=&f_{s,n-1}(t)[F_{st}(t)+F_{ib}(t)-F_{st}(t)F_{ib}(t)]+\\&\int_0^{+\infty}[A_1(t,\tau)-B_1(t,\tau)][1-F_{ib}(t)]f_{s,n-1}(\tau)\mathrm{d}\tau\end{aligned}\tag{9.10}$$

其中：

$$\begin{cases}f_{s,0}(t)=\dfrac{\xi}{\sqrt{2\pi\sigma_{op}^2t^3}}\exp\left[-\dfrac{(\xi-\mu_{op}t)^2}{2\sigma_{op}^2t}\right]\\ F_{st}(t)=\Phi\left(\dfrac{\mu_{st}t-\xi}{\sigma_{st}\sqrt{t}}\right)+\exp\left(\dfrac{2\mu_{st}\xi}{\sigma_{st}^2}\right)\Phi\left(\dfrac{-\xi-\mu_{st}t}{\sigma_{st}\sqrt{t}}\right)\\ A_1(t,\tau)=\sqrt{\dfrac{1}{2\pi(t-\tau)^2(\sigma_a^2+\sigma_b^2)}}\exp\left[-\dfrac{(\mu_a-\mu_b)^2}{2(\sigma_a^2+\sigma_b^2)}\right]\left\{\dfrac{\mu_b\sigma_a^2+\mu_a\sigma_b^2}{\sigma_a^2+\sigma_b^2}\Phi\left(\dfrac{\mu_b\sigma_a^2+\mu_a\sigma_b^2}{\sqrt{\sigma_a^2\sigma_b^2(\sigma_a^2+\sigma_b^2)}}\right)+\right.\\ \qquad\left.\sqrt{\dfrac{\sigma_a^2\sigma_b^2}{\sigma_a^2+\sigma_b^2}}\phi\left(\dfrac{\mu_b\sigma_a^2+\mu_a\sigma_b^2}{\sqrt{\sigma_a^2\sigma_b^2(\sigma_a^2+\sigma_b^2)}}\right)\right\}\\ B_1(t,\tau)=\exp\left(\dfrac{2\mu_{st}\xi}{\sigma_{st}^2}\right)\sqrt{\dfrac{1}{2\pi(t-\tau)^2(\sigma_a^2+\sigma_b^2)}}\exp\left[-\dfrac{(\mu_a-\mu_c)^2}{2(\sigma_a^2+\sigma_b^2)}\right]\times\\ \qquad\left\{\dfrac{\mu_c\sigma_a^2+\mu_a\sigma_b^2}{\sigma_a^2+\sigma_b^2}\Phi\left(\dfrac{\mu_c\sigma_a^2+\mu_a\sigma_b^2}{\sqrt{\sigma_a^2\sigma_b^2(\sigma_a^2+\sigma_b^2)}}\right)\sqrt{\dfrac{\sigma_a^2\sigma_b^2}{\sigma_a^2+\sigma_b^2}}\phi\left(\dfrac{\mu_c\sigma_a^2+\mu_a\sigma_b^2}{\sqrt{\sigma_a^2\sigma_b^2(\sigma_a^2+\sigma_b^2)}}\right)\right\}\\ \mu_a=\mu_{op}(t-\tau),\quad\mu_b=\xi-\mu_{st}\tau,\quad\mu_c=-\xi-\mu_{st}\tau,\quad\sigma_b^2=\sigma_{st}^2\tau,\quad\sigma_a^2=\sigma_{op}^2(t-\tau)\end{cases}\tag{9.11}$$

式中：$\phi(\cdot)$ 和 $\Phi(\cdot)$ 分别代表标准正态分布的 PDF 和 CDF。

证明过程详见附录 F.2。

这样，便可根据建立的 S_n 和 S_{n-1} 关系，迭代递推得到贮备系统寿命分布。需要注意的是，$F_{ib}(t)$、$X_{op}(t)$ 和 $X_{st}(t)$ 的需要根据历史数据进行模型参数辨识。此外，在推论 9.1 中，贮存失效阈值和运行失效阈值是一致的，若存在失效阈值不一致的情况，则式（9.11）中 $B_1(t,\tau)$ 项的 $\exp\left(\dfrac{2\mu_{st}\xi}{\sigma_{st}^2}\right)$ 应该相应修改为 $\exp\left(\dfrac{2\mu_{st}\xi_{st}}{\sigma_{st}^2}\right)$，$\mu_b=\xi-\mu_{st}\tau$ 和 $\mu_c=-\xi-\mu_{st}\tau$ 也应该相应转变为 $\mu_b=\xi_{op}-\mu_{st}\tau$ 和 $\mu_c=\xi_{op}-2\xi_{st}-\mu_{st}\tau$。

9.3.3　考虑模型参数随机效应的寿命预测

在 9.3.2 小节中，主要考虑了退化模型参数为固定值的情况，但是在实际中样本间个体差异性不可忽略，因此本小节通过将部分参数定义为随机变量的方式来描述同批次产品之间的差异性。如文献［154，220］中所定义的，假设退化模型的漂移系数为一个正态随机变量，且初值 $x_{st,0}$ 也为一个正态随机变量。下面给出推论 9.2 用于说明这种情况下如何得到贮备系统剩余寿命。

推论 9.2：考虑由 1 个运行部件和 n 个备件组成的贮备系统，$X_{op}(t)$ 和 $X_{st}(t)$ 分别代表运行退化和贮存退化过程，如式（9.8）所示。为了描述个体差异性，$x_{op,0}$、$x_{st,0}$、μ_{op}、μ_{st} 被定义为 4 个独立的正态随机变量，μ_{xo}、μ_{xs}、$\mu_{\mu o}$、$\mu_{\mu s}$ 和 σ_{xo}、σ_{xs}、$\sigma_{\mu o}$、$\sigma_{\mu s}$ 分别代表其均值和标准差。此外，若突发失效和存储退化过程不相关，且突发失效服从 Weibull 分布（其 CDF 和 PDF 如式（9.8）所示），那么该贮备系统的寿命 PDF 可以通过如下的迭代方式计算：

$$
\begin{aligned}
f_{s,n}(t) = & f_{s,n-1}(t)\left[F_{st}(t)+F_{ib}(t)-F_{st}(t)F_{ib}(t)\right]+ \\
& \int_0^{+\infty}\left[A_2(t,\tau)-B_2(t,\tau)\right]\left[1-F_{ib}(t)\right]f_{s,n-1}(\tau)\,\mathrm{d}\tau
\end{aligned}
\tag{9.12}
$$

其中：

$$
\left\{
\begin{aligned}
& f_{s,0}(t)=\frac{\mu_{\mu o}\sigma_{xo}^2+(\xi-\mu_{xo})(\sigma_{\mu o}^2 t+\sigma_{op}^2)}{\sqrt{2\pi(t\sigma_{op}^2+t^2\sigma_{\mu o}^2+\sigma_{xo}^2)^3}}\exp\left[-\frac{(\xi-\mu_{xo}-\mu_{\mu o}t)^2}{2(t\sigma_{op}^2+t^2\sigma_{\mu o}^2+\sigma_{xo}^2)}\right] \\
& F_{st}(t)=\Phi\left(\frac{\mu_{\mu s}t+\mu_{xs}-\xi}{\sqrt{\sigma_{\mu s}^2t^2+\sigma_{st}^2t+\sigma_{xs}^2}}\right)+\frac{\sigma_{st}^2}{\sqrt{\sigma_{st}^4-4\sigma_{xs}^2\sigma_{\mu s}^2}}\exp\left[\frac{4\sigma_{\mu s}^2\mu_{xs}^2+4\sigma_{st}^2\mu_{\mu s}\mu_{xs}+4\mu_{\mu s}^2\sigma_{xs}^2}{\sigma_{st}^4-4\sigma_{xs}^2\sigma_{\mu s}^2}\right]\times \\
& \Phi\left(-\frac{\sigma_{st}^2\mu_{\mu t}+\dfrac{(\sigma_{st}^4\mu_{xs}+2\sigma_{st}^2\mu_{\mu s}\sigma_{xs}^2)(2\sigma_{\mu s}^2t+\sigma_{st}^2)}{\sigma_{st}^4-4\sigma_{\mu s}^2\sigma_{xs}^2}}{\sqrt{\left(\sigma_{st}^2\sqrt{\sigma_{\mu s}^2t^2+\sigma_{st}^2t}\right)^2+(2\sigma_{\mu s}^2t+\sigma_{st}^2)^2\dfrac{\sigma_{xs}^2\sigma_{st}^4}{\sigma_{st}^4-4\sigma_{xs}^2\sigma_{\mu s}^2}}}\right) \\
& A_2(t,\tau)=\sqrt{\frac{1}{2\pi(t-\tau)^2(\sigma_{a'}^2+\sigma_{b'}^2)}}\exp\left[-\frac{(\mu_{a'}-\mu_{b'})^2}{2(\sigma_{a'}^2+\sigma_{b'}^2)}\right]\left\{\frac{\mu_{b'}\sigma_{a'}^2+\mu_{a'}\sigma_{b'}^2}{\sigma_{a'}^2+\sigma_{b'}^2}\Phi\left(\frac{\mu_{b'}\sigma_{a'}^2+\mu_{a'}\sigma_{b'}^2}{\sqrt{\sigma_{a'}^2\sigma_{b'}^2(\sigma_{a'}^2+\sigma_{b'}^2)}}\right)+\right. \\
& \left.\sqrt{\frac{\sigma_{a'}^2\sigma_{b'}^2}{\sigma_{a'}^2+\sigma_{b'}^2}}\phi\left(\frac{\mu_{b'}\sigma_{a'}^2+\mu_{a'}\sigma_{b'}^2}{\sqrt{\sigma_{a'}^2\sigma_{b'}^2(\sigma_{a'}^2+\sigma_{b'}^2)}}\right)\right\} \\
& B_2(t,\tau)=\exp\left(\frac{bca_1+acb_1+abc_1}{abc}-\frac{(bca_2+acb_2+abc_2)^2}{4abc(acb_3+abc_3)}\right)\sqrt{\frac{\dfrac{abc}{2(acb_3+abc_3)}}{2\pi(t-\tau)^2(\tau\sigma_{st}^2+\tau^2\sigma_{\mu s}^2+\sigma_{xs}^2)(\sigma_{a'}^2+\sigma_{b'}^2)}}\times \\
& \exp\left[-\frac{(\mu_{a'}-\mu_{c'})^2}{2(\sigma_{a'}^2+\sigma_{b'}^2)}\right]\left\{\frac{\mu_{c'}\sigma_{a'}^2+\mu_{a'}\sigma_{b'}^2}{\sigma_{a'}^2+\sigma_{b'}^2}\Phi\left(\frac{\mu_{c'}\sigma_{a'}^2+\mu_{a'}\sigma_{b'}^2}{\sqrt{\sigma_{a'}^2\sigma_{b'}^2(\sigma_{a'}^2+\sigma_{b'}^2)}}\right)+\sqrt{\frac{\sigma_{a'}^2\sigma_{b'}^2}{\sigma_{a'}^2+\sigma_{b'}^2}}\phi\left(\frac{\mu_{c'}\sigma_{a'}^2+\mu_{a'}\sigma_{b'}^2}{\sqrt{\sigma_{a'}^2\sigma_{b'}^2(\sigma_{a'}^2+\sigma_{b'}^2)}}\right)\right\}
\end{aligned}
\right.
\tag{9.13}
$$

其中：

$$
\begin{cases}
\mu_{a'}=\mu_{\mu o,i}(t-\tau), \quad \mu_{b'}=\xi-\mu_{xs}-\mu_{\mu s}\tau, \\
\mu_{c'}=\xi-\dfrac{a_2bc+acb_2+abc_2}{2(acb_3+abc_3)} \\
\sigma_{a'}^2=\sigma_{op}^2(t-\tau)+\sigma_{\mu o}^2(t-\tau)^2, \quad \sigma_{b'}^2=\tau\sigma_{st}^2+\tau^2\sigma_{\mu s}^2+\sigma_{xs}^2, \\
\sigma_{c'}^2=\dfrac{abc}{2(acb_3+abc_3)} \\
a=\sigma_{st}^2\tau, \quad a_1=2\xi^2, \quad a_2=-2\xi \\
b=\sigma_{st}^4\tau^2, \quad b_1=2\xi\sigma_{st}^2\mu_{\mu s}\tau^2+2\xi^2(\tau\sigma_{st}^2+\tau^2\sigma_{\mu s}^2), \quad b_2=-2\sigma_{st}^2\tau(\mu_{\mu s}\tau+\xi)+4\xi(\tau\sigma_{st}^2+\tau^2\sigma_{\mu s}^2), \\
b_3=2\sigma_{st}^2\tau-2(\tau\sigma_{st}^2+\tau^2\sigma_{\mu s}^2) \\
c=2(\tau\sigma_{st}^2+\tau^2\sigma_{\mu s}^2+\sigma_{xs}^2), \quad c_1=\left(\mu_{\mu s}\tau-\dfrac{2\xi(\tau\sigma_{st}^2+\tau^2\sigma_{\mu s}^2)}{\sigma_{st}^2\tau}+\mu_{xs}\right)^2, \\
c_2=2\left(\dfrac{2(\tau\sigma_{st}^2+\tau^2\sigma_{\mu s}^2)}{\sigma_{st}^2\tau}-1\right)\left(\mu_{\mu s}\tau-\dfrac{2\xi(\tau\sigma_{st}^2+\tau^2\sigma_{\mu s}^2)}{\sigma_{st}^2\tau}+\mu_{xs}\right), \\
c_3=\left(1-\dfrac{2(\tau\sigma_{st}^2+\tau^2\sigma_{\mu s}^2)}{\sigma_{st}^2\tau}\right)^2
\end{cases}
\tag{9.14}
$$

证明过程详见附录 F.3。

这样，便可通过迭代计算的方式获得贮备系统的寿命预测结果。接下来，将进一步考虑基于贮备系统寿命预测结果实现联合维护优化。需要注意的是，模型参数估计能通过多种方法实现，包括期望最大化（Expectation Maximization，EM）算法、极大似然估计（Maximization Likelihood Estimation，MLE）和贝叶斯估计等，本章不再进一步讨论。

9.4 同时考虑维护和备件库存的健康管理联合决策

9.4.1 可更新贮备系统健康管理决策

在本小节中，首先考虑可更新的贮备系统健康管理问题，即在该系统中，运行部件和备件可通过全体更换以保证贮备系统连续稳定运行，如图 9.2 所示。因此，对于可更新的贮备系统，主要考虑求得最佳的整体替换时机和备件订购数目。首先，需要计算 $\mathbb{E}[\min\{T,S_N\}]$ 和 $\mathbb{E}[C(N,T)]$，如式（9.1）所示。基于 9.3 节的结果，若库存数量和退化模型参数给定，贮备系统寿命分布便可计算得到，即 $f_{s,N}(t)$。这样，$\mathbb{E}[\min\{T,S_N\}]$ 可通过下式计算得到：

$$
\begin{aligned}
\mathbb{E}[\min\{T,S_N\}] &= T(1-\Pr\{S_N<T\})+\int_0^T tf_{s,N}(t)\,\mathrm{d}t \\
&= T(1-F_{s,N}(t))+\int_0^T tf_{s,N}(t)\,\mathrm{d}t
\end{aligned}
\tag{9.15}
$$

式中：$F_{s,N}(t)$ 定义为 S_N 的 CDF，可以通过 $F_{s,N}(t)=\int_0^t f_{s,N}(\tau)\,\mathrm{d}\tau$ 求得。

为了获得 $\mathbb{E}[C(N,T)]$ 的表达式，需要对贮备系统维修的主要费用进行分析。类似

于 Jiang 等的方法，$\mathbb{E}[C(N,T)]$可表示为

$$\mathbb{E}[C(N,T)]=C_m+C_o+C_s \tag{9.16}$$

式中：C_m,C_o,C_s 分别代表预期维护费用、备件订购费用和备件存储费用。进一步定义 c_p 和 c_f 分别表示预防性更换费用和纠正性更换费用，c_o 代表备件的单价，c_k 代表订购的基础费用，c_s 表示每个备件的存储费用。这样，可得到如下关系式：

$$\begin{cases} C_m=c_p(1-F_{s,N}(t))+c_fF_{s,N}(t)=c_p+(c_f-c_p)F_{s,N}(t) \\ C_o=c_o\times N+c_k, \quad C_s=c_s\times N \end{cases} \tag{9.17}$$

需要注意是的，与传统的纠正性更换不同，本章中纠正性更换是指当运行部件出现故障时且无备件可供更换，在这种情况下，贮备系统将无法继续运行。纠正性更换费用主要是由停机损失和更换费用造成的，通常 c_f 大于 c_p。此外，但为了简化问题，假设 c_o 和 c_s 在本研究中是确定性的参数，这样，式（9.1）改写为

$$\begin{aligned} C_\infty(N,T)_\infty &=\lim_{t\to\infty}\frac{C(t\mid N,T)}{t}=\frac{\mathbb{E}[C(N,T)]}{\mathbb{E}[T_r]}=\frac{\mathbb{E}[C(N,T)]}{\mathbb{E}[\min\{T,S_N\}]} \\ &=\frac{c_p+(c_f+c_p)F_{s,N}(T)+c_oN+c_k+c_sN}{T(1-F_{s,N}(T))+\int_0^T tf_{s,N}(t)\,\mathrm{d}t} \end{aligned} \tag{9.18}$$

接下来，通过最小化平均费用率可以获得最优换替换时间 T^* 和库存数量 N^*，即

$$\begin{aligned} (T^*,N^*) &=\underset{(T,N)}{\operatorname{argmax}}(C_\infty(N,T)_\infty) \\ &=\underset{(T,N)}{\operatorname{argmax}}\left(\frac{c_p+(c_f+c_p)F_{s,N}(T)+c_o\times N+c_k+c_s\times N}{T(1-F_{s,N}(T))+\int_0^T tf_{s,N}(t)\,\mathrm{d}t}\right) \end{aligned} \tag{9.19}$$

式中：替换时间 T 和库存数量 N 为两个决策变量。但是，由于$f_{s,N}(t)$ 的形式复杂，导致 $F_{s,N}(T)$ 和 $\int_0^T tf_{s,N}(t)\,\mathrm{d}t$ 的解析形式难以得到，因此需要采用数值的优化方法进行求解。

9.4.2 给定任务时长条件下贮备系统健康管理

对于航天器、远洋船舶和潜艇等复杂系统，难以在任务中完成备件订购。因此，通常一次订购足够多的备件以保证任务的执行。那么，若给定任务所需时间或时间范围，则需要考虑以下两个问题：①确定足以完成此任务的备件数量；②如果所需备件的相关费用太高且大于任务收益，则此任务也无意义。因此，确定任务是否值得执行并得出最佳备件数量。

这样，最小化期望费用被作为优化目标，可以建立如下等式：

$$\begin{aligned} C(T_m,N)_\infty &=\frac{\mathbb{E}[C(T_m,N)]}{\mathbb{E}[T_m]} \\ &=\frac{c_oN+c_k+c_sN+c_fF_{s,N}(T_m)+\int_0^{T_m}\widetilde{c}_f(T_m-\tau)f_{s,N}(\tau)\,\mathrm{d}\tau}{T_m} \end{aligned} \tag{9.20}$$

式中：T_m 为任务需要的时间；$\widetilde{c}_f$ 为单位时间内未完成任务的损失。这样，$c_fF_{s,N}(T_m)+\int_0^{T_m}\widetilde{c}_f(T_m-\tau)f_{s,N}(\tau)\,\mathrm{d}\tau$ 表示未完成任务的损失。

进一步，给定 T_m，通过最小化平均费用率，便可得到最佳库存数量 N^*，如下所示：

$$\begin{aligned}N^* &= \underset{(N)}{\operatorname{argmax}}\left(\frac{\mathbb{E}[C(T_m,N)]}{\mathbb{E}[T_m]}\right)\\ &= \underset{(N)}{\operatorname{argmax}}\left(\frac{c_oN + c_k + c_sN + c_fF_{s,N}(T_m) + \int_0^{T_m}\widetilde{c}_f(T_m-\tau)f_{s,N}(\tau)\mathrm{d}\tau}{T_m}\right)\end{aligned} \tag{9.21}$$

另外，由于在实际工程中任务所需要的时间通常是不固定的，为了反映其具不确定性，定义任务所需时间为一个随机变量（其 PDF 为 $f_{T_m}(t)$），这样，式（9.21）改写为

$$\begin{aligned}N^* &= \underset{(N)}{\operatorname{argmax}}\left(\frac{\mathbb{E}[C(T_m,N)]}{\mathbb{E}[T_m]}\right)\\ &= \underset{(N)}{\operatorname{argmax}}\left(\frac{c_oN + c_k + c_sN + \int_0^{+\infty}\left(c_fF_{s,N}(t) + \int_0^{t}\widetilde{c}_f(t-\tau)f_{s,N}(\tau)\mathrm{d}\tau\right)f_{T_m}(t)\mathrm{d}t}{\int_0^{+\infty}tf_{T_m}(t)\mathrm{d}t}\right)\end{aligned} \tag{9.22}$$

需要注意的是，T_m 为正数，即取值范围为 $[0,+\infty)$。此外，虽然可通过求解式（9.21）或式（9.22）获得最优的备件数量 N^*，但若任务的收益小于损失，那么所获得的结果在实际工程中可能也毫无意义。因此，通过计算式（9.21）和式（9.22）的分子来得到最优备件数量下的期望损失。令 C_{N^*} 和 BE 分别代表具有 N^* 个备件的期望损失和任务收益，若 $C_{N^*}>BE$，则表示收益小于期望损失。

9.5 数值仿真

9.5.1 贮备系统的寿命预测

首先，考虑贮备系统寿命预测的数值仿真。定义以下运行和贮存退化模型如下所示：

$$\begin{cases}X_{op}(t)=10t+10B(t)\\ X_{st}(t)=2t+2B(t)\end{cases} \tag{9.23}$$

其中，给定退化失效阈值为 1000，备件的突发失效服从 Weibull 分布，其尺度参数和形状参数分别设定为 $\alpha=500$ 和 $\beta=10$，也就是其 CDF 和 PDF 有如下的表达式：

$$\begin{cases}F_{ib}(t)=1-\exp\left[-\left(\dfrac{t}{500}\right)^{10}\right]\\ f_{ib}(t)=\dfrac{10}{500}\left(\dfrac{t}{500}\right)^{9}\exp\left[-\left(\dfrac{t}{500}\right)^{10}\right]\end{cases} \tag{9.24}$$

进一步根据 Euler-Maruyama 离散方法[119]，便可得到给定备件数量下贮备系统寿命的蒙特卡洛结果。在蒙特卡洛仿真中，样本数量设定为 10000，且步长为 1。图 9.3 展示了仿真结果和理论结果，其中曲线为理论结果，直方图为仿真结果。从图中可以看出两种方法所获得的结果几乎一致，验证了所寿命预测的准确性。

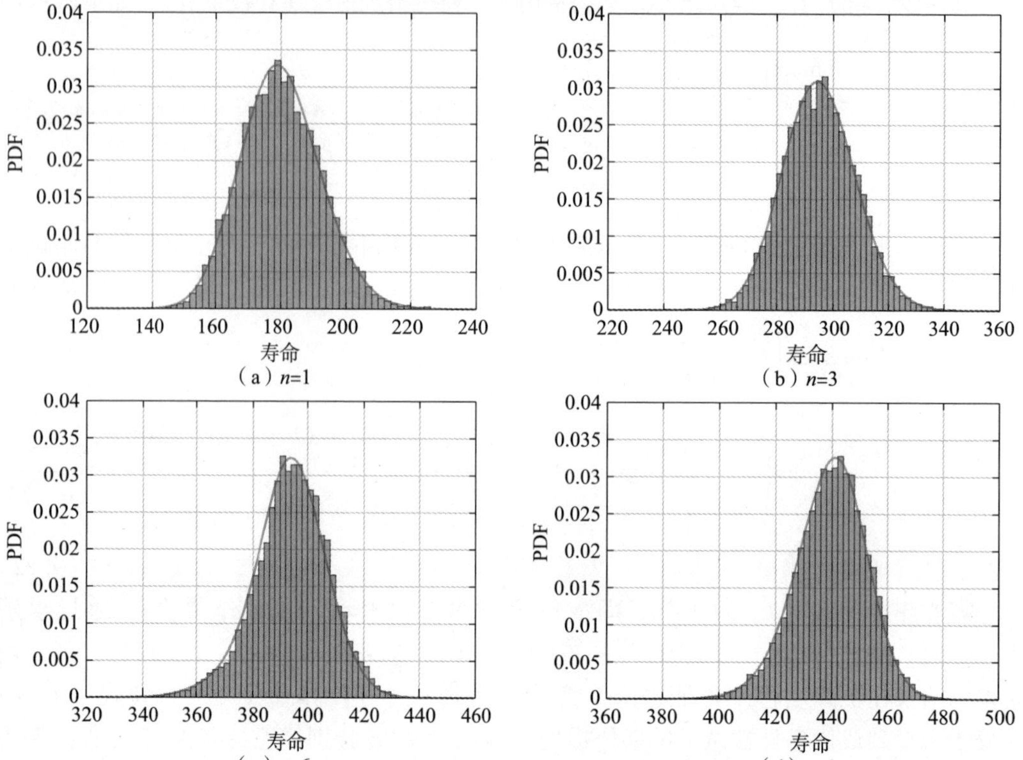

（a）n=1（b）n=3（c）n=6（d）n=9

图 9.3 不同备件数目条件下贮备系统寿命分布

进一步的仿真结果如图 9.4 所示，可以发现随着备件数目的增加，特别是大于 10 之后，所得到的寿命分布差异越来越小。这意味着，仅增大库存数量不是一个有效延长贮备系统寿命的途径，因此需要根据贮备系统寿命确定最佳备件数量。

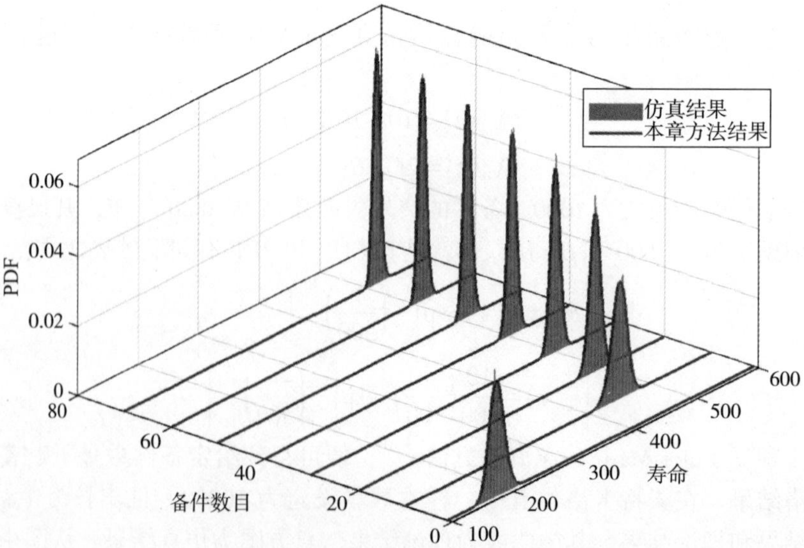

图 9.4 贮备系统寿命 PDF

如图 9.3 和图 9.4 所示，仿真结果和理论结果之间仍存在一些微小偏差，这主要是由于数值计算误差所造成的，如样本量、步长等。

9.5.2 预防性维护和库存管理的联合优化

本小节提供一个数值例子，用于说明如何确定最优维修间隔和备件数量。首先，假设退化模型、突发失效模型分别如式（9.20）和式（9.21）所示，令 $c_p=5000$，$c_f=55000$，$c_o=50$，$c_k=500$，$c_s=5$。进一步，便可通过式（9.18）获得不同维修时间和备件数量条件下的 $C_\infty(N,T)_\infty$，图 9.5 和图 9.6 分别展示了 $C_\infty(N,T)_\infty$ 随着 N 和 T 变化的结果，图 9.5 中的 z 轴值显示了平均期望费用率的对数值。

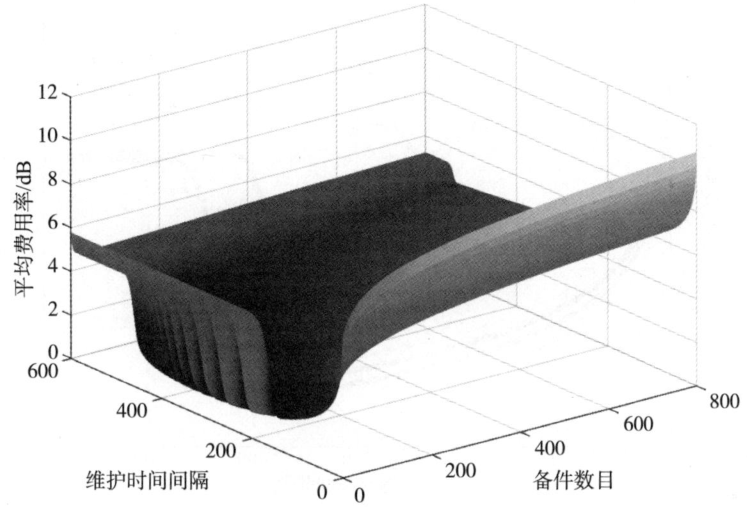

图 9.5　不同备件数目和维修间隔下平均费用率

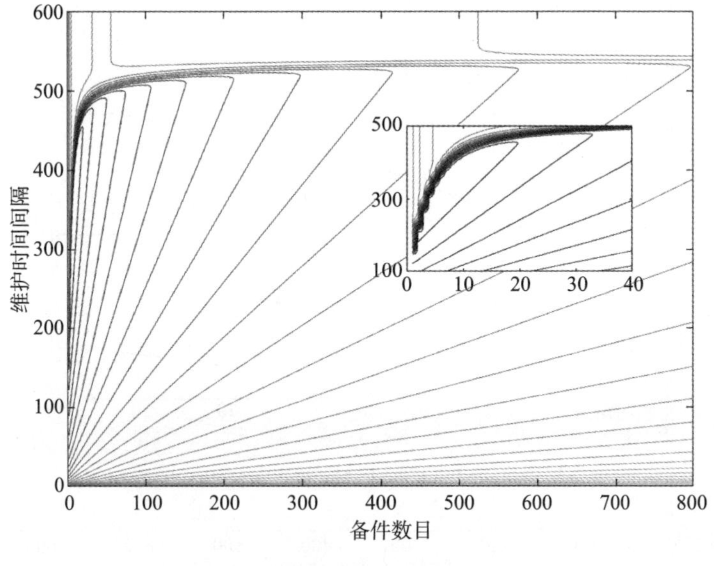

图 9.6　平均费用率等势图

如图 9.5 和图 9.6 所示，仅增大备件的库存不能降低平均期望费用率，因此，这不是一种有效提高系统可靠度的方式。然而，由于获得最优维护时间和备件数量的解析结果是比较繁琐的，可通过在不同的备件数量下搜索最佳维修间隔，并通过比较进一步得出最佳组合结果。如图 9.7 所示，该图显示了给定不同备件数量下的平均期望费用率。从图 9.7 可以发现，当备件数量 $N=6$ 时，平均期望费用率取最小值。此外，图 9.8 进一步反映了在维修时间间隔 $T=337$ 时，不同备件数量对平均期望费用率的影响。最终，便可得到 $N^*=6$ 和 $T^*=337$ 为最优决策结果。实际上，最优的结果是与退化模型参数和给定费用有关。因此，接下来将对贮备系统寿命预测和联合优化的参数灵敏度进行分析。

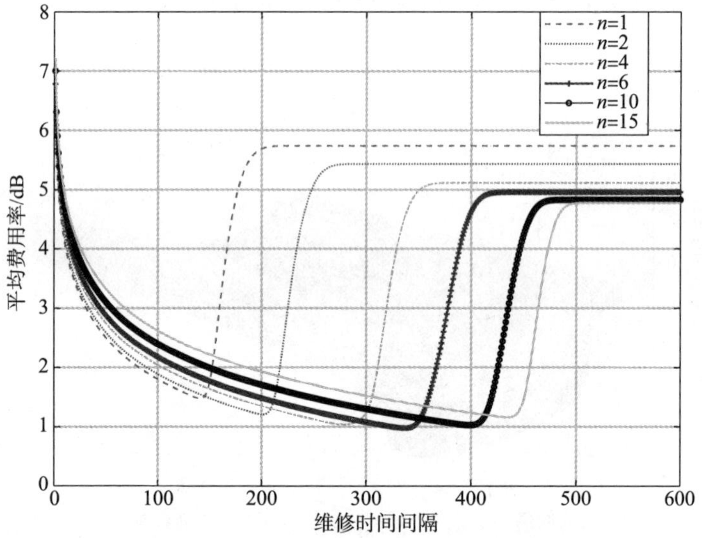

图 9.7 不同备件数目条件下维修时间间隔

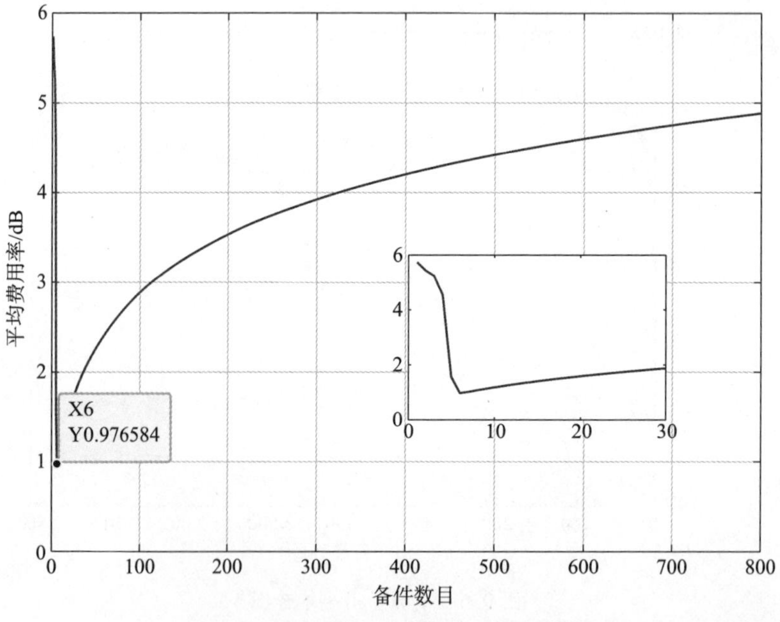

图 9.8 给定维修间隔条件下备件数目

9.5.3　模型参数灵敏度分析

图 9.9 反映了贮备系统在不同参数下的寿命分布，其中直方图分别反映的是当 $N=30$ 和 $N=5$ 的情况下，基于 MC 方法的仿真结果，曲线则表示理论推导的结果。如图 9.9 所示，所有的理论结果都能较好地匹配仿真结果，验证了所提方法的正确性。此外，如果 $N=5$，则如图 9.9（a）和 9.9（c）所示，贮备系统的寿命对参数 μ_{op} 和 σ_{op} 比对 μ_{st} 和 σ_{st} 敏感得多。相比之下，如图 9.9（b）所示，$N=30$ 时寿命对贮存退化速率 μ_{st} 敏感。这意味着备件退化严重影响贮备系统寿命，且贮备系统寿命将会进一步决定预防性维护和库存管理的联合优化结果。

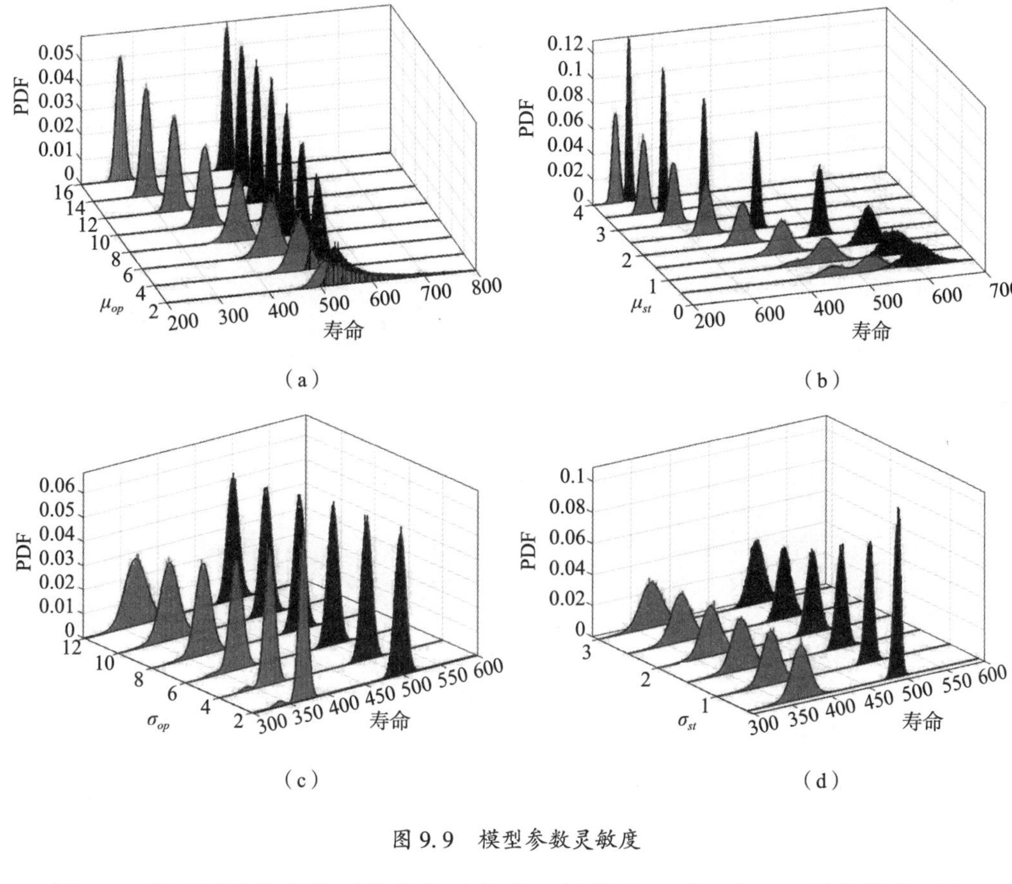

图 9.9　模型参数灵敏度

图 9.10 展示了退化参数对维修和库存管理的影响。可以发现，最优维护时间和备件数量与退化速率 μ_{op} 和 μ_{st} 以及突发失效概率（即 α 和 β）直接相关。这与贮备系统寿命预测结果一致。简单来说，如果贮备系统寿命对给定参数敏感，则最佳维护时间和备件数量也对其敏感。此外，还可以从图 9.10 中获得如下结论：①如果运行寿命较长（即运行退化速率较慢），则需要较少的备件和较短维护间隔时间；②如果备件的贮存寿命较长，则需要更多的备件以及更长的维护时间。

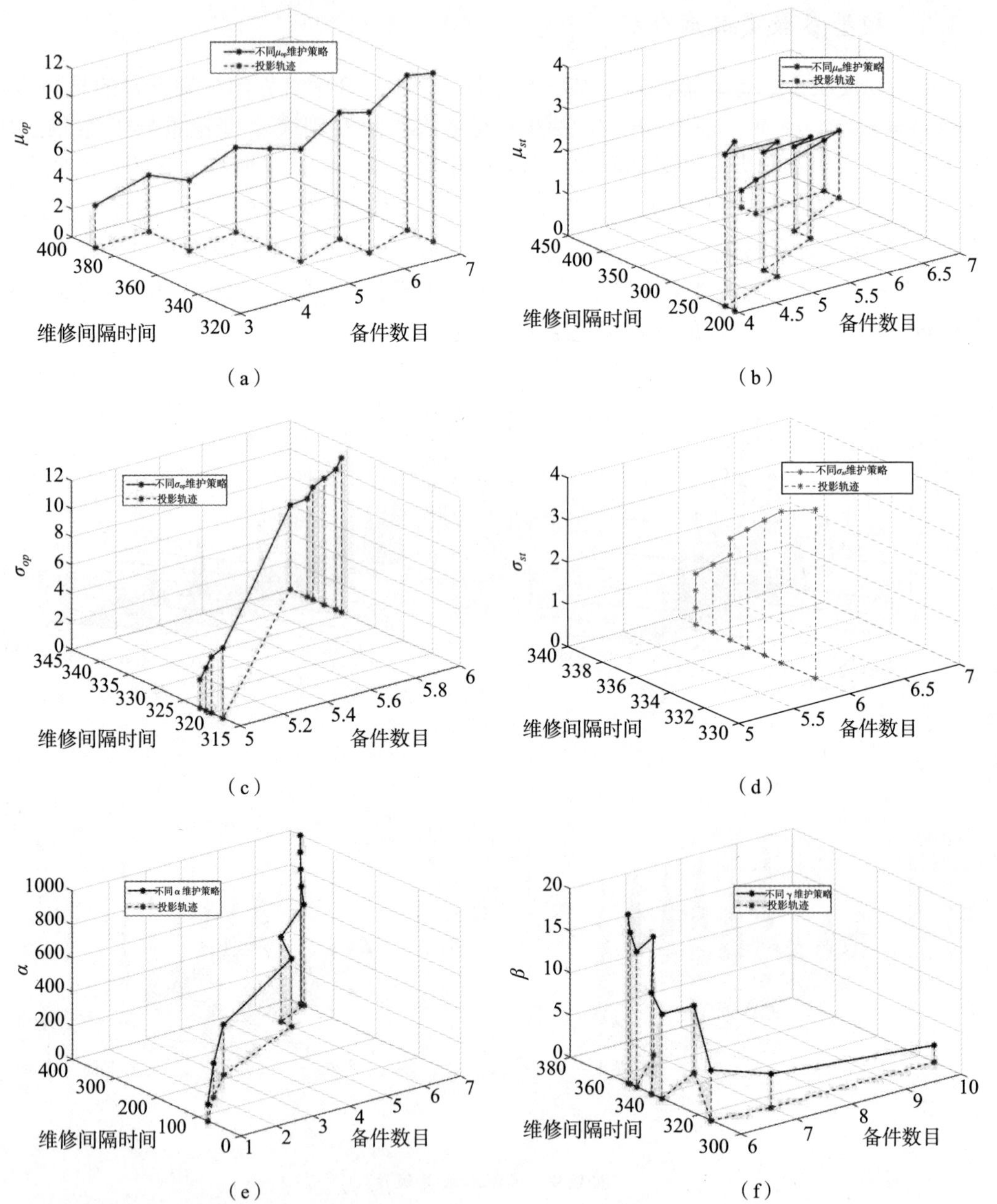

图 9.10　不同模型参数灵敏度分析

9.6　陀螺仪实例分析

为了使所提结果更适用于工程应用，以陀螺仪的实际数据为例用于说明如何获得最优维修时间 T^* 和库存数量 N^*。正如文献［139］中所介绍的，陀螺仪的性能在运行和贮存过程中都会发生退化，通常表现为漂移系数的变化。采用文献［139］中陀螺仪的实际监测数据，基于极大似然估计便可得到 $\mu_{op}=0.00132$，$\sigma_{op}=1.79910\times10^{-3}$，$\mu_{st}=$

9.01×10⁻⁶，和 σ_{op}=9.39×10⁻⁵。由于未收集得到实际中突发失效数据，因此为了简化问题，将突发失效的概率设置为 0。定义失效阈值为 ξ=0.36°/h，而 c_f=500000（元），c_p=10000（元），c_o=1000（元），c_k=500(元)，c_s=50（元）分别代表预防性更换费用、纠正性更换费用、备用部件单价、下订单的基础费用和每个备件的存储费用。使用 9.4.1 节的结果，便可得到维护时间和库存管理的联合最优结果，如图 9.11 所示。

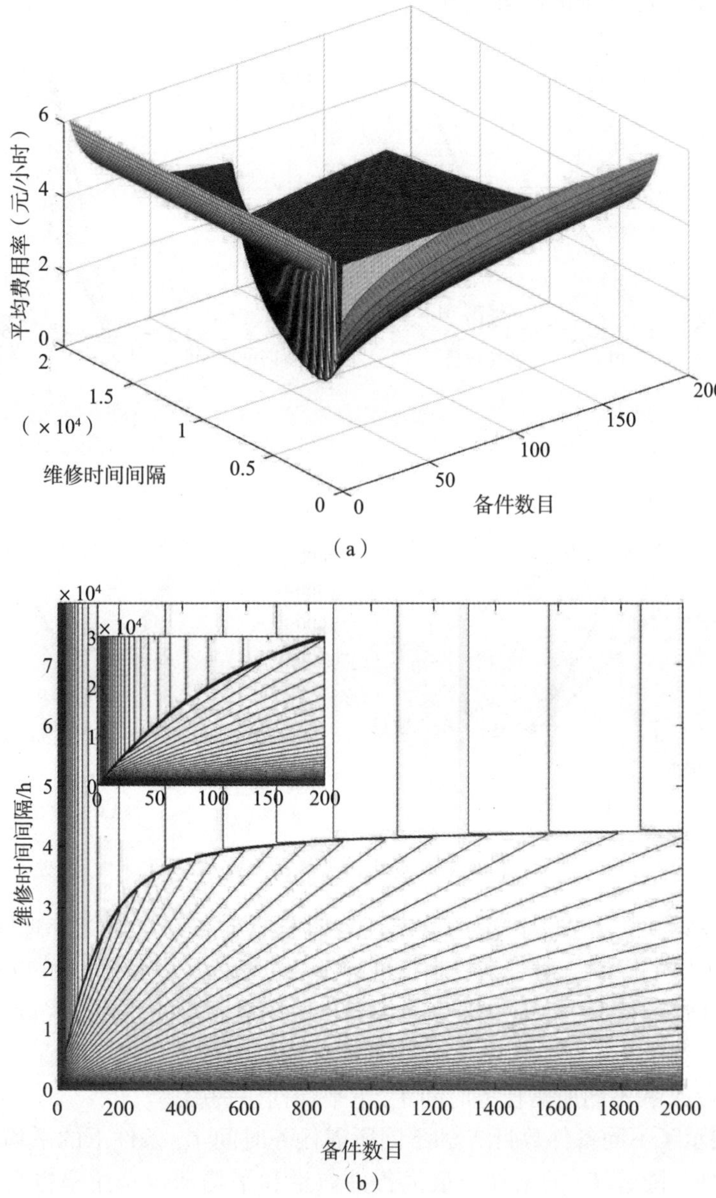

图 9.11　维护时间和库存管理的联决策

图 9.11（a）和图 9.11（b）分别展示了结果的三维图和等高线图。通过遍历搜索，获得了最优替换时间 T^*=13722 和备件数量 N^*=62。

进一步对不同费用的灵敏度进行了分析，包括 c_f、c_p、c_k 和 c_o，如图 9.12 所示。其中，实线反映了最佳维修时机和备件数量如何随着不同费用变化而变化，虚线是实线的投影曲线，以便更好地说明结果。从图 9.12 中可以发现，这些费用的变换会对决策结果产生较为严重的影响。直观上，对于较高的故障后更换费用 c_f，较短的维护间隔是合适的，以避免发生故障或者失效；更换费用 c_p 越大或订购费用 c_k 越大，维修间隔就越长，需要的备件越多；备件存储费用 c_o 越高，需要的维护间隔就越短，需要的备件越少，这些结果与图 9.12 中的结果一致。

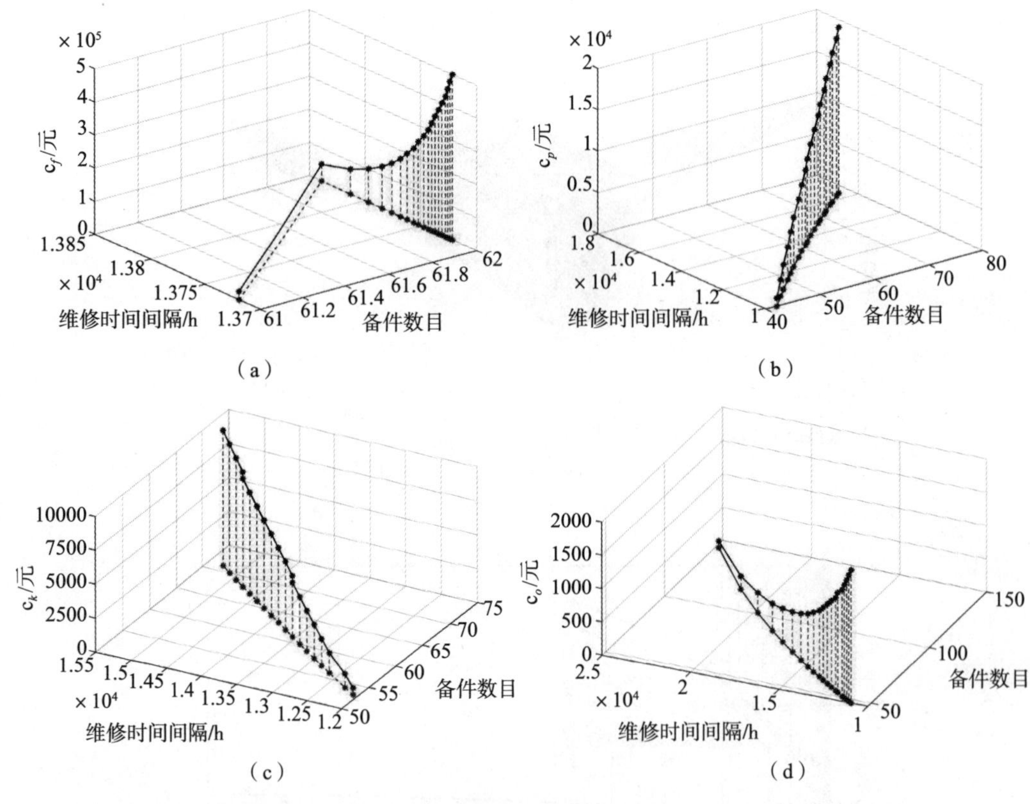

图 9.12　费用的灵敏度分析

此外，考虑第 9.4.2 节中讨论的给定任务时长下贮备系统健康管理问题。在实际中，由于运输方式的限制，对于某些难以进行备件订购的实际系统，如航天器、远洋船舶和潜艇等。在这种情形下，应该准备足够备件去完成预定的任务。假设退化模型的参数和费用不变，基于 9.4.2 节的主要结论便可得到所需的备件库存数量。图 9.13 展示了不同备件数量 N 和不同所需任务时间 T_m 下平均期望费用率。

图 9.14 展示了不同备件数目 N 和不同所需任务时间 T_m 条件下的平均期望费用率。从图中可以发现，随着 T_m 的增加，最优备件数量和平均期望费用率也会增加。此外，若在最优 N^* 和 T_m 下的预期费用 C_{N^*} 仍比任务收益更大，则表示在工程实践中这个任务无经济收益，应该被重新仔细考虑。

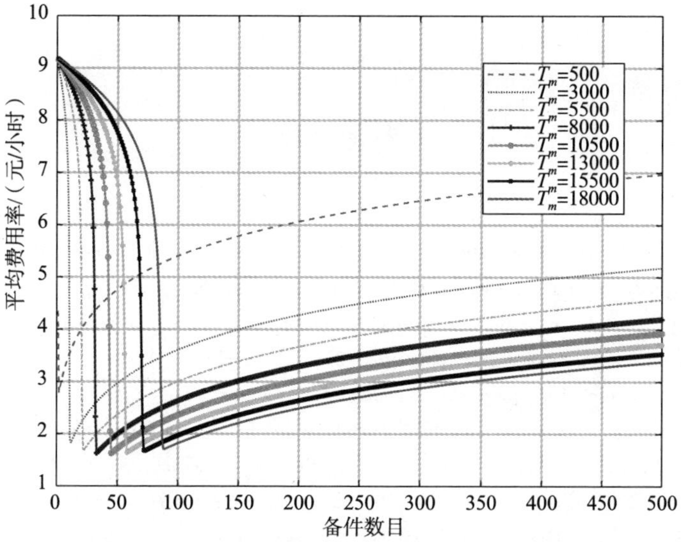

图 9.13 不同备件数目条件下维修时间间隔

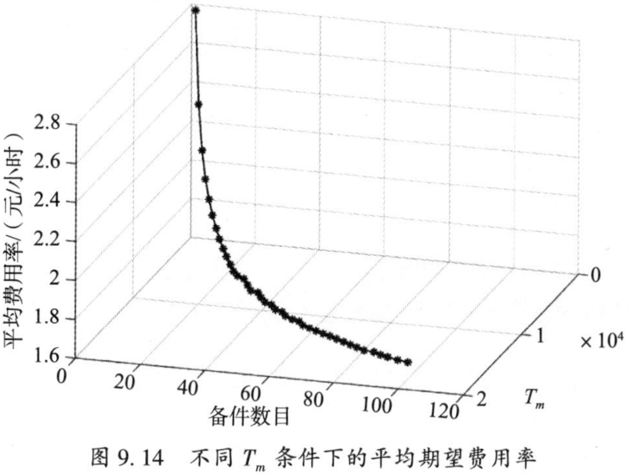

图 9.14 不同 T_m 条件下的平均期望费用率

9.7 结论

本章主要关注寻找具有考虑备件退化及突发失效条件下贮备系统的最优预防维护和库存策略，主要工作如下：

(1) 提出了一种贮备系统在首达时间下的寿命预测一般性方法，通过结合库存损失和贮存退化，得到了基于 Wiener 退化模型的贮备系统寿命分布解析解，并且拓展推导得到了模型参数随机效应条件下。

(2) 进一步以寿命分布维修时机和库存数量作为决策变量、平均期望费用率为优化目标，构建了联合决策模型。

(3) 通过数值案例和实际案例验证了所提方法的有效性。

参考文献

[1] Zhang Z, Si X, Hu C, et al. Degradation data analysis and remaining useful life estimation: A review on Wiener-process-based methods [J]. European Journal of Operational Research, 2018, 271 (3): 775-796.

[2] Si X S, Wang W, Hu C H, et al. Remaining useful life estimation: A review on the statistical data driven approaches [J]. European Journal of Operational Research, 2011, 213 (1): 1-14.

[3] Liao L, Köttig F. Review of hybrid prognostics approaches for remaining useful life prediction of engineered systems, and an application to battery life prediction [J]. IEEE Transactions on Reliability, 2014, 63 (1): 191-207.

[4] Si X S, Zhang Z X, Hu C H. Data-driven remaining useful life prognosis techniques [M]. New York: Springer, 2017.

[5] 周东华，叶银忠．现代故障诊断与容错控制 [M]. 北京：清华大学出版社，2000.

[6] 宋守信，陈明利．关于信息社会安全理论发展的几点思考——甬温线动车事故的启示 [J]. 中国安全科学学报，2013，23 (3)：140.

[7] 张兴凯．我国"十二五"期间生产安全死亡事故直接经济损失估算 [J]. 中国安全生产科学技术，2016，12 (6)：5-8.

[8] Tortorella M. Reliabilitytheory with applications to preventive maintenance [J]. IIE Transactions, 2002, 43 (4): 487-488.

[9] Vichare N M, Pecht M G. Prognostics and health management of electronics [J]. IEEE Transactions on Components & Packaging Technologies, 2006, 29 (1): 222-229.

[10] Dickson B, Cronkhite J, Bielefeld S, et al. Feasibility study of a rotorcraft health and usage monitoring system: Usage and structural life monitoring evaluation phase 2 [R]. NASA Report, 1996, 7: 1-7.

[11] 杨怀志．高速铁路大型桥梁养护维修 PHM 系统应用初探 [J]. 铁道建筑，2017 (6)：12-16.

[12] 王玘，何正友，林圣，等．高铁牵引供电系统 PHM 与主动维护研究 [J]. 西南交通大学学报，2015，50 (5)：942-952.

[13] 王景霖，林泽力，郑国，等．飞机机电系统 PHM 技术方案研究 [J]. 计算机测量与控制，2016，24 (5)：163-166.

[14] 王少萍．大型飞机机载系统预测与健康管理关键技术 [J]. 航空学报，2014，35 (6)：1459-1472.

[15] 彭坚．临近空间高超声速飞行器电源系统故障预测与健康管理关键技术研究 [D]. 长沙：国防科学技术大学，2014.

[16] 王亮，吕卫民，冯佳晨．导弹 PHM 系统中的传感器应用研究 [J]. 战术导弹技术，2011 (2)：110-114.

[17] 王茜，李志强，张孝虎，等．PHM 在空空导弹勤务保障中的应用 [J]. 火力与指挥控制，2015，40 (5)：21-24.

[18] Chen C, Vachtsevanos G, Orchard M E. Machine remaining useful life prediction: An integrated adaptive neuro-fuzzy and high-order particle filtering approach [J]. Mechanical Systems & Signal Processing, 2012, 28 (9): 597-607.

[19] Tian Z, Wong L, Safaei N. A neural network approach for remaining useful life prediction utilizing both failure and suspension histories [J]. Mechanical Systems & Signal Processing, 2010, 24 (5): 1542-1555.

[20] Medjaher K, Tobon-Mejia D A, Zerhouni N. Remaining useful life estimation of critical components with application to bearings [J]. IEEE Transactions on Reliability, 2012, 61 (2): 292-302.

[21] Pecht M G. Prognostics and health management [M]. New York: Springer, 2013.

[22] Jardine A K S, Lin D, Banjevic D. A review on machinery diagnostics and prognostics implementing condition based maintenance [J]. Mechanical Systems & Signal Processing, 2006, 20 (7): 1483-1510.

[23] Shimizu S, Shimoda H, Yoshioka T. Life distribution and its data analysis for deep groove ball bearings under grease lu-

brication [J]. Journal of Japanese Society of Tribologists, 2007, 52 (6): 546-553.

[24] Lawless J F. On the estimation of safe life when the underlying life distribution is Weibull [J]. Technometrics, 1973, 15 (4): 857-865.

[25] Kuş C. A new lifetime distribution [J]. Computational Statistics & Data Analysis, 2007, 51 (9): 4497-4509.

[26] Chen N, Tsui K L. Condition monitoring and remaining useful life prediction using degradation signals: Revisited [J]. IIE Transactions, 2013, 45 (9): 939-952.

[27] Jye-ChyiLu, JinhoPark, QingYang. Statistical inference of a time-to-failure distribution derived from linear degradation data [J]. Technometrics, 1997, 39 (4): 391-400.

[28] Lawless J, Crowder M. Covariates and random effects in a Gamma process model with application to degradation and failure [J]. Lifetime Data Analysis, 2004, 10 (3): 213-227.

[29] Chen N, Ye Z S, Xiang Y, et al. Condition-based maintenance using the inverse Gaussian degradation model [J]. European Journal of Operational Research, 2015, 243 (1): 190-199.

[30] Xi X, Chen M, Zhou D. Remaining useful life prediction for degradation processes with memory effects [J]. IEEE Transactions on Reliability, 2017, 66 (3): 751-760.

[31] Zhang H, Chen M, Xi X, et al. Remaining useful life prediction for degradation processes with long-range dependence [J]. IEEE Transactions on Reliability, 2017, 66 (4): 1368-1379.

[32] Bae S J, Yuan T, Ning S, et al. A Bayesian approach to modeling two-phase degradation using change-point regression [J]. Reliability Engineering & System Safety, 2015, 134: 66-74.

[33] He Y J, Shen J N, Shen J F, et al. State of health estimation of lithium-ion batteries: A multiscale Gaussian process regression modeling approach [J]. AIChE Journal, 2015, 61 (5): 1589-1600.

[34] Si X S, Wang W, Hu C H, et al. Remaining useful life estimation based on a nonlinear diffusion degradation process [J]. IEEE Transactions on Reliability, 2012, 61 (1): 50-67.

[35] Si X S. An adaptive prognostic approach via nonlinear degradation modeling: Application to battery data [J]. IEEE Transactions on Industrial Electronics, 2015, 62 (8): 5082-5096.

[36] Miao Q, Xie L, Cui H, et al. Remaining useful life prediction of lithium-ion battery with unscented particle filter technique [J]. Microelectronics Reliability, 2013, 53 (6): 805-810.

[37] Zio E, Peloni G. Particle filtering prognostic estimation of the remaining useful life of nonlinear components [J]. Reliability Engineering & System Safety, 2011, 96 (3): 403-409.

[38] Savvides A, Stengos T. Income inequality and economic development: Evidence from the threshold regression model [J]. Economics Letters, 2000, 69 (2): 207-212.

[39] Anghelache C, Anghel M G, Prodan L, et al. Multiple linear regression model used in economic analyses [J]. Romanian Statistical Review Supplement, 2014, 62 (10): 120-127.

[40] Lu C J, Meeker W Q. Using degradation measures to estimate a time-to-failure distribution [J]. Technometrics, 1993, 35 (2): 161-174.

[41] Tseng S T, Hamada M, Chiao C H. Using degradation data to improve fluorescent lamp reliability [J]. Journal of Quality Technology, 1995, 27 (4): 363-369.

[42] 张小乐，黄晶霞．基于 Logistic 回归模型的人口预测分析 [J]. 楚雄师范学院学报, 2013, 28 (9): 9-13.

[43] 赵旭，陈立萍，程维虎．Logistic 回归模型在人口问题中的应用 [J]. 应用概率统计, 2015, 31 (6): 662-666.

[44] Liu Y, Wang Q, Qian F, et al. Comparison and analysis of gray model and regression model in basic prices appraisal of agricultural land [J]. Transactions of the Chinese Society of Agricultural Engineering, 2010, 26 (14): 344-348.

[45] Haney N, Cohen S. Predicting 21st century global agricultural land use with a spatially and temporally explicit regression-based model [J]. Applied Geography, 2015, 62: 366-376.

[46] Karthikeyan K, Harlalka A. Robust estimation of soybean crop price in India using regression model based on various factors [J]. International Journal of Applied Engineering Research, 2015, 10 (55): 4152-4157.

[47] Zuo M J, Jiang R, Yam R C M. Approaches for reliability modeling of continuous-state devices [J]. IEEE Transactions

on Reliability, 1999, 48 (1): 9-18.

[48] Robinson M E, Crowder M J. Bayesian methods for a growth-curve degradation model with repeated measures [J]. Lifetime Data Analysis, 2000, 6 (4): 357-374.

[49] Gebraeel N Z, Lawley M A, Rong L, et al. Residual-life distributions from component degradation signals: A Bayesian approach [J]. IIE Transactions, 2005, 37 (6): 543-557.

[50] Yuan T, Bae S J, Zhu X. A Bayesian approach to degradation-based burn-in optimization for display products exhibiting two-phase degradation patterns [J]. Reliability Engineering & System Safety, 2016, 155: 55-63.

[51] Wang W. A model to determine the optimal critical level and the monitoring intervals in condition-based maintenance [J]. International Journal of Production Research, 2000, 38 (6): 1425-1436.

[52] Meeker W Q, Escobar L. Statistical methods for reliability data [M]. Hoboken: Wiley, 1998: 254-256.

[53] Freitas M A, Toledo M L G D, Colosimo E A, et al. Using degradation data to assess reliability: A case study on train wheel degradation [J]. Quality & Reliability Engineering International, 2009, 25 (5): 607-629.

[54] Chan C K, Boulanger M, Tortorella M. Analysis of parameter-degradation data using life-data analysis programs [C]. Proceedings of Annual Reliability and Maintainability Symposium. IEEE, 1994: 288-291.

[55] Noortwijk J M V. A survey of the application of Gamma processes in maintenance [J]. Reliability Engineering & System Safety, 2009, 94 (1): 2-21.

[56] Wang X. Nonparametric estimation of the shape function in a Gamma process for degradation data [J]. Canadian Journal of Statistics, 2009, 37 (1): 102-118.

[57] Tsai CC, Tseng S T, Balakrishnan N. Optimal burn-in policy for highly reliable products using Gamma degradation process [J]. IEEE Transactions on Reliability, 2011, 60 (1): 234-245.

[58] Wang X, Balakrishnan N, Guo B, et al. Residual life estimation based on bivariate non-stationary Gamma degradation process [J]. Journal of Statistical Computation & Simulation, 2015, 85 (2): 405-421.

[59] Guida M, Postiglione F, Pulcini G. A time-discrete extended Gamma process for time-dependent degradation phenomena [J]. Reliability Engineering & System Safety, 2012, 105 (5): 73-79.

[60] Rodríguez-Picón L A, Rodríguez-Picón A P, Méndez-González L C, et al. Degradation modeling based on Gamma process models with random effects [J]. Communications in Statistics-Simulation and Computation, 2018, 47 (6): 1796-1810.

[61] Ling M H, Ng H K T, Tsui K L. Bayesian and likelihood inferences on remaining useful life in two-phase degradation models under Gamma process [J]. Reliability Engineering & System Safety, 2019, 184: 77-85.

[62] Santini T, Morand S, Fouladirad M, et al. Non-homogenous Gamma process: Application to SiC MOSFET threshold voltage instability [J]. Microelectronics Reliability, 2017, 75: 14-19.

[63] Chhikara R. The inverse Gaussian distribution: Theory, Methodology, and applications [M]. New York: CRC Press, 1988.

[64] Wang X, Xu D. An inverse Gaussian process model for degradation data [J]. Technometrics, 2010, 52 (2): 188-197.

[65] Ye Z S, Chen N. The inverse Gaussian process as a degradation model [J]. Technometrics, 2014, 56 (3): 302-311.

[66] Ye Z S, Chen L P, Tang L C, et al. Accelerated degradation test planning using the inverse Gaussian process [J]. IEEE Transactions on Reliability, 2014, 63 (3): 750-763.

[67] Zhang M, Ye Z, Xie M. Optimal burn-in policy for highly reliable products using inverse Gaussian degradation process [M]. New York: Springer, 2015.

[68] Peng W, Li Y F, Yang Y J, et al. Bayesian degradation analysis with inverse Gaussian process models under time-varying degradation rates [J]. IEEE Transactions on Reliability, 2017, 66 (1): 84-96.

[69] Duan F, Wang G, Wang H. Inverse Gaussian process models for bivariate degradation analysis: A Bayesian perspective [J]. Communication in Statistics-Simulation and Computation, 2017, 47: 166-186.

[70] Tseng S T, Yao Y C. Misspecification analysis of Gamma with inverse Gaussian degradation processes [M]. New York:

Springer, 2017.

[71] Chhikara R S, Folks J L. The inverse Gaussian distribution as a lifetime model [J]. Technometrics, 1977, 19 (4): 461-468.

[72] Doksum K A, Hóyland A. Models for variable-stress accelerated life testing experiments based on Wiener processes and the inverse Gaussian distribution [J]. Technometrics, 1992, 34 (1): 74-82.

[73] Whitmore G A, Schenkelberg F. Modelling accelerated degradation data using Wiener diffusion with a time scale transformation [J]. Lifetime Data Analysis, 1997, 3 (1): 27-45.

[74] Zhang Z X, Si X S, Hu C H. An age- and state-dependent nonlinear prognostic model for degrading systems [J]. IEEE Transactions on Reliability, 2015, 64 (4): 1214-1228.

[75] Peng C Y, Tseng S T. Mis-specification analysis of linear degradation models [J]. IEEE Transactions on Reliability, 2009, 58 (3): 444-455.

[76] Peng C Y, Tseng S T. Statistical lifetime inference with Skew-Wiener linear degradation models [J]. IEEE Transactions on Reliability, 2013, 62 (2): 338-350.

[77] Si X S, Wang W, Hu C H, et al. Estimating remaining useful life with three-source variability in degradation modeling [J]. IEEE Transactions on Reliability, 2014, 63 (1): 167-190.

[78] Zheng J F, Si X S, Hu C H, et al. A nonlinear prognostic model for degrading systems with three-source variability [J]. IEEE Transactions on Reliability, 2016, 65 (2): 736-750.

[79] Zhang Z X, Si X S, Hu C H, et al. Planning repeated degradation testing for products with three-source variability [J]. IEEE Transactions on Reliability, 2016, 65 (2): 640-647.

[80] Huang J, Golubović D S, Koh S, et al. Lumen degradation modeling of whitelight LEDs in step stress accelerated degradation test [J]. Reliability Engineering & System Safety, 2016, 154: 152-159.

[81] Pan Z, Balakrishnan N, Zhou J. Bivariate degradation analysis of products based on Wiener processes and copulas [J]. Journal of Statistical Computation & Simulation, 2013, 83 (7): 1316-1329.

[82] Li X, Peng X. Multivariate Storage degradation modeling based on copula function [J]. Advances in Mechanical Engineering, 2014, 6 (1): 503407, 1-7.

[83] Si X, Hu C, Wang W. A real-time variable cost-based maintenance model from prognostic information [C]. Proceedings of the IEEE 2012 Prognostics and System Health Management Conference (PHM-2012 Beijing). IEEE, 2012: 1-6.

[84] Liu B, Zhao X, Yeh R H, et al. Imperfect inspection policy for systems with multiple correlated degradation processes [J]. IFAC-PapersOnline, 2016, 49 (12): 1377-1382.

[85] 胡昌华, 裴洪, 王兆强, 等. 不完美维护活动干预下的设备剩余寿命估计 [J]. 中国惯性技术学报, 2016, 24 (5): 688-695.

[86] Kong D, Balakrishnan N, Cui L. Two-phase degradation process model with abrupt jump at change point governed by Wiener process [J]. IEEE Transactions on Reliability, 2017, 66 (4): 1345-1360.

[87] Wang P, Tang Y, Bae S J, et al. Bayesian analysis of two-phase degradation data based on change-point Wiener process [J]. Reliability Engineering & System Safety, 2018, 170: 244-256.

[88] Wang X, Jiang P, Guo B, et al. Real-time reliability evaluation for an individual product based on change-point Gamma and Wiener process [J]. Quality and Reliability Engineering International, 2014, 30 (4): 513-525.

[89] Wang Y, Pham H. A multi-objective optimization of imperfect preventive maintenance policy for dependent competing risk systems with hidden failure [J]. IEEE Transactions on Reliability, 2011, 60 (4): 770-781.

[90] Ye Z S, Tang L C, Xu H Y. A distribution-based systems reliability model under extreme shocks and natural degradation [J]. IEEE Transactions on Reliability, 2011, 60 (1): 246-256.

[91] Wang Y, Pham H. Modeling the dependent competing risks with multiple degradation processes and random shock using time-varying copulas [J]. IEEE Transactions on Reliability, 2012, 61 (1): 13-22.

[92] Zhang Z X, Si X S, Hu C H, et al. A prognostic model for stochastic degrading systems with state recovery: Application to Li-ion batteries [J]. IEEE Transactions on Reliability, 2017, 66 (4): 1293-1308.

[93] Sun Q, Zhou J, Zhong Z, et al. Gauss-Poisson joint distribution model for degradation failure [J]. IEEE Transactions

on Plasma Science, 2004, 32 (5): 1864-1868.
[94] Klutke G A, Yang Y. The availability of inspected systems subject to shocks and graceful degradation [J]. IEEE Transactions on Reliability, 2002, 51 (3): 371-374.
[95] Kharoufeh J P. Explicit results for wear processes in a Markovian environment [J]. Operations Research Letters, 2003, 31 (3): 237-244.
[96] Cox S M. Stochastic models for degradation-based reliability [J]. IIE Transactions, 2005, 37 (6): 533-542.
[97] 张永强，冯静，刘琦，等. 基于 Poisson-Normal 过程性能退化模型的可靠性分析 [J]. 系统工程与电子技术，2006，28 (11)：1775-1778.
[98] 张永强，刘琦，周经伦. 小子样条件下基于 Normal-Poisson 过程的性能可靠性评定 [J]. 国防科技大学学报，2006，28 (3)：128-132.
[99] Bocchetti D, Giorgio M, Guida M, et al. A competing risk model for the reliability of cylinder liners in marine diesel engines [J]. Reliability Engineering & System Safety, 2009, 94 (8): 1299-1307.
[100] Kharoufeh J P, Sipe J A. Evaluating failure time probabilities for a Markovian wear process [J]. Computers & Operations Research, 2005, 32 (5): 1131-1145.
[101] Smotherman M, Zemoudeh K. A non-homogeneous Markov model for phased-mission reliability analysis [J]. IEEE Transactions on Reliability, 1989, 38 (5): 585-590.
[102] Kharoufeh J P, Cox S M, Oxley M E. Reliability of manufacturing equipment in complex environments [J]. Annals of Operations Research, 2013, 209 (1): 231-254.
[103] Li W H, Li J, Zhang S H. Application of continuous hidden semi-Markov model in bearing performance degradation assessment [J]. Journal of Vibration Engineering, 2014, 27 (4): 613-620.
[104] Kharoufeh J P, Solo C J, Ulukus M Y. Semi-Markov models for degradationbased reliability [J]. IIE Transactions, 2010, 42 (8): 599-612.
[105] Vrignat P, Avila M, Duculty F, et al. Maintenance policy: Degradation laws versus hidden Markov model availability indicator [J]. Journal of Risk & Reliability, 2012, 226 (2): 137-155.
[106] Jiang H, Chen J, Dong G. Hidden Markov model and nuisance attribute projection based bearing performance degradation assessment [J]. Mechanical Systems & Signal Processing, 2016, 72: 184-205.
[107] Yi H, Cui L. Distribution and availability for aggregated second-order semi-Markov ternary system with working time omission [J]. Reliability Engineering & System Safety, 2016, 166: 50-60.
[108] Compare M, Martini F, Mattafirri S, et al. Semi-Markov model for the oxidation degradation mechanism in gas turbine nozzles [J]. IEEE Transactions on Reliability, 2016, 65 (2): 574-581.
[109] Guérin T, Levernier N, Bénichou O, et al. Mean first-passage times of non-Markovian random walkers in confinement [J]. Nature, 2016, 534 (7607): 356-359.
[110] Gebraeel N, Elwany A, Pan J. Residual life predictions in the absence of prior degradation knowledge [J]. IEEE Transactions on Reliability, 2009, 58 (1): 106-117.
[111] Si X S, Wang W, Chen M Y, et al. A degradation path-dependent approach for remaining useful life estimation with an exact and closed-form solution [J]. European Journal of Operational Research, 2013, 226 (1): 53-66.
[112] Li N, Lei Y, Lin J, et al. An improved exponential model for predicting remaining useful life of rolling element bearings [J]. IEEE Transactions on Industrial Electronics, 2015, 62 (12): 7762-7773.
[113] Whitmore G. Estimating degradation by a Wiener diffusion process subject to measurement error [J]. Lifetime Data Analysis, 1995, 1 (3): 307-319.
[114] Wang X, Balakrishnan N, Guo B. Residual life estimation based on a generalized Wiener degradation process [J]. Reliability Engineering & System Safety, 2014, 124: 13-23.
[115] Wang X, Jiang P, Guo B, et al. Real-time reliability evaluation with a general Wiener process-based degradation model [J]. Quality & Reliability Engineering International, 2013, 30 (2): 205-220.
[116] Zhang M, Gaudoin O, Xie M. Degradation-based maintenance decision using stochastic filtering for systems under imperfect maintenance [J]. European Journal of Operational Research, 2015, 245 (2): 531-541.

[117] Wang Z Q, Hu C H, Wang W, et al. An additive Wiener process-based prognostic model for hybrid deteriorating systems [J]. IEEE Transactions on Reliability, 2014, 63 (1): 208-222.

[118] Ye Z S, Chen N, Shen Y. A new class of Wiener process models for degradation analysis [J]. Reliability Engineering & System Safety, 2015, 139: 58-67.

[119] Kloeden P E, Platen E. Numerical solution of stochastic differential equations [M]. Berlin Heidelberg: Springer, 1992: 407-424.

[120] Hao H, Su C. Bivariate nonlinear diffusion degradation process modeling via copula and MCMC [J]. Mathematical Problems in Engineering, 2014, 510929: 1-11.

[121] Hao H, Su C. A Bayesian framework for reliability assessment via Wiener process and MCMC [J]. Mathematical Problems in Engineering, 2014, 468368: 1-8.

[122] Pang Z, Si X, Hu C, et al. An age-dependent and state-dependent adaptive prognostic approach for hidden nonlinear degrading system [J]. IEEE/CAA Journal of Automatica Sinica, 2021, 9 (5): 907-921.

[123] Zhang J X, Hu C H, He X, et al. Lifetime prognostics for deteriorating systems with time-varying random jumps [J]. Reliability Engineering & System Safety, 2017, 167: 338-350.

[124] Wang D, Yang F, Tsui K L, et al. Remaining useful life prediction of lithium-ion batteries based on spherical cubature particle filter [J]. IEEE Transactions on Instrumentation & Measurement, 2016, 65 (6): 1282-1291.

[125] Duong P L T, Raghavan N. Heuristic Kalman optimized particle filter for remaining useful life prediction of lithium-ion battery [J]. Microelectronics Reliability, 2018, 81: 232-243.

[126] Li K, Wu J, Zhang Q, et al. New particle filter based on ga for equipment remaining useful life prediction [J]. Sensors, 17 (4): 696.

[127] Mo B, Yu J, Tang D, et al. A remaining useful life prediction approach for lithium-ion batteries using Kalman filter and an improved particle filter [C]. IEEE International Conference on Prognostics and Health Management. IEEE, 2016: 1-5.

[128] Qian Y, Yan R. Remaining useful life prediction of rolling bearings using an enhanced particle filter [J]. IEEE Transactions on Instrumentation & Measurement, 2015, 64 (10): 2696-2707.

[129] Khan T, Udpa L, Udpa S. Particle filter based prognosis study for predicting remaining useful life of steam generator tubing [C]. 2011 IEEE Conference on Prognostics and Health Management. IEEE, 2011: 1-6.

[130] 曾声奎, Pecht M G, 吴际. 故障预测与健康管理（PHM）技术的现状与发展 [J]. 航空学报, 2005, 26 (5): 626-632.

[131] Kumar D, Westberg U. Maintenance scheduling under age replacement policy using PHM and TTT-plotting [J]. European Journal of Operational Research, 1997, 99 (3): 507-515.

[132] Rodrigues L R, Gomes J PP, Ferri F A S, et al. Use of PHM information and system architecture for optimized aircraft maintenance planning [J]. IEEE Systems Journal, 2015, 9 (4): 1197-1207.

[133] Yan W A, Song B W, Duan G L, et al. Real-time reliability evaluation of two-phase Wiener degradation process [J]. Communications in Statistics-Theory and Methods, 2017, 46 (1): 176-188.

[134] Burgess W L. Valve regulated lead acid battery float service life estimation using a Kalman filter [J]. Journal of Power Sources, 2009, 191 (1): 16-21.

[135] Bae S J, Kvam P H. A change-point analysis for modeling incomplete burn-in for light displays [J]. IIE Transactions, 2006, 38 (6): 489-498.

[136] Ng T S. An application of the EM algorithm to degradation modeling [J]. IEEE Transactions on Reliability, 2008, 57 (1): 2-13.

[137] Wang Y, Peng Y, Zi Y, et al. A two-stage data-driven-based prognostic approach for bearing degradation problem [J]. IEEE Transactions on Industrial Informatics, 2016, 12 (3): 924-932.

[138] Feng J, Sun Q, Jin T. Storage life prediction for a high-performance capacitor using multi-phase Wiener degradation model [J]. Communications in Statistics-Simulation and Computation, 2012, 41 (8): 1317-1335.

[139] Si X S, Hu C H, Kong X, et al. A residual storage life prediction approach for systems with operation state switches

[J]. IEEE Transactions on Industrial Electronics, 2014, 61 (11): 6304-6315.

[140] Zhang Y, Zhao M, Zhang S, et al. An integrated approach to estimate storage reliability with initial failures based on E-Bayesian estimates [J]. Reliability Engineering & System Safety, 2017, 159: 24-36.

[141] Wang X, Guo B, Cheng Z. Real-time reliability evaluation of equipment based on separated-phase Gamma process [C]. The Proceedings of 2011 9th International Conference on Reliability, Maintainability and Safety. IEEE, 2011: 248-254.

[142] Peng W, Li Y F, Yang Y J, et al. Leveraging degradation testing and condition monitoring for field reliability analysis with time-varying operating missions [J]. IEEE Transactions on Reliability, 2015, 64 (4): 1367-1382.

[143] Jin G, Matthews D E, Zhou Z. A Bayesian framework for on-line degradation assessment and residual life prediction of secondary batteries inspacecraft [J]. Reliability Engineering & System Safety, 2013, 113: 7-20.

[144] Park J I, Baek S H, Jeong M K, et al. Dual features functional support vector machines for fault detection of rechargeable batteries [J]. IEEE Transactions on Systems, Man, and Cybernetics, Part C (Applications and Reviews), 2009, 39 (4): 480-485.

[145] Pecht M. CALCE Battery Group [EB/OL]. http://www. calce. umd. edu/batteries/data. htm.

[146] Molini A, Talkner P, Katul G G, et al. First passage time statistics of Brownian motion with purely time dependent drift and diffusion [J]. Physica A: Statistical Mechanics and its Applications, 2011, 390 (11): 1841-1852.

[147] Saxena A, Celaya J, Balaban E, et al. Metrics for evaluating performance of prognostic techniques [C]. 2008 International Conference on Prognostics and Health Management. IEEE, 2008: 1-17.

[148] Saxena A, Celaya J, Saha B, et al. Metrics for offline evaluation of prognostic performance [J]. International Journal of Prognostics and Health Management, 2010, 1 (1): 4-23.

[149] He W, Williard N, Osterman M, et al. Prognostics of lithium-ion batteries based on Dempster-Shafer theory and the Bayesian Monte Carlo method [J]. Journal of Power Sources, 2011, 196 (23): 10314-10321.

[150] Liu X, Li J, Al-Khalifa K N, et al. Condition-based maintenance for continuously monitored degrading systems with multiple failure modes [J]. IIE Transactions, 2013, 45 (4): 422-435.

[151] Rafiee K, Feng Q, Coit D W. Condition-based maintenance for repairable deteriorating systems subject to a generalized mixed shock model [J]. IEEE Transactions on Reliability, 2015, 64 (4): 1164-1174.

[152] Yang F, Wang D, Xing Y, et al. Prognostics of Li (NiMnCo) O_2-based lithium-ion batteries using a novel battery degradation model [J]. Microelectronics Reliability, 2017, 70: 70-78.

[153] Hu C, Xing Y, Du D, et al. Remaining useful life estimation for two-phase nonlinear degradation processes [J]. Reliability Engineering & System Safety, 2023, 230: 108945.

[154] Zhang J X, Hu C H, He X, et al. A novel lifetime estimation method for two-phase degrading systems [J]. IEEE Transactions on Reliability, 2018, 68 (2): 689-709.

[155] Lin J, Liao G, Chen M, et al. Two-phase degradation modeling and remaining useful life prediction using nonlinear Wiener process [J]. Computers & Industrial Engineering, 2021, 160: 107533.

[156] Wen Y, Wu J, Das D, et al. Degradation modeling and RUL prediction using Wiener process subject to multiple change points and unit heterogeneity [J]. Reliability Engineering & System Safety, 2018, 176: 113-124.

[157] Wang X, Balakrishnan N, Guo B. Mis-specification analyses of nonlinear Wiener process-based degradation models [J]. Communications in Statistics-Simulation and Computation, 2016, 45 (3): 814-832.

[158] Pei H, Si X, Hu C, et al. Prognostics based on the generalized diffusion process with parameters updated by a sequential Bayesian method [J]. Information Sciences, 2022, 65 (162206): 1-162206.

[159] Yu Y, Hu C, Si X, et al. Averaged Bi-LSTM networks forRUL prognostics with non-life-cycle labeled dataset [J]. Neurocomputing, 2020, 402: 134-147.

[160] 司小胜，胡昌华，周东华．带测量误差的非线性退化过程建模与剩余寿命估计 [J]．自动化学报，2013，39 (5): 530-541.

[161] Barré A, Suard F, Gérard M, et al. Statistical analysis for understanding and predicting battery degradations in real-life electric vehicle use [J]. Journal of Power Sources, 2014, 245: 846-856.

[162] Rigamonti M, Baraldi P, Zio E, et al. Particle filter-based prognostics for an electrolytic capacitor working in variable operating conditions [J]. IEEE Transactions on Power Electronics, 2015, 31 (2): 1567-1575.

[163] Liu D, Pang J, Zhou J, et al. Prognostics for state of health estimation of lithium-ion batteries based on combination Gaussian process functional regression [J]. Microelectronics Reliability, 2013, 53 (6): 832-839.

[164] 周绍华, 胡昌华, 司小胜, 等. 运行状态切换下的设备剩余寿命预测 [J]. 电光与控制, 2017, 24 (2): 95-99.

[165] 董青, 郑建飞, 胡昌华, 等. 基于两阶段自适应 Wiener 过程的剩余寿命预测方法 [J]. 自动化学报, 2022, 48 (2): 539-553.

[166] Peng Y, Wang Y, Zi Y. Switching state-space degradation model with recursive filter/smoother for prognostics of remaining useful life [J]. IEEE Transactions on Industrial Informatics, 2018, 15 (2): 822-832.

[167] Saha B, Goebel K. NASA AMES moffett field CA [EB/OL]. http://ti.arc.nasa.gov/project/prognostic-data-repository, 2007.

[168] Lemoine A J, Wenocur M L. On failure modeling [J]. Naval Research Logistics Quarterly, 1985, 32 (3): 497-508.

[169] Shu Y, Feng Q, Coit D W. Life distribution analysis based on Lévy subordinators for degradation with random jumps [J]. Naval Research Logistics, 2015, 62 (6): 483-492.

[170] Peng H, Feng Q, Coit D W. Reliability and maintenance modeling for systems subject to multiple dependent competing failure processes [J]. IIE Transactions, 2010, 43 (1): 12-22.

[171] Merton R C. Option pricing when underlying stock returns are discontinuous [J]. Journal of Financial Economics, 1976, 3 (1-2): 125-144.

[172] Kou S G, Wang H. First passage times of a jump diffusion process [J]. Advances in Applied Probability, 2003, 35 (2): 504-531.

[173] Huelsenbeck J P, Larget B, Swofford D. A compound Poisson process for relaxing the molecular clock [J]. Genetics, 2000, 154 (4): 1879-1892.

[174] Brown M. Statistical analysis of non-homogeneous Poisson processes: Statistical analysis [C]. Stochastic Point Processes, John Wiley, 1972: 67-89.

[175] Streit R L. Poisson point processes: Imaging, tracking, and sensing [M]. New York: Springer Science & Business Media, 2010.

[176] Sullivan J, Abdo Z, Joyce P, et al. Evaluating the performance of a successive-approximations approach to parameter optimization inmaximumlikelihood phylogeny estimation [J]. Molecular Biology and Evolution, 2005, 22 (6): 1386-1392.

[177] Ke X J, Xu Z G, Wang W H, et al. Remaining useful life prediction for nonstationary degradation processes with shocks [J]. Proceedings of the Institution of Mechanical Engineers, Part O: Journal of Risk and Reliability, 2017, 231 (5): 469-480.

[178] Fan M F, Zeng Z G, Zio E, et al. Modeling dependent competing failure processes with degradation-shock dependence [J]. Reliability Engineering & System Safety, 2017, 165: 422-430.

[179] Rafiee K, Feng Q, Coit D W. Reliability modeling for dependent competing failure processes with changing degradation rate [J]. IIE Transactions, 2014, 46 (5): 483-496.

[180] Jiang L, Feng Q M, Coit D W. Modeling zoned shock effects on stochastic degradation in dependent failure processes [J]. IIE Transactions, 2015, 47 (5): 460-470.

[181] Gao H D, Cui L R, Qiu Q G. Reliability modeling for degradation-shock dependence systems with multiple species of shocks [J]. Reliability Engineering & System Safety, 2019, 185: 133-143.

[182] Wang J, Li Z G, Bai G H, et al. An improved model for dependent competing risks considering continuous degradation and random shocks [J]. Reliability Engineering & System Safety, 2020, 193: 106641.

[183] Wang J, Bai G H, Li Z G, et al. A general discrete degradation model with fatal shocks and age-and statedependent nonfatal shocks [J]. Reliability Engineering & System Safety, 2020, 193: 106648.

[184] Wang H K, Li Y F, Liu Y, et al. Remaining useful life estimation under degradation and shock damage [J]. Proceedings of the Institution of Mechanical Engineers, Part O: Journal of Risk and Reliability, 2015, 229 (3): 200-208.

[185] Fan M F, Zeng Z G, Zio E, et al. A sequential Bayesian approach for remaininguseful life prediction of dependent competing failure processes [J]. IEEE Transactions on Reliability, 2018, 68 (1): 317-329.

[186] Ye Z S, Wang Y, Tsui K L, et al. Degradation data analysis using Wiener processes with measurement errors [J]. IEEE Transactions on Reliability, 2013, 62 (4): 772-780.

[187] Si X S, Li T M, Zhang Q. A general stochastic degradation modeling approach for prognostics of degrading systems with surviving and uncertain measurements [J]. IEEE Transactions on Reliability, 2019, 68 (3): 1080-1100.

[188] Si X S, Li T M, Zhang Q, et al. Prognostics for linear stochastic degrading systems with survival measurements [J]. IEEE Transactions on Industrial Electronics, 2019, 67 (4): 3202-3215.

[189] Leemis L M, McQueston J T. Univariate distribution relationships [J]. The American Statistician, 2008, 62 (1): 45-53.

[190] Feng L, Wang H L, Si X S, et al. A state-space-based prognostic model for hidden and age-dependent nonlinear degradation process [J]. IEEE Transactions on Automation Science and Engineering, 2013, 10 (4): 1072-1086.

[191] Zhou D H, Frank P M. Strong tracking filtering of nonlinear time-varying stochastic systems with coloured noise: Application to parameter estimation and empirical robustness analysis [J]. International Journal of Control, 1996, 65 (2): 295-307.

[192] Si X S, Wang W B, Hu C H, et al. A Wiener-process-based degradation model with a recursive filter algorithm for remaining useful life estimation [J]. Mechanical Systems and Signal Processing, 2013, 35 (1): 219-237.

[193] Zhou D H, Frank P M. Fault diagnostics and fault tolerant control [J]. IEEE Transactions on Aerospace and Electronic Systems, 1998, 34 (2): 420-427.

[194] Jwo D J, Wang S H. Adaptive fuzzy strong tracking extended Kalman filtering for GPS navigation [J]. IEEE Sensors Journal, 2007, 7 (5): 778-789.

[195] Meng X L, Rubin D B. Maximum likelihood estimation via the ECM algorithm: A general framework [J]. Biometrika, 1993, 80 (2): 267-278.

[196] Burnham K P, Anderson D R. Multimodel inference understanding AIC and BIC in model selection [J]. Sociological Methods & Research, 2004, 33 (2): 261-304.

[197] Akaike H. A new look at the statistical model identification [J]. IEEE Transactions on Automatic Control, 1974, 19 (6): 716-723.

[198] Le Son K, Fouladirad M, Barros A, et al. Remaining useful life estimation based on stochastic deterioration models: A comparative study [J]. Reliability Engineering & System Safety, 2013, 112: 165-175.

[199] Jia H, Ding Y, Peng R, et al. Reliability evaluation for demand-based warm standby systems considering degradation process [J]. IEEE Transactions on Reliability, 2017, 66 (3): 795-805.

[200] Ma X, Liu B, Yang L, et al. Reliability analysis and condition-based maintenance optimization for a warm standby cooling system [J]. Reliability Engineering & System Safety, 2020, 193: 106588.

[201] Mokaddis G S, Labib S W, Ahmed A M. Analysis of a two-unit warm standby system subject to degradation [J]. Microelectronics Reliability, 1997, 37 (4): 641-647.

[202] Lisnianski A, Ding Y. Redundancy analysis for repairable multi-state system by using combined stochastic processes methods and universal generating function technique [J]. Reliability Engineering & System Safety, 2009, 94 (11): 1788-1795.

[203] Zahedi-Hosseini F, Scarf P, Syntetos A. Joint optimisation of inspection maintenance and spare parts provisioning: A comparative study of inventory policies using simulation and survey data [J]. Reliability Engineering & System Safety, 2017, 168: 306-316.

[204] Wang L, Chu J, Mao W. A condition-based replacement and spare provisioning policy for deteriorating systems with uncertain deterioration to failure [J]. European Journal of Operational Research, 2009, 194 (1): 184-205.

[205] Keizer M C A O, Teunter R H, Veldman J. Joint condition-based maintenance and inventory optimization for systems

with multiple components [J]. European Journal of Operational Research, 2017, 257 (1): 209-222.

[206] Jiang Y, Chen M, Zhou D. Joint optimization of preventive maintenance and inventory policies for multi-unit systems subject to deteriorating spare part inventory [J]. Journal of Manufacturing Systems, 2015, 35: 191-205.

[207] Zhao Y, Zio E, Fu G. Remaining storage life prediction for an electromagnetic relay by a particle filtering-based method [J]. Microelectronics Reliability, 2017, 79: 221-230.

[208] Zhang J, Ma X, Cheng B, et al. Storage life modeling and analysis for contacting slip ring based on physics of failure [J]. IEEE Transactions on Components, Packaging and Manufacturing Technology, 2017, 7 (12): 1969-1980.

[209] Lei Y, Li N, Guo L, et al. Machinery health prognostics: A systematic review from data acquisition to RUL prediction [J]. Mechanical Systems and Signal Processing, 2018, 104: 799-834.

[210] Mercier S, Castro I T. Stochastic comparisons of imperfect maintenance models for a Gamma deteriorating system [J]. European Journal of Operational Research, 2019, 273 (1): 237-248.

[211] Wang Z Q, Hu C H, Si X S, et al. Remaining useful life prediction of degrading systems subjected to imperfect maintenance: Application to draught fans [J]. Mechanical Systems and Signal Processing, 2018, 100: 802-813.

[212] Lee M L T, Whitmore G A. Threshold regression for survival analysis: Modeling event times by a stochastic process reaching a boundary [J]. Statistical Science, 2006, 21 (4): 501-513.

[213] Cover T M, Thomas J A. Elements of information theory [M]. New York: John Wiley & Sons, 2012.

[214] Zhang J X, Si X S, Du D B, et al. Specification analysis of the deteriorating sensor for required lifetime prognostic performance [J]. Microelectronics Reliability, 2018, 85: 71-83.

[215] Zhang J X, Si X S, Du D B, et al. A novel iterative approach of lifetime estimation for standby systems with deteriorating spare parts [J]. Reliability Engineering & System Safety, 2020, 201: 106960.

[216] Brezavscek A, Hudoklin A. Joint optimization of block-replacement and periodic-review spare-provisioning policy [J]. IEEE Transactions on Reliability, 2003, 52 (1): 112-117.

[217] Van Horenbeek A, Buré J, Cattrysse D, et al. Joint maintenance and inventory optimization systems: A review [J]. International Journal of Production Economics, 2013, 143 (2): 499-508.

[218] De Jonge B, Scarf P A. A review on maintenance optimization [J]. European Journal of Operational Research, 2020, 285 (3): 805-824.

[219] Zhang X H, Zeng J C, Gan J. Joint optimization of condition-based maintenance and spare part inventory for two-component system [J]. Journal of Industrial and Production Engineering, 2018, 35 (6): 394-420.

[220] Xi X, Chen M, Zhang H, et al. An improved non-Markovian degradation model with long-term dependency and item-to-item uncertainty [J]. Mechanical Systems and Signal Processing, 2018, 105: 467-480.

附　录

附录 A　第 2 章部分定理与推论的证明

A.1　定理 2.1 的证明

为了求解该积分，首先将该积分进行转化成类似于正态分布 PDF 的形式。那么如下结论可以推导得到。

$$
\begin{aligned}
&\int_{-\infty}^{\xi}\exp\left[-\frac{(y-\mu_a)^2}{2\sigma_a^2}\right]\frac{1}{\sqrt{2\pi\sigma_b^2}}\exp\left[-\frac{(y-\mu_b)^2}{2\sigma_b^2}\right]\mathrm{d}y\\
&=\int_{-\infty}^{\xi}\frac{1}{\sqrt{2\pi\sigma_b^2}}\exp\left[-\frac{(y-\mu_a)^2}{2\sigma_a^2}-\frac{(y-\mu_b)^2}{2\sigma_b^2}\right]\mathrm{d}y\\
&=\int_{-\infty}^{\xi}\frac{1}{\sqrt{2\pi\sigma_b^2}}\exp\left[-\frac{(\sigma_b^2+\sigma_a^2)y^2-2(\sigma_b^2\mu_a+\sigma_a^2\mu_b)y+\sigma_b^2\mu_a^2+\sigma_a^2\mu_b^2}{2\sigma_a^2\sigma_b^2}\right]\mathrm{d}y\\
&=\int_{-\infty}^{\xi}\sqrt{\frac{\sigma_a^2}{\sigma_b^2+\sigma_a^2}}\frac{1}{\sqrt{2\pi\frac{\sigma_a^2\sigma_b^2}{\sigma_b^2+\sigma_a^2}}}\exp\left[-\frac{\left(y-\frac{\sigma_b^2\mu_a+\sigma_a^2\mu_b}{\sigma_b^2+\sigma_a^2}\right)^2}{\frac{2\sigma_a^2\sigma_b^2}{\sigma_b^2+\sigma_a^2}}\right]\exp\left[-\frac{-(\mu_a-\mu_b)^2}{\sigma_b^2+\sigma_a^2}\right]\mathrm{d}y
\end{aligned}
\tag{A.1}
$$

根据截断正态分布的性质，可以得到以下性质：

$$
\int_{-\infty}^{\xi}\frac{1}{\sqrt{2\pi\frac{\sigma_a^2\sigma_b^2}{\sigma_b^2+\sigma_a^2}}}\exp\left[-\frac{\left(y-\frac{\sigma_b^2\mu_a+\sigma_a^2\mu_b}{\sigma_b^2+\sigma_a^2}\right)^2}{\frac{2\sigma_a^2\sigma_b^2}{\sigma_b^2+\sigma_a^2}}\right]\mathrm{d}y=1-\Phi\left(-\frac{\xi(\sigma_a^2+\sigma_b^2)-\mu_b\sigma_a^2-\mu_a\sigma_b^2}{\sqrt{\sigma_a^2\sigma_b^2(\sigma_a^2+\sigma_b^2)}}\right)
\tag{A.2}
$$

式中：$\Phi(\cdot)$ 和 $\phi(\cdot)$ 分别表示正态分布的 CDF 和 PDF。那么，根据式（A.2），式（A.1）可以进一步转化为

$$\int_{-\infty}^{\xi}\exp\left[-\frac{(y-\mu_a)^2}{2\sigma_a^2}\right]\frac{1}{\sqrt{2\pi\sigma_b^2}}\exp\left[-\frac{(y-\mu_b)^2}{2\sigma_b^2}\right]\mathrm{d}y$$

$$=\sqrt{\frac{\sigma_a^2}{(\sigma_a^2+\sigma_b^2)}}\exp\left(-\frac{(\mu_a-\mu_b)^2}{2(\sigma_a^2+\sigma_b^2)}\right)\left[1-\Phi\left(-\frac{\xi(\sigma_a^2+\sigma_b^2)-\mu_b\sigma_a^2-\mu_a\sigma_b^2}{\sqrt{\sigma_a^2\sigma_b^2(\sigma_a^2+\sigma_b^2)}}\right)\right] \tag{A.3}$$

这样，定理 2.1 证毕。

A.2 定理 2.2 的证明

类似于定理 2.1 的证明，首先将能得到以下转化结果：

$$\int_{-\infty}^{\xi}y\exp\left[-\frac{(y-\mu_a)^2}{2\sigma_a^2}\right]\frac{1}{\sqrt{2\pi\sigma_b^2}}\exp\left[-\frac{(y-\mu_b)^2}{2\sigma_b^2}\right]\mathrm{d}y$$

$$=\int_{-\infty}^{\xi}y\sqrt{\frac{\sigma_a^2}{\sigma_b^2+\sigma_a^2}}\frac{1}{\sqrt{2\pi\frac{\sigma_a^2\sigma_b^2}{\sigma_b^2+\sigma_a^2}}}\exp\left[-\frac{\left(y-\frac{\sigma_b^2\mu_a+\sigma_a^2\mu_b}{\sigma_b^2+\sigma_a^2}\right)^2}{\frac{2\sigma_a^2\sigma_b^2}{\sigma_b^2+\sigma_a^2}}\right]\exp\left[-\frac{-(\mu_a-\mu_b)^2}{\sigma_b^2+\sigma_a^2}\right]\mathrm{d}y \tag{A.4}$$

注意到，以上积分可看做截断正态分布的期望求解，那么根据截断正态分布的性质，可以得到以下结论：

$$\int_{-\infty}^{\xi}y\exp\left[-\frac{(y-\mu_a)^2}{2\sigma_a^2}\right]\frac{1}{\sqrt{2\pi\sigma_b^2}}\exp\left[-\frac{(y-\mu_b)^2}{2\sigma_b^2}\right]\mathrm{d}y$$

$$=\sqrt{\frac{\sigma_a^2}{(\sigma_a^2+\sigma_b^2)}}\exp\left(-\frac{(\mu_a-\mu_b)^2}{2(\sigma_a^2+\sigma_b^2)}\right)\Phi\left(\frac{\xi(\sigma_a^2+\sigma_b^2)-\mu_b\sigma_a^2-\mu_a\sigma_b^2}{\sqrt{\sigma_a^2\sigma_b^2(\sigma_a^2+\sigma_b^2)}}\right)-$$

$$\sqrt{\frac{\sigma_a^2\sigma_b^2}{\sigma_a^2+\sigma_b^2}}\phi\left(\frac{\xi(\sigma_a^2+\sigma_b^2)-\mu_b\sigma_a^2-\mu_a\sigma_b^2}{\sqrt{\sigma_a^2\sigma_b^2(\sigma_a^2+\sigma_b^2)}}\right) \tag{A.5}$$

这样，定理 2.1 证毕。

A.3 定理 2.3 的证明

首先，若寿命满足 $t<\tau$，那么根据线性 Wiener 退化过程的性质，寿命的 PDF 为逆高斯分布的表达形式。鉴于此，主要尝试推导当 $t>\tau$ 时，寿命 PDF 的推导。根据引理 2.1，x_τ 为一个随机变量。因此，令 $\xi_1'=\xi-x_\tau$，那么可以将原来的问题转化为线性 Wiener 过程通过随机阈值 ξ_1' 的首达时间求取问题。根据 x_τ 的 PDF 形式，结合全概率公式可以得到当寿命满足 $t>\tau$ 时 PDF 的一重积分形式，即

$$
\begin{aligned}
f_T(t) &= \int_{-\infty}^{\xi} \frac{\xi - x_\tau}{\sqrt{2\pi\sigma_2^2(t-\tau)^3}} \exp\left[-\frac{(\xi - x_\tau - \mu_2(t-\tau))^2}{2\sigma_2^2(t-\tau)}\right] g_\tau(x_\tau)\mathrm{d}x_\tau \\
&= \int_{-\infty}^{\xi} \frac{\xi - x_\tau}{\sqrt{2\pi\sigma_2^2(t-\tau)^3}} \exp\left[-\frac{(\xi - x_\tau - \mu_2(t-\tau))^2}{2\sigma_2^2(t-\tau)}\right] \times \\
&\quad \frac{1}{\sqrt{2\pi\tau\sigma_1^2}}\left\{\exp\left[-\frac{(x_\tau - \mu_1\tau)^2}{2\sigma_1^2\tau}\right] - \exp\left(\frac{2\mu_1\xi}{\sigma_1^2}\right)\exp\left[-\frac{(x_\tau - 2\xi - \mu_1\tau)^2}{2\sigma_1^2\tau}\right]\right\}\mathrm{d}x_\tau \\
&= \int_{-\infty}^{\xi} \frac{\xi - x_\tau}{\sqrt{2\pi\sigma_2^2(t-\tau)^3}} \exp\left[-\frac{(\xi - x_\tau - \mu_2(t-\tau))^2}{2\sigma_2^2(t-\tau)}\right] \times \frac{1}{\sqrt{2\pi\tau\sigma_1^2}}\exp\left[-\frac{(x_\tau - \mu_1\tau)^2}{2\sigma_1^2\tau}\right]\mathrm{d}x_\tau - \\
&\quad \frac{1}{\sqrt{2\pi\tau\sigma_1^2}}\int_{-\infty}^{\xi} \frac{\xi - x_\tau}{\sqrt{2\pi\sigma_2^2(t-\tau)^3}} \exp\left[-\frac{(\xi - x_\tau - \mu_2(t-\tau))^2}{2\sigma_2^2(t-\tau)}\right] \times \\
&\quad \exp\left(\frac{2\mu_1\xi}{\sigma_1^2}\right)\exp\left[-\frac{(x_\tau - 2\xi - \mu_1\tau)^2}{2\sigma_1^2\tau}\right]\mathrm{d}x_\tau
\end{aligned} \tag{A.6}
$$

为了求解以上积分，将其转化为两个积分之差，

$$
\begin{cases}
A_1 = \dfrac{1}{\sqrt{2\pi\tau\sigma_1^2}}\displaystyle\int_{-\infty}^{\xi} \frac{\xi - x_\tau}{\sqrt{2\pi\sigma_2^2(t-\tau)^3}} \exp\left[-\frac{(\xi - x_\tau - \mu_2(t-\tau))^2}{2\sigma_2^2(t-\tau)}\right] \times \\
\qquad \dfrac{1}{\sqrt{2\pi\tau\sigma_1^2}}\exp\left[-\dfrac{(x_\tau - \mu_1\tau)^2}{2\sigma_1^2\tau}\right]\mathrm{d}x_\tau \\
B_1 = \dfrac{1}{\sqrt{2\pi\tau\sigma_1^2}}\displaystyle\int_{-\infty}^{\xi} \frac{\xi - x_\tau}{\sqrt{2\pi\sigma_2^2(t-\tau)^3}} \exp\left[-\frac{(\xi - x_\tau - \mu_2(t-\tau))^2}{2\sigma_2^2(t-\tau)}\right] \times \\
\qquad \exp\left(\dfrac{2\mu_1\xi}{\sigma_1^2}\right)\exp\left[-\dfrac{(x_\tau - 2\xi - \mu_1\tau)^2}{2\sigma_1^2\tau}\right]\mathrm{d}x_\tau
\end{cases} \tag{A.7}
$$

为了简化计算，令 $\mu_{a1}=\mu_2(t-\tau)$、$\mu_{b1}=\xi-\mu_1\tau$、$\mu_{c1}=-\xi-\mu_1\tau$、$\sigma_{a1}^2=\sigma_2^2(t-\tau)$ 以及 $\sigma_{b1}^2=\sigma_1^2\tau$。进一步根据定理 2.1 和定理 2.2，可以得到

$$
\begin{cases}
A_1 = \sqrt{\dfrac{1}{2\pi(t-\tau)^2(\sigma_{a1}^2+\sigma_b^2)}}\exp\left[-\dfrac{(\mu_{a1}-\mu_{b1})^2}{2(\sigma_{a1}^2+\sigma_{b1}^2)}\right] \times \\
\qquad \left\{\dfrac{\mu_{b1}\sigma_{a1}^2+\mu_{a1}\sigma_{b1}^2}{\sigma_{a1}^2+\sigma_{b1}^2} \times \Phi\left(\dfrac{\mu_{b1}\sigma_{a1}^2+\mu_{a1}\sigma_{b1}^2}{\sqrt{\sigma_{a1}^2\sigma_{b1}^2(\sigma_{a1}^2+\sigma_{b1}^2)}}\right) + \sqrt{\dfrac{\sigma_{a1}^2\sigma_{b1}^2}{\sigma_{a1}^2+\sigma_{b1}^2}}\,\phi\left(\dfrac{\mu_{b1}\sigma_{a1}^2+\mu_{a1}\sigma_{b1}^2}{\sqrt{\sigma_{a1}^2\sigma_{b1}^2(\sigma_{a1}^2+\sigma_{b1}^2)}}\right)\right\} \\
B_1 = \exp\left(\dfrac{2\mu_1\xi}{\sigma_1^2}\right)\sqrt{\dfrac{1}{2\pi(t-\tau)^2(\sigma_{a1}^2+\sigma_{b1}^2)}}\exp\left[-\dfrac{(\mu_{a1}-\mu_{c1})^2}{2(\sigma_{a1}^2+\sigma_{b1}^2)}\right] \times \\
\qquad \left\{\dfrac{\mu_{c1}\sigma_{a1}^2+\mu_{a1}\sigma_{b1}^2}{\sigma_{a1}^2+\sigma_{b1}^2} \times \Phi\left(\dfrac{\mu_{c1}\sigma_{a1}^2+\mu_{a1}\sigma_{b1}^2}{\sqrt{\sigma_{a1}^2\sigma_{b1}^2(\sigma_{a1}^2+\sigma_{b1}^2)}}\right) + \sqrt{\dfrac{\sigma_{a1}^2\sigma_{b1}^2}{\sigma_{a1}^2+\sigma_{b1}^2}}\,\phi\left(\dfrac{\mu_{c1}\sigma_{a1}^2+\mu_{a1}\sigma_{b1}^2}{\sqrt{\sigma_{a1}^2\sigma_{b1}^2(\sigma_{a1}^2+\sigma_{b1}^2)}}\right)\right\}
\end{cases} \tag{A.8}
$$

这样，定理 3. 3 证毕。

A. 4 推论 2. 2 的证明

令 $\mu_1=\mu_2$ 以及 $\sigma_1=\sigma_2$，那么定理 2. 3 中 A_1 和 B_1 可转化为

$$\begin{cases} A_1=\sqrt{\dfrac{1}{2\pi(t-\tau)^2\sigma_1^2 t}}\exp\left[-\dfrac{(\xi-\mu_1 t)^2}{2\sigma_1^2 t}\right]\times \\ \quad\left\{\dfrac{\xi(t-\tau)}{t}\Phi\left(\dfrac{\xi(t-\tau)\sigma_1^2}{\sqrt{\sigma_{a1}^2\sigma_{b1}^2(\sigma_{a1}^2+\sigma_{b1}^2)}}\right)+\sqrt{\dfrac{\sigma_{a1}^2\sigma_{b1}^2}{\sigma_{a1}^2+\sigma_{b1}^2}}\phi\left(\dfrac{\xi(t-\tau)\sigma_1^2}{\sqrt{\sigma_{a1}^2\sigma_{b1}^2(\sigma_{a1}^2+\sigma_{b1}^2)}}\right)\right\} \\ B_1=\exp\left(\dfrac{2\mu_1\xi}{\sigma_1^2}\right)\sqrt{\dfrac{1}{2\pi(t-\tau)^2\sigma_1^2 t}}\exp\left[-\dfrac{(\xi+\mu_1 t)^2}{2\sigma_1^2 t}\right]\times \\ \quad\left\{\dfrac{-\xi(t-\tau)}{t}\Phi\left(\dfrac{-\xi(t-\tau)\sigma_1^2}{\sqrt{\sigma_{a1}^2\sigma_{b1}^2(\sigma_{a1}^2+\sigma_{b1}^2)}}\right)+\sqrt{\dfrac{\sigma_{a1}^2\sigma_{b1}^2}{\sigma_{a1}^2+\sigma_{b1}^2}}\phi\left(\dfrac{-\xi(t-\tau)\sigma_1^2}{\sqrt{\sigma_{a1}^2\sigma_{b1}^2(\sigma_{a1}^2+\sigma_{b1}^2)}}\right)\right\} \\ \quad=\sqrt{\dfrac{1}{2\pi(t-\tau)^2\sigma_1^2 t}}\exp\left[-\dfrac{(\xi-\mu_1 t)^2}{2\sigma_1^2 t}\right]\times \\ \quad\left\{\dfrac{-\xi(t-\tau)}{t}\Phi\left(\dfrac{-\xi(t-\tau)\sigma_1^2}{\sqrt{\sigma_{a1}^2\sigma_{b1}^2(\sigma_{a1}^2+\sigma_{b1}^2)}}\right)+\sqrt{\dfrac{\sigma_{a1}^2\sigma_{b1}^2}{\sigma_{a1}^2+\sigma_{b1}^2}}\phi\left(\dfrac{-\xi(t-\tau)\sigma_1^2}{\sqrt{\sigma_{a1}^2\sigma_{b1}^2(\sigma_{a1}^2+\sigma_{b1}^2)}}\right)\right\} \end{cases} \tag{A.9}$$

基于正态分布的性质，那么有 $\phi\left(-\dfrac{-\xi(t-\tau)\sigma_1^2}{\sqrt{\sigma_{a1}^2\sigma_{b1}^2(\sigma_{a1}^2+\sigma_{b1}^2)}}\right)=\phi\left(\dfrac{-\xi(t-\tau)\sigma_1^2}{\sqrt{\sigma_{a1}^2\sigma_{b1}^2(\sigma_{a1}^2+\sigma_{b1}^2)}}\right)$ 以及 $\Phi\left(-\dfrac{-\xi(t-\tau)\sigma_1^2}{\sqrt{\sigma_{a1}^2\sigma_{b1}^2(\sigma_{a1}^2+\sigma_{b1}^2)}}\right)=1-\Phi\left(\dfrac{-\xi(t-\tau)\sigma_1^2}{\sqrt{\sigma_{a1}^2\sigma_{b1}^2(\sigma_{a1}^2+\sigma_{b1}^2)}}\right)$。进一步可得

$$A_1-B_1=\frac{\xi}{\sqrt{2\pi\sigma_1^2 t^3}}\exp\left[-\frac{(\xi-\mu_1 t)^2}{2\sigma_1^2 t}\right] \tag{A.10}$$

注意到，该结果与当 $t<\tau$ 时的 PDF 表示一样。推论 2. 2 证毕。

A. 5 定理 2. 4 的证明

为了得到 $g_\tau(x_\tau)$ 在 μ_1 和 μ_2 服从高斯分布 $N(\mu_{1p},\sigma_{1p})$ 和 $N(\mu_{2p},\sigma_{2p})$ 情况下的表示。首先根据全概率公式有

$$\begin{aligned} g_\tau(x_\tau\mid\mu_{1p},\sigma_{1p}) &= \int_{-\infty}^{+\infty} g_\tau(x_\tau\mid\mu_1)p(\mu_1)\mathrm{d}\mu_1 \\ &= \int_{-\infty}^{+\infty}\frac{1}{\sqrt{2\pi\tau\sigma_1^2}}\left\{\exp\left[-\frac{(x_\tau-\mu_1\tau)^2}{2\sigma_1^2\tau}\right]-\exp\left(\frac{2\mu_1\xi}{\sigma_1^2}\right)\exp\left[-\frac{(x_\tau-2\xi-\mu_1\tau)^2}{2\sigma_1^2\tau}\right]\right\}\times \\ &\quad \frac{1}{\sqrt{2\pi\sigma_{1p}^2}}\exp\left[-\frac{(\mu_1-\mu_{1p})^2}{2\sigma_{1p}^2}\right]\mathrm{d}\mu_1 \end{aligned} \tag{A.11}$$

为了计算以上积分，首先给出如下引理。

引理 A.1：若 $Z \sim N(\mu,\sigma)$ 且 w、A、B、$D \in \mathbb{R}$ 以及 $C \in \mathbb{R}^{+}$，那么有

$$
\begin{aligned}
&\mathbb{E}_Z[(A-Z)\cdot\exp(-(B-Z)^2/2C)] \\
&= \int_{-\infty}^{+\infty}(A-Z)\cdot\exp(-(B-Z)^2/2C)\frac{1}{\sqrt{2\pi\sigma^2}}\exp\left[\frac{(A-\mu)^2}{2\sigma^2}\right]\mathrm{d}A \\
&= \sqrt{\frac{C}{\sigma^2+C}}\left[A-\frac{\sigma^2 B+\mu C}{\sigma^2+C}\right]\exp\left[-\frac{(B-\mu)^2}{2(\sigma^2+C)}\right]
\end{aligned}
\tag{A.12}
$$

那么根据引理 A.1，可以计算得到

$$
\begin{aligned}
&g_\tau(x_\tau \mid \mu_{1p},\sigma_{1p}) \\
&= \left[1-\exp\left(-\frac{4\xi^2-4x_\tau\xi}{2\sigma_1^2\tau}\right)\right]\frac{1}{\sqrt{2\pi(\tau\sigma_1^2+\tau^2\sigma_{1p}^2)}}\exp\left[-\frac{(x_\tau-\mu_{1p}\tau)^2}{2(\tau\sigma_1^2+\tau^2\sigma_{1p}^2)}\right] \\
&= \frac{\exp\left[-\frac{(x_\tau-\mu_{1p}\tau)^2}{2(\tau\sigma_1^2+\tau^2\sigma_{1p}^2)}\right]-\exp\left[\frac{2\mu_{1p}\xi}{\sigma_1^2}+\frac{2(\xi^2\sigma_{1p}^4\tau+\xi^2\sigma_{1p}^2\sigma_1^2)}{(\sigma_1^2+\tau\sigma_{1p}^2)\sigma_1^4}\right]\exp\left[-\frac{\left(x_\tau-2\xi-\mu_{1p}\tau-\frac{\sigma_{1p}^2\tau}{\sigma_1^2}\right)^2}{2(\tau\sigma_1^2+\tau^2\sigma_{1p}^2)}\right]}{\sqrt{2\pi(\tau\sigma_1^2+\tau^2\sigma_{1p}^2)}}
\end{aligned}
\tag{A.13}
$$

这样，定理 2.4 证毕。

A.6　定理 2.5 的证明

为了推导得到随机效应下的寿命 PDF，首先考虑 $t \leqslant \tau$ 的情况。由于在这种情况下仅受到随机参数 μ_1 影响，因此结合固定参数下的寿命 PDF 表示和全概率公式可以得到

$$
f_T(t)=\int_{-\infty}^{+\infty}\frac{\xi-x_0}{\sqrt{2\pi\sigma_1^2 t^3}}\exp\left[-\frac{(\xi-x_0-\mu_1 t)^2}{2\sigma_1^2 t}\right]\frac{1}{\sqrt{2\pi\sigma_{1p}^2}}\exp\left[-\frac{(\mu_1-\mu_{1p})^2}{2\sigma_{1p}^2}\right]\mathrm{d}\mu_1
\tag{A.14}
$$

式中：寿命的取值范围为 $0<t\leqslant\tau$。这样，根据引理 A.1 中的结论，很容易得到

$$
f_T(t)=\frac{\xi-x_0}{\sqrt{2\pi t^2(t\sigma_1^2+t^2\sigma_{1p}^2)}}\exp\left[-\frac{(\xi-x_0-\mu_{1p}t)^2}{2(t\sigma_1^2+t^2\sigma_{1p}^2)}\right],\quad 0<t\leqslant\tau
\tag{A.15}
$$

当 $t>\tau$ 时，可以看作存在两个随机参数的影响，即 x_τ 和 μ_2。那么寿命在 $t>\tau$ 上的 PDF 可以表示为两重积分的形式：

$$
\begin{aligned}
f_T(t)=&\int_{-\infty}^{\xi}\int_{-\infty}^{+\infty}\frac{\xi-x_\tau}{\sqrt{2\pi\sigma_2^2(t-\tau)^3}}\exp\left[-\frac{(\xi-x_\tau-\mu_2(t-\tau))^2}{2\sigma_2^2(t-\tau)}\right]\times \\
&p(\mu_2)g_\tau(x_\tau \mid \mu_{1p},\sigma_{1p})\mathrm{d}\mu_2\mathrm{d}x_\tau
\end{aligned}
\tag{A.16}
$$

注意到 $g_\tau(x_\tau \mid \mu_{1p},\sigma_{1p})$ 与 μ_2 是不相关的。因此，为了计算以上积分，首先计算最里面一层积分：

$$\int_{-\infty}^{+\infty} \frac{\xi - x_\tau}{\sqrt{2\pi\sigma_2^2(t-\tau)^3}} \exp\left[-\frac{(\xi - x_\tau - \mu_2(t-\tau))^2}{2\sigma_2^2(t-\tau)}\right] p(\mu_2)\,d\mu_2$$

$$= \int_{-\infty}^{+\infty} \frac{\xi - x_\tau}{\sqrt{2\pi\sigma_2^2(t-\tau)^3}} \exp\left[-\frac{(\xi - x_\tau - \mu_2(t-\tau))^2}{2\sigma_2^2(t-\tau)}\right] \frac{\exp\left[-\frac{(\mu_2-\mu_{2p})^2}{2\sigma_{2p}^2}\right]}{\sqrt{2\pi\sigma_{2p}^2}} d\mu_2$$

$$= \frac{\xi - x_\tau}{\sqrt{2\pi(t-\tau)^2[\sigma_2^2(t-\tau) + \sigma_{2p}^2(t-\tau)^2]}} \exp\left[-\frac{(\xi - x_\tau - \mu_2(t-\tau))^2}{2[\sigma_2^2(t-\tau) + \sigma_{2p}^2(t-\tau)^2]}\right] \tag{A. 17}$$

这样，根据这个结果，式（A. 16）可以改写为

$$f_T(t) = \int_{-\infty}^{\xi} \frac{g_\tau(x_\tau \mid \mu_{1p}, \sigma_{1p})(\xi - x_\tau)}{\sqrt{2\pi(t-\tau)^2[\sigma_2^2(t-\tau) + \sigma_{2p}^2(t-\tau)^2]}} \times \exp\left[-\frac{(\xi - x_\tau - \mu_2(t-\tau))^2}{2[\sigma_2^2(t-\tau) + \sigma_{2p}^2(t-\tau)^2]}\right] dx_\tau \tag{A. 18}$$

其中：

$$g_\tau(x_\tau \mid \mu_{1p}, \sigma_{1p}) = \frac{\exp\left[-\frac{(x_\tau - \mu_{1p}\tau)^2}{2(\tau\sigma_1^2 + \tau^2\sigma_{1p}^2)}\right]}{\sqrt{2\pi(\tau\sigma_1^2 + \tau^2\sigma_{1p}^2)}} - \frac{\exp\left[\frac{2\mu_{1p}\xi}{\sigma_1^2} + \frac{2(\xi^2\sigma_{1p}^4\tau + \xi^2\sigma_{1p}^2\sigma_1^2)}{(\sigma_1^2 + \tau\sigma_{1p}^2)\sigma_1^4}\right] \exp\left[-\frac{\left(x_\tau - 2\xi - \mu_{1p}\tau - \frac{2\xi\sigma_{1p}^2\tau}{\sigma_1^2}\right)^2}{2(\tau\sigma_1^2 + \tau^2\sigma_{1p}^2)}\right]}{\sqrt{2\pi(\tau\sigma_1^2 + \tau^2\sigma_{1p}^2)}} \tag{A. 19}$$

为了简化计算，令 $\mu_{a3} = \mu_{2p}(t-\tau)$、$\mu_{b3} = \xi - \mu_{1p}\tau$、$\mu_{c3} = -\xi - \mu_{1p}\tau - \frac{2\xi\sigma_{1p}^2\tau}{\sigma_1^2}$、$\sigma_{a3}^2 = \sigma_2^2(t-\tau) + \sigma_{2p}^2(t-\tau)^2$ 以及 $\sigma_{b3}^2 = \tau\sigma_1^2 + \tau^2\sigma_{1p}^2$。那么，根据定理 2. 1 和定理 2. 2 可以计算得到

$$\begin{cases} A_3 = \sqrt{\frac{1}{2\pi(t-\tau)^2(\sigma_{a3}^2 + \sigma_b^2)}} \exp\left[-\frac{(\mu_{a3} - \mu_{b3})^2}{2(\sigma_{a3}^2 + \sigma_{b3}^2)}\right] \times \\ \quad \left\{\frac{\mu_{b3}\sigma_{a3}^2 + \mu_{a3}\sigma_{b3}^2}{\sigma_{a3}^2 + \sigma_{b3}^2} \times \Phi\left(\frac{\mu_{b3}\sigma_{a3}^2 + \mu_{a3}\sigma_{b3}^2}{\sqrt{\sigma_{a3}^2\sigma_{b3}^2(\sigma_{a3}^2 + \sigma_{b3}^2)}}\right) + \sqrt{\frac{\sigma_{a3}^2\sigma_{b3}^2}{\sigma_{a3}^2 + \sigma_{b3}^2}} \phi\left(\frac{\mu_{b3}\sigma_{a3}^2 + \mu_{a3}\sigma_{b3}^2}{\sqrt{\sigma_{a3}^2\sigma_{b3}^2(\sigma_{a3}^2 + \sigma_{b3}^2)}}\right)\right\} \\ B_3 = \exp\left[\frac{2\mu_{1p}\xi}{\sigma_1^2} + \frac{2(\xi^2\sigma_{1p}^4\tau + \xi^2\sigma_{1p}^2\sigma_1^2)}{(\sigma_1^2 + \tau\sigma_{1p}^2)\sigma_1^4}\right] \sqrt{\frac{1}{2\pi(t-\tau)^2(\sigma_{a3}^2 + \sigma_{b3}^2)}} n \times \\ \quad \exp\left[-\frac{(\mu_{a3} - \mu_{c3})^2}{2(\sigma_{a3}^2 + \sigma_{b3}^2)}\right] \left\{\frac{\mu_{c3}\sigma_{a3}^2 + \mu_{a3}\sigma_{b3}^2}{\sigma_{a3}^2 + \sigma_{b3}^2} \times \Phi\left(\frac{\mu_{c3}\sigma_{a3}^2 + \mu_{a3}\sigma_{b3}^2}{\sqrt{\sigma_{a3}^2\sigma_{b3}^2(\sigma_{a3}^2 + \sigma_{b3}^2)}}\right) + \sqrt{\frac{\sigma_{a3}^2\sigma_{b3}^2}{\sigma_{a3}^2 + \sigma_{b3}^2}} \phi\left(\frac{\mu_{c3}\sigma_{a3}^2 + \mu_{a3}\sigma_{b3}^2}{\sqrt{\sigma_{a3}^2\sigma_{b3}^2(\sigma_{a3}^2 + \sigma_{b3}^2)}}\right)\right\} \end{cases} \tag{A. 20}$$

定理 2. 5 证毕。

附录 B　第 4 章部分定理与推论的证明

B.1　定理 4.1 的证明

首先，在推导过程中，考虑一种最简单的情况，即假设变点发生的时间和退化量均已知且为固定常数，则模型 M_1 对应的寿命 PDF 如下所示：

$$f_{T|M_1}(t \mid M_1)=\begin{cases}\dfrac{\omega-x_0}{\sqrt{2\pi\sigma_1^2\Lambda_1^3(t)}}\exp\left[-\dfrac{(\omega-x_0-\mu_1\Lambda_1(t))^2}{2\sigma_1^2\Lambda_1(t)}\right]\dfrac{\mathrm{d}\Lambda_1(t)}{\mathrm{d}t}, & 0<t\leqslant\tau\\ \dfrac{\omega-x_\tau}{\sqrt{2\pi\sigma_2^2\Lambda_2^3(t-\tau)}}\exp\left[-\dfrac{(\omega-x_\tau-\mu_2\Lambda_2(t-\tau))^2}{2\sigma_2^2\Lambda_2(t-\tau)}\right]\dfrac{\mathrm{d}\Lambda_2(t-\tau)}{\mathrm{d}t}, & \tau<t\end{cases} \tag{B.1}$$

但是，实际上，在变点发生之前，变点处的退化量 x_τ 的精确值难以获得。因此，为了获得第二阶段（即 $\tau<t$）的精确寿命 PDF，必须获得首达时间意义下 x_τ 的概率分布形式。由于 x_τ 是由第一阶段退化 τ 时间长度而产生的，这意味着需要推导获得从 x_0 到 x_τ 在满足边界阈值 ω 的条件下的退化量转移概率，即 x_0 到 x_τ 的退化过程中不会超过失效阈值。鉴于此，为了便于描述，令退化量转移概率为如下所示：

$$g_{x_\tau}(x_\tau)=\Pr\{X(\tau)=x_\tau \mid X(0)=x_0, X(t)<\omega\}\Pr\{t<\tau\} \tag{B.2}$$

因此，结合引理 2.1，即可获得模型 M_1 在第一阶段的退化量转移概率 $g_{x_\tau|M_1}(x_\tau \mid M_1)$ 如下所示：

$$g_{x_\tau|M_1}(x_\tau \mid M_1)=\frac{1}{\sqrt{2\pi\sigma_1^2\Lambda_1(\tau)}}\left\{\exp\left[-\frac{(x_\tau-\mu_1\Lambda_1(\tau))^2}{2\sigma_1^2\Lambda_1(\tau)}\right]-\exp\left(\frac{2\mu_1\omega}{\sigma_1^2}\right)\exp\left[-\frac{(x_\tau-2\omega-\mu_1\Lambda_1(\tau))^2}{2\sigma_1^2\Lambda_1(\tau)}\right]\right\} \tag{B.3}$$

然后，基于式（A.3）和式（A.5），根据全概率公式，即可获得模型 M_1 的寿命 PDF 如下所示：

$$f_{T|M_1}(t \mid M_1)=\begin{cases}\dfrac{\omega-x_0}{\sqrt{2\pi\sigma_1^2\Lambda_1^3(t)}}\exp\left[-\dfrac{(\omega-x_0-\mu_1\Lambda_1(t))^2}{2\sigma_1^2\Lambda_1(t)}\right]\dfrac{\mathrm{d}\Lambda_1(t)}{\mathrm{d}t} & 0<t\leqslant\tau\\ \displaystyle\int_{-\infty}^{\omega}\dfrac{\omega-x_\tau}{\sqrt{2\pi\sigma_2^2\Lambda_2^3(t-\tau)}}\exp\left[-\dfrac{(\omega-x_\tau-\mu_2\Lambda_2(t-\tau))^2}{2\sigma_2^2\Lambda_2(t-\tau)}\right]\dfrac{\mathrm{d}\Lambda_2(t-\tau)}{\mathrm{d}t}g_{x_\tau|M_1}(x_\tau \mid M_1)\mathrm{d}x_\tau, & \tau<t\end{cases} \tag{B.4}$$

可以看出两阶段寿命 PDF 被分为了两部分，若 $t<\tau$，则模型 M_1 的寿命 PDF 与单阶段非线性寿命 PDF 一致。注意到，如果能对上述第二阶段的积分形式进行求解，便可得到模型 M_1 的精确寿命 PDF 解析表达式，所以仅需计算当 $t>\tau$ 时的寿命 PDF（即第二

阶段)，因此，可将第二阶段的寿命 PDF 重写为

$$
\begin{aligned}
f_{T|M_1}(t\mid M_1)=&\int_{-\infty}^{\omega}\frac{\omega-x_\tau}{\sqrt{2\pi\sigma_2^2\Lambda_2^3(t-\tau)}}\exp\left[-\frac{(\omega-x_\tau-\mu_2\Lambda_2(t-\tau))^2}{2\sigma_2^2\Lambda_2(t-\tau)}\right]\frac{\mathrm{d}\Lambda_2(t-\tau)}{\mathrm{d}t}\times\\
&\frac{1}{\sqrt{2\pi\sigma_1^2\Lambda_1(\tau)}}\left\{\exp\left[-\frac{(x_\tau-\mu_1\Lambda_1(\tau))^2}{2\sigma_1^2\Lambda_1(\tau)}\right]-\right.\\
&\left.\exp\left(\frac{2\mu_1\omega}{\sigma_1^2}\right)\exp\left[-\frac{(x_\tau-2\omega-\mu_1\Lambda_1(\tau))^2}{2\sigma_1^2\Lambda_1(\tau)}\right]\right\}\mathrm{d}x_\tau\\
=&\frac{1}{\sqrt{2\pi\sigma_1^2\Lambda_1(\tau)}}\frac{\mathrm{d}\Lambda_2(t-\tau)}{\mathrm{d}t}\int_{-\infty}^{\omega}\frac{\omega-x_\tau}{\sqrt{2\pi\sigma_2^2\Lambda_2^3(t-\tau)}}\times\\
&\exp\left[-\frac{(\omega-x_\tau-\mu_2\Lambda_2(t-\tau))^2}{2\sigma_2^2\Lambda_2(t-\tau)}\right]\exp\left[-\frac{(x_\tau-\mu_1\Lambda_1(\tau))^2}{2\sigma_1^2\Lambda_1(\tau)}\right]\mathrm{d}x_\tau-\\
&\frac{1}{\sqrt{2\pi\sigma_1^2\Lambda_1(\tau)}}\frac{\mathrm{d}\Lambda_2(t-\tau)}{\mathrm{d}t}\int_{-\infty}^{\omega}\frac{\omega-x_\tau}{\sqrt{2\pi\sigma_2^2\Lambda_2^3(t-\tau)}}\times\\
&\exp\left[-\frac{(\omega-x_\tau-\mu_2\Lambda_2(t-\tau))^2}{2\sigma_2^2\Lambda_2(t-\tau)}\right]\exp\left(\frac{2\mu_1\omega}{\sigma_1^2}\right)\times\\
&\exp\left[-\frac{(x_\tau-2\omega-\mu_1\Lambda_1(\tau))^2}{2\sigma_1^2\Lambda_1(\tau)}\right]\mathrm{d}x_\tau
\end{aligned}
\tag{B.5}
$$

为了对上式进行求解，将其划分为两部分，如下所示：

$$
\begin{cases}
A_1=\dfrac{1}{\sqrt{2\pi\sigma_1^2\Lambda_1(\tau)}}\dfrac{\mathrm{d}\Lambda_2(t-\tau)}{\mathrm{d}t}\displaystyle\int_{-\infty}^{\omega}\dfrac{\omega-x_\tau}{\sqrt{2\pi\sigma_2^2\Lambda_2^3(t-\tau)}}\times\\
\qquad\exp\left[-\dfrac{(\omega-x_\tau-\mu_2\Lambda_2(t-\tau))^2}{2\sigma_2^2\Lambda_2(t-\tau)}\right]\exp\left[-\dfrac{(x_\tau-\mu_1\Lambda_1(\tau))^2}{2\sigma_1^2\Lambda_1(\tau)}\right]\mathrm{d}x_\tau\\
B_1=\dfrac{1}{\sqrt{2\pi\sigma_1^2\Lambda_1(\tau)}}\dfrac{\mathrm{d}\Lambda_2(t-\tau)}{\mathrm{d}t}\displaystyle\int_{-\infty}^{\omega}\dfrac{\omega-x_\tau}{\sqrt{2\pi\sigma_2^2\Lambda_2^3(t-\tau)}}\times\\
\qquad\exp\left[-\dfrac{(\omega-x_\tau-\mu_2\Lambda_2(t-\tau))^2}{2\sigma_2^2\Lambda_2(t-\tau)}\right]\exp\left(\dfrac{2\mu_1\omega}{\sigma_1^2}\right)\exp\left[-\dfrac{(x_\tau-2\omega-\mu_1\Lambda_1(\tau))^2}{2\sigma_1^2\Lambda_1(\tau)}\right]\mathrm{d}x_\tau
\end{cases}
\tag{B.6}
$$

然后，分别令 $\mu_{a1}=\mu_2\Lambda_2(t-\tau)$，$\mu_{b1}=\omega-\mu_1\Lambda_1(\tau)$，$\mu_{c1}=-\omega-\mu_1\Lambda_1(\tau)$，$\sigma_{a1}^2=\sigma_2^2\Lambda_2(t-\tau)$，$\sigma_{b1}^2=\sigma_1^2\Lambda_1(\tau)$。通过定理 2.1 和 2.2 即可分别求解 A_1 和 B_1，如下所示：

$$\begin{cases} A_1 = \sqrt{\dfrac{1}{2\pi\Lambda_2^2(t-\tau)(\sigma_{a1}^2+\sigma_{b1}^2)}}\exp\left[-\dfrac{(\mu_{a1}-\mu_{b1})^2}{2(\sigma_{a1}^2+\sigma_{b1}^2)}\right]\dfrac{d\Lambda_2(t-\tau)}{dt}\times \\ \quad\left\{\dfrac{\mu_{b1}\sigma_{a1}^2+\mu_{a1}\sigma_{b1}^2}{\sigma_{a1}^2+\sigma_{b1}^2}\times\Phi\left(\dfrac{\mu_{b1}\sigma_{a1}^2+\mu_{a1}\sigma_{b1}^2}{\sqrt{\sigma_{a1}^2\sigma_{b1}^2(\sigma_{a1}^2+\sigma_{b1}^2)}}\right)+\sqrt{\dfrac{\sigma_{a1}^2\sigma_{b1}^2}{\sigma_{a1}^2+\sigma_{b1}^2}}\phi\left(\dfrac{\mu_{b1}\sigma_{a1}^2+\mu_{a1}\sigma_{b1}^2}{\sqrt{\sigma_{a1}^2\sigma_{b1}^2(\sigma_{a1}^2+\sigma_{b1}^2)}}\right)\right\} \\ B_1 = \exp\left(\dfrac{2\mu_1\omega}{\sigma_1^2}\right)\sqrt{\dfrac{1}{2\pi\Lambda_2^2(t-\tau)(\sigma_{a1}^2+\sigma_{b1}^2)}}\exp\left[-\dfrac{(\mu_{a1}-\mu_{c1})^2}{2(\sigma_{a1}^2+\sigma_{b1}^2)}\right]\dfrac{d\Lambda_2(t-\tau)}{dt}\times \\ \quad\left\{\dfrac{\mu_{c1}\sigma_{a1}^2+\mu_{a1}\sigma_{b1}^2}{\sigma_{a1}^2+\sigma_{b1}^2}\times\Phi\left(\dfrac{\mu_{c1}\sigma_{a1}^2+\mu_{a1}\sigma_{b1}^2}{\sqrt{\sigma_{a1}^2\sigma_{b1}^2(\sigma_{a1}^2+\sigma_{b1}^2)}}\right)+\sqrt{\dfrac{\sigma_{a1}^2\sigma_{b1}^2}{\sigma_{a1}^2+\sigma_{b1}^2}}\phi\left(\dfrac{\mu_{c1}\sigma_{a1}^2+\mu_{a1}\sigma_{b1}^2}{\sqrt{\sigma_{a1}^2\sigma_{b1}^2(\sigma_{a1}^2+\sigma_{b1}^2)}}\right)\right\} \\ \mu_{a1}=\mu_2\Lambda_2(t-\tau),\quad \mu_{b1}=\omega-\mu_1\Lambda_1(\tau),\quad \mu_{c1}=-\omega-\mu_1\Lambda_1(\tau),\sigma_{a1}^2=\sigma_2^2\Lambda_2(t-\tau),\quad \sigma_{b1}^2=\sigma_1^2\Lambda_1(\tau) \end{cases} \tag{B.7}$$

证明完成。

B.2　定理 4.2 的证明

由于模型 M_{1*} 的漂移系数 μ_1 服从正态分布 $N(\mu_{1p},\sigma_{1p}^2)$，且初始 x_0 服从 $N(\mu_{x0},\sigma_{x0}^2)$，因此第一阶段的状态转移概率变为如下所示：

$$\begin{aligned} g_{x_\tau|M_{1*}}(x_\tau\mid\mu_{1p},\sigma_{1p},\mu_{x0},\sigma_{x0}) &= \int_{-\infty}^{+\infty}\int_{-\infty}^{+\infty} g_{x_\tau|M_1}(x_\tau\mid M_1)p(\mu_1)p(x_0)d\mu_1 dx_0 \\ &= \int_{-\infty}^{+\infty}\int_{-\infty}^{+\infty}\frac{1}{\sqrt{2\pi\sigma_1^2\Lambda_1(\tau)}}\left\{\exp\left[-\frac{(x_\tau-\mu_1\Lambda_1(\tau))^2}{2\sigma_1^2\Lambda_1(\tau)}\right]-\exp\left(\frac{2\mu_1\omega}{\sigma_1^2}\right)\right. \\ &\quad\left.\exp\left[-\frac{(x_\tau-2\omega-\mu_1\Lambda_1(\tau))^2}{2\sigma_1^2\Lambda_1(\tau)}\right]\right\}\times\frac{1}{\sqrt{2\pi\sigma_{1p}^2}}\exp\left[-\frac{(\mu_1-\mu_{1p})^2}{2\sigma_{1p}^2}\right] \\ &\quad\frac{1}{\sqrt{2\pi\sigma_{x0}^2}}\exp\left[-\frac{(x_0-\mu_{x0})^2}{2\sigma_{x0}^2}\right]d\mu_1 dx_0 \\ &= \int_{-\infty}^{+\infty} g_{\tau|M_1}(x_\tau\mid\mu_{1p},\sigma_{1p},x_0)p(x_0)dx_0 \\ &= \int_{-\infty}^{+\infty}\frac{1}{\sqrt{2\pi(\Lambda_1(\tau)\sigma_1^2+\Lambda_1^2(\tau)\sigma_{1p}^2)}} \\ &\quad\left[1-\exp\left(-\frac{4(\omega-x_0)^2-4(x_\tau-x_0)(\omega-x_0)}{2\sigma_1^2\Lambda_1(\tau)}\right)\right]\times \\ &\quad\exp\left[-\frac{(x_\tau-x_0-\mu_{1p}\Lambda_1(\tau))^2}{2(\Lambda_1(\tau)\sigma_1^2+\Lambda_1^2(\tau)\sigma_{1p}^2)}\right]\frac{1}{\sqrt{2\pi\sigma_{x0}^2}}\exp\left[-\frac{(x_0-\mu_{x0})^2}{2\sigma_{x0}^2}\right]dx_0 \end{aligned} \tag{B.8}$$

对于上式求解可采用引理 A.1，最终可得到如下结果：

$g_{x_\tau|M_{1*}}(x_\tau\mid\mu_{1p},\sigma_{1p},\mu_{x0},\sigma_{x0})$

$$=\frac{1}{\sqrt{2\pi(\Lambda_1(\tau)\sigma_1^2+\Lambda_1^2(\tau)\sigma_{1p}^2+\sigma_{x0}^2)}}\times\left\{\exp\left[-\frac{(x_\tau-\mu_{x0}-\mu_{1p}\Lambda_1(\tau))^2}{2(\Lambda_1(\tau)\sigma_1^2+\Lambda_1^2(\tau)\sigma_{1p}^2+\sigma_{x0}^2)}\right]-\right.$$
$$\left.\exp\left[-\frac{a_1bc+ab_1c+abc_1}{abc}\right]\exp\left[-\frac{\left(x_\tau+\frac{a_2bc+ab_2c+abc_2}{2(ab_3c+abc_3)}\right)^2}{\frac{abc}{ab_3c+abc_3}}+\frac{(a_2bc+ab_2c+abc_2)^2}{4abc(ab_3c+abc_3)}\right]\right\} \tag{B.9}$$

其中:

$$\begin{cases}a=\sigma_1^2\Lambda_1(\tau),\quad a_1=2\omega^2,\quad a_2=-2\omega\\ b=\sigma_1^4\Lambda_1^2(\tau),\\ b_1=2\omega\sigma_1^2\mu_{1p}\Lambda_1^2(\tau)-2\omega^2(\sigma_1^2\Lambda_1(\tau)+\sigma_{1p}^2\Lambda_1^2(\tau)),\\ b_2=-2\sigma_1^2\Lambda_1(\tau)(\mu_{1p}\Lambda_1(\tau)+\omega)+4\omega(\sigma_1^2\Lambda_1(\tau)+\sigma_{1p}^2\Lambda_1^2(\tau)),\\ b_3=2\sigma_1^2\Lambda_1(\tau)-2(\sigma_1^2\Lambda_1(\tau)+\sigma_{1p}^2\Lambda_1^2(\tau))\\ c=2(\sigma_1^2\Lambda_1(\tau)+\sigma_{1p}^2\Lambda_1^2(\tau)+\sigma_{x0}^2),\quad c_1=\left(\mu_{1p}\Lambda_1(\tau)-\frac{2\omega(\sigma_1^2\Lambda_1(\tau)+\sigma_{1p}^2\Lambda_1^2(\tau))}{\sigma_1^2\Lambda_1(\tau)}+\mu_{x0}\right)^2,\\ c_2=2\left(\frac{2(\sigma_1^2\Lambda_1(\tau)+\sigma_{1p}^2\Lambda_1^2(\tau))}{\sigma_1^2\Lambda_1(\tau)}-1\right)\left(\mu_{1p}\Lambda_1(\tau)-\frac{2\omega(\sigma_1^2\Lambda_1(\tau)+\sigma_{1p}^2\Lambda_1^2(\tau))}{\sigma_1^2\Lambda_1(\tau)}+\mu_{x0}\right),\\ c_3=\left(\frac{2(\sigma_1^2\Lambda_1(\tau)+\sigma_{1p}^2\Lambda_1^2(\tau))}{\sigma_1^2\Lambda_1(\tau)}-1\right)^2\end{cases} \tag{B.10}$$

为了求解模型 M_1 在随机参数情形下的寿命 PDF，与定理 4.1 的证明类似，将其寿命 PDF 分为两部分，首先求解 $t\leqslant\tau$ 时的寿命 PDF，当 μ_1 服从正态分布 $N(\mu_{1p},\sigma_{1p}^2)$，且初始 x_0 服从 $N(\mu_{x0},\sigma_{x0}^2)$，第一阶段的寿命 PDF 表达式如下所示:

$$f_{T|M_{1*}}(t\mid M_{1*})=\int_{-\infty}^{+\infty}\int_{-\infty}^{+\infty}\frac{\omega-x_0}{\sqrt{2\pi\sigma_1^2\Lambda_1^3(t)}}\exp\left[-\frac{(\omega-x_0-\mu_1\Lambda_1(t))^2}{2\sigma_1^2\Lambda_1(t)}\right]\frac{\mathrm{d}\Lambda_1(t)}{\mathrm{d}t}\times$$
$$\frac{1}{\sqrt{2\pi\sigma_{1p}^2}}\exp\left[-\frac{(\mu_1-\mu_{1p})^2}{2\sigma_{1p}^2}\right]\frac{1}{\sqrt{2\pi\sigma_{x0}^2}}\exp\left[-\frac{(x_0-\mu_{x0})^2}{2\sigma_{x0}^2}\right]\mathrm{d}\mu_1\mathrm{d}x_0 \tag{B.11}$$

上式可通过引理 A.4 进行求解，结果如下:

$$f_{T|M_{1*}}(t)=\frac{\mu_{1p}\sigma_{x0}^2+(\omega-\mu_{x0})(\sigma_{1p}^2\Lambda_1(t)+\sigma_1^2)}{\sqrt{2\pi[\Lambda_1(t)\sigma_1^2+\Lambda_1^2(t)\sigma_{1p}^2+\sigma_{x0}^2]^3}}\exp\left[-\frac{(\omega-\mu_{x0}-\mu_{1p}\Lambda_1(t))^2}{2[\Lambda_1(t)\sigma_1^2+\Lambda_1^2(t)\sigma_{1p}^2+\sigma_{x0}^2]}\right]\frac{\mathrm{d}\Lambda_1(t)}{\mathrm{d}t} \tag{B.12}$$

接下来求解 $t>\tau$ 时的寿命 PDF，当 μ_1 服从正态分布 $N(\mu_{1p},\sigma_{1p}^2)$，$\mu_2$ 服从正态分布 $N(\mu_{2p},\sigma_{2p}^2)$，且初始 x_0 服从 $N(\mu_{x0},\sigma_{x0}^2)$ 时，第二阶段的寿命 PDF 如下所示:

$$f_{T|M_{1*}}(t\mid M_{1*})=\int_{-\infty}^{+\infty}\int_{-\infty}^{+\infty}f_{T|M_1}(t\mid M_1)p(\mu_2)g_{\tau|M_{1*}}(x_\tau\mid\mu_{1p},\sigma_{1p},\mu_{x0},\sigma_{x0})\mathrm{d}\mu_2\mathrm{d}x_\tau$$
$$=\int_{-\infty}^{+\infty}\int_{-\infty}^{+\infty}\frac{\omega-x_\tau}{\sqrt{2\pi\sigma_2^2\Lambda_2^3(t-\tau)}}\exp\left[-\frac{(\omega-x_\tau-\mu_2\Lambda_2(t-\tau))^2}{2\sigma_2^2\Lambda_2(t-\tau)}\right]\frac{\mathrm{d}\Lambda_2(t-\tau)}{\mathrm{d}t}\times$$

$$p(\mu_2)g_{x_\tau|M_1}(x_\tau\mid\mu_{1p},\sigma_{1p},\mu_{x0},\sigma_{x0})\mathrm{d}\mu_2\mathrm{d}x_\tau \tag{B.13}$$

然后，令 $\mu_{a3}=\mu_{2p}\Lambda_2(t-\tau)$，$\mu_{b3}=\omega-\mu_{x0}-\mu_{1p}\Lambda_1(\tau)$，$\mu_{c3}=\omega+\dfrac{bca_2+acb_2+abc_2}{2(acb_3+abc_3)}$，$\sigma_{a3}^2=\sigma_2^2\Lambda_2(t-\tau)+\sigma_{2p}^2\Lambda_2^2(t-\tau)$，$\sigma_{b3}^2=\Lambda_1(\tau)\sigma_1^2+\Lambda_1^2(\tau)\sigma_{1p}^2+\sigma_{x0}^2$，$\sigma_{c3}^2=\dfrac{abc}{2(acb_3+abc_3)}$。

基于定理 2.1 和 2.2，则第二阶段的寿命 PDF 如下所示：

$$\begin{cases}A_3=\sqrt{\dfrac{1}{2\pi\Lambda_2^2(t-\tau)(\sigma_{a3}^2+\sigma_{b3}^2)}}\exp\left[-\dfrac{(\mu_{a3}-\mu_{b3})^2}{2(\sigma_{a3}^2+\sigma_{b3}^2)}\right]\dfrac{\mathrm{d}\Lambda_2(t-\tau)}{\mathrm{d}t}\times\\ \quad\left\{\dfrac{\mu_{b3}\sigma_{a3}^2+\mu_{a3}\sigma_{b3}^2}{\sigma_{a3}^2+\sigma_{b3}^2}\Phi\left(\dfrac{\mu_{b3}\sigma_{a3}^2+\mu_{a3}\sigma_{b3}^2}{\sqrt{\sigma_{a3}^2\sigma_{b3}^2(\sigma_{a3}^2+\sigma_{b3}^2)}}\right)+\sqrt{\dfrac{\sigma_{a3}^2\sigma_{b3}^2}{\sigma_{a3}^2+\sigma_{b3}^2}}\phi\left(\dfrac{\mu_{b3}\sigma_{a3}^2+\mu_{a3}\sigma_{b3}^2}{\sqrt{\sigma_{a3}^2\sigma_{b3}^2(\sigma_{a3}^2+\sigma_{b3}^2)}}\right)\right\}\\ B_3=\exp\left[-\dfrac{a_1bc+ab_1c+abc_1}{abc}+\dfrac{(a_2bc+ab_2c+abc_2)^2}{4abc(ab_3c+abc_3)}\right]\exp\left[-\dfrac{(\mu_{a3}-\mu_{c3})^2}{2(\sigma_{a3}^2+\sigma_{c3}^2)}\right]\times\\ \quad\dfrac{\mathrm{d}\Lambda_2(t-\tau)}{\mathrm{d}t}\sqrt{\dfrac{\dfrac{abc}{2(ab_3c+abc_3)}}{2\pi\Lambda_2^2(t-\tau)(\Lambda_1(\tau)\sigma_1^2+\Lambda_1^2(\tau)\sigma_{1p}^2+\sigma_{x0}^2)(\sigma_{a3}^2+\sigma_{c3}^2)}}\times\\ \quad\left\{\dfrac{\mu_{c3}\sigma_{a3}^2+\mu_{a3}\sigma_{c3}^2}{\sigma_{a3}^2+\sigma_{c3}^2}\Phi\left(\dfrac{\mu_{c3}\sigma_{a3}^2+\mu_{a3}\sigma_{c3}^2}{\sqrt{\sigma_{a3}^2\sigma_{c3}^2(\sigma_{a3}^2+\sigma_{c3}^2)}}\right)+\sqrt{\dfrac{\sigma_{a3}^2\sigma_{c3}^2}{\sigma_{a3}^2+\sigma_{c3}^2}}\phi\left(\dfrac{\mu_{c3}\sigma_{a3}^2+\mu_{a3}\sigma_{c3}^2}{\sqrt{\sigma_{a3}^2\sigma_{c3}^2(\sigma_{a3}^2+\sigma_{c3}^2)}}\right)\right\}\end{cases} \tag{B.14}$$

其中：

$$\begin{cases}\mu_{a3}=\mu_{2p}\Lambda_2(t-\tau),\quad \mu_{b3}=\omega-\mu_{x0}-\mu_{1p}\Lambda_1(\tau),\quad \mu_{c3}=\omega+\dfrac{bca_2+acb_2+abc_2}{2(acb_3+abc_3)}\\ \sigma_{a3}^2=\sigma_2^2\Lambda_2(t-\tau)+\sigma_{2p}^2\Lambda_2^2(t-\tau),\quad \sigma_{b3}^2=\Lambda_1(\tau)\sigma_1^2+\Lambda_1^2(\tau)\sigma_{1p}^2+\sigma_{x0}^2,\\ \sigma_{c3}^2=\dfrac{abc}{2(acb_3+abc_3)}\\ a=\sigma_1^2\Lambda_1(\tau),\quad a_1=2\omega^2,\quad a_2=-2\omega\\ b=\sigma_1^4\Lambda_1^2(\tau),\\ b_1=2\omega\sigma_1^2\mu_{1p}\Lambda_1^2(\tau)-2\omega^2(\sigma_1^2\Lambda_1(\tau)+\sigma_{1p}^2\Lambda_1^2(\tau)),\\ b_2=-2\sigma_1^2\Lambda_1(\tau)(\mu_{1p}\Lambda_1(\tau)+\omega)+4\omega(\sigma_1^2\Lambda_1(\tau)+\sigma_{1p}^2\Lambda_1^2(\tau)),\\ b_3=2\sigma_1^2\Lambda_1(\tau)-2(\sigma_1^2\Lambda_1(\tau)+\sigma_{1p}^2\Lambda_1^2(\tau))\\ c=2(\sigma_1^2\Lambda_1(\tau)+\sigma_{1p}^2\Lambda_1^2(\tau)+\sigma_{x0}^2),\quad c_1=\left(\mu_{1p}\Lambda_1(\tau)-\dfrac{2\omega(\sigma_1^2\Lambda_1(\tau)+\sigma_{1p}^2\Lambda_1^2(\tau))}{\sigma_1^2\Lambda_1(\tau)}+\mu_{x0}\right)^2,\\ c_2=2\left(\dfrac{2(\sigma_1^2\Lambda_1(\tau)+\sigma_{1p}^2\Lambda_1^2(\tau))}{\sigma_1^2\Lambda_1(\tau)}-1\right)\left(\mu_{1p}\Lambda_1(\tau)-\dfrac{2\omega(\sigma_1^2\Lambda_1(\tau)+\sigma_{1p}^2\Lambda_1^2(\tau))}{\sigma_1^2\Lambda_1(\tau)}+\mu_{x0}\right),\\ c_3=\left(\dfrac{2(\sigma_1^2\Lambda_1(\tau)+\sigma_{1p}^2\Lambda_1^2(\tau))}{\sigma_1^2\Lambda_1(\tau)}-1\right)^2\end{cases} \tag{B.15}$$

证明完成。

B.3 定理 4.3 的证明

在证明定理 4.3 之前，首先给出如下两个引理。

引理 B.1[62]：如果 $X(t)=x_0+\mu\int_0^t\varphi(s)\mathrm{d}s+\sigma\int_0^t\xi(s)\mathrm{d}B(s)$ 是一个随机退化过程，其中 $B(\cdot)$ 代表标准布朗运动，则其对应的寿命 PDF 如下所示：

$$f_T(t)=\frac{\omega-x_0}{\sqrt{4\pi S^3(t)}}\exp\left[-\frac{(\omega-x_0-\mu H(t))^2}{4S(t)}\right]\frac{\mathrm{d}S(t)}{\mathrm{d}t} \tag{B.16}$$

其中 $H(t)=\int_0^t\varphi(s)\mathrm{d}s$，$S(t)=\frac{1}{2}\sigma^2\int_0^t\xi^2(s)\mathrm{d}s$，并且需要满足 $q=\frac{\mu H(t)}{S(t)}$ 为常数。

引理 B.2[62]：如果 $X(t)=x_0+\mu\int_0^t\varphi(s)\mathrm{d}s+\sigma\int_0^t\xi(s)\mathrm{d}B(s)$ 是一个随机退化过程，其中 $B(\cdot)$ 代表 SBM，令 $x_0=0$，则其在失效阈值 ω 的条件下，t 时刻内的状态转移概率 $g(x,t)$ 如下所示：

$$g(x,t)=\frac{1}{2\sqrt{\pi S(t)}}\left\{\exp\left[-\frac{(x-\mu H(t))^2}{4S(t)}\right]-\exp(\omega q)\exp\left[-\frac{(x-2\omega-\mu H(t))^2}{4S(t)}\right]\right\} \tag{B.17}$$

其中 $H(t)=\int_0^t\varphi(s)\mathrm{d}s$，$S(t)=\frac{1}{2}\sigma^2\int_0^t\xi^2(s)\mathrm{d}s$。并且需要满足 $q=\frac{\mu H(t)}{S(t)}$ 为常数。

基于上述两个引理，并结合定理 4.1 的证明过程，便可的得到模型 M_2 的的寿命分布如下所示：

$$f_{T|M_2}(t\mid M_2)=\begin{cases}\dfrac{\omega-x_0}{\sqrt{4\pi S_1^3(t)}}\exp\left[-\dfrac{(\omega-x_0-\mu_1H_1(t))^2}{4S_1(t)}\right]\dfrac{\mathrm{d}S_1(t)}{\mathrm{d}t}, & 0<t\leqslant\tau\\ \displaystyle\int_{-\infty}^{\omega}\frac{\omega-x_\tau}{\sqrt{4\pi S_2^3(t-\tau)}}\exp\left[-\frac{(\omega-x_\tau-\mu_2H_2(t-\tau))^2}{4S_2(t-\tau)}\right]\frac{\mathrm{d}S_2(t-\tau)}{\mathrm{d}t}g_{x_\tau|M_2}(x_\tau\mid M_2)\mathrm{d}x_\tau, & t>\tau\end{cases} \tag{B.18}$$

其中：

$$\begin{cases}g_{\tau|M_2}(x_\tau\mid M_2)=\dfrac{1}{2\sqrt{\pi S_1(\tau)}}\left\{\exp\left[-\dfrac{(x_\tau-\mu_1H_1(\tau))^2}{4S_1(\tau)}\right]-\right.\\ \qquad\left.\exp(\omega q_1)\exp\left[-\dfrac{(x_\tau-2\omega-\mu_1H_1(\tau))^2}{4S_1(\tau)}\right]\right\}\\ H_1(t)=\displaystyle\int_0^t\varphi_1(s)\mathrm{d}s,\quad S_1(t)=\frac{1}{2}\sigma_1^2\int_0^t\xi_1^2(s)\mathrm{d}s,\quad H_2(t-\tau)=\int_0^{t-\tau}\varphi_2(s)\mathrm{d}s,\\ S_2(t-\tau)=\dfrac{1}{2}\sigma_2^2\displaystyle\int_0^{t-\tau}\xi_2^2(s)\mathrm{d}s,\quad q_1=\mu_1H_1(\tau)/S_1(\tau),\quad q_2=\mu_2H_2(t-\tau)/S_2(t-\tau)\end{cases} \tag{B.19}$$

证明完成。

B.4 定理4.4的证明

与定理4.2的证明类似，首先由于模型M_{2*}的漂移系数μ_1服从正态分布$N(\mu_{1p},\sigma_{1p}^2)$，且初始$x_0$服从$N(\mu_{x0},\sigma_{x0}^2)$，同理，第一阶段的退化量转移概率如下所示：

$$
\begin{aligned}
&g_{x_\tau|M_{2*}}(x_\tau\mid\mu_{1p},\sigma_{1p},\mu_{x0},\sigma_{x0})\\
&=\int_{-\infty}^{+\infty}\int_{-\infty}^{+\infty}g_{x|M_2}(x_\tau\mid M_2)p(\mu_1)p(x_0)\mathrm{d}\mu_1\mathrm{d}x_0\\
&=\int_{-\infty}^{+\infty}\int_{-\infty}^{+\infty}\frac{1}{2\sqrt{\pi S_1(\tau)}}\left\{\exp\left[-\frac{(x_\tau-\mu_1H_1(\tau))^2}{4S_1(\tau)}\right]-\right.\\
&\left.\exp\left(\frac{\omega\mu_1H_1(\tau)}{S_1(\tau)}\right)\exp\left[-\frac{(x_\tau-2\omega-\mu_1H_1(\tau))^2}{4S_1(\tau)}\right]\right\}\times\\
&\frac{1}{\sqrt{2\pi\sigma_{1p}^2}}\exp\left[-\frac{(\mu_1-\mu_{1p})^2}{2\sigma_{1p}^2}\right]\times\frac{1}{\sqrt{2\pi\sigma_{x0}^2}}\exp\left[-\frac{(x_0-\mu_{x0})^2}{2\sigma_{x0}^2}\right]\mathrm{d}\mu_1\mathrm{d}x_0\\
&=\int_{-\infty}^{+\infty}g_{x_\tau|M_2}(x_\tau\mid\mu_{1p},\sigma_{1p},x_0)p(x_0)\mathrm{d}x_0\\
&=\int_{-\infty}^{+\infty}\frac{1}{\sqrt{2\pi(2S_1(\tau)+\sigma_{1p}^2H_1^2(\tau))}}\left[1-\exp\left(-\frac{4(\omega-x_0)^2-4(\omega-x_0)(x_\tau-x_0)}{4S_1(\tau)}\right)\right]\times\\
&\exp\left[-\frac{(x_\tau-x_0-\mu_{1p}H_1(\tau))^2}{2(2S_1(\tau)+\sigma_{1p}^2H_1^2(\tau))}\right]\frac{1}{\sqrt{2\pi\sigma_{x0}^2}}\exp\left[-\frac{(x_0-\mu_{x0})^2}{2\sigma_{x0}^2}\right]\mathrm{d}x_0\\
&=\frac{1}{\sqrt{2\pi(2S_1(\tau)+\sigma_{1p}^2H_1^2(\tau)+\sigma_{x0}^2)}}\times\left\{\exp\left[-\frac{(x_\tau-\mu_{x0}-\mu_{1p}H_1(\tau))^2}{2(2S_1(\tau)+\sigma_{1p}^2H_1^2(\tau)+\sigma_{x0}^2)}\right]-\right.\\
&\exp\left[\frac{(x_\tau-\omega)(\omega-x_\tau+\mu_{1p}H_1(\tau))}{S_1(\tau)}+\frac{(2S_1(\tau)+\sigma_{1p}^2H_1^2(\tau))(x_\tau-\omega)^2}{2S_1^2(\tau)}\right]\times\\
&\left.\exp\left[-\frac{(\mu_{x0}+(x_\tau-\omega)(2+\sigma_{1p}^2H_1^2(\tau)/S_1(\tau))-x_\tau+\mu_{1p}H_1(\tau))^2}{2(2S_1(\tau)+\sigma_{1p}^2H_1^2(\tau)+\sigma_{x0}^2)}\right]\right\}
\end{aligned}
\tag{B.20}
$$

其中：$H_1(\tau)=\int_0^\tau\varphi_1(s)\mathrm{d}s$，$S_1(\tau)=\frac{1}{2}\sigma_1^2\int_0^\tau\xi_1^2(s)\mathrm{d}s$。然后，考虑模型$M_2$在第一阶段的（即$t\leqslant\tau$）寿命PDF解析表达式的求解，基于引理A.1，如果漂移系数μ_1服从正态分布$N(\mu_{1p},\sigma_{1p}^2)$，且初始$x_0$服从$N(\mu_{x0},\sigma_{x0}^2)$，则其第一阶段的寿命PDF解析表达式如下所示：

$$f_{T|M_{2*}}(t\mid M_{2*})=\int_{-\infty}^{+\infty}\int_{-\infty}^{+\infty}\frac{\omega-x_0}{\sqrt{4\pi S_1^3(t)}}\exp\left[-\frac{(\omega-x_0-\mu_1H_1(t))^2}{4S_1(t)}\right]\frac{\mathrm{d}S_1(t)}{\mathrm{d}t}\times$$

$$\frac{1}{\sqrt{2\pi\sigma_{1p}^2}}\exp\left[-\frac{(\mu_1-\mu_{1p})^2}{2\sigma_{1p}^2}\right]\frac{1}{\sqrt{2\pi\sigma_{x0}^2}}\exp\left[-\frac{(x_0-\mu_{x0})^2}{2\sigma_{x0}^2}\right]\mathrm{d}\mu_1\mathrm{d}x_0$$

$$=\int_{-\infty}^{+\infty}\frac{\omega-x_0}{\sqrt{2\pi S_1^2(t)(2S_1(t)+\sigma_{1p}^2H_1^2(t))}}\exp\left[-\frac{(\omega-x_0-\mu_{1p}H_1(t))^2}{2(2S_1(t)+\sigma_{1p}^2H_1^2(t))}\right]\times$$

$$\frac{\mathrm{d}S_1(t)}{\mathrm{d}t}\frac{1}{\sqrt{2\pi\sigma_{x0}^2}}\exp\left[-\frac{(x_0-\mu_{x0})^2}{2\sigma_{x0}^2}\right]\mathrm{d}x_0$$

$$=\frac{\sigma_{x0}^2\mu_{1p}+(\omega-\mu_{x0})(2S_1(t)+\sigma_{1p}^2H_1^2(t))}{\sqrt{2\pi S_1^2(t)(2S_1(t)+\sigma_{1p}^2H_1^2(t)+\sigma_{x0}^2)^3}}\times$$

$$\exp\left[-\frac{(\omega-\mu_{x0}-\mu_{1p}H_1(t))^2}{2(2S_1(t)+\sigma_{1p}^2H_1^2(t)+\sigma_{x0}^2)}\right]\frac{\mathrm{d}S_1(t)}{\mathrm{d}t}\tag{B.21}$$

进一步地考虑第二阶段（即 $t>\tau$）的寿命 PDF 求解，如果漂移系数 μ_2 服从正态分布 $N(\mu_{2p},\sigma_{2p}^2)$ 其表达式如下所示：

$$f_{T|M_{2*}}(t\mid M_{2*})=\int_{-\infty}^{+\infty}\int_{-\infty}^{+\infty}\frac{\omega-x_\tau}{\sqrt{4\pi S_2^3(t)}}\exp\left[-\frac{(\omega-x_\tau-\mu_2H_2(t))^2}{4S_2(t)}\right]\frac{\mathrm{d}S_2(t)}{\mathrm{d}t}\times$$

$$\frac{1}{\sqrt{2\pi\sigma_{2p}^2}}\exp\left[-\frac{(\mu_2-\mu_{2p})^2}{2\sigma_{2p}^2}\right]g_{x_\tau|M_2}(x_\tau\mid\mu_{1p},\sigma_{1p},\mu_{x0},\sigma_{x0})\mathrm{d}\mu_1\mathrm{d}x_\tau$$

$$=\int_{-\infty}^{+\infty}\frac{\omega-x_\tau}{\sqrt{2\pi S_2^2(t)(2S_2(t)+\sigma_{2p}^2H_2^2(t))}}\exp\left[-\frac{(\omega-x_\tau-\mu_{2p}H_2(t))^2}{2(2S_2(t)+\sigma_{2p}^2H_2^2(t))}\right]\times$$

$$\frac{\mathrm{d}S_2(t)}{\mathrm{d}t}g_{x_\tau|M_2}(x_\tau\mid\mu_{1p},\sigma_{1p},\mu_{x0},\sigma_{x0})\mathrm{d}x_\tau\tag{B.22}$$

证明完成。

附录 C　第 6 章部分定理与推论的证明

C.1　ECM 算法中 $\hat{\gamma}_n$ 的推导过程

根据高斯混合模型的定义，$\sum_{n=0}^{+\infty}\gamma_n = 1$，因此给定拉格朗日乘数 λ。这样基于拉格朗日乘数法，可以得到如下结论：

$$\frac{\partial}{\partial \gamma_n}\left[Q_1 + \lambda\left(\sum_{n=0}^{+\infty}\gamma_n - 1\right)\right] = 0$$

$$\Leftrightarrow \frac{\partial}{\partial \gamma_n}\left[\sum_{n}\sum_{i=1}^{k}\ln(\gamma_{n,i}p(\Delta x_i \mid Z_i = n, \hat{\Xi}_k^{(j)}))p(Z_i = n \mid \Delta x_i, \hat{\Xi}_k^{(j)}) + \lambda\left(\sum_{n=0}^{+\infty}\gamma_n - 1\right)\right] = 0$$

$$\Leftrightarrow \frac{1}{\gamma_n}\sum_{i=1}^{k}p(Z_i = n \mid \Delta x_i, \hat{\Xi}_k^{(j)}) + \lambda = 0$$

$$\Leftrightarrow \sum_{i=1}^{k}p(Z_i = n \mid \Delta x_i, \hat{\Xi}_k^{(j)}) + \lambda\gamma_n = 0 \tag{C.1}$$

那么有

$$\sum_{n=0}^{+\infty}\sum_{i=1}^{k}p(Z_i = n \mid \Delta x_i, \hat{\Xi}_k^{(j)}) + \lambda\gamma_n = 0$$

$$\Leftrightarrow \sum_{n=0}^{+\infty}\sum_{i=1}^{k}p(Z_i = n \mid \Delta x_i, \hat{\Xi}_k^{(j)}) + \sum_{n=0}^{+\infty}\lambda\gamma_n = 0 \tag{C.2}$$

由于 $\sum_{n=1}^{+\infty}p(Z_i = n \mid \Delta x_i, \hat{\Xi}_k^{(j)}) = \sum_{n=0}^{+\infty}\gamma_n = 0, \lambda = k$，那么有

$$\gamma_n = -\frac{1}{k}\sum_{i=1}^{k}p(Z_i = n \mid \Delta x_i, \hat{\Xi}_k^{(j)}) \tag{C.3}$$

并且

$$\frac{\partial^2}{\partial \gamma_n^2}\left[Q_1 + \lambda\left(\sum_{n=0}^{+\infty}\gamma_n - 1\right)\right] = -\frac{1}{\gamma_n^2}\sum_{i=1}^{k}p(Z_i = n \mid \Delta x_i, \hat{\Xi}_k^{(j)}) < 0 \tag{C.4}$$

因此，可以得出结论 $\hat{\gamma}_n$ 是使得 Q_1 最大的解。

C.2　ECM 算法中 $\hat{\mu}$ 和 $\hat{\mu}_Y$ 的推导过程

$$\begin{cases}\dfrac{\partial Q_1}{\partial \mu} = 0\\[2ex] \dfrac{\partial Q_1}{\partial \mu_Y} = 0\end{cases} \Leftrightarrow \begin{cases}A_x\mu + A_y\mu_Y = A_z\\ A_a\mu + A_b\mu_Y = A_c\end{cases} \tag{C.5}$$

式中：A_x、A_y、A_z、A_a、A_b、A_c 如式（6.25）所示，那么可以根据式（C.5）推导得到式（6.26），进一步可以得到

$$\begin{cases}\dfrac{\partial^2 Q_1}{\partial \mu^2}=-A_x\leqslant 0\\ \dfrac{\partial^2 Q_1}{\partial \mu_Y^2}=-A_b\leqslant 0\end{cases}\tag{C.6}$$

这样，根据式（C.6），$\dfrac{\partial^2 Q_1}{\partial\boldsymbol{\theta}\partial\boldsymbol{\theta}^{\mathrm{T}}}$（其中 $\theta=[\gamma_0,\gamma_1,\cdots,\gamma_n,\cdots,\gamma_M,\mu,\mu_Y]$）为非负定，因此关于 $\hat{\mu}$ 和 $\hat{\mu}_Y$ 的最优解存在且唯一。

C.3 ECM 算法中 $\hat{\sigma}_Y^2$ 的推导过程

令 $\dfrac{\partial Q_2}{\partial \sigma_Y^2}=0$

$$\frac{\partial Q_2}{\partial \sigma_Y^2}=0\Leftrightarrow\sum_{n=0}^{M}\sum_{i=1}^{k}\left[-\frac{1}{\sigma_Y^2}+\frac{(x_i-n\mu_{Y,k}^{(j+1)}-\mu_k^{(j+1)})^2}{\sigma_Y^4(\hat{\nu}^{(j)}+n)}\right]p(Z_i=n\mid\Delta x_i,\hat{\Xi}^{(j)})=0\tag{C.7}$$

因此，有

$$\hat{\sigma}_{Y,k}^{2(j+1)}=\frac{\sum_{n=0}^{M}\sum_{i=1}^{k}(x_i-n\mu_{Y,k}^{(j+1)}-\mu_k^{(j+1)})^2 p(Z_i=n\mid\Delta x_i,\hat{\Xi}^{(j)})\Big/(\hat{\nu}^{(j)}+n)}{\sum_{n=0}^{M}\sum_{i=1}^{k}p(Z_i=n\mid\Delta x_i,\hat{\Xi}^{(j)})}\tag{C.8}$$

为了验证优化条件，进一步将式（C.6）转化为

$$\frac{\partial Q_2}{\partial \sigma_Y^2}=-\frac{A}{\sigma_Y^2}+\frac{B}{\sigma_Y^4}\tag{C.9}$$

其中：

$$\begin{cases}A=\sum_{n=0}^{M}\sum_{i=1}^{k}p(Z_i=n\mid\Delta x_i,\hat{\Xi}^{(j)})\\ B=\sum_{n=0}^{M}\sum_{i=1}^{k}\left[\dfrac{(x_i-n\mu_{Y,k}^{(j+1)}-\mu_k^{(j+1)})^2}{(\hat{\nu}^{(j)}+n)}\right]p(Z_i=n\mid\Delta x_i,\hat{\Xi}^{(j)})\end{cases}\tag{C.10}$$

由于 $A>0$ 和 $B>0$，因此随 σ_Y^2 从 0 增大到正无穷，Q_2 先增后减。如果式（C.9）满足，那么 Q_2 取得最大值。

附录 D　第 7 章中部分定理的证明

D.1　定理 7.1 的证明

为基于监测数据 $\boldsymbol{Y}_{1:k}$ 推导 t_k 时刻退化设备剩余寿命 L_k 的 PDF$f_{L_k|\boldsymbol{Y}_{1:k}}(l_k|\boldsymbol{Y}_{1:k})$，可根据式（7.19）得到如下结论：

$$
\begin{aligned}
f_{L_k|x_k,\eta_k,\boldsymbol{Y}_{1:k}}(l_k|x_k,\eta_k,\boldsymbol{Y}_{1:k})&=f_{L_k|x_k,\eta_k}(l_k|x_k,\eta_k)\\
&=\mathbb{E}_{\zeta|x_k,\eta_k}\left[\frac{1}{\sqrt{2\pi l_k^2(D_2^2\sigma_I^2+l_k\sigma_B^2)}}\left(\omega-A_2\mu_I-\frac{B_2C_2D_2\sigma_I^2}{D_2^2\sigma_I^2+l_k\sigma_B^2}\right)\right.\\
&\qquad\left.\exp\left[-\frac{C_2^2}{2(D_2^2\sigma_I^2+l_k\sigma_B^2)}\right]\right]
\end{aligned}\tag{D.1}
$$

由式（7.23）可知，$x_k|\eta_k,\boldsymbol{Y}_{1:k}\sim N(\mu_{x_k|\eta,k},\sigma^2_{x_k|\eta,k})$。根据全概率公式，可进一步推导得到 $f_{L_k|\eta_k,\boldsymbol{Y}_{1:k}}(l_k|\eta_k,\boldsymbol{Y}_{1:k})$ 如下：

$$
\begin{aligned}
&f_{L_k|\eta_k,\boldsymbol{Y}_{1:k}}(l_k|\eta_k,\boldsymbol{Y}_{1:k})\\
&=\mathbb{E}_{x_k|\eta_k,\boldsymbol{Y}_{1:k}}[f_{L_k|x_k,\eta_k,\boldsymbol{Y}_{1:k}}(l_k|x_k,\eta_k,\boldsymbol{Y}_{1:k})]\\
&=\frac{1}{\sqrt{2\pi l_k^2(D_2^2\sigma_I^2+l_k\sigma_B^2)}}\mathbb{E}_{\zeta|\eta_k,\boldsymbol{Y}_{1:k}}\left[\mathbb{E}_{x_k|\zeta,\eta_k,\boldsymbol{Y}_{1:k}}\left[\left(\omega-A_2\mu_I-\frac{B_2C_2D_2\sigma_I^2}{D_2^2\sigma_I^2+l_k\sigma_B^2}\right)\times\exp\left[-\frac{C_2^2}{2(D_2^2\sigma_I^2+l_k\sigma_B^2)}\right]\right]\right]\\
&=\mathbb{E}_{\zeta|\eta_k,\boldsymbol{Y}_{1:k}}\left[\mathbb{E}_{\zeta|\eta_k,\boldsymbol{Y}_{1:k}}\left[\left\{\omega-A_2\mu_I-\frac{B_2D_2\sigma_I^2}{D_2^2\sigma_I^2+l_k\sigma_B^2}\times\left[\omega-\eta_k(t_k+l_k)-\right.\right.\right.\right.\\
&\left.(\Xi(t_k,t_k+l_k)+\sqrt{\Xi(t_k,t_k+l_k)}\zeta)\mu_I+\frac{B_2D_2\sigma_I^2}{D_2^2\sigma_I^2+l_k\sigma_B^2}x_k\right]\times\\
&\left.\left.\exp\left\{-\frac{1}{2(D_2^2\sigma_I^2+l_k\sigma_B^2)}\left[\omega-\eta_k(t_k+l_k)-(\Xi(t_k,t_k+l_k)+\sqrt{\Xi(t_k,t_k+l_k)}\zeta)\mu_I-x_k\right]^2\right\}\right]\right]\\
&=\frac{1}{\sqrt{2\pi l_k^2D_3}}\mathbb{E}_{\zeta|\eta_k,\boldsymbol{Y}_{1:k}}\left[\mathbb{E}_{x_k|\zeta,\eta_k,\boldsymbol{Y}_{1:k}}\left[(A_3-B_3x_k)\exp\left\{-\frac{(C_3-x_k)^2}{2D_3}\right\}\right]\right]\\
&=\frac{1}{\sqrt{2\pi l_k^2(\sigma^2_{x_k|\eta,k}+D_3)}}\times\mathbb{E}_{\zeta|\eta_k,\boldsymbol{Y}_{1:k}}\left[\left(A_3-B_3\frac{\sigma^2_{x_k|\eta,k}C_3+\mu_{x_k|\eta,k}D_3}{\sigma^2_{x_k|\eta,k}+D_3}\right)\exp\left\{-\frac{(C_3-\mu_{x_k|\eta,k})^2}{2(\sigma^2_{x_k|\eta,k}+D_3)}\right\}\right]
\end{aligned}\tag{D.2}
$$

式中：$\mu_{x_k|\eta,k}$ 是关于 η_k 的函数，如式（7.24）所示；A_3、B_3、C_3 和 D_3 的表达式为

$$\begin{cases} A_3=\omega-A_2\mu_I-\dfrac{B_2C_3D_2\sigma_I^2}{D_2^2\sigma_I^2+l_k\sigma_B^2} \\ B_3=-\dfrac{B_2D_2\sigma_I^2}{D_2^2\sigma_I^2+l_k\sigma_B^2} \\ C_3=\omega-\eta_k(t_k+l_k)-(\Xi(t_k,t_k+l_k)+\sqrt{\Xi(t_k,t_k+l_k)}\zeta)\mu_I \\ D_3=D_2^2\sigma_I^2+l_k\sigma_B^2 \end{cases} \tag{D. 3}$$

进一步地，由式（7.23）可知 $\eta_k \mid \boldsymbol{Y}_{1:k} \sim N(\hat{\eta}_{k\mid k},\rho_{\eta,k}^2)$。基于全概率公式，由引理 7.1 可得 $f_{L_k\mid \boldsymbol{Y}_{1:k}}(l_k \mid \boldsymbol{Y}_{1:k})$ 如下：

$$f_{L_k\mid \boldsymbol{Y}_{1:k}}(l_k \mid \boldsymbol{Y}_{1:k})=\frac{1}{\sqrt{2\pi l_k^2(\rho_{\eta,k}^2D_4^2+\sigma_{x_k\mid\eta,k}^2+D_3)}}\times$$
$$\mathbb{E}_{\zeta\mid \boldsymbol{Y}_{1:k}}\left[\left[A_4-B_4\frac{\rho_{\eta,k}^2C_4D_4+\hat{\eta}_{k\mid k}(\sigma_{x_k\mid\eta,k}^2+D_3)}{\rho_{\eta,k}^2D_4^2+\sigma_{x_k\mid\eta,k}^2+D_3}\right]\exp\left[-\frac{(C_4-\hat{\eta}_{k\mid k}D_4)^2}{2(\rho_{\eta,k}^2D_4^2+\sigma_{x_k\mid\eta,k}^2+D_3)}\right]\right] \tag{D. 4}$$

其中：

$$\begin{cases} A_4=A_3-\dfrac{B_3}{\sigma_{x_k\mid\eta,k}^2+D_3}\left\{\sigma_{x_k\mid\eta,k}^2\left[\omega-(\Xi(t_k,t_k+l_k)+\sqrt{\Xi(t_k,t_k+l_k)}\zeta)\mu_I\right]+\left[\hat{x}_{k\mid k}-\hat{\eta}_{k\mid k}\kappa_k\dfrac{\rho_{x,k}}{\rho_{\eta,k}}\right]D_3\right\} \\ B_4=\dfrac{B_3}{\sigma_{x_k\mid\eta,k}^2+D_3}\left[\kappa_k\dfrac{\rho_{x,k}}{\rho_{\eta,k}}D_3-(t_k+l_k)\sigma_{x_k\mid\eta,k}^2\right] \\ C_4=\omega-\hat{x}_{k\mid k}-(\Xi(t_k,t_k+l_k)+\sqrt{\Xi(t_k,t_k+l_k)}\zeta)\mu_I+\kappa_k\dfrac{\rho_{x,k}}{\rho_{\eta,k}}\hat{\eta}_{k\mid k} \\ D_4=l_k+\kappa_k\dfrac{\rho_{x,k}}{\rho_{\eta,k}} \end{cases} \tag{D. 5}$$

定理 7.1 证毕。□

D.2 ECM 算法中 $\hat{\delta}_{n,k}^{(l+1)}$ 的推导过程

在状态空间模型式（7.21）中，假设随机冲击发生的次数为 n，那么隐含状态 s_k 的增量服从高斯混合分布，其中，式（7.33）中的参数 $\delta_{n,k}$ 为混合系数。由高斯混合模型的定义可知 $\sum_{n=0}^{+\infty}\delta_{n,k}=1$。则定义 λ 为拉格朗日乘数，由拉格朗日乘数法可得

$$\begin{aligned} &\frac{\partial}{\partial\delta_{n,k}}\left[\boldsymbol{Q}_2+\lambda\left(\sum_{n=0}^{+\infty}\delta_{n,k}-1\right)\right]=0 \\ &\Leftrightarrow\frac{1}{\delta_{n,k}}\sum_{j=1}^{k}p(z_j=n\mid \boldsymbol{s}_j,\hat{\boldsymbol{\Theta}}_2^{(l)})+\lambda=0 \\ &\Leftrightarrow\sum_{j=1}^{k}p(z_j=n\mid \boldsymbol{s}_j,\hat{\boldsymbol{\Theta}}_2^{(l)})+\lambda\delta_{n,k}=0 \end{aligned} \tag{D. 6}$$

那么，可得

$$\sum_{n=0}^{+\infty}\Big[\sum_{j=1}^{k}p(z_j=n\mid \boldsymbol{s}_j,\hat{\boldsymbol{\Theta}}_2^{(l)})+\lambda\delta_{n,k}\Big]=0$$
$$\Leftrightarrow\sum_{j=1}^{k}\sum_{n=0}^{+\infty}p(z_j=n\mid \boldsymbol{s}_j,\hat{\boldsymbol{\Theta}}_2^{(l)})+\lambda\sum_{n=0}^{+\infty}\delta_{n,k}=0 \tag{D.7}$$

因为

$$\sum_{n=0}^{+\infty}p(z_j=n\mid \boldsymbol{s}_j,\hat{\boldsymbol{\Theta}}_2^{(l)})=\sum_{n=0}^{+\infty}\delta_n=1 \tag{D.8}$$

所以，将式（D.8）代入式（D.7），可得

$$\sum_{j=1}^{k}1+\lambda=0\Leftrightarrow\lambda=-k \tag{D.9}$$

那么，可得

$$\hat{\delta}_{n,k}=\frac{1}{k}\sum_{j=1}^{k}p(z_j=n\mid \boldsymbol{s}_j,\hat{\boldsymbol{\Theta}}_2^{(l)}) \tag{D.10}$$

D.3 ECM 算法中 $\hat{\boldsymbol{\sigma}}_B^{2(l+1)}$ 和 $\hat{\boldsymbol{\sigma}}_\alpha^{2(l+1)}$ 的推导过程

在 CM-1 步中，γ_1、γ_1 和 μ_I 是固定的，分别求解 $\boldsymbol{Q}_2'=\boldsymbol{Q}_2(\sigma_I^2,\sigma_B^2,\sigma_\alpha^2\mid \boldsymbol{\Theta}_2^{(l)})$ 关于参数 $\boldsymbol{\sigma}_B^2$ 和 $\boldsymbol{\sigma}_\alpha^2$ 的偏导数，可得

$$\frac{\partial \boldsymbol{Q}_2'}{\partial\sigma_B^2}=\sum_{j=1}^{k}\sum_{n=0}^{M}\Bigg\{p(z_j=n\mid \boldsymbol{s}_j,\hat{\boldsymbol{\Theta}}^{(l)})\times\Bigg[-\frac{1}{2}\frac{t_k-t_{k-1}}{\sigma_B^2(t_k-t_{k-1})+n\sigma_I^2}+\frac{1}{2}\frac{\varpi_{11,j}(t_k-t_{k-1})}{[\sigma_B^2(t_k-t_{k-1})+n\sigma_I^2]^2}-\frac{n\mu_I(\hat{x}_{j-1|k}-\hat{x}_{j|k})(t_k-t_{k-1})+n\mu_I\hat{\eta}_{j-1|k}(t_k-t_{k-1})^2}{[\sigma_B^2(t_k-t_{k-1})+n\sigma_I^2]^2}\Bigg]\Bigg\} \tag{D.11}$$

$$\frac{\partial \boldsymbol{Q}_2'}{\partial\sigma_\alpha^2}=\sum_{j=1}^{k}\sum_{n=0}^{M}\{p(z_j=n\mid \boldsymbol{s}_j,\hat{\boldsymbol{\Theta}}^{(l)})\times\left[-\frac{1}{2}\frac{1}{\sigma_\alpha^2+\gamma_2 n\sigma_I^2}+\frac{1}{2}\frac{\varpi_{22,j}}{(\sigma_\alpha^2+\gamma_2 n\sigma_I^2)^2}-\frac{(\gamma_1 n+\gamma_2 n\mu_I)(\hat{\eta}_{j-1|k}-\hat{\eta}_{j|k})}{(\sigma_\alpha^2+\gamma_2 n\sigma_I^2)^2}\right] \tag{D.12}$$

分别令式（D.11）和式（D.12）为零，可以得到

$$\begin{cases}\dfrac{\partial \boldsymbol{Q}_2'}{\partial\sigma_B^2}=0\\[2mm]\dfrac{\partial \boldsymbol{Q}_2'}{\partial\sigma_\alpha^2}=0\end{cases}\Leftrightarrow\begin{cases}\boldsymbol{V}_a\boldsymbol{\sigma}_B^2+\boldsymbol{V}_b\boldsymbol{\sigma}_I^2=\boldsymbol{V}_c\\\boldsymbol{V}_d\boldsymbol{\sigma}_\alpha^2+\boldsymbol{V}_e\boldsymbol{\sigma}_I^2=\boldsymbol{V}_f\end{cases} \tag{D.13}$$

其中：

$$\begin{cases}\boldsymbol{V}_a = \sum_{n=0}^{M}\sum_{j=1}^{k}(t_k - t_{k-1})^2 p(z_j = n \mid \boldsymbol{s}_j, \hat{\boldsymbol{\Theta}}_2^{(l)}) \\ \boldsymbol{V}_b = \sum_{n=0}^{M} n \sum_{j=1}^{k}(t_k - t_{k-1}) p(z_j = n \mid \boldsymbol{s}_j, \hat{\boldsymbol{\Theta}}_2^{(l)}) \\ \boldsymbol{V}_c = \sum_{n=0}^{M}\sum_{j=1}^{k}[\varpi_{11,j}(t_k - t_{k-1}) - 2n\hat{\mu}_I^{(l)}(t_k - t_{k-1})(\hat{x}_{j|k} - \hat{x}_{j-1|k} + \hat{\eta}_{j-1|k}(t_k - t_{k-1}))] \times \\ \quad p(z_j = n \mid \boldsymbol{s}_j, \hat{\boldsymbol{\Theta}}_2^{(l)}) \\ \boldsymbol{V}_d = \sum_{n=0}^{M}\sum_{j=1}^{k} p(z_j = n \mid \boldsymbol{s}_j, \hat{\boldsymbol{\Theta}}_2^{(l)}) \\ \boldsymbol{V}_e = \sum_{n=0}^{M} \hat{\gamma}_2^{(l)} n \sum_{j=1}^{k} p(z_j = n \mid \boldsymbol{s}_j, \hat{\boldsymbol{\Theta}}_2^{(l)}) \\ \boldsymbol{V}_f = \sum_{n=0}^{M}\sum_{j=1}^{k}[\varpi_{22,j} - 2(\hat{\gamma}_1^{(l)} n + \hat{\gamma}_2^{(l)} n\hat{\mu}_I^{(l)})(\hat{\eta}_{j-1|k} - \hat{\eta}_{j|k})] p(z_j = n \mid \boldsymbol{s}_j, \hat{\boldsymbol{\Theta}}_2^{(l)}) \end{cases} \tag{D.14}$$

根据式（D. 14），可以得到

$$\begin{cases}\hat{\sigma}_B^{2(l+1)} = \frac{1}{\boldsymbol{V}_a}(\boldsymbol{V}_c - \boldsymbol{V}_b \hat{\sigma}_I^{2(l+1)}) \\ \hat{\sigma}_\alpha^{2(l+1)} = \frac{1}{\boldsymbol{V}_d}(\boldsymbol{V}_f - \boldsymbol{V}_e \hat{\sigma}_I^{2(l+1)}) \end{cases} \tag{D.15}$$

推导完毕。

附录 E 第 8 章中部分定理的证明

E.1 定理 8.1 的证明

首先考虑一种最简单的情况，即仅有 1 个备件情况，这样贮备系统寿命可以表示为

$$S_1 = L_{op,0} + L_{op,1} \times I_1 \tag{E.1}$$

式中：S_1 表示仅含有 1 个备件的贮备系统寿命；$L_{op,0}$ 和 $L_{op,1}$ 表示初始部件的运行寿命和更换后的运行寿命。如前所述，需要分两种情况进行讨论，即 $I_1=0$ 和 $I_1=1$。考虑到 $L_{op,0}$ 决定了替换时间，假设 $L_{op,0}$ 为一个固定的值。

情况 1：$I_1=0$，即备件在贮存过程中发生失效。

注意到，备件的贮存失效的主要原因是贮存退化达到失效阈值。在这种情况下，可以得到 $S_1=L_{op,0}$ 和 $\Pr\{I_1=0\}=\Pr\{\max\{X_{st}(\tilde{t})\}>\xi,\ \tilde{t}\in(0,L_{op,0}]\}=F_{st}(L_{op,0})$。

情况 2：$I_1=1$，即备件在贮存过程中未发生失效。

在这种情况下，可以得到 $S_1=L_{op,0}+L_{op,1}$。注意到，$L_{op,1}$ 为一个随机变量而不是固定值。如期所述，考虑到贮备退化，更换后运行退化过程的初始值也将发生变化，这会导致 $L_{op,1}$PDF 不再等于 $f_{st}(t)$。根据定理 8.1 中定义，$p_{st}(x_{L_{op,0}},M_{L_{op,0}}\mid L_{op,0})$ 表示在条件 $\max\{X_{st}(\tilde{t})\}<\xi(\tilde{t}\in(0,L_{op,0}])$ 下且在时间 $L_{op,0}$ 处贮存退化状态。

一般来说，若 $x_{L_{op,0}}$ 给定，则 $L_{op,1}$ 的 PDF 可以表示为 $f_{st}(t\mid X_{st}(0)=x_{L_{op,0}})$。考虑到 $x_{L_{op,0}}$ 的随机性，S_1 的 PDF 可以表示为

$$f_{s,1}(t)=\int_{-\infty}^{\xi} f_{op}(t-L_{op,0}\mid X_{st}(0)=x_{L_{op,0}})p_{st}(x_{L_{op,0}},M_{L_{op,0}}\mid L_{op,0})\,\mathrm{d}x_{L_{op,0}} \tag{E.2}$$

注意到 $L_{op,0}$ 为一个随机变量，其 PDF 为 $f_{op}(t)$。那么根据全概率公式可得

$$\begin{aligned} f_{s,1}(t)&= f_{s,0}(t)F_{st}(t)+\int_0^{+\infty}\int_{-\infty}^{\xi} f_{op}(t-L_{op,0}\mid X_{op}(0)= x_{L_{op,0}})p_{st}(x_{L_{op,0}},M_{L_{op,0}}\mid L_{op,0})f_{s,0}(L_{op,0})\mathrm{d}x_{L_{op,0}}\mathrm{d}L_{op,0}\\ &=f_{s,0}(t)F_{st}(t)+\int_0^{+\infty}\int_{-\infty}^{\xi} f_{op}(t-\tau\mid X_{op}(0)=x_\tau)p_{st}(x_\tau,M_\tau\mid \tau)f_{s,0}(\tau)\,\mathrm{d}x_\tau\mathrm{d}\tau \end{aligned} \tag{E.3}$$

类似地，如果具有 k 个备件，贮备寿命可以表示为

$$S_k=\sum_{i=0}^{k}L_{op,i}\times I_i=\sum_{i=0}^{k-1}L_{op,i}\times I_i+L_{op,k}\times I_k=S_{k-1}+L_{op,k}\times I_k \tag{E.4}$$

那么，若 $f_{s,k-1}(t)$ 给定，则可以通过一个类似的方式求解 $f_{s,k}(t)$：

$$f_{s,k}(t)=f_{s,k-1}(t)F_{st}(t)+\int_0^{+\infty}\int_{-\infty}^{\xi} f_{op}(t-\tau\mid X_{op}(0)=x_\tau)p_{st}(x_\tau,M_\tau\mid\tau)f_{s,k-1}(\tau)\,\mathrm{d}x_\tau\mathrm{d}\tau \tag{E.5}$$

这样，定理 8.1 证明完毕。

E.2 定理 8.2 的证明

首先，根据 Wiener 过程的性质，工作寿命和贮存寿命均服从一个拟高斯分布。因此，$f_{s,0}(t)$、$f_{op}(t)$ 以及 $F_{st}(t)$ 为逆高斯分布的 PDF 或 CDF。具体形式如下：

$$f_{s,0}(t)=f_{op}(t)=\frac{\xi}{\sqrt{2\pi\sigma_{op}^2 t^3}}\exp\left[-\frac{(\xi-\mu_{op}t)^2}{2\sigma_{op}^2 t}\right]F_{st}(t)=\Phi\left(\frac{\mu_{st}t-\xi}{\sigma_{st}\sqrt{t}}\right)+\exp\left(\frac{2\mu_{st}\xi}{\sigma_{st}}\right)\Phi\left(\frac{-\xi-\mu_{st}t}{\sigma_{st}\sqrt{t}}\right)$$

(E.6)

根据定理 8.1，$\int_0^{+\infty}\int_{-\infty}^{\xi} f_{op}(t-\tau\mid X_{op}(0)=x_\tau)p_{st}(x_\tau,M_\tau\mid\tau)f_{ssl,\,n-1}(\tau)\mathrm{d}x_\tau\mathrm{d}\tau$，可以先将 x_τ 视为一个固定值以求解积分 $\int_{-\infty}^{\xi} f_{op}(t-\tau\mid X_{op}(0)=x_\tau)p_{st}(x_\tau,M_\tau\mid\tau)\mathrm{d}\tau$，然后先需求解 $p_{st}(x_\tau,M_\tau\mid\tau)$。根据引理 2.1，可得 $p_{st}(x_\tau,M_\tau\mid\tau)$ 如下所示：

$$p_{st}(x_\tau,M_\tau\mid\tau)=\frac{1}{\sqrt{2\pi\tau\sigma_{st}^2}}\left\{\exp\left[-\frac{(x_\tau-\mu_{st}\tau)^2}{2\sigma_{st}^2\tau}\right]-\exp\left(\frac{2\mu_{st}\xi}{\sigma_{st}^2}\right)\exp\left[-\frac{(x_\tau-2\xi-\mu_{st}\tau)^2}{2\sigma_{st}^2\tau}\right]\right\}$$

(E.7)

这样，进一步可得

$$\begin{aligned}
&\int_{-\infty}^{\xi} f_{op}(t-\tau\mid X_{op}(0)=x_\tau)p_{st}(x_\tau,M_\tau\mid\tau)\mathrm{d}\tau\\
&=\int_{-\infty}^{\xi}\frac{\xi-x_\tau}{\sqrt{2\pi\sigma_{op}^2(t-\tau)^3}}\exp\left[-\frac{(\xi-x_\tau-\mu_{op}(t-\tau))^2}{2\sigma_{op}^2(t-\tau)}\right]\times p_{st}(x_\tau,M_\tau\mid\tau)\mathrm{d}x_\tau\\
&=\int_{-\infty}^{\xi}\frac{\xi-x_\tau}{\sqrt{2\pi\sigma_{op}^2(t-\tau)^3}}\exp\left[-\frac{(\xi-x_\tau-\mu_{op}(t-\tau))^2}{2\sigma_{op}^2(t-\tau)}\right]\times\frac{1}{\sqrt{2\pi\tau\sigma_{st}^2}}\exp\left[-\frac{(x_\tau-\mu_{st}\tau)^2}{2\sigma_{st}^2\tau}\right]\mathrm{d}x_\tau-\\
&\quad\int_{-\infty}^{\xi}\frac{\xi-x_\tau}{\sqrt{2\pi\sigma_{op}^2(t-\tau)^3}}\exp\left[-\frac{(\xi-x_\tau-\mu_{op}(t-\tau))^2}{2\sigma_{op}^2(t-\tau)}\right]\times\exp\left(\frac{2\mu_{st}\xi}{\sigma_{st}^2}\right)\exp\left[-\frac{(x_\tau-2\xi-\mu_{st}\tau)^2}{2\sigma_{st}^2\tau}\right]\mathrm{d}x_\tau
\end{aligned}$$

(E.8)

需要注意的是，以上积分可转化为截断正态分布形式，根据定理 2.1 和定理 2.2，可以得到 $\int_{-\infty}^{\xi} f_{op}(t-\tau\mid X_{op}(0)=x_\tau)p_{st}(x_\tau,M_\tau\mid\tau)\mathrm{d}\tau$ 结果如下：

$$\int_{-\infty}^{\xi} f_{op}(t-\tau\mid X_{op}(0)=x_\tau)p_{st}(x_\tau,M_\tau\mid\tau)\mathrm{d}\tau=A_1(t,\tau)-B_1(t,\tau)\tag{E.9}$$

其中：

$$\begin{cases}
A_1(t,\tau)=\sqrt{\dfrac{1}{2\pi(t-\tau)^2(\sigma_a^2+\sigma_b^2)}}\exp\left[-\dfrac{(\mu_a-\mu_b)^2}{2(\sigma_a^2+\sigma_b^2)}\right]\times\\
\qquad\left\{\dfrac{\mu_b\sigma_a^2+\mu_a\sigma_b^2}{\sigma_a^2+\sigma_b^2}\Phi\left(\dfrac{\mu_b\sigma_a^2+\mu_a\sigma_b^2}{\sqrt{\sigma_a^2\sigma_b^2(\sigma_a^2+\sigma_b^2)}}\right)+\sqrt{\dfrac{\sigma_a^2\sigma_b^2}{\sigma_a^2+\sigma_b^2}}\phi\left(\dfrac{\mu_b\sigma_a^2+\mu_a\sigma_b^2}{\sqrt{\sigma_a^2\sigma_b^2(\sigma_a^2+\sigma_b^2)}}\right)\right\}\\
B_1(t,\tau)=\exp\left(\dfrac{2\mu_{st}\xi}{\sigma_{st}^2}\right)\sqrt{\dfrac{1}{2\pi(t-\tau)^2(\sigma_a^2+\sigma_b^2)}}\exp\left[-\dfrac{(\mu_a-\mu_c)^2}{2(\sigma_a^2+\sigma_b^2)}\right]\times\\
\qquad\left\{\dfrac{\mu_c\sigma_a^2+\mu_a\sigma_b^2}{\sigma_a^2+\sigma_b^2}\Phi\left(\dfrac{\mu_c\sigma_a^2+\mu_a\sigma_b^2}{\sqrt{\sigma_a^2\sigma_b^2(\sigma_a^2+\sigma_b^2)}}\right)+\sqrt{\dfrac{\sigma_a^2\sigma_b^2}{\sigma_a^2+\sigma_b^2}}\phi\left(\dfrac{\mu_c\sigma_a^2+\mu_a\sigma_b^2}{\sqrt{\sigma_a^2\sigma_b^2(\sigma_a^2+\sigma_b^2)}}\right)\right\}\\
\mu_a=\mu_{op}(t-\tau),\quad \mu_b=\xi-\mu_{st}\tau,\quad \mu_c=-\xi-\mu_{st}\tau,\quad \sigma_a^2=\sigma_{op}^2(t-\tau),\quad \sigma_b^2=\sigma_{st}^2\tau
\end{cases}\tag{E.10}$$

这样，定理 8.2 证明完毕。

E.3　随机效应条件下贮备系统寿命的推导过程

根据 GMM 的性质以及定理 2.4，可以得到 $p_{st}(x_\tau,M_\tau\mid\tau)$ 的表示形式如下：

$$p_{st}(x_\tau,M_\tau\mid\tau)=\left[1-\exp\left(-\frac{4\xi^2-4x_\tau\xi}{2\sigma_{st}^2\tau}\right)\right]\frac{1}{\sqrt{2\pi(\tau\sigma_{st}^2+\tau^2\sigma_{sr,j}^2)}}\exp\left[-\frac{(x_\tau-\mu_{sr,j}\tau)^2}{2(\tau\sigma_{st}^2+\tau^2\sigma_{sr,j}^2)}\right] \tag{E.11}$$

同理，根据定义 8.2，可以得到如下结论：

$$\int_{-\infty}^{\xi}f_{op}(t-\tau\mid X_{op}(0)=x_\tau)p_{st}(x_\tau,M_\tau\mid\tau)\mathrm{d}\tau=A_{ij}(t,\tau)-B_{ij}(t,\tau) \tag{E.12}$$

其中：

$$\begin{cases}A_{ij}(t,\tau)=\sqrt{\dfrac{1}{2\pi(t-\tau)^2(\sigma_{aij}^2+\sigma_{bij}^2)}}\exp\left[-\dfrac{(\mu_{aij}-\mu_{bij})^2}{2(\sigma_{aij}^2+\sigma_{bij}^2)}\right]\times\\ \qquad\left\{\dfrac{\mu_{bij}\sigma_{aij}^2+\mu_{aij}\sigma_{bij}^2}{\sigma_{aij}^2+\sigma_{bij}^2}\Phi\left(\dfrac{\mu_{bij}\sigma_{aij}^2+\mu_{aij}\sigma_{bij}^2}{\sqrt{\sigma_{aij}^2\sigma_{bij}^2(\sigma_{aij}^2+\sigma_{bij}^2)}}\right)+\sqrt{\dfrac{\sigma_{aij}^2\sigma_{bij}^2}{\sigma_{aij}^2+\sigma_{bij}^2}}\phi\left(\dfrac{\mu_{bij}\sigma_{aij}^2+\mu_{aij}\sigma_{bij}^2}{\sqrt{\sigma_{aij}^2\sigma_{bij}^2(\sigma_{aij}^2+\sigma_{bij}^2)}}\right)\right\}\\ B_{ij}(t,\tau)=\exp\left[\dfrac{2\mu_{sr,j}\xi}{\sigma_{st}^2}+\dfrac{2(\xi^2\sigma_{sr,j}^4\tau+\xi^2\sigma_{sr,j}^2\sigma_{st}^2)}{(\sigma_{st}^2+\tau\sigma_{sr,j}^2)\sigma_{st}^4}\right]\sqrt{\dfrac{1}{2\pi(t-\tau)^2(\sigma_{aij}^2+\sigma_{bij}^2)}}\exp\left[-\dfrac{(\mu_{aij}-\mu_{cij})^2}{2(\sigma_{aij}^2+\sigma_{bij}^2)}\right]\times\\ \qquad\left\{\dfrac{\mu_{cij}\sigma_{aij}^2+\mu_{aij}\sigma_{bij}^2}{\sigma_{aij}^2+\sigma_{bij}^2}\times\Phi\left(\dfrac{\mu_{cij}\sigma_{aij}^2+\mu_{aij}\sigma_{bij}^2}{\sqrt{\sigma_{aij}^2\sigma_{bij}^2(\sigma_{aij}^2+\sigma_{bij}^2)}}\right)+\sqrt{\dfrac{\sigma_{aij}^2\sigma_{bij}^2}{\sigma_{aij}^2+\sigma_{bij}^2}}\phi\left(\dfrac{\mu_{cij}\sigma_{aij}^2+\mu_{aij}\sigma_{bij}^2}{\sqrt{\sigma_{aij}^2\sigma_{bij}^2(\sigma_{aij}^2+\sigma_{bij}^2)}}\right)\right\}\\ \mu_{aij}=\mu_{or,i}(t-\tau),\quad \mu_{bij}=\xi-\mu_{sr,j}\tau,\quad \mu_{cij}=-\xi-\mu_{sr,j}\tau-\dfrac{2\xi\sigma_{sr,j}^2\tau}{\sigma_{st}^2}\\ \sigma_{aij}^2=\sigma_{op}^2(t-\tau)+\sigma_{or,i}^2(t-\tau)^2,\quad \sigma_{bij}^2=\tau\sigma_{st}^2+\tau^2\sigma_{sr,j}^2\end{cases} \tag{E.13}$$

此外，根据全概率公式，进一步可以得到 $f_{s,0}(t)$ 和 $F_{st}(t)$ 的表示形式为

$$\begin{aligned}f_{s,0}(t)&=\int_{-\infty}^{+\infty}f_{s,0}(t\mid\mu_{op})f(\mu_{op};\mu_{or,i},\sigma_{or,i})\mathrm{d}\mu_{op}\\&=\int_{-\infty}^{+\infty}\frac{\xi}{\sqrt{2\pi\sigma_{op}^2t^3}}\exp\left[-\frac{(\xi-\mu_{op}t)^2}{2\sigma_{op}^2t}\right]\frac{1}{\sqrt{2\pi\sigma_{or,i}^2}}\exp\left[-\frac{(\mu_{op}-\mu_{or,i})^2}{2\sigma_{or,i}^2}\right]\mathrm{d}\mu_{op}F_{st}(t)\\&=\int_{-\infty}^{+\infty}F_{st}(t\mid\mu_{st})f(\mu_{st};\mu_{sr,j},\sigma_{sr,j})\mathrm{d}\mu_{st}\\&=\int_{-\infty}^{+\infty}\left[\Phi\left(\frac{\mu_{st}t-\xi}{\sigma_{st}\sqrt{t}}\right)+\exp\left(\frac{2\mu_{st}\xi}{\sigma_{st}}\right)\Phi\left(\frac{-\xi-\mu_{st}t}{\sigma_{st}\sqrt{t}}\right)\right]\frac{1}{\sqrt{2\pi\sigma_{sr,j}^2}}\exp\left[-\frac{(\mu_{st}-\mu_{sr,j})^2}{2\sigma_{sr,j}^2}\right]\mathrm{d}\mu_{st}\end{aligned} \tag{E.14}$$

进一步，根据引理 A.1，上式可以求解为

$$\begin{cases} f_{s,0}(t)=\dfrac{\xi}{\sqrt{2\pi t^2(t\sigma_{op}^2+t^2\sigma_{or,i}^2)}}\exp\left[-\dfrac{(\xi-\mu_{or,i}t)^2}{2(t\sigma_{op}^2+t^2\sigma_{or,i}^2)}\right] \\ F_{st}(t)=\Phi\left(\dfrac{\mu_{sr,j}t-\xi}{\sqrt{\sigma_{st}^2t+\sigma_{sr,j}^2t^2}}\right)+\exp\left(\dfrac{2\mu_{sr,j}\xi}{\sigma_{st}}+\dfrac{2\sigma_{sr,j}^2\xi^2}{\sigma_{st}^4}\right)\Phi\left(-\dfrac{2\sigma_{sr,j}^2\xi t+\sigma_{st}^2(\mu_{sr,j}t+\xi)}{\sigma_{st}^2\sqrt{\sigma_{st}^2t+\sigma_{sr,j}^2t^2}}\right) \end{cases} \tag{E.15}$$

这样，贮备系统寿命预测推导完毕。

E.4　固定参数下期望与方差近似解推导过程

实际上，若不考虑贮存器件的失效，可以得到 $I_n=1$，那么有 $S_n=\sum_{i=0}^{n}L_{op,i}=\sum_{i=0}^{n-1}L_{op,i}+L_{op,n}=S_{n-1}+L_{op,n}$。进一步可以得到

$$\mathbb{E}[S_n]=\mathbb{E}[S_{n-1}+L_{op,n}\times I_n]=\mathbb{E}[S_{n-1}+L_{op,n}]=\mathbb{E}[S_{n-1}]+\mathbb{E}[L_{op,n}] \tag{E.16}$$

其中，贮备系统寿命 PDF 可以表示为

$$f_{s,n}(t)=\int_0^{+\infty}\int_{-\infty}^{\xi}f_{op}(t-\tau\mid X_{op}(0)=x_\tau)p_{st}(x_\tau,M_\tau\mid\tau)f_{s,n-1}(\tau)\,\mathrm{d}x_\tau\mathrm{d}\tau \tag{E.17}$$

那么，$L_{op,n}$ 的 PDF 可以表示为

$$f_{L_{op,n}}(t)=\int_0^{+\infty}\int_{-\infty}^{\xi}f_{op}(t\mid X_{op}(0)=x_\tau)p_{st}(x_\tau,M_\tau\mid\tau)f_{s,n-1}(\tau)\,\mathrm{d}x_\tau\mathrm{d}\tau \tag{E.18}$$

因此，可以的得到如下结论：

$$\begin{aligned} \mathbb{E}[L_{op,n}] &= \int_0^{+\infty}tf_{L_{op,n}}(t)\,\mathrm{d}t \\ &= \int_0^{+\infty}t\int_0^{+\infty}\int_{-\infty}^{\xi}f_{op}(t\mid X_{op}(0)=x_\tau)p_{st}(x_\tau,M_\tau\mid\tau)f_{s,n-1}(\tau)\,\mathrm{d}x_\tau\mathrm{d}\tau\mathrm{d}t \\ &= \int_0^{+\infty}\int_{-\infty}^{\xi}\int_0^{+\infty}tf_{op}(t\mid X_{op}(0)=x_\tau)p_{st}(x_\tau,M_\tau\mid\tau)f_{s,n-1}(\tau)\,\mathrm{d}t\mathrm{d}x_\tau\mathrm{d}\tau \\ &= \mathbb{E}_\tau[\mathbb{E}_{x_\tau}[\mathbb{E}_t[L_{op,n}\mid(x_\tau\mid\tau)]]]=\mathbb{E}_\tau\left[\mathbb{E}_{x_\tau}\left[\dfrac{\xi-x_\tau}{\mu_{op}}\right]\right] \end{aligned} \tag{E.19}$$

注意到，由于不考虑贮存失效，$p_{st}(x_\tau,\ M_\tau\mid\tau)$ 可表示为如下正态分布形式：

$$p_{st}(x_\tau,M_\tau\mid\tau)=\frac{1}{\sqrt{2\pi\tau\sigma_{st}^2}}\exp\left[-\frac{(x_\tau-\mu_{st}\tau)^2}{2\sigma_{st}^2\tau}\right] \tag{E.20}$$

这样，可以得到

$$\begin{aligned} \mathbb{E}[L_{op,n}] &= \mathbb{E}_\tau\left[\mathbb{E}_{x_\tau}\left[\dfrac{\xi-x_\tau}{\mu_{op}}\right]\right]=\mathbb{E}_\tau\left[\dfrac{\xi-\mu_{st}\tau}{\mu_{op}}\right] \\ &= \int_0^{+\infty}\left(\dfrac{\xi-\mu_{st}\tau}{\mu_{op}}\right)f_{ssl,n-1}(\tau)\,\mathrm{d}\tau=\dfrac{\xi-\mu_{st}\mathbb{E}[S_{n-1}]}{\mu_{op}} \end{aligned} \tag{E.21}$$

进一步，可以得到

$$\mathbb{E}[S_n]=\mathbb{E}[S_{n-1}+L_{op,n}]=\mathbb{E}[S_{n-1}]+\frac{\xi-\mu_{st}\mathbb{E}[S_{n-1}]}{\mu_{op}} \tag{E.22}$$

式中：$\mathbb{E}[S_0]=\xi/\mu_{op}$。

类似地，根据 $\mathrm{Var}[S_n]=\mathbb{E}[S_0^2]-\mathbb{E}[S_0]^2$，可以得到 $\mathrm{Var}[S_n]$ 如下：

$$
\begin{aligned}
\mathrm{Var}[S_n] &= \mathrm{Var}[S_{n-1}+L_{op,n}] \\
&= \mathrm{Var}[S_{n-1}]+\mathrm{Var}[L_{op,n}]+2\mathrm{Cov}[S_{n-1},L_{op,n}] \\
&= \mathrm{Var}[S_{n-1}]+\mathbb{E}[L_{op,n}^2]-\mathbb{E}^2[L_{op,n}]+2\mathrm{Cov}[S_{n-1},L_{op,n}] \\
&= \mathrm{Var}[S_{n-1}]+\mathbb{E}_\tau[\mathbb{E}_{x_\tau}[\mathrm{Var}[L_{op,n}\mid(x_\tau\mid\tau)+\mathbb{E}^2[L_{op,n}\mid(x_\tau\mid\tau)]]]-\mathbb{E}^2[L_{op,n}]+2\mathrm{Cov}[S_{n-1},L_{op,n}] \\
&= \mathbb{E}_\tau\left[\frac{(\xi-\mu_{st}\tau)\sigma_{op}^2}{\mu_{op}^3}+\left(\frac{\xi^2-2\xi\mu_{st}\tau+\mu_{st}^2\tau^2+\sigma_{st}^2\tau}{\mu_{op}^2}\right)\right]-\left(\frac{\xi-\mu_{st}\mathbb{E}[S_{n-1}]}{\mu_{op}}\right)^2+\mathrm{Var}[S_{n-1}]+2\mathrm{Cov}[S_{n-1},L_{op,n}] \\
&= \mathrm{Var}[S_{n-1}]+2\mathrm{Cov}[S_{n-1},L_{op,n}]+\frac{(\xi-\mu_{st}\mathbb{E}[S_{n-1}])\sigma_{op}^2+\mu_{op}\sigma_{st}^2\mathbb{E}[S_{n-1}]+\mu_{op}\mu_{st}^2\mathrm{Var}[S_{n-1}]}{\mu_{op}^3}
\end{aligned}
\tag{E.23}
$$

其中：

$$
\begin{aligned}
\mathrm{Cov}[S_{n-1},L_{op,n}] &= \mathbb{E}[S_{n-1}L_{op,n}]-\mathbb{E}[S_{n-1}]\mathbb{E}[L_{op,n}] \\
&= \int_0^{+\infty} S_{n-1}tf_{L_{op,n}}(t)\,\mathrm{d}t-\frac{(\xi-\mu_{st}\mathbb{E}[S_{n-1}])\mathbb{E}[S_{n-1}]}{\mu_{op}} \\
&= \int_0^{+\infty}\int_{-\infty}^{\xi}\int_0^{+\infty}\tau tf_{op}(t\mid X_{op}(0)=x_\tau)p_{st}(x_\tau,M_\tau\mid\tau)f_{ssl,n-1}(\tau)\,\mathrm{d}t\mathrm{d}x_\tau\mathrm{d}\tau- \\
&\quad \frac{(\xi-\mu_{st}\mathbb{E}[S_{n-1}])\mathbb{E}[S_{n-1}]}{\mu_{op}} \\
&= \mathbb{E}_\tau[\mathbb{E}_{x_\tau}[\mathbb{E}_t[\tau L_{op,n}\mid(x_\tau\mid\tau)]]]-\frac{(\xi-\mu_{st}\mathbb{E}[S_{n-1}])\mathbb{E}[S_{n-1}]}{\mu_{op}} \\
&= \mathbb{E}_\tau\left[\mathbb{E}_{x_\tau}\left[\frac{(\xi-x_\tau)\tau}{\mu_{op}}\right]\right]-\frac{(\xi-\mu_{st}\mathbb{E}[S_{n-1}])\mathbb{E}[S_{n-1}]}{\mu_{op}} \\
&= -\frac{\mu_{st}\mathbb{E}[S_{n-1}^2]-\mu_{st}\mathbb{E}[S_{n-1}]\mathbb{E}[S_{n-1}]}{\mu_{op}}=-\frac{\mu_{st}\mathrm{Var}[S_{n-1}]}{\mu_{op}}
\end{aligned}
\tag{E.24}
$$

这样便可得到

$$
\mathrm{Var}[S_n]=\mathrm{Var}[S_{n-1}]-\frac{2\mu_{st}\mathrm{Var}[S_{n-1}]}{\mu_{op}}+\frac{(\xi-\mu_{st}\mathbb{E}[S_{n-1}])\sigma_{op}^2+\mu_{op}\sigma_{st}^2\mathbb{E}[S_{n-1}]+\mu_{op}\mu_{st}^2\mathrm{Var}[S_{n-1}]}{\mu_{op}^3}
\tag{E.25}
$$

证明完毕。

E.5 随机效应影响下期望与方差近似解推导过程

类似于 E.4，可以得到

$$
\mathbb{E}[S_n]=\mathbb{E}[S_{n-1}+L_{op,n}\times I_n]=\mathbb{E}[S_{n-1}+L_{op,n}]=\mathbb{E}[S_{n-1}]+\mathbb{E}[L_{op,n}]
\tag{E.26}
$$

其中：

$$\begin{aligned}\mathbb{E}[L_{op,n}] &= \int_0^{+\infty} f_{L_{op,n}}(t)\mathrm{d}t \\ &= \int_0^{+\infty} t\int_0^{+\infty}\int_{-\infty}^{\xi} f_{op}(t \mid X_{op}(0)=x_\tau)p_{st}(x_\tau, M_\tau \mid \tau)f_{s,n-1}(\tau)\mathrm{d}x_\tau\mathrm{d}\tau\mathrm{d}t \\ &= \int_0^{+\infty}\int_{-\infty}^{\xi}\int_0^{+\infty} tf_{op}(t \mid X_{op}(0)=x_\tau)p_{st}(x_\tau, M_\tau \mid \tau)f_{s,n-1}(\tau)\mathrm{d}t\mathrm{d}x_\tau\mathrm{d}\tau \\ &= \mathbb{E}_\tau[\mathbb{E}_{x_\tau}[\mathbb{E}_t[L_{op,n} \mid (x_\tau \mid \tau)]]]\end{aligned} \tag{E.27}$$

当$\mu_{or} \gg \sigma_{or}$并且$\mu_{sr} \gg \sigma_{sr}^2$时，随机效应条件下运行和贮存寿命的期望可以表示为

$$\begin{cases}\mathbb{E}[L_{op,0} \mid \mu_{or,i}, \sigma_{or,i}] = (\xi - x_0)/\mu_{or,i} \\ \mathbb{E}[L_{st,0} \mid \mu_{sr,j}, \sigma_{sr,j}] = (\xi - x_0)/\mu_{sr,j}n\end{cases} \tag{E.28}$$

式中：μ_{st}和μ_{st}服从期望和方差分别为（$\mu_{sr,j}, \sigma_{sr,j}^2$）以及（$\mu_{or,i}, \sigma_{or,i}^2$）的正态分布。进一步，便可得到

$$\begin{cases}\mathbb{E}[L_{op,0} \mid \mu_{or,i}, \sigma_{or,i}] = \sum_{i=1}^{K_{op}} \omega_{op,i}(\xi - x_0)/\mu_{or,i} \\ \mathbb{E}[L_{st,0} \mid \mu_{sr,j}, \sigma_{sr,j}] = \sum_{j=1}^{K_{st}} \omega_{st,j}(\xi - x_0)/\mu_{sr,j}\end{cases} \tag{E.29}$$

根据上式结论，可求解得到

$$\mathbb{E}_\tau[\mathbb{E}_{x_\tau}[\mathbb{E}_t[L_{op,n} \mid (x_\tau \mid \tau)]]] = \mathbb{E}_\tau\left[\mathbb{E}_{x_\tau}\left[\sum_{i=1}^{K_{op}} \omega_{op,i}(\xi - x_{\tau,i})/\mu_{or,i}\right]\right] \tag{E.30}$$

式中：$x_{\tau,i}$表示在变点处第i个高斯分布条件下的退化状态。考虑到无贮存失效的假设，$p_{st}(x_{\tau,i}, M_\tau \mid \tau)$可表示为

$$p_{st}(x_{\tau,i}, M_\tau \mid \tau) = \sum_{j=1}^{K_{st}} \frac{\omega_{st,j}}{\sqrt{2\pi(\tau\sigma_{st}^2 + \tau^2\sigma_{sr,j}^2)}}\exp\left[-\frac{(x_{\tau,i} - \mu_{sr,j}\tau)^2}{2(\tau\sigma_{st}^2 + \tau^2\sigma_{sr,j}^2)}\right] \tag{E.31}$$

这样，便可得到

$$\begin{aligned}\mathbb{E}[L_{op,n}] &= \mathbb{E}_\tau\left[\mathbb{E}_{x_\tau}\left[\sum_{i=1}^{K_{op}} \omega_{op,i}(\xi - x_{\tau,i})/\mu_{or,i}\right]\right] \\ &= \mathbb{E}_\tau\left[\sum_{i=1}^{K_{op}} \omega_{op,i}\frac{\left(\xi - \sum_{j=1}^{K_{st}} \omega_{st,j}\mu_{sr,j}\tau\right)}{\mu_{or,i}}\right] \\ &= \sum_{i=1}^{K_{op}} \omega_{op,i}\frac{\left(\xi - \sum_{j=1}^{K_{st}} \omega_{st,j}\mu_{sr,j}\mathbb{E}[SSL_{n-1}]\right)}{\mu_{or,i}}\end{aligned} \tag{E.32}$$

证明完毕。

E.6 未发生贮存失效条件推导过程

令$\widetilde{S}_n$表示无贮存退化条件下的寿命，那么有

$$\widetilde{S}_n = \sum_{i=0}^{n} \widetilde{L}_{op,i} \tag{E.33}$$

式中：$\widetilde{L}_{op,i}$ 表示无贮存退化条件下每个备件激活后的运行寿命，那么 $\widetilde{L}_{op,i}$ 为完全一样的随机变量。根据逆高斯分布的性质，$\widetilde{L}_{op,i}$ 的 PDF 和 CDF 分别为

$$f_{\widetilde{L}_{op,i}}(t)=\frac{\xi}{\sqrt{2\pi\sigma_{op}^2t^3}}\exp\left[-\frac{(\xi-\mu_{op}t)^2}{2\sigma_{op}^2t}\right] \tag{E.34}$$

$$F_{\widetilde{L}_{op,i}}(t)=\Phi\left(\frac{\mu_{op}t-\xi}{\sigma_{op}\sqrt{t}}\right)+\exp\left(\frac{2\mu_{op}\xi}{\sigma_{op}}\right)\Phi\left(\frac{-\xi-\mu_{op}t}{\sigma_{op}\sqrt{t}}\right) \tag{E.35}$$

与之相反，当考虑贮存退化，每测更换后的退化初始值必然受到影响。若 x_{τ_i} 已知，那么实际运行寿命可以表示为

$$f_{L_{op,i}}(t)=\frac{\xi-x_{\tau_i}}{\sqrt{2\pi\sigma_{op}^2t^3}}\exp\left[-\frac{(\xi-x_{\tau_i}-\mu_{op}t)^2}{2\sigma_{op}^2t}\right] \tag{E.36}$$

$$F_{L_{op,i}}(t)=\Phi\left(\frac{\mu_{op}t-\xi+x_{\tau_i}}{\sigma_{op}\sqrt{t}}\right)+\exp\left(\frac{2\mu_{op}(\xi-x_{\tau_i})}{\sigma_{op}}\right)\Phi\left(\frac{-\xi+x_{\tau_i}-\mu_{op}t}{\sigma_{op}\sqrt{t}}\right) \tag{E.37}$$

受贮存退化的影响，备件的性能会随着贮存时间发生退化，那么意味着对于递增退化过程，$x_{\tau_i}\geqslant 0$ 普遍存在。进一步，若 $t\in[0,+\infty)$ 且 $\xi>x_{\tau_i}$，则 $F_{L_{op,i}}(t)\geqslant F_{\widetilde{L}_{op,i}}(t)$。此外，若 $\xi\leqslant x_{\tau_i}$，则 $L_{op,i}=0$，也就是 $F_{L_{op,i}}(t)=1\geqslant F_{\widetilde{L}_{op,i}}(t)$。因此，$F_{L_{op,i}}(t)\geqslant F_{\widetilde{L}_{op,i}}(t)$ 普遍存在。那么根据随机序理论可得

$$F_{L_{op,i}}(t)\geqslant F_{\widetilde{L}_{op,i}}(t)\Leftrightarrow \Pr\{L_{op,i}<t\}\geqslant \Pr\{\widetilde{L}_{op,i}<t\}\Leftrightarrow L_{op,i}\leqslant_{st}\widetilde{L}_{op,i} \tag{E.38}$$

式中：$\leqslant_{st}$ 表示一般性随机序。此外，S_n 和 $\widetilde{S}_n$ 具有如下关系：

$$\begin{aligned}&F_{L_{op,i}}(t)\geqslant F_{\widetilde{L}_{op,i}}(t)\Leftrightarrow L_{op,i}\leqslant_{st}\widetilde{L}_{op,i}\\&\Rightarrow\sum_{i=0}^{n}L_{op,i}\leqslant_{st}\sum_{i=0}^{n}\widetilde{L}_{op,i}\Rightarrow\sum_{i=0}^{n}L_{op,i}\times I_i\leqslant_{st}\sum_{i=0}^{n}\widetilde{L}_{op,i}\\&\Rightarrow S_n\leqslant_{st}\widetilde{S}_n\Leftrightarrow F_{S_n}(t)\geqslant F_{\widetilde{S}_n}(t)\end{aligned} \tag{E.39}$$

式中：$I_i\in\{0,1\}$。

根据逆高斯分布性质，对于 $Z_i\sim IG(\mu_0w_i,\lambda_0w_i^2)$ 且 $i=1,2,\cdots,k$，若 Z_i 相互独立，那么有 $\sum_{i=1}^{n}Z_i\sim IG\left(\mu_0\sum_{i=1}^{k}w_i,\lambda_0\left(\sum_{i=1}^{k}w_i\right)^2\right)$。因此，根据 $\widetilde{S}_n=\sum_{i=0}^{n}\widetilde{L}_{op,i}$，可以得到如下结论：

$$f_{\widetilde{S}}(t)=\frac{(n+1)\xi}{\sqrt{2\pi\sigma_{op}^2t^3}}\exp\left[-\frac{((n+1)\xi-\mu_{op}t)^2}{2\sigma_{op}^2t}\right] \tag{E.40}$$

$$F_{\widetilde{S}}(t)=\Phi\left(\frac{\mu_{op}t-(n+1)\xi}{\sigma_{op}\sqrt{t}}\right)+\exp\left(\frac{2(n+1)\mu_{op}\xi}{\sigma_{op}}\right)\Phi\left(\frac{-(n+1)\xi-\mu_{op}t}{\sigma_{op}\sqrt{t}}\right) \tag{E.41}$$

定义 η 表示可接的最小受置信度，l_η 表示 $\widetilde{S}$ 的 η 的分位数。也就是说，l_η 可以表示 $\widetilde{S}_n$ 可接受的最小值。若 $t\geqslant l_\eta$，那么可以相信 $F_{\widetilde{S}_n}(t)\cong 1$。考虑到 $F_{S_n}(t)\geqslant F_{\widetilde{S}_n}(t)$，

那么 $F_{S_n}(l_\eta)\cong 1$，意味着 n 个备件的贮备系统寿命几乎不会超过 l_η。

这样，若贮存退化过程在时间 l_η 内不会超过阈值，那么贮存失效将不会发生。基于这样一个考量，便可计算得到备件未失效概率。根据贮存退化过程模型，贮存寿命的 CDF 为

$$F_{st}(t)=\Phi\left(\frac{\mu_{st}t-\xi}{\sigma_{st}\sqrt{t}}\right)+\exp\left(\frac{2\mu_{st}\xi}{\sigma_{st}}\right)\Phi\left(\frac{-\xi-\mu_{st}t}{\sigma_{st}\sqrt{t}}\right) \tag{E.42}$$

那么，n 个备件中均出现失效的概率为 $1-[1-F_{st}(t)]^n$。这样，若满足条件 $[1-F_{st}(l_\eta)]^n\geqslant\eta$，那么可以认为在时间 l_η 内未发生失效，也就是

$$[1-F_{st}(l_\eta)]^n=\left[\Phi\left(\frac{\xi-\mu_{st}l_\eta}{\sigma_{st}\sqrt{l_\eta}}\right)-\exp\left(\frac{2\mu_{st}\xi}{\sigma_{st}}\right)\Phi\left(\frac{-\xi-\mu_{st}l_\eta}{\sigma_{st}\sqrt{l_\eta}}\right)\right]^n\geqslant\eta \tag{E.43}$$

证明完毕。

附录 F　第 9 章中部分定理的证明

F.1　定理 9.1 的证明

如前所述，直接获得备用系统的寿命预测解析结果是十分困难的。因此，采取迭代的方式去进行推导。首先，考虑一种最简单的情况，即备用系统中只包含 1 个运行部件和 1 个备件的情形。这样，能获得如下结果：

$$S_1=\begin{cases}L_{op,0}, & M_{L_{op,0}}=0\\ L_{op,0}+L_{op,1}, & M_{L_{op,0}}=1\end{cases} \tag{F.1}$$

式中：$L_{op,0}$ 和 $L_{op,1}$ 分别定义为原始部件的运行寿命和激活组件的运行寿命；$M_{L_{op,0}}$ 表示备件在存储中没有发生失效，并且激活用于更换。这样，应该考虑备用系统在两种情形下的寿命预测。

情形 1：备件在贮存状态时失效。

在这种情况下，贮备系统的寿命仅与原始部件的运行寿命有关，即 $S_1=L_{op,0}$。$S_1=L_{op,0}$ 的分布等于备件在存储阶段失效的概率，并且能在 $L_{op,0}$ 期间被激活以进行更换，即 $\Pr\{S_1=L_{op,0}\}=1-p\{M_{L_{op,0}}\}$。

情形 2：备件在贮存状态时未失效。

在这种情况下，贮备系统的寿命受两方面影响，也就是 $S_1=L_{op,0}+L_{op,1}$。$L_{op,0}$ 可通过运行退化过程模型直接计算得到。但是，对于 $L_{op,1}$ 的求解，还需要考虑 $L_{op,0}$ 的影响。也就是说，运行退化过程的初始值是贮存退化决定，即 $X_{op}(0)=X_{st}(L_{op,0})$。这样，若 $L_{op,0}$ 给定，则 S_1 可通过以下方式求解：

$$\begin{aligned}f_{S_1}(t)&=\int_{-\infty}^{\xi}f_{op}(t-L_{op,0}\mid X_{st}(0)=X_{st}(L_{op,0}))p_{st}(X_{st}(L_{op,0}),M_{L_{op,0}}\mid L_{op,0})\,\mathrm{d}x_{L_{op,0}}\\&=\int_{-\infty}^{\xi}f_{op}(t-\tau\mid X_{st}(0)=x_\tau)p_{st}(x_\tau,M_\tau\mid\tau)\,\mathrm{d}x_\tau\end{aligned} \tag{F.2}$$

此外，考虑到 $L_{op,0}$ 为一个随机变量，那么根据全概率公式有

$$f_{s,1}(t)=f_{s,0}(t)[1-p(M_t)]+\int_0^{+\infty}\int_{-\infty}^{\xi}f_{op}(t-\tau\mid X_{op}(0)=x_\tau)p_{st}(x_\tau,M_\tau\mid\tau)f_{s,0}(\tau)\,\mathrm{d}x_\tau\mathrm{d}\tau \tag{F.3}$$

式中：$f_{s,0}=f_{op}(t\mid X_{op}(0)=0)$。同理，若存在 k 个备件，S_k 可通过以下方式求解：

$$f_{s,k}(t)=f_{s,k-1}(t)[1-p(M_t)]+\int_0^{+\infty}\int_{-\infty}^{\xi}f_{op}(t-\tau\mid X_{op}(0)=x_\tau)p_{st}(x_\tau,M_\tau\mid\tau)f_{s,k-1}(\tau)\,\mathrm{d}x_\tau\mathrm{d}\tau \tag{F.4}$$

这样，定理 9.1 证明完毕。

F.2　推论 9.1 的证明

由于贮存退化失效和突发失效不相关，那么可以得到以下结论：$p(M_t)=p(M_{1,t},M_{2,t})=p(M_{1,t})p(M_{2,t})=[1-F_{st}(t)][1-F_{ib}(t)]$ 以及 $p_{st}(x_\tau,M_\tau\mid\tau)=p_{st}(x_\tau,M_{1,\tau},M_{2,\tau}\mid\tau)=$

$p_{st}(x_\tau,M_{1,\tau}\mid\tau)[1-F_{ib}(\tau)]$。根据 Wiener 过程模型的性质，$F_{st}$ 和 $f_{op}(t-\tau\mid X_{op}(0)=x_\tau)$ 可以表示为

$$F_{st}(t)=\Phi\left(\frac{\mu_{st}t-\xi}{\sigma_{st}\sqrt{t}}\right)+\exp\left(\frac{2\mu_{st}\xi}{\sigma_{st}^2}\right)\Phi\left(\frac{-\xi-\mu_{st}t}{\sigma_{st}\sqrt{t}}\right) \tag{F.5}$$

$$f_{op}(t-\tau\mid X_{op}(0)=x_\tau)=\frac{\xi-x_\tau}{\sqrt{2\pi\sigma_{op}^2(t-\tau)^3}}\exp\left[-\frac{(\xi-x_\tau-\mu_{op}(t-\tau))^2}{2\sigma_{op}^2(t-\tau)}\right] \tag{F.6}$$

在这种情况下，可以得到

$$\begin{aligned}f_{s,n-1}(t)[1-p(M_t)]&=f_{s,n-1}(t)\{1-[1-F_{st}(t)][1-F_{ib}(t)]\}\\&=f_{s,n-1}(t)[F_{st}(t)+F_{ib}(t)-F_{st}(t)F_{ib}(t)]\end{aligned} \tag{F.7}$$

根据引理 2.1 和定理 8.2，$\int_{-\infty}^{\xi}f_{op}(t-\tau\mid X_{st}(0)=x_\tau)p_{st}(x_\tau,M_{1,\tau}\mid\tau)$ 可以表示为

$$\int_{-\infty}^{\xi}f_{op}(t-\tau\mid X_{op}(0)=x_\tau)p_{st}(x_\tau,M_\tau\mid\tau)\mathrm{d}\tau=A_1(t,\tau)-B_1(t,\tau) \tag{F.8}$$

其中：

$$\begin{cases}A_1(t,\tau)=\sqrt{\dfrac{1}{2\pi(t-\tau)^2(\sigma_a^2+\sigma_b^2)}}\exp\left[-\dfrac{(\mu_a-\mu_b)^2}{2(\sigma_a^2+\sigma_b^2)}\right]\times\\ \qquad\left\{\dfrac{\mu_b\sigma_a^2+\mu_a\sigma_b^2}{\sigma_a^2+\sigma_b^2}\Phi\left(\dfrac{\mu_b\sigma_a^2+\mu_a\sigma_b^2}{\sqrt{\sigma_a^2\sigma_b^2(\sigma_a^2+\sigma_b^2)}}\right)+\sqrt{\dfrac{\sigma_a^2\sigma_b^2}{\sigma_a^2+\sigma_b^2}}\phi\left(\dfrac{\mu_b\sigma_a^2+\mu_a\sigma_b^2}{\sqrt{\sigma_a^2\sigma_b^2(\sigma_a^2+\sigma_b^2)}}\right)\right\}\\ B_1(t,\tau)=\exp\left(\dfrac{2\mu_{st}\xi}{\sigma_{st}^2}\right)\sqrt{\dfrac{1}{2\pi(t-\tau)^2(\sigma_a^2+\sigma_b^2)}}\exp\left[-\dfrac{(\mu_a-\mu_c)^2}{2(\sigma_a^2+\sigma_b^2)}\right]\times\\ \qquad\left\{\dfrac{\mu_c\sigma_a^2+\mu_a\sigma_b^2}{\sigma_a^2+\sigma_b^2}\Phi\left(\dfrac{\mu_c\sigma_a^2+\mu_a\sigma_b^2}{\sqrt{\sigma_a^2\sigma_b^2(\sigma_a^2+\sigma_b^2)}}\right)+\sqrt{\dfrac{\sigma_a^2\sigma_b^2}{\sigma_a^2+\sigma_b^2}}\phi\left(\dfrac{\mu_c\sigma_a^2+\mu_a\sigma_b^2}{\sqrt{\sigma_a^2\sigma_b^2(\sigma_a^2+\sigma_b^2)}}\right)\right\}\\ \mu_a=\mu_{op}(t-\tau),\quad \mu_b=\xi-\mu_{st}\tau,\quad \mu_c=-\xi-\mu_{st}\tau,\quad \sigma_a^2=\sigma_{op}^2(t-\tau),\quad \sigma_b^2=\sigma_{st}^2\tau\end{cases} \tag{F.9}$$

那么有

$$\begin{aligned}&\int_0^{+\infty}\int_{-\infty}^{\xi}f_{op}(t-\tau\mid X_{op}(0)=x_\tau)p_{st}(x_\tau,M_\tau\mid\tau)f_{s,n-1}(\tau)\mathrm{d}x_\tau\mathrm{d}\tau\\&=\int_0^{+\infty}\int_{-\infty}^{\xi}f_{op}(t-\tau\mid X_{op}(0)=x_\tau)p_{st}(x_\tau,M_{1,\tau}\mid\tau)[1-F_{ib}(\tau)]f_{s,n-1}(\tau)\mathrm{d}x_\tau\mathrm{d}\tau\\&=\int_0^{+\infty}A_1(t,\tau)-B_1(t,\tau)[1-F_{ib}(\tau)]f_{s,n-1}(\tau)\mathrm{d}\tau\end{aligned} \tag{F.10}$$

这样，定理 9.1 证明完毕。

F.3 推论 9.2 的证明

类似与推论 9.1，首先带随机效应条件下推导 F_{st}、f_{op} 和 $p_{st}(x_\tau,\ M_{1,\tau}\mid\tau)$。根据全概率公式可得

$$F_{st}(t)=\int_{-\infty}^{+\infty}\int_{-\infty}^{+\infty}F_{st}(t\mid\mu_{st},x_{\mu_{st},0})\mathrm{d}\mu_{st}\mathrm{d}x_{\mu_{st},0}$$

$$= \int_{-\infty}^{+\infty}\int_{-\infty}^{+\infty}\left[\Phi\left(\frac{\mu_{st}t - \xi + x_{\mu_{st},0}}{\sigma_{st}\sqrt{t}}\right) + \exp\left(\frac{2\mu_{st}(\xi - x_{\mu_{st},0})}{\sigma_{st}^2}\right)\Phi\left(\frac{-\xi + x_{\mu_{st},0} - \mu_{st}t}{\sigma_{st}\sqrt{t}}\right)\right]\times$$

$$\frac{1}{\sqrt{2\pi\sigma_{\mu s}^2}}\exp\left[-\frac{(\mu_{st} - \mu_{\mu s})^2}{2\sigma_{\mu s}^2}\right]\times\frac{1}{\sqrt{2\pi\sigma_{xs}^2}}\exp\left[-\frac{(x_{\mu_{st},0} - \mu_{xs})^2}{2\sigma_{xs}^2}\right]\mathrm{d}\mu_{st}\mathrm{d}x_{\mu_{st},0} \quad (\text{F. 11})$$

$$f_{s,0}(t) = f_{op}(t) = \int_{-\infty}^{+\infty}\int_{-\infty}^{+\infty} f_{op}(t \mid \mu_{op}, x_{\mu_{op},0})\,\mathrm{d}\mu_{op}\mathrm{d}x_{\mu_{op},0}$$

$$= \int_{-\infty}^{+\infty}\int_{-\infty}^{+\infty}\frac{\xi - x_{\mu_{op},0}}{\sqrt{2\pi\sigma_{op}^2 t^3}}\exp\left[-\frac{(\xi - x_{\mu_{op},0} - \mu_{op}t)^2}{2\sigma_{op}^2 t}\right]\times$$

$$\frac{1}{\sqrt{2\pi\sigma_{\mu o}^2}}\exp\left[-\frac{(\mu_{op} - \mu_{\mu o})^2}{2\sigma_{\mu o}^2}\right]\times\frac{1}{\sqrt{2\pi\sigma_{xo}^2}}\exp\left[-\frac{(x_{\mu_{op},0} - \mu_{xo})^2}{2\sigma_{xo}^2}\right]\mathrm{d}\mu_{op}\mathrm{d}x_{\mu_{op},0}$$

$$(\text{F. 12})$$

$$p_{st}(x_\tau, M_{1,\tau} \mid \tau) = \int_{-\infty}^{+\infty}\int_{-\infty}^{+\infty} p_{st}(x_\tau, M_{1,\tau} \mid \tau, \mu_{op}, x_{\mu_{op},0})\,\mathrm{d}\mu_{st}\mathrm{d}x_{\mu_{st},0}$$

$$= \int_{-\infty}^{+\infty}\int_{-\infty}^{+\infty}\frac{1}{\sqrt{2\pi\tau\sigma_{st}^2}}\left\{\exp\left[-\frac{(x_\tau - x_{\mu_{op},0} - \mu_{st}\tau)^2}{2\sigma_{st}^2\tau}\right] - \right.$$

$$\left.\exp\left(\frac{2\mu_{st}(\xi - x_{\mu_{op},0})}{\sigma_{st}^2}\right)\exp\left[-\frac{(x_\tau + x_{\mu_{op},0} - 2\xi - \mu_{st}\tau)^2}{2\sigma_{st}^2\tau}\right]\right\}\times$$

$$\frac{1}{\sqrt{2\pi\sigma_{\mu s}^2}}\exp\left[-\frac{(\mu_{st} - \mu_{\mu s})^2}{2\sigma_{\mu s}^2}\right]\times\frac{1}{\sqrt{2\pi\sigma_{xs}^2}}\exp\left[-\frac{(x_{\mu_{st},0} - \mu_{xs})^2}{2\sigma_{xs}^2}\right]\mathrm{d}\mu_{st}\mathrm{d}x_{\mu_{st},0}$$

$$(\text{F. 13})$$

类似于引理 A. 1，可以得到如下结论：

$$\mathbb{E}[\exp(AY^2 + BY)\Phi(C + DY)]$$

$$= \frac{1}{\sqrt{2\pi\sigma^2}}\int_{-\infty}^{+\infty}\exp\left[-\frac{(Y - \mu)^2}{2\sigma^2}\right]\exp(AY^2 + BY)\Phi(C + DY)\,\mathrm{d}Y$$

$$= \frac{1}{\sqrt{2\pi\sigma^2}}\int_{-\infty}^{+\infty}\exp\left[-\frac{\left(Y - \frac{\mu + B\sigma^2}{1 - 2\sigma^2 A}\right)^2 + \frac{\mu^2}{1 - 2\sigma^2 A} - \left(\frac{\mu + B\sigma^2}{1 - 2\sigma^2 A}\right)^2}{\frac{2\sigma^2}{1 - 2\sigma^2 A}}\right]\Phi(C + DY)\,\mathrm{d}Y$$

$$= \frac{1}{\sqrt{2\pi\sigma^2}}\exp\left[-\frac{\frac{\mu^2}{1 - 2\sigma^2 A} - \frac{\mu^2 + 2\mu B\sigma^2 + B^2\sigma^4}{(1 - 2\sigma^2 A)^2}}{\frac{2\sigma^2}{1 - 2\sigma^2 A}}\right]\int_{-\infty}^{+\infty}\exp\left[-\frac{\left(y - \frac{\mu + B\sigma^2}{1 - 2\sigma^2 A}\right)^2}{\frac{2\sigma^2}{1 - 2\sigma^2 A}}\right]\Phi(C + DY)\,\mathrm{d}Y$$

$$= \frac{1}{\sqrt{1 - 2\sigma^2 A}}\exp\left[\frac{2A\mu^2 + 2B\mu + B^2\sigma^2}{2 - 4\sigma^2 A}\right]\Phi\left(\frac{C + \frac{(\mu + B\sigma^2)D}{1 - 2\sigma^2 A}}{\sqrt{1 + \frac{D^2\sigma^2}{1 - 2\sigma^2 A}}}\right) \quad (\text{F. 14})$$

这样，$F_{st}(t)$、$f_{s,0}(t)$ 和 $p_{st}(x_\tau, M_{1,\tau} \mid \tau)$ 可以分别表示为

$$f_{s,0}(t)=\frac{\mu_{\mu o}\sigma_{xo}^2+(\xi-\mu_{xo})(\sigma_{\mu o}^2 t+\sigma_{op}^2)}{\sqrt{2\pi(t\sigma_{op}^2+t^2\sigma_{\mu o}^2+\sigma_{xo}^2)^3}}\exp\left[-\frac{(\xi-\mu_{xo}-\mu_{\mu o}t)^2}{2(t\sigma_{op}^2+t^2\sigma_{\mu o}^2+\sigma_{xo}^2)}\right]$$

$$F_{st}(t)=\Phi\left(\frac{\mu_{\mu s}t+\mu_{xs}-\xi}{\sqrt{\sigma_{\mu s}^2 t^2+\sigma_{st}^2 t+\sigma_{xs}^2}}\right)+\frac{\sigma_{st}^2}{\sqrt{\sigma_{st}^4-4\sigma_{xs}^2\sigma_{\mu s}^2}}\exp\left[\frac{4\sigma_{\mu s}^2\mu_{xs}^2+4\sigma_{st}^2\mu_{\mu s}\mu_{xs}+4\mu_{\mu s}^2\sigma_{xs}^2}{\sigma_{st}^4-4\sigma_{xs}^2\sigma_{\mu s}^2}\right]\times$$

$$\Phi\left(-\frac{\sigma_{st}^2\mu_{\mu t}+\dfrac{(\sigma_{st}^4\mu_{xs}+2\sigma_{st}^2\mu_{\mu s}\sigma_{xs}^2)(2\sigma_{\mu s}^2 t+\sigma_{st}^2)}{\sigma_{st}^4-4\sigma_{\mu s}^2\sigma_{xs}^2}}{\sqrt{(\sigma_{st}^2\sqrt{\sigma_{\mu s}^2 t^2+\sigma_{st}^2 t})^2+(2\sigma_{\mu s}^2 t+\sigma_{st}^2)^2\dfrac{\sigma_{xs}^2\sigma_{st}^4}{\sigma_{st}^4-4\sigma_{xs}^2\sigma_{\mu s}^2}}}\right)$$

$$p_{st}(x_\tau,M_{1,\tau}\mid\tau)=\frac{1}{\sqrt{2\pi(\tau\sigma_{st}^2+\tau^2\sigma_{\mu s}^2+\sigma_{xs}^2)}}\left\{\exp\left[-\frac{(x_\tau-\mu_{xs}-\mu_{\mu s}\tau)^2}{2(\tau\sigma_{st}^2+\tau^2\sigma_{\mu s}^2+\sigma_{xs}^2)}\right]-\right.$$

$$\left.\exp\left[\frac{\left(x_\tau+\dfrac{a_2bc+acb_2+abc_2}{2(acb_3+abc_3)}\right)^2}{\dfrac{abc}{acb_3+abc_3}}+\frac{bac_1+acb_1+abc_1}{abc}-\frac{(bca_2+acb_2+abc_2)^2}{4abc(acb_3+abc_3)}\right]\right\} \tag{F.15}$$

其中：

$$\begin{cases} a=\sigma_{st}^2\tau, a_1=-2\xi^2, a_2=2\xi \\ b=\sigma_{st}^2\tau^2, \\ b_1=2\sigma_{st}\mu_{\mu s}\tau^2+2\xi^2(\tau\sigma_{st}^2+\tau^2\sigma_{\mu s}^2), \quad b_2=2\sigma_{st}^2\tau(-\mu_{\mu s}-\xi)-4\xi(\tau\sigma_{st}^2+\tau^2\sigma_{\mu s}^2), \\ b_3=2\sigma_{st}^2\tau+2(\tau\sigma_{st}^2+\tau^2\sigma_{\mu s}^2) \\ c=2(\tau\sigma_{st}^2+\tau^2\sigma_{\mu s}^2+\sigma_{xs}^2), \\ c_1=-\left(\mu_{\mu s}\tau+\dfrac{2\xi(\tau\sigma_{st}^2+\tau^2\sigma_{\mu s}^2)}{\sigma_{st}^2\tau}+\mu_{xs}\right)^2, \\ c_2=2\left(\dfrac{2(\tau\sigma_{st}^2+\tau^2\sigma_{\mu s}^2)}{\sigma_{st}\tau}+1\right)\left(\mu_{\mu s}\tau+\dfrac{2\xi(\tau\sigma_{st}^2+\tau^2\sigma_{\mu s}^2)}{\sigma_{st}^2\tau}+\mu_{xs}\right), \\ c_3=-\left(\dfrac{2(\tau\sigma_{st}^2+\tau^2\sigma_{\mu s}^2)}{\sigma_{st}\tau}+1\right)^2 \end{cases} \tag{F.16}$$

进一步，以下结论可根据定理 8.1 和定理 8.2 推导得到

$$\int_0^{+\infty}\int_{-\infty}^{\xi} f_{op}(t-\tau\mid X_{op}(0)=x_\tau)p_{st}(x_\tau,M_\tau\mid\tau)f_{s,n-1}(\tau)\,\mathrm{d}x_\tau\mathrm{d}\tau$$

$$=\int_0^{+\infty}\int_{-\infty}^{\xi} f_{op}(t-\tau\mid X_{op}(0)=x_\tau)p_{st}(x_\tau,M_{1,\tau}\mid\tau)[1-F_{ib}(\tau)]f_{s,n-1}(\tau)\,\mathrm{d}x_\tau\mathrm{d}\tau$$

$$=\int_0^{+\infty} A_2(t,\tau)-B_2(t,\tau)[1-F_{ib}(\tau)]f_{s,n-1}(\tau)\,\mathrm{d}\tau \tag{F.17}$$

其中：

$$
\begin{cases}
A_2(t,\tau)=\sqrt{\dfrac{1}{2\pi(t-\tau)^2(\sigma_{a'}^2+\sigma_{b'}^2)}}\exp\left[-\dfrac{(\mu_{a'}-\mu_{b'})^2}{2(\sigma_{a'}^2+\sigma_{b'}^2)}\right]\times \\
\qquad\left\{\dfrac{\mu_{b'}\sigma_{a'}^2+\mu_{a'}\sigma_{b'}^2}{\sigma_{a'}^2+\sigma_{b'}^2}\Phi\left(\dfrac{\mu_{b'}\sigma_{a'}^2+\mu_{a'}\sigma_{b'}^2}{\sqrt{\sigma_{a'}^2\sigma_{b'}^2(\sigma_{a'}^2+\sigma_{b'}^2)}}\right)+\sqrt{\dfrac{\sigma_{a'}^2\sigma_{b'}^2}{\sigma_{a'}^2+\sigma_{b'}^2}}\phi\left(\dfrac{\mu_{b'}\sigma_{a'}^2+\mu_{a'}\sigma_{b'}^2}{\sqrt{\sigma_{a'}^2\sigma_{b'}^2(\sigma_{a'}^2+\sigma_{b'}^2)}}\right)\right\} \\
B_2(t,\tau)=\exp\left(\dfrac{bac_1+acb_1+abc_1}{abc}-\dfrac{(bca_2+acb_2+abc_2)^2}{4abc(acb_3+abc_3)}\right)\times \\
\qquad\sqrt{\dfrac{\dfrac{abc}{2(acb_3+abc_3)}}{2\pi(t-\tau)^2(\tau\sigma_{st}^2+\tau^2\sigma_{\mu s}^2+\sigma_{xs}^2)(\sigma_{aij}^2+\sigma_{bij}^2)}}\exp\left[-\dfrac{(\mu_{aij}-\mu_{cij})^2}{2(\sigma_{aij}^2+\sigma_{bij}^2)}\right]\times \\
\qquad\left\{\dfrac{\mu_{cij}\sigma_{aij}^2+\mu_{aij}\sigma_{bij}^2}{\sigma_{aij}^2+\sigma_{bij}^2}\times\Phi\left(\dfrac{\mu_{cij}\sigma_{aij}^2+\mu_{aij}\sigma_{bij}^2}{\sqrt{\sigma_{aij}^2\sigma_{bij}^2(\sigma_{aij}^2+\sigma_{bij}^2)}}\right)+\sqrt{\dfrac{\sigma_{aij}^2\sigma_{bij}^2}{\sigma_{aij}^2+\sigma_{bij}^2}}\phi\left(\dfrac{\mu_{cij}\sigma_{aij}^2+\mu_{aij}\sigma_{bij}^2}{\sqrt{\sigma_{aij}^2\sigma_{bij}^2(\sigma_{aij}^2+\sigma_{bij}^2)}}\right)\right\} \\
\mu_{a'}=\mu_{\mu o,i}(t-\tau),\quad \mu_{b'}=\xi-\mu_{xs}-\mu_{\mu s}\tau,\quad \mu_{c'}=-\dfrac{a_2bc+acb_2+abc_2}{2(acb_3+abc_3)} \\
\sigma_{a'}^2=\sigma_{op}^2(t-\tau)+\sigma_{\mu o}^2(t-\tau)^2,\quad \sigma_{b'}^2=\tau\sigma_{st}^2+\tau^2\sigma_{\mu s}^2+\sigma_{xs}^2,\quad \sigma_{c'}^2=\dfrac{abc}{2(acb_3+abc_3)}
\end{cases}
\tag{F.18}
$$

这样，推论 9.2 证明完毕。